Laurence C. Smith

Weltgeschichte der Flüsse

Laurence C. Smith

Weltgeschichte der Flüsse

Wie mächtige Ströme Reiche schufen, Kulturen zerstörten und unsere Zivilisation prägen

Aus dem Amerikanischen
von Jürgen Schröder

Siedler

Die Originalausgabe erschien 2020 unter dem Titel »Rivers of Power. How a Natural Force Raised Kingdoms, Destroyed Civilizations, and Shapes our World« bei Little, Brown Spark, New York.

Klimaneutral*
Druckprodukt
ClimatePartner.com/14044-1912-1001

FSC
www.fsc.org
MIX
Papier aus verantwortungsvollen Quellen
FSC® C014496

Penguin Random House Verlagsgruppe FSC® N001967

Erste Auflage 2022

Umschlaggestaltung: Büro Jorge Schmidt, München
Karten: Matt Zebrowski
Satz: Uhl + Massopust, Aalen
Druck und Bindung: GGP Media GmbH, Pößneck
Printed in Germany
ISBN 978-3-8275-0155-4

www.siedler-verlag.de

Für die verblüffende Selma Astrid
und ihre mächtigen Ströme

Inhalt

Einleitung

Mit den ersten Regenfällen hat sich die Welt für immer verändert.

Wahrscheinlich hätten sie schon rund 100 Millionen Jahre früher eingesetzt, wenn es keinen Zusammenstoß mit einem anderen Planeten gegeben hätte, der ungefähr so groß wie Mars war. Der Zusammenprall ereignete sich mit solcher Wucht, dass unsere junge Erde in Feuer eingehüllt wurde und zum größten Teil schmolz. Ein riesiges Stück wurde abgeschert und entwickelte sich höchstwahrscheinlich zu unserem Mond. Auf der Oberfläche des zertrümmerten Planeten schäumte und wütete ein Ozean aus Magma.

Dann begann sich die urzeitliche Oberfläche abzukühlen. Eine Kruste aus eisenreichem Gestein härtete auf dem Magmameer der Erde aus. Es bildete sich auch eine leichtere Kruste, die wie Schlacke in einem Schmelzofen schwamm. Geringe Mengen an Zirkonen, die man heute am besten aufgrund ihrer Verwendung als kostengünstige Edelsteine kennt, begannen auszukristallisieren. Spurenhafte Überbleibsel davon lassen sich immer noch im Urgestein von Australien, Kanada und Grönland finden.

Die Zirkone Australiens wurden bis auf 4,4 Milliarden Jahre in die Vergangenheit zurückdatiert. Das bedeutet, dass die Kontinentalkruste sich auf der Erde viel früher zu bilden begann, als man zuvor gedacht hatte, möglicherweise schon 200 Millionen Jahre nachdem unser Planet vor etwa 4,6 Milliarden Jahren erstmals aus einer wirbelnden Scheibe aus kosmischem Staub und Gas erstarrte. Die chemische Zusammensetzung dieser Kristalle sagt uns, dass zumindest schon Spurenmengen von flüssigem Wasser vorhanden waren, und zwar trotz des äußerst starken Vulkanismus auf der Erde und der Flammenhölle, die durch ihren Zusammenstoß mit dem anderen jungen Planeten verursacht wurde. Wie Minizeitmaschinen bieten Zirkone einen Einblick in die frühesten Zeitalter der Erde, in das Hadaikum (benannt nach Hades, dem griechischen Gott der Unterwelt) und das Archaikum (abgeleitet von dem griechischen Wort *archḗ*, was »Ursprung« bedeutet). Anhand ihrer Chemie haben wir erfahren, dass das anfängliche Magmameer unserer Welt sich rasch abkühlte und dass schon bald darauf Kontinente und Wasser folgten.

Vor etwa vier Milliarden Jahren, wenn nicht schon früher, begann Regen vom jungen Himmel zu fallen. Wasser sammelte sich in Seen an und sickerte in den Boden. Wasser floss über Land in Rinnsale, Bäche, Flüsse und weiter zu den Meeren, die sich gerade erst anfüllten. Wasser verdampfte in die giftige Luft, schlug sich in Wolken nieder und regnete wieder ab, um den Kreislauf zu schließen. Das Wasser begann, die noch junge, dicker werdende Kontinentalkruste auszuwaschen, und eröffnete damit einen ewigen Krieg gegen die Kontinente.

Nach und nach bauten die Regenfälle das Hochland ab und füllten das Tiefland auf. Sie lösten Gestein auf und lockerten Mineralien. Sie ließen Berge verwittern und stießen den Schutt talwärts. Rinnsale fanden einander, schlossen sich zusammen und wurden stärker. Sie verbanden sich immer wieder miteinander, bis Millionen von ihnen sich zu einer mächtigen Kraft vereinten – den Flüssen.

Die Flüsse hatten eine einzige Aufgabe: alles talwärts zu bewegen. Hinunter zum Meer.

Während tektonische Zusammenstöße Berge errichteten, verbündeten sich Wasser und Schwerkraft, um sie abzuschleifen. Während die Kontinentalplatten neue Meere aufrissen, bemühten sich die Flüsse, sie aufzufüllen. Schlammgetrübt vereinigten sich ihre Gewässer wie Wurzeln zu einem Stamm. Geröll stieß und rollte die Flusszweige zu ihrem Bestimmungsort hinunter.

Am Ende ihres Laufs erstarben die Flüsse in Meeren und Seen. Erschöpft entluden sie ihre Ablagerungen und verdampften wie

Geister, stiegen in die Höhe zum Hochland zurück, um erneut anzugreifen, abzuflachen, wegzutragen und abzuladen. Berge sind zwar zäh, aber selbst der mächtigste Gipfel ist dazu verdammt, diesem unermüdlichen Feind zu erliegen. Der Wasserkreislauf überdauert sie alle.

Vor spätestens 3,7 Milliarden Jahren lagerten Flüsse kontinuierlich Sedimente in den Weltmeeren ab. Ein paar Hundert Millionen Jahre später begannen blaugrüne Cyanobakterien – die frühesten Fotosynthese betreibenden Organismen der Welt –, winzige Mengen von sauerstoffhaltiger Luft zu erzeugen. Vor etwa 2,1 Milliarden Jahren schwoll diese Sauerstoffproduktion an. Pyrit (Katzengold) und andere leicht oxidierbare Mineralien verschwanden aus den Flussbetten. Die eisenreichen Erdböden der Welt wurden rostrot.

Mehr als eine weitere Milliarde Jahre verging. Vor 800 bis 550 Millionen Jahren stieg die Sauerstoffverdunstung im Ozean erneut an. Schwämme, Plattwürmer und andere eigenartige neue Lebensformen des Meeres erschienen. In den folgenden Zeitaltern sollten diese frühen Organismen überdauern, vordringen und unsere Welt schließlich auf sonderbare und fabelhafte Weisen bevölkern.

In der Zwischenzeit verdickten sich die Kontinente und stießen miteinander zusammen. Neue Gebirgsketten schwollen an und wurden niedergedrückt. Aber ihre steinerne Substanz wurde umgewandelt und ging nicht verloren. Die schonungslosen Flüsse breiteten ihren Schutt über dem Tiefland aus und erzeugten breite, flache Talebenen. Schicht für Schicht wurden tiefe stratigrafische Sequenzen abgelegt, wodurch sich die Talmulden und Meere langsam auffüllten. Flussdeltas schoben Finger von neuem Land weit von der Küste weg in die Ozeane hinein.

Flüsse sind buchstäblich universell. Aus Raumsonden, die Himmelskörper umkreisen, sehen wir sie auf anderen Welten. Der Mars hatte einst reichlich flüssiges Wasser. Heute ist seine Oberfläche durch die ausgetrockneten Kanäle, Deltas und schichtweisen Ablagerungen ehemaliger Flüsse vernarbt. Genau in diesem Augenblick fließen Flüsse rege auf Titan, einem kalten entfernten Mond von Saturn. Ihre Flüssigkeit besteht zwar aus flüssigem Methan, und das Flussbett, das sie ausmeißeln, besteht offenbar aus Eis, aber die Täler, Deltas und Meere, die sie eifrig hervorbringen, sind in Muster und Form unheimlich erdähnlich.

Ozeane öffneten und schlossen sich wieder. Kontinente stießen miteinander zusammen und wölbten sich. Ein Teil der Ablagerungen der Flüsse wurde auf dem Rücken absackender tektonischer Platten tief nach unten in den Erdmantel geschleppt, wo sie heftig zusammengequetscht und erhitzt wurden. Die gekochten Überbleibsel verdickten die Kontinente noch weiter und stiegen wie erhitztes Wachs in einer Lavalampe empor, um sich in den ausgehärteten Wurzeln neuer Gebirgsketten abzukühlen. Schließlich wurde ein Teil desselben Materials exhumiert, pulverisiert und von den Flüssen abermals weggetragen zu einer weiteren Reise zum Meer zurück.

Das zerstörerische Bauprojekt unserer Welt gelangt nie an ein Ende. Gebirgsketten erheben sich und werden dann zu Sand zerstoßen. Ihre Trümmer fächern sich über Flusstäler, -deltas und küstennahe Kontinentalsockel auf. Jedes Erdbeben, jeder Erdrutsch, jede reißende Flut kennzeichnet einfach nur ein weiteres kleines Grollen in diesem unaufhörlichen Krieg zwischen zwei uralten Kräften – der Plattentektonik und dem Wasser –, die miteinander im Kampf um die Form der Oberfläche unserer Welt stehen. Ihr Krieg wird mindestens noch um die 2,8 Milliarden Jahre weitergehen, bis unsere sterbende, sich ausdehnende Sonne auch den letzten Tropfen zu Dampf verkocht.

Heutzutage haben es die Flüsse schwer, ihre Ladung zum Meer zu tragen. Sie gleiten an erstarrten Städten vorbei, werden von Dämmen eingezwängt, von Ingenieuren gedrosselt und von den meisten übersehen. Und dennoch gewinnen die Flüsse die Oberhand. Sie werden uns alle überdauern.

Aber ohne sie werden wir nicht überleben.

Die vielen Verwendungsweisen von Flüssen durch den Menschen sind zwar je nach Region verschieden und haben sich mit der Zeit verändert. Doch ihre Bedeutung für uns dauert fort, weil sie uns fünf grundlegende Vorteile bringen: Zugang, natürliches Kapital, Land, Wohlbefinden und ein Mittel zur Machtausübung. Die Erscheinungsformen dieser Vorteile haben sich zwar geändert, aber unsere zugrunde liegenden Bedürfnisse nach ihnen sind dieselben geblieben.

In Ägypten zum Beispiel lieferte der Nil einst natürliches Kapital in Form von schlammreichem Flutwasser. Heute liefert er natürliches Kapital in Form von Hydroelektrizität, städtischer Wasserversorgung und hochwertigen, am Flussufer gelegenen Immobilien im Stadtzentrum Kairos. Der Hudson River versorgte einst die Lenni Lenape (Delawaren) mit Fisch und anschließend europäische Einwanderer mit einem Transportzugang zum Kontinent. Heute stellt derselbe Fluss einen Zugang zu wertvollen Wasserfront-Parks in New York City dar, einer wimmelnden Metropole mit wenigen Grünanlagen. Die Details haben sich zwar verändert, aber die fünf umfassenden Vorteile blieben beständig. Aufgrund dieser Leistungen haben Flüsse menschlichen Kulturen gedient, seit unsere ersten Großgesellschaften an den Ufern von Euphrat und Tigris, des Indus, des Nils und der Gelben Flüsse im heutigen Irak, in Indien-Pakistan, Ägypten und China entstanden.

Während der gesamten Menschheitsgeschichte wurde unsere Faszination von Flüssen in der Kunst, Religion, Kultur und Literatur dokumentiert. Sie winden sich durch die Gemälde van Goghs und Renoirs, die Schriften Muirs und Thoreaus, die Musik von Johann Strauss (Sohn) und Bruce Springsteen. Bleibende Romane und Spielfilme, von Twains *Huckleberry Finn* bis zu Coppolas *Apocalypse Now*, entstanden aus den dunklen Gewässern ihrer Einbildungskraft. Auf der ganzen Welt werden Menschen besänftigt vom Geräusch rauschenden Wassers aus Bächen, Quellen und Maschinen für Schlaftherapie. Ein Bad im Ganges ist ein bewegender religiöser Moment für Millionen Hindus, desgleichen der Taufritus für Millionen evangelikaler Christen. Fast alle unsere Großstädte – die Mittelpunkte der Welt für Wissen, Kultur und Macht – haben einen Fluss, der durch ihren Kern verläuft.

Dieses Buch behauptet, dass Flüsse eine gewaltig unterschätzte Bedeutung für die uns bekannte menschliche Kultur haben. Natürlich sind Flüsse in vielen praktischen Hinsichten wichtig: Sie versorgen uns beispielsweise mit Trinkwasser, Kühlmitteln für Kraftwerke und mit einem Instrument zur Entsorgung von Abwasser. Aber sie formen uns auch stark auf weniger sichtbare Weisen. Unsere wiederholten Entdeckungsreisen und Kolonisierungen der Kontinente der Welt wurden von Flüssen geleitet. Kriege, Politik und Soziodemografie wurden durch ihre verheerenden Überschwemmungen erschüttert. Flüsse bestimmen internationale Grenzen und fließen über sie hinweg, wodurch sie die Zusammenarbeit zwischen Staaten erzwingen. Wir brauchen sie zur Produktion von Energie und Nahrung. Die Gebietsansprüche von Staaten, ihre kulturellen und wirtschaftlichen Verbindungen miteinander und die Migrationsbewegungen und Geschichten von Menschen lassen sich auf Flüsse, Flusstäler und die topografischen Trennlinien zurückführen, die sie der Welt einkerben.

Flüsse sind zwar schön, aber der Einfluss, den sie auf uns ausüben, ist weit mehr als bloß ästhetisch. Ihre Anziehungskraft stammt von der innigen Beziehung, die wir mit diesen Merkmalen der natürlichen Landschaft seit vorgeschichtlichen Zeiten unterhalten haben. Unser Vertrauen in sie – im Hinblick auf natürliches Kapital, Zugang, Land, Wohlbefinden und Macht – hat uns jahrtausendelang am Leben erhalten und leitet uns immer noch.

Kapitel 1

Der Palermostein

In der Nähe des geschäftigen Stadtzentrums von Kairo steht am Ende einer überbauten Insel ein schlichtes quadratisches Gebäude. Über seinen mächtigen steinernen Mauern befindet sich eine kegelförmige Brüstung. Das Gebäude wird umgeben von einem kleinen Palast, einem Museum zu Ehren der berühmten Sängerin Umm Kulthum, und dem Nil.

Beim Betreten des Gebäudes stellt man fest, dass es einen mit steinernen Wänden verkleideten Schacht überdeckt, der annähernd acht Meter im Quadrat misst und tief in die Erde hinabreicht. Steinerne Treppenstufen führen um seine Wände herum in die Tiefe. Aus der Finsternis erhebt sich in der Mitte des Raumes eine gewaltige Marmorsäule. In ihre ein Achteck bildenden Seiten sind tiefe Markierungen in etwa gleichen Abständen eingekerbt. Entlang der unteren Wände der Kammer strahlen drei unterirdische Tunnels zum Nil ab.

Im Innern dieser Kammer ist das Getöse der am dichtesten besiedelten Stadt des Nahen Ostens gedämpft. Der gesamte Schacht ist unsichtbar von Beton ummantelt, und die Tunnels sind verschlossen. Aber wenn man sie öffnete, würde das Wasser des Nils hereinstürzen und die Kammer fluten, bis ihr Wasserstand mit dem des Flusses draußen übereinstimmen würde. Die Markierungen auf der Säule könnten dann zur Messung des Flusspegels verwendet werden. Fünftausend Jahre lang erfüllten diese Vorrichtung und Dutzende anderer, die ihr ähnlich waren, eine entscheidende Aufgabe für die Lenkung und das Überleben menschlicher Kultur in Ägypten.

Die Gebilde werden als *Nilometer* bezeichnet (*miqyas* auf Arabisch), und sie wurden dazu entworfen, die Herrscher über Ägypten mit laufenden Aktualisierungen im Hinblick auf die Entwicklung des jährlichen Hochwassers des Nils, eines der am besten vorhersagbaren Flüsse der Welt, zu versorgen. Jeden Sommer pflegte der Nil unter einem regenlosen Himmel und glühender Hitze auf rätselhafte Weise über einen Zeitraum von Wochen anzuschwellen, seine Ufer zu erklimmen, sanft das Land zu überfluten und sich dann langsam wieder zurückzuziehen. Für ein Volk der Antike, das in der heute Sahara genannten Wüste lebte, war dieses unergründliche, glorreiche jährliche Ereignis wunderbar und göttlich. Man verstand zwar nichts von den physikalischen Gründen der vorhersagbaren Ankunft des jährlichen Hochwassers, aber alles im Hinblick auf seine Macht.

Die Bedeutung des Nil-Hochwassers für die frühen Ägypter kann gar nicht überschätzt werden. Das Hochwasser ermöglichte die Existenz ihrer Kultur, indem es sie in die Lage versetzte, in der Wüste Ackerbau zu betreiben und Vieh zu züchten. Es wird Sie daher nicht überraschen, dass eine korrekte Kenntnis des genauen Tages und des Niveaus seines Höchststands für die ägyptischen Herrscher von überragender Bedeutung war. Unter ihren wachsamen Augen pflegte der Wasserpegel des Flusses am Nilometer emporzukriechen, stehen zu bleiben und sich dann allmählich abzusenken, um auf diese Weise den Abschnitt der maximalen Wasserversorgung jenes Jahres zu markieren (siehe Farbtafel). Anordnungen wurden getroffen, Ausrufer schrien und Sklaven stürzten los, um zeitweilig aus Erde errichtete Dämme aufzubrechen, was den Wassern des Nils gestattete, in die ausgedörrten Felder zu fließen. Unter der gleißenden Sonne breitete er sich über das Tal aus und überschwemmte es einige Wochen lang, bevor er sich wieder zurückzog. Die Bauern folgten auf dem Fuß und steckten Samen in den nährstoffreichen Schlamm. Wie eine dunkle Schärpe, die sich durch die Wüste zieht, ergrünten die tief liegenden Gebiete entlang des Niltals und sein lappenförmiges Delta, das ins Mittelmeer hinausragt. Die Feldfrüchte wurden bewässert, und ein weiteres Jahr des Überlebens war gesichert.

Noch vor der Pflanzung des ersten Samens wussten die Herrscher Ägyptens bereits, wie groß die Ernte ausfallen würde. Sie wussten, ob das kommende Jahr Feiern oder Hungersnot bringen würde. Die Höhe des Wasserhöchststands, die von den Nilometern angezeigt wurde, korrelierte unmittelbar damit, wie viel Ackerfläche des umgebenden Lands überschwemmt und bepflanzt werden würde. Sie wussten bereits, wie viel Getreide die Bauern produzieren würden – und entsprechend verkündeten sie die *Steuern* des Jahres.

Der Nilometer auf der Insel Roda im heutigen Kairo wurde im Jahr 861 n. Chr. begründet und ist damit einer der jüngsten Ägyptens. Frühere Nilometer wurden Tausende Jahre lang an ehemaligen und jetzt verschwundenen Flusskanälen gebaut. Mindestens vier Typen wurden festgestellt: eine einfache Steinsäule, eine Stufenmauer oder ein Stufengang, der zum Wasser hinabführte, ein Brunnen mit kreisförmiger Wand (die häufig mit Ringen aus Stufen umgeben war, welche ringsum in die Tiefe führten) und Öffnungen zum Fluss hin sowie eine Kombination aus Brunnen und Säule wie die in Kairo. Die eingekerbten Markierungen maßen Längeneinheiten, die als *Ellen* bezeichnet werden und etwa so lang wie der Unterarm eines Menschen sind. Plinius der Ältere benutzte Daten von einem Nilometer in Memphis, einer heute verfallenen Stadt am Nildelta, um die Ernährungssicherheit gewöhnlicher Ägypter vorherzusagen. Das war möglicherweise die erste direkte Verknüpfung einer quantitativen wissenschaftlichen Messung mit der Gesundheit der Bevölkerung. Zwölf Ellen, schrieb er, bedeuteten Hungertod.

Dreizehn: Hunger. Vierzehn: Freude. Fünfzehn: alles gut. Sechzehn: grenzenloses Glück!

Tausende Jahre lang verwendeten die Ägypter (und später auch die Invasoren ihres Reiches) Nilometer, um den Fortschritt des jährlichen Nil-Hochwassers zu verfolgen. Diese Messungen waren von so entscheidender Bedeutung, dass die jährlichen Wasserstände gemeinsam mit anderen wichtigen Aufzeichnungen wie landwirtschaftlichen Erträgen und Steuereinkünften auf eine maßgebliche Steinplatte (eine *Stele*) geätzt wurden, bekannt als Königsannalen. Sieben Fragmente der Königsannalen werden heute von Museen in Kairo, London und Palermo aufbewahrt. Ihre Bedeutung blieb jahrzehntelang unbekannt, weil sie nicht übersetzt waren und größtenteils irgendwelchen Händlern abgekauft wurden, die mit Objekten aus dem Altertum handelten. Von einem solchen Stück wird berichtet, dass man es entdeckte, während es als Türschwelle Verwendung fand. Das größte und am besten erhaltene Stück blieb bis 1895 unbeachtet, als ein französischer Besucher in Palermo bemerkte, wie es draußen in der Ecke des Innenhofs eines Museums vergessen herumlag.

Dieses Fragment wird heute als Palermostein bezeichnet. Zusammen mit seinen sechs Gefährten hat es die Geschichte des Alten Ägypten mehr erhellt als jede andere archäologische Entdeckung. Es wurde während der Fünften Pharaonendynastie im 25. Jahrhundert v. Chr. graviert und enthält eine Aufzeichnung des Höchststands des Nils für jedes Jahr bis zurück zu den Anfängen der Ersten Dynastie um etwa 3100 v. Chr. Die Hochwassergeschichte des Flusses umfasst somit die längste schriftliche Aufzeichnung wissenschaftlicher Daten der Menschheit. Seither haben Forscher diese Daten verwendet, um alles Mögliche zu erhellen, von der natürlichen Variabilität des Klimas bis zu gelegentlichen Ausbrüchen gesellschaftlicher Unruhen im Alten Ägypten.

In den frühen 1970er Jahren brachte die in Harvard lehrende

Astronomin Barbara Bell als Erste die niedrigen Hochwasserstände des Nils mit dem sogenannten ersten Dunklen Zeitalter des frühen Ägypten in Verbindung, als die lange Zeit stabile Kultur der Anarchie anheimfiel, was ihre Sechste Dynastie und das Alte Reich zum Zusammenbruch führte. Einige der düstersten Jahrzehnte in der Geschichte Ägyptens sind mit dieser Zeit verbunden, in der es zu einem allgemeinen Zusammenbruch der Gesellschaftsordnung kam, der Revolution, Mord, Plünderung, Grabraub umfasste, während die Bauern zu große Angst hatten, um die Felder zu bestellen.

Solche Episoden waren selten. Beim Versuch, ihnen vorzubeugen, schränkten die Herrscher Ägyptens den Zugang zu den Informationen ein, die ihre Nilometer darboten. Die Vorrichtungen wurden innerhalb oder neben beaufsichtigten Tempeln gebaut, und nur Priester oder andere hochrangige Beamte durften sie inspizieren. Die landwirtschaftliche Planung, die um dieses System herum errichtet wurde, ist ein Grund dafür, warum die Reiche der Pharaonen etwa 3000 Jahre lang Bestand hatten und nur drei Dunkle Zeitalter zwischen der Entstehung eines einheitlichen ägyptischen Staats (der Ersten Dynastie um etwa 3100 v. Chr.) und seiner Eroberung durch Alexander den Großen und die später folgende Einverleibung ins Römische Reich im Jahr 30 v. Chr. erleiden mussten.

Es ist zwar nicht bekannt, ob Ägyptens verführerische und letzte unabhängige Herrscherin, Kleopatra VII., über die Bedeutung der Nilometer nachdachte, als sie nach der Einnahme von Gift im Sterben lag, aber dennoch bildeten sie einen dauerhaften Bestandteil des Erbes der Pharaonen. Ägypten wurde zu einem Vasallen des Römischen Reichs, wobei das Niltal etwa ein Drittel von Roms Getreideversorgung lieferte. Kairos Nilometer blieb bis 1887 in Betrieb, über 1000 Jahre hinweg. Die Landwirtschaft durch Rieselbewässerung dauerte bis 1970 an, als der Bau des Assuan-Staudamms das jährliche Hochwasser im unteren Niltal beendete. Somit tauschte Ägypten das natürliche Kapital der Rieselbewässerung gegen das einer stabilen, kontrollierten Bewässerung und der Erzeugung von Wasserkraft.

Jahrtausendelang erhielt das wohltätige jährliche Hochwasser des Nils das Volk der Ägypter und verankerte die Macht seiner Herrscher. Ohne es wäre eine der stabilsten und ruhmreichsten Kulturen der Welt nie möglich gewesen.

Das Land zwischen den Flüssen

Ägyptens Pharaonendynastien waren zwar ungewöhnlich dauerhaft, aber sie waren kaum die ersten Flussgesellschaften. Um 4000 v. Chr. – über 1000 Jahre vor dem Bau der ersten ägyptischen Pyramide – gründete die alte Kultur der Sumerer einige der ältesten Städte der Welt im unteren Mesopotamien, einem trockenen, aber fruchtbaren Flachland, das sich zwischen den Flüssen Tigris und Euphrat südlich von Bagdad im heutigen Irak erstreckt. Die Ursprünge dieser Kultur gehen noch weiter zurück, möglicherweise bis auf eine Zeit zwischen 7000 und 6000 v. Chr., als Kleinbauern im nördlichen Irak mit der Bewässerung durch Flusswasser experimentierten. Die Techniken, die sie entwarfen, um das Wasser aus den natürlich fließenden Kanälen auf das Ackerland umzuleiten, sollten zu einer dauerhaften Erfindung der Menschheit führen, zur *Stadt*.

Mesopotamien, was »Land zwischen den Flüssen« bedeutet, unterschied sich von Ägypten stark. Das Hochwasser des Nils schwappte allmählich und sanft auf das Land und setzte im August ein, wodurch es mit dem größten Wasserbedarf der Landwirtschaft zusammenfiel. Im Gegensatz dazu führten die Flüsse Tigris und Euphrat ihr Hochwasser von März bis Mai, was für die optimale Aussaat zu früh war. Um zur Bewässerung verwendet werden zu können, musste das Wasser hinter Schutzdämmen gespeichert, in kleinere prekärere Pflanzgebiete gedrängt oder später im Jahr, wenn die Wasserstände niedrig waren, aus den Hauptkanälen emporgehoben werden. Das Hochwasser der Flüsse war heftig, unvorhersagbar und zerstörerisch. Der Nil floss behäbig durch einen einzigen, stabilen Kanal, wohingegen insbesondere der Euphrat sich in impulsive, wechselhafte Verästelungen aufspaltete und manchmal auch jäh seine Kanäle verließ, um einen neuen Weg einzuschlagen. Solche plötzlichen Verlaufsänderungen, die als *Abschwemmungen* bezeichnet werden, machten mit einem Schlag Jahre mühseliger Arbeit zunichte, die in den Bau von Deichen und Bewässerungsgräben geflossen war.

Die mesopotamischen Bauern hatten keine andere Wahl, als den wechselvollen Bewegungen des Flusses zu folgen, neue Wasserversorgungsanlagen zu graben und andere zu säubern, die im Schlamm erstickten. Aber auch ohne Abschwemmungen war das Land zwischen den Flüssen durch das zerstörerische Hochwasser gefährdet, das regelmäßig die Bemühungen der Bauern zunichtemachte und ihre Felder unter nutzlosem Sand begrub. Die ständigen Schäden, die durch Hochwasser, Abschwemmungen und gewöhnliche Ablagerungen entstanden, führten zu einem wechselnden Fleckenteppich aus intensiv bewirtschafteten Saatfeldern und einer Bewässerungsinfrastruktur, die abwechselnd errichtet und wieder aufgegeben wurde.

Trotz dieser Schwierigkeiten war die Bewässerung des fruchtbaren Flachlands äußerst produktiv. Die Bauern bauten mehr Nahrung an, als sie verzehren konnten, wodurch Überschüsse entstanden, mit denen dann gehandelt werden konnte. Die Bevölkerung wuchs, und bereits 5200 v. Chr. begannen junge Städte, die Namen wie Eridu und Uruk trugen, sich entlang der wechselnden Flussufer zu erheben. Die wirtschaftlichen und politischen Kräfte, die ihre Erfahrungen bestimmten, sind zwar immer noch umstritten, aber eines ist gewiss: Ohne die Nahrungsüberschüsse, die aus der bewässerten Landwirtschaft erzielt wurden, hätten sich diese Siedlungen nie entwickelt.

Während sich die jungen Städte vergrößerten, wurde die landwirtschaftliche Produktion intensiviert, die Wasserversorgungsanlagen zur Bewässerung wurden komplexer, und die auf das Wasser bezogene Planung wurde zentralisierter. Die Entscheidungsgewalt verlagerte sich auf städtische Priester und Bürokraten, und die Feldfrüchte wurden besteuert, um die herrschende Klasse zu unterstützen. Andere Fortschritte der Technik – wie beispielsweise der von Ochsen gezogene Hakenpflug und die Erfindung langer, schmaler Felder (die beim Pflügen weniger Kehrtwenden als quadratische Felder erfordern) – beschleunigten die Produktion von Weizen und Gerste noch weiter. Uruk, Eridu und andere Siedlungen entlang der Wasserwege von Euphrat und Tigris entwickelten sich zu regionalen Machtzentren und Achtung gebietenden Stadtstaaten. Der Handel blühte, und die Flusskanäle wurden zu lebenswichtigen Transportrouten für Schiffe. Um 4000 v. Chr. hatte sich die Urbanisierung über das gesamte südliche Mesopotamien ausgebreitet, wobei etwa 80 Prozent aller Sumerer in Städten wohnten. Uruk war mit einer geschätzten Bevölkerung von 100 000 Einwohnern die größte Stadt, die die Welt je gesehen hatte.

Irgendwann nach 2000 v. Chr. änderte Uruks Flusskanal seinen Lauf und verließ die Stadt. Ohne Wasser verringerte sich die Bevölkerung drastisch. Heute können wir anhand von satellitengestützter Kartierung sehen, wie die Lagen von Dutzenden verlassener sumerischer Städte und Hunderter archäologischer Ausgrabungsorte mit schwachen Spuren alter, seit Langem ausgetrockneter Flusskanäle übereinstimmen, die das Land zwischen den Flüssen durchziehen. Uruk liegt halb vergraben unter Flugsand, seine gespenstischen Überreste markieren das erste von vielen Reichen – das akkadische, babylonische, assyrische, osmanische, britische und irakische, um nur einige zu nennen –, die in dieser zutiefst geschichtsträchtigen Region in den folgenden Jahrtausenden aufsteigen und untergehen sollten.

Die Arche von Euphrat und Tigris?

Die gewundenen Flusskanäle von Euphrat und Tigris lieferten die Nahrung, die Wasservorräte und Handelswege, die das Aufblühen der sumerischen Stadtstaaten ermöglichten. In diesen Städten entstanden die Anfänge der Organisation von Regierung, Handel, Religion und einige der ältesten bekannten literarischen Texte.

Unter diesen Texten findet sich eine bemerkenswerte Reihe von zwölf Tontafeln, beschriftet mit fein ziselierter Keilschrift, die aus den alten Ruinen von Ninive in der Nähe des heutigen Mossul im Irak ausgegraben wurden. Eine davon erzählt die Geschichte eines antiken Sehers, der die göttliche Anweisung erhielt, ein riesiges Schiff zu bauen. Es sollte groß genug sein, um Vertreter aller lebenden Tiere darin unterzubringen. Später stieg eine schwarze Wolke vom Horizont auf, und eine verheerende Sintflut überschwemmte die Welt sechs Tage und sieben Nächte lang und zerstörte alles außer dem großen Schiff. Als das Hochwasser nachließ, stellten der Seher und seine Passagiere fest, dass sie auf dem Gipfel eines Berges saßen, aber ansonsten waren sie unverletzt, und niemand hinderte sie daran, die Welt neu zu bevölkern.

Diese Sintflutgeschichte klingt wie die Darstellung der Genesis von Noah und der Sintflut, geht aber dem Alten Testament um mehr als ein Jahrtausend voraus. Sie steht auf einer der zwölf Tafeln des Gilgamesch-Epos geschrieben, die von einem sagenhaften König von Uruk handeln. Die frühesten Geschichten auf diesen Tafeln, die ihrerseits auf 1200 v. Chr. datiert werden, gehen bis auf 2100 v. Chr.

zurück, und wahrscheinlich wurden sie auf der Grundlage von noch älteren Versionen adaptiert und umgeschrieben.

Aus anderen archäologischen Belegen wissen wir, dass es tatsächlich einen König von Uruk namens Gilgamesch gab, der irgendwann zwischen 2800 und 2500 v. Chr. herrschte. Seine Stadt wird im Alten Testament erwähnt (und als »Erech« bezeichnet, Genesis 10,10), und weitere Ähnlichkeiten zwischen dem Gilgamesch-Epos und der biblischen Geschichte von Noah und der Arche deuten darauf hin, dass beide Schriften einen gemeinsamen Ursprung im alten Irak haben. Anhand des Alters der sumerischen Tafeln (und einiger noch früherer Schriften, denen sie entlehnt sind) lassen sich die Ursprünge der Sintflutlegende Tausende Jahre zurückverfolgen, möglicherweise sogar bis zur neolithischen Periode Mesopotamiens vor etwa 8000 bis 12 000 Jahren.

Obwohl es absolut keine geologischen Belege für eine globale Überschwemmung in dieser (oder irgendeiner anderen) Zeit gibt, deuten zahlreiche glaubwürdige Untersuchungen darauf hin, dass die Legende wahrscheinlich von einer wirklichen lokalen Katastrophe inspiriert wurde. Eine beliebte Vermutung lautet, dass auf der ganzen Welt steigende Meeresspiegel eine Woge von Meerwasser über den Durchlass des Bosporus ins Schwarze Meer hineingetrieben haben. Eine andere bezieht sich auf das südlichste Ende des alten Flusstals von Euphrat und Tigris, das jetzt zum Meeresboden des Persischen Golfs gehört.

Auf dem Höhepunkt der letzten Eiszeit (die als letzteiszeitliches Maximum oder LGM [Last Glacial Maximum] bezeichnet wird) vor etwa 21 000 Jahren waren die Meeresspiegel global um 125 Meter niedriger als jetzt. Der heutige Persische Golf, der sich von Dubai bis Kuwait-Stadt erstreckt, war ein breites Flusstal, das mit Süßwasserseen gesprenkelt war. Was heute als Straße von Hormus gilt, eine der wichtigsten strategischen, von Militär gesicherten Durchfahrten der Welt, war ein flaches, breites, fruchtbares Flusstal.

Aufgrund seines sanften topografischen Gefälles wurde dieses ehemalige Tal überschwemmt, als die globalen Meeresspiegel zwischen etwa 10 000 und 4000 v. Chr. rasch anstiegen als Folge der Schmelze kontinentaler Eisdecken und der thermischen Ausdehnung des sich erwärmenden Meereswassers. Das ansteigende Meer dehnte sich über 1000 Kilometer ins Landesinnere aus, überflutete das Flusstal und ließ den heutigen Persischen Golf entstehen. Aufgrund des äußerst flachen topografischen Reliefs drang das Meer über 100 Meter und manchmal sogar über einen Kilometer pro Jahr vor.

Für die menschlichen Bewohner der Region, die dort lebten, wo sich heute der schlammige Meeresgrund des Persischen Golfs befindet, war die unablässige Überschwemmung ihrer Heimat im Verlauf vieler Generationen sicherlich ein beachtetes und traumatisches Ereignis. Mündliche (und schließlich auch schriftliche) Darstellungen ihrer erzwungenen Abwanderung wurden wahrscheinlich an ihre Nachkommen weitergegeben und könnten die ursprüngliche Quelle des Gilgamesch-Epos, der alttestamentarischen Darstellung von Noah und der Arche und anderer alter Sintflutlegenden sein.

Die Geheimnisse des Sarasvati

Die Kulturen der Ägypter und Sumerer sind zwar intensiv erforscht, aber sie verblassen allein schon aufgrund ihres bloßen Umfangs gegenüber der Harappa-Kultur Südasiens. Zwischen etwa 2500 und 1900 v. Chr. blühte diese erstaunlich fortgeschrittene Kultur entlang der Flusstäler von Indus, Ghaggar und ihren Nebenflüssen über einen breiten Streifen des modernen Pakistan und Nordwestindiens hinweg. Eine archäologische Untersuchung im indischen Bhirrana deutet darauf hin, dass die Siedlungen am Ghaggar möglicherweise noch früher gegründet wurden, nämlich zwischen 7000 und 5000 v. Chr. Wenn das stimmt, bedeutet das, dass die Harappa-Kultur beinahe 2000 Jahre vor den frühesten sumerischen Stadtstaaten entstand.

Harappa-Dörfer, -Städte und -Großstädte breiteten sich schließlich über mehr als eine Million Quadratkilometer aus, ein Gebiet, das größer ist als das der ägyptischen und mesopotamischen Kulturen zusammen und sich von den Ausläufern des Himalayas bis hinab zur Küste des Arabischen Meeres erstreckt. Ihre Bewohner erfanden die Schrift, Getreidespeicher, mit Backsteinen ausgekleidete Brunnen und die Städteplanung. Sie errichteten ausgeklügelte städtische Wasserleitungssysteme mit Bädern, die fließendes Wasser hatten, Toiletten, Aquädukten und einer geschlossenen Kanalisation – ganze *zwei Jahrtausende* bevor dieselben charakteristischen Merkmale der Moderne im alten Rom in Erscheinung traten.

Ebenso wie die Ägypter und Sumerer waren die Angehörigen der Harappa-Kultur ein Flussvolk. Sie pflanzten und bewässerten Weizen-, Gerste-, Hirse- und Dattelkulturen auf den fruchtbaren Schlammablagerungen der Überschwemmungsgebiete. Nahrungsüberschüsse versorgten die urbane Bevölkerung, die in gut geplanten Städten wohnte, welche aus gebrannten Ziegeln erbaut waren. Die am besten erforschten sind Mohenjo-Daro und Harappa, zwei besonders große Städte, die im heutigen Pakistan ausgegraben werden. In der Mitte des 19. Jahrhunderts wurden ihre Ruinen von kolonialen britischen Eisenbahningenieuren abgetragen, die die alten Ziegelsteine als Gleisschotter verwendeten. Das hohe Alter und die Bedeutung dieser Ruinen wurden erst 1924 gewürdigt, als die ersten archäologischen Untersuchungen begannen.

Aus Gründen, die wir noch nicht völlig verstehen, verschwand die Harappa-Kultur mit ihren erstaunlich fortschrittlichen Techniken. Die Menschen verschwanden zuerst und sehr überstürzt um 1900 v. Chr. aus dem Ghaggar-Flusstal. Von nahezu 1500 gegenwärtig bekannten archäologischen Fundorten der Harappa-Kultur befinden sich zwei Drittel entlang der alten, ausgetrockneten Überbleibsel des Ghaggar und seiner Nebenflüsse. Eine Leithypothese für das Verschwinden besteht darin, dass ein anhaltendes Schwächerwerden der indischen Monsunzeit für das Austrocknen dieser Flüsse verantwortlich war, wodurch die Region für Feldfrüchte zu wasserarm wurde. Heute enthüllen Satellitenbilder zahlreiche Spuren von bereits lange verblichenen Flusskanälen in diesem gegenwärtig ausgedörrten Gebiet. Alles, was vom Ghaggar noch übrig ist, ist ein unstetes, mit Unterbrechungen fließendes Band, das in der Thar-Wüste versickert. Sein Versiegen könnte sogar den Mythos über das Verschwinden des Sarasvati-Flusses inspiriert haben, das erstmals in den auf Sanskrit abgefassten ältesten bekannten religiösen Schriften, dem Rigveda, um 1500 v. Chr. erwähnt wurde und das im heutigen Indien eine bedeutende Legende darstellt.

Yu der Große kehrt zurück

Noch weiter im Osten etablierte sich die chinesische Kultur in den fruchtbaren, aber tödlichen Überschwemmungsgebieten des Jangtse (Chang Jiang) und des Gelben Flusses (Huang He). Bereits 6000 v. Chr. trat ein rudimentärer Anbau von Reis an zwei getrennten Orten am Jangtse in Erscheinung, in der Nähe der heutigen Großstädte Shanghai und Changsha. Chinas früheste Reisfelder, gefunden am archäologischen Ausgrabungsort Kuahuqiao in der Nähe des heutigen Hangzhou, wurden den Forschungen zufolge um 5700 v. Chr. angelegt. Die frühen Majiabang- und Hemudu-Kulturen hingen von Süßwassernahrung wie wildem Reis, Lotussamen, Rohrkolbenpflanzen und Fisch ab.

Nördlich davon, im Tal des Gelben Flusses, blühte die Yangshao-

Kultur, bestehend aus einer Gruppe von Hirsebauern, von etwa 5000 bis 3000 v. Chr. Die frühesten bekannten Schriften Chinas stammen aus dieser Region und wurden zuerst auf Knochen, dann auf Bronze, Holz, Bambus und schließlich auf Papier geschrieben. Diesen Inschriften zufolge hatte die chinesische Kultur ihren Ursprung am Gelben Fluss, und zwar mit den San Huang (Drei Erhabene), den Wu Di (Fünf Kaiser) und den ersten Dynastien – Xia, Shang und Zhou (Drei Dynastien). Die chinesische mündliche Überlieferung behauptet, dass die erste Xia-Dynastie irgendwann zwischen 2200 und 2070 v. Chr. entstand und dass sie von Yu dem Großen begründet wurde.

Yu der Große ist in China eine bedeutende traditionelle Gestalt. Den *Shiji* (Aufzeichnungen des Chronisten) zufolge brachte eine Reihe gewaltiger Überschwemmungen aufeinanderfolgende Wellen von Unheil über die Hirsebauern, die im Tal des Gelben Flusses lebten. Neun Jahre lang versuchte Yus Vater erfolglos, den Überschwemmungen Einhalt zu gebieten, indem er Dämme und Deiche bauen ließ. Aber Yu hatte Erfolg, wo sein Vater scheiterte, indem er Kanäle graben ließ, um das Wasser abfließen zu lassen. Nach 13 weiteren Jahren des Grabenbaus beherrschte Yu der Große, der sich häufig gemeinsam mit seinen Arbeitern abplagte, den Gelben Fluss und gewann die Treue seines Volkes. Seine politische Macht festigte sich, er begründete Xia, die erste Dynastie Chinas, indem er sich zu ihrem ersten König erklärte, wobei alle nachfolgenden Könige durch Erbfolge bestimmt werden sollten.

Diese überlieferte Geschichte wird zwar in China immer noch von der Bevölkerung weithin akzeptiert, steht jedoch im Konflikt mit der evidenzbasierten Archäologie. In den 1920er Jahren bildete eine skeptische Gruppe von Historikern die Yigu Pai (Schule des Zweifels am Altertum), um sowohl die Existenz von Yu dem Großen als auch der ersten Xia-Dynastie infrage zu stellen. Insbesondere wiesen sie darauf hin, dass der angebliche Beginn der Xia-Dynastie (um 2200 bis 2070 v. Chr.) mit keinerlei nennenswerter Ausdehnung oder Innovation archäologischer Artefakte übereinstimmt, die im Tal des Gelben Flusses gefunden wurden. Die Erlitou-Kultur – die mit einer Welle von Innovationen bei Keramiken, Bronze- und Jadegegenständen verbunden ist – erschien später (erst 1900 v. Chr.), aber mindestens zwei Jahrhunderte später, als es üblicherweise vom Beginn der legendären Xia-Dynastie behauptet wird.

Fast ein Jahrhundert nach der Yigu Pai können wissenschaftliche Fortschritte in der Kartierung und Datierung von Überschwemmungsablagerungen im Altertum zur Entscheidung der Frage beitragen. Im Jahr 2016 veröffentlichte ein von Qinglong Wu von der Universität Peking geleitetes Team in der Zeitschrift *Science* provokante geologische Belege für eine verheerende Überschwemmung im oberen Bereich des Gelben Flusses. Ihre Forschungen deuten darauf hin, dass ein Erdbeben weit am Oberlauf in der Jishi-Schlucht, einem tiefen Felscanyon, der vom oberen Teil des Flusses in der Nähe des Hochlands von Tibet gegraben wurde, einen Erdrutsch auslöste. Dieser begrub die Schlucht unter nahezu 240 Metern Schutt und schuf einen natürlichen Damm, der den Fluss blockierte. Ein riesiger See begann sich hinter dem Damm anzufüllen, der schließlich über ihn hinwegfloss und ihn durchbrach. Der See entleerte sich und sandte eine katastrophale Überschwemmung, die durch das Tal des Gelben Flusses wütete. Radiokarbondatierungen der Ablagerungen dieser großen Überschwemmung bestimmen ihr Datum auf 1922 ± 28 v. Chr.

Dieses Datum stimmt vollkommen mit der Morgenröte der Erlitou-Kultur überein, etwa 2400 Kilometer flussabwärts von der Jishi-Schlucht, wo der Gelbe Fluss aus seinem Kanal heraussprang und damit begann, sich einen neuen Flusslauf auf der Nordchinesischen Ebene zu graben. Es dauerte wahrscheinlich viele Jahre, um nachfolgende Flüsse, die durch dieses neu geschaffene Flussbett flossen, auszugleichen und zu kontrollieren, was möglicherweise der

Legende der langjährigen Bemühungen von Yu dem Großen (und seinem Vater) entspricht, den Verlauf des Flusses zu steuern. In der allgemeinen Nachbarschaft und Zeit dieser Abschwemmung kam es bei Gegenständen aus Keramik, Bronze und Jade zu einer regelrechten Explosion technischer Innovationen. Diese zeitliche Übereinstimmung stützt die Vorstellung, dass Chinas Kultur aus den Folgen einer verheerenden Überschwemmung im Tal des Gelben Flusses entstand, wobei die Erlitou-Kultur de facto die »verloren gegangene« Xia-Dynastie ist.

Vielleicht erfahren wir nie, ob Yu der Große eine wirkliche Person oder ein Mythos war, und weitere Forschungen sind nötig, um diese eine Studie zu bestätigen oder zu revidieren. Aber die alte Legende stellt eine deutliche Verbindung her zwischen der erfolgreichen Kontrolle von Überschwemmungen entlang des Gelben Flusses und der Organisation von Massenarbeit, von oben nach unten gerichteter politischer Macht und dem Ursprung politischer Dynastien. Mit anderen Worten: Dass sich eine Gesellschaft von einer extremen Flussüberschwemmung erholte, mag in China durchaus eine beinahe 4000 Jahre währende Herrschaft eines dynastischen Regierungssystems zur Folge gehabt haben.

Die Wasserwelt Wittfogels

Durch die vier Geschichten großer Kulturen, die wir bisher beschrieben haben, zieht sich ein roter Faden. Alle bildeten sich entlang breiter, flacher Flusstäler mit fruchtbaren Schlammböden, aber nur spärlichen Regenfällen. Eine regenabhängige Landwirtschaft konnte in diesen Gebieten nur schwer oder gar nicht betrieben werden. Daher war die Bewässerung durch Flüsse ein entscheidendes Erfordernis für das Wachstum und Überleben dieser Gesellschaften.

Das natürliche Kapital von Flüssen – Wasser zur Bewässerung, fruchtbare Böden in den Überschwemmungsebenen zum Ackerbau – wurde durch geniale menschliche Erfindungen wie Nilometer, Kanäle, Deiche, Dämme und Vorrichtungen zur Anhebung des Wassers, wie die archimedische Schraube*, nutzbar gemacht. Trotz der allgegenwärtigen Gefahren von Überschwemmungen, Abschwemmungen und Dürreperioden war die Landwirtschaft so erfolgreich, dass Nahrungsüberschüsse – insbesondere speicherbares Getreide – möglich wurden. Die Besteuerung dieser Überschüsse und der Handel mit ihnen ermöglichten die Entstehung neuer Berufe, gesellschaftlicher Klassen und Städte.

Da sie von den täglichen Aufgaben der Produktion ihrer eigenen Nahrung entbunden waren, entwickelten die Menschen neue Betätigungen, u. a. als Schreiber, Buchhalter, Priester, Händler, Politiker und Soldaten. Sie konzentrierten sich in kompakten Siedlungen, in denen es leichter war, miteinander zu interagieren, und die gegen Plünderer befestigt werden konnten. Als diese Siedlungen größer wurden, ersannen die Erfinder neue Möglichkeiten, um die Flüsse in Dienst zu nehmen – zur städtischen Wasserversorgung, zur Abwasserbeseitigung und zum Handel mit anderen Bevölkerungszentren.

Während diese Gesellschaften an Zahl und Komplexität zunahmen, wuchs auch ihr Bedürfnis nach landwirtschaftlicher Produktivität. Tatsächlich hingen das Überleben selbst und die politische Stabilität dieser großen Kulturen von der erfolgreichen Instandhaltung ihrer Bewässerungsanlagen ab. Dieses Erfordernis war so zwingend, dass der deutsch-amerikanische Historiker Karl Wittfogel (1896 –1988) sie als »hydraulische Gesellschaften« bezeichnete.

* Eine archimedische Schraube ist eine Förderanlage, die aus einer Spirale in einer Röhre besteht. Durch die Drehbewegung der Spirale kann Wasser von unten nach oben befördert werden, während die umschließende Röhre verhindert, dass das Wasser unterwegs verloren geht. (A. d. Ü.)

Als jemand, der Hitlers Konzentrationslager überlebt hatte, wanderte Wittfogel in die Vereinigten Staaten ein, nachdem der internationale Druck die Gestapo dazu gebracht hatte, ihn freizulassen. Er wurde amerikanischer Staatsbürger und arbeitete als Gelehrter an der Fakultät der Columbia University und später der University of Washington. Teilweise aufgrund seiner einschneidenden Erfahrung mit »jener Hölle des totalen Terrors« (wie er die Konzentrationslager der Nazis bezeichnete) wurde Wittfogel ganz davon eingenommen, die Ursprünge und das Wesen totalitärer Macht zu verstehen. Heute erinnert man sich an ihn hauptsächlich aufgrund seiner eiskalten Zeugenaussagen vor zwei Untersuchungskommissionen aus der McCarthy-Ära, dass einige seiner Wissenschaftlerkollegen wahrscheinlich Kommunisten seien, und eines zutiefst einflussreichen, 1957 erschienenen Buches mit dem Titel *Oriental Despotism: A Comparative Study of Total Power* (dt. *Die orientalische Despotie: eine vergleichende Untersuchung totaler Macht* [1962]).

Im Verein mit einer Reihe wissenschaftlicher Aufsätze machte *Die orientalische Despotie* geltend, dass das Niveau der Organisation und der Massenarbeit, das man für die Unterhaltung der Infrastruktur zur Flussbewässerung brauchte – und somit Nahrungsüberschüsse, Besteuerung und eine herrschende Klasse –, so hoch war, dass sich der Aufstieg einer autoritären, bürokratischen Gesellschaft an solchen Orten als wahrscheinlichstes politisches Ergebnis einstellte. Eine herrschende Klasse, die von Priestern oder Königen geleitet wurde, so Wittfogel, entstand zwangsweise, um eine hierarchische Kontrolle über Wasser, Land, Arbeiter, Hochwasser und Reparaturen durchzusetzen, die für die Steuerung groß angelegter, komplexer Wasserversorgungsanlagen und für deren erfolgreichen Erhalt notwendig war. Die staatliche Kontrolle dieser Infrastruktur führte unvermeidlich zu einer unterdrückerischen, bürokratischen Regierung, die zu viel Respekt einflößte, als dass die gewöhnlichen Bürger sich gegen sie hätten auflehnen können.

Die hydraulischen Gesellschaften waren somit zwar stabil, aber ihr Überleben beruhte auf einer ständigen erfolgreichen Steuerung ihrer Wasserversorgungsanlagen, wodurch eine starke autoritäre Herrschaft und staatliche Kontrolle begünstigt wurden. Eine schlechte Steuerung oder katastrophales Versagen – aufgrund von Vernachlässigung, Krieg, Abschwemmungen oder Klimawandel – konnte Nahrungsengpässe und politische Unruhen auslösen und sie dadurch in den Niedergang oder zum Zusammenbruch führen. Beispiele für solche Verwerfungen durchziehen die Geschichte des alten Mesopotamiens, des Industals und Chinas und finden sich gelegentlich sogar in der des relativ stabilen Niltals.

Die orientalische Despotie brachte eine bahnbrechende Idee zum Ausdruck, die sich seither nach Jahrzehnten von Studien und Debatten weiterentwickelt hat. Beispielsweise entwickelten sich nicht alle historischen Kulturen mit komplexen Wasserversorgungsanlagen zu autoritären Staaten. Es sind auch Beispiele bekannt, dass zuerst ein autoritärer Staat auftrat und erst später Wasserversorgungsanlagen entstanden. Und Abhängigkeiten von der Umwelt, auch solche entscheidenden wie Wasser- und Ernährungssysteme, bestimmen nicht an sich schon die politischen Resultate. Aber selbst Wittfogels Kritiker stimmen darin überein, dass ein Kernerfordernis für die Gründung der frühen großen Kulturen an den Ufern des Nils, des Euphrat und Tigris, des Indus und des Gelben Flusses die erfolgreiche Ausnutzung des natürlichen Kapitals dieser Flüsse war und die Fähigkeit, sich an zerstörerische Überschwemmungen und Abschwemmungen anzupassen oder sich von ihnen zu erholen. Wo diese Erfordernisse erfüllt waren, folgten Nahrungsüberschüsse, Besteuerung und eine gesellschaftliche Hierarchie. Die Handhabung und Steuerung der Flüsse führte somit zur Geburt dicht bevölkerter, komplexer hierarchischer Gesellschaften (die autoritär waren oder auch nicht). Die Morgenröte der aus vielen Berufen und vielen Klassen bestehenden Stadt, die von Eliten regiert wurde, hatte begonnen.

Erkenntnis aus den Brüsten von Hapi

Eine der vielen Stärken einer besteuerten, beruflich vielgestaltigen städtischen Gesellschaft besteht darin, dass sie es sich leisten kann, ein paar Denker zu unterhalten. Welche Probleme, welche Fragen beschäftigten die frühesten Intellektuellen? Nur wenige würden die Vorteile leugnen, die Naturwissenschaft, Ingenieurskunst und Jurisprudenz der Menschheit gebracht haben, oder dass diese Problemlösungsansätze unserer heutigen Welt ganz allgemein zugrunde liegen. Woher kamen diese drei ausgeprägt menschlichen Institutionen?

Obwohl sie in moderner Gestalt erst ab der Renaissance erkennbar sein sollten, gehen die Ursprünge der Naturwissenschaft, der Ingenieurskunst und der Jurisprudenz auf die frühesten Kulturen zurück und beinhalteten häufig die Aneignung von natürlichem Kapital und die Steigerung menschlichen Wohlbefindens aufgrund von Strömen, Flüssen und anderen Formen von fließendem Wasser. Um 3000 v. Chr. meißelte ein unbekannter Künstler die Darstellung eines Bewässerungskanals in den steinernen Keulenkopf von »König Skorpion«, einem geheimnisumwobenen, vordynastischen Herrscher im unteren Ägypten. Durch Versuch und Irrtum leiteten die Sumerer, Harappaner, Ägypter und Chinesen Flüsse anhand von Kanälen und Deichen von ihren Siedlungen weg und zu ihrem Ackerland hin. Rohrleitungen aus Ton und Abwasserkanäle wurden ausgiebig von der hellenischen Kultur des antiken Griechenlands verwendet und später von den alten Römern kopiert. Die Römer versahen ihre öffentlichen Bäder, Brunnen und Villen mit Rohrleitungen aus Blei oder gebranntem Ton und bauten umfangreiche Systeme von Aquädukten, um Wasser in ihre Städte zu leiten. Im ersten Jahrhundert v. Chr. widmete der Römer Vitruv einen ganzen Band seiner berühmten Abhandlung *De architectura* Fragen, die die Ableitung und die Handhabung von fließendem Wasser betrafen.

Da es praktischer Natur war und nicht auf soliden Kenntnissen beruhte, tastete sich dieses frühe Werk voran zu den Fundamenten dessen, was wir heute als Bauingenieurswesen bezeichnen. Manche Errungenschaften dieser frühen Proto-Ingenieure waren spektakulär beeindruckend, wie beispielsweise die berühmten bogenförmigen Aquädukte der Römer. Viele dieser die Schwerkraft ausnutzenden Bauwerke stehen heute immer noch. Doch in anderer Hinsicht waren die antiken Proto-Ingenieure überraschend unwissend.

Betrachten wir beispielsweise eine der grundlegendsten aller Flussmessungen, den *Abfluss* (auch Durchflussmenge genannt). Der Abfluss gibt das Wasservolumen an, das an einem bestimmten Ort in einem bestimmten Zeitintervall vorbeifließt (z. B. Liter pro Minute, Kubikmeter pro Sekunde, Kubikkilometer pro Jahr und so weiter). Er wird zur Steuerung von allem Möglichen verwendet, vom Umgang mit Dämmen und Sammelbehältern bis zur maximal zulässigen Strömungsgeschwindigkeit des Duschkopfs in Ihrem Badezimmer. Der Abfluss eines Flusses, Kanals oder Aquädukts ist gleich der Querschnittsfläche seiner Strömung multipliziert mit der durchschnittlichen Fließgeschwindigkeit durch diese Fläche. Das ist zwar ein einfacher Begriff, aber die alten Griechen und Römer glaubten, dass die Vergrößerung oder Verengung eines Wasserlaufs allein seine Strömungsgeschwindigkeit steuern würde. Merkwürdigerweise übersahen sie oder kannten nicht die Bedeutung der Strömungsgeschwindigkeit, die dadurch reguliert werden kann, dass man das Gefälle eines Wasserlaufs anpasst.

Eine seltene Ausnahme war ein Mathematiker und Proto-Ingenieur namens Heron von Alexandria, der im ersten Jahrhundert n. Chr. in Ägypten lebte. Heute ist er berühmt dafür, zwei grundlegende Bücher geschrieben zu haben, *Pneumatica*, welches einige Grundprinzipien der Hydraulik darlegte, und *Dioptra*, welches im Grunde die Landvermessung erfand. Der Inhalt dieser Bücher war so bahnbrechend, dass Heron seither als der erste Ingenieur bezeichnet wird. Neben zahlreichen auf Wasser bezogenen Begriffen, die in *Pneumatica* vorgestellt werden (beispielsweise Siphon, Bewässerung und Entwässerung), erklärte Heron, inwiefern die Strömungs*geschwindigkeit*, und nicht nur die Querschnittsfläche, notwendig ist, um die Strömung durch ein Aquädukt, einen Fluss oder eine Quelle korrekt zu bestimmen. Seine klare Beschreibung der notwendigen Berechnungen wurde von seinen Zeitgenossen rundweg ignoriert, und der Begriff des Abflusses sollte weitere 16 Jahrhunderte lang nicht eingeführt werden. Ein Benediktinermönch und Student von Galileo Galilei namens Benedetto Castelli begründete ihn schließlich endgültig 1628 in seinem Werk *Della Misura dell'Acque Correnti* (Über die Messung von fließenden Gewässern).

Man tappt allzu leicht in die Falle, die Weisheit der Alten zu sehr zu romantisieren. Die alten Griechen bevorzugten vage, manchmal gar mitreißende Erklärungen der Welt der Natur, vernachlässigten aber ihre quantitative Messung oder hatten allgemein kein Interesse an ihr. In seinem 1970 erschienenen Buch *History of Hydrology* bemerkt Asit Biswas, dass sogar Aristoteles, einer der größten Geister aller Zeiten, Mythen verbreitete wie beispielsweise die Behauptung, dass Männer mehr Zähne als Frauen hätten, sich jedoch nie darum scherte, diese Behauptung durch näheren Augenschein bei seiner Frau oder Geliebten zu bestätigen.

Die Vorliebe der alten Griechen für qualitative Antworten auf Fragen ist verständlich vor dem Hintergrund dessen, wie wenig die Menschen von der Welt der Natur zu jener Zeit verstanden. Und von den vielen rätselhaften natürlichen Phänomenen, die nach einer Erklärung verlangten, fesselten nur wenige die frühen Philosophen so sehr wie die Bewegung der Sterne am Nachthimmel und der Ursprung des Nil-Hochwassers.

Thales von Milet (in der damaligen Zeit eine bedeutende Stadt, deren Ruinen in der heutigen Westtürkei immer noch zu sehen sind) war der Erste, der natürliche statt übernatürliche Erklärungen für letzteres Phänomen suchte. Das war damals unerhört. Die alten Ägypter, die 3000 Jahre lang entspannt an den Flussufern des Nils gelebt hatten, glaubten, dass sein lebenspendendes jährliches Hochwasser aus den schweren, schaukelnden Brüsten des Gottes Hapi herausfloss, der auf alten Schnitzereien als androgyne Gestalt mit Bart, Lendentuch und einem sich wölbenden, möglicherweise schwangeren Bauch dargestellt wurde. Thales lehnte diese göttliche Erklärung ab und schlug stattdessen vor, dass die Südwinde, die im Sommer in Ägypten auftraten, das nach Norden fließende Wasser des Flusses zurückdrängten und es hemmten, bis der Wind überwunden war und ein Hochwasser ausgelöst wurde.

Thales' Vermutung wurde von Herodot verworfen, der bemerkte, dass das Hochwasser auch dann auftrat, wenn die Winde fehlten, und dass andere Flüsse, die Winden entgegen ihrer Flussrichtung ausgesetzt waren, davon nicht beeinflusst wurden. Herodot wiederum brachte seine eigene verblüffende physikalische Erklärung vor, der zufolge das Hochwasser von der jahreszeitlichen Bewegung der Sonne und dem Fehlen von Regen in Ägypten erzeugt wurde. Im Laufe der nächsten sechs Jahrhunderte schlugen viele andere griechische und römische Philosophen – u. a. Diogenes, Demokrit, Ephorus, Strabon, Lukrez und Plinius – alle ihre eigenen physikalischen Erklärungen für den Ursprung des Flusshochwassers vor. Obwohl keine wirklichen Feldstudien oder Messungen in Angriff genommen wurden, markierte dieser Diskurs das früheste Aufflackern dessen, was wir heute als wissenschaftliche Debatte bezeichnen würden.

Sie lagen alle falsch. Niemand verstand, dass der jahreszeitliche Niederschlagszyklus weit stromaufwärts im Hochland Äthiopiens das rätselhafte Phänomen hervorbrachte. Aber die Debatten dieser Intellektuellen über den Ursprung des Nil-Hochwassers – zusammen mit einer Handvoll anderer Debatten in der Astronomie, Kosmologie und Mathematik – erzeugten einen neuen Stil des Vorschlagens und der Diskussion rationaler, physikalisch begründeter Hypothesen zur Erklärung der sie umgebenden Welt. Die Zurückweisung des Mystizismus und das Streben nach Erkenntnis um ihrer selbst willen hatten begonnen. Die Ursprünge der Naturwissenschaft und des rationalen Denkens lassen sich bis auf Thales und die frühen philosophischen Debatten über den Ursprung des jährlichen Nil-Hochwassers zurückführen.

Der Codex Hammurabi

Schon sehr früh haben Gesellschaften Regeln verwendet, um die öffentliche Ordnung und die Verteilung natürlicher Ressourcen zu regulieren. Bei einer Regelverletzung wird der Gerechtigkeit durch die Bestrafung des Missetäters, die Entschädigung des Opfers oder beides Genüge getan. Tatsächlich lässt sich unser angeborenes Verlangen nach irgendeiner Art von Justizsystem mindestens 4000 Jahre zurückverfolgen, als die ersten bekannten Gesetze schriftlich kodifiziert wurden. Worum sorgten sich die frühesten Proto-Juristen, und wie beeinflussten ihre Bemühungen unsere modernen Rechtssysteme?

Die ersten bekannten schriftlich fixierten Gesetze stammen aus den archäologischen Fundorten von Nippur, Ur und Sippar, drei alten sumerischen Städten an den Ufern des Euphrat. Aus den Ruinen dieser Städte wurden vier kleine Keilschrifttafeln ausgegraben. Eine davon wurde 1954 entziffert, und das Auffinden von Querverweisen und die Übersetzung unter Zuhilfenahme der anderen dauerten noch fast drei Jahrzehnte länger. Als sich die mühselige Sprachforschung dem Ende näherte, wurde deutlich, dass die Tafeln, die auf etwa 2100 v. Chr. datiert wurden, die ältesten Gesetzestexte waren, die je gefunden wurden. Von mindestens 39 eindeutigen Gesetzen, die auf diesen alten Tafeln geschrieben stehen, sind 32 entziffert worden. Sie werden als Codex Ur-Nammu bezeichnet.

Eine umfangreichere Gesamtheit von bis zu 282 Gesetzen, die in eine massive schwarze Steinplatte von über zwei Meter Höhe eingemeißelt sind, trat 300 Jahre später in Kraft. Die Platte wurde aus den Ruinen von Susa ausgegraben, etwa 250 Kilometer östlich des Tigris im heutigen Iran, hatte aber ursprünglich in einem mesopotamischen Tempel gestanden. Sie wird als Codex Hammurabi bezeichnet, weil sie von Hammurabi, einem mächtigen babylonischen König, der von 1792 bis 1750 v. Chr. über Mesopotamien herrschte, dort aufgestellt wurde. Wie die Ur-Nammu-Tafeln formulierte der Codex Hammurabi Regeln und Strafen, die für notwendig gehalten wurden, um die öffentliche Ordnung zu bewahren und Ressourcen in einer der frühesten Menschheitskulturen zu verwalten. Heute steht sie im Louvre und bietet mit dem Codex Ur-Nammu einen seltenen Einblick in die Werte der Kultur, die sich vor 4000 Jahren in der fruchtbaren Überschwemmungsebene von Euphrat und Tigris entwickelte.

Die Lektüre der Codizes von Ur-Nammu und Hammurabi zeigt, dass die Menschen jener Zeit sich Sorgen über Sex, Gewalt, Scheidung, Sklaven, Lügen und Wasser zum Zweck der Bewässerung machten. In der Zeit des Codex Ur-Nammu wurden die meisten Strafen in Form von Geldstrafen verhängt. Wenn beispielsweise ein jungfräuliches Sklavenmädchen »mit Gewalt defloriert« wurde, sollte der Missetäter in der Regel fünf Silberschekel als Strafe zahlen. Die Todesstrafe behielt man sich für folgende Tatbestände vor: Mord, Raub sowie Geschlechtsverkehr mit der jungfräulichen Gattin (die keine Sklavin war) eines anderen.

Der Codex Hammurabi, der weitaus länger ist, beschreibt viel mehr Verbrechen und Strafen im Einzelnen. Die Höhe der Strafe war je nach gesellschaftlicher Klasse verschieden (Adel, Freie und

Sklaven), und er bringt die früheste bekannte Kodifizierung der Strafauffassung des *lex talionis* (Gesetz der Vergeltung) zum Ausdruck:

> *Wenn ein Mann das Auge eines anderen Mannes auslöscht, soll sein Auge ausgelöscht werden. Wenn er den Knochen eines anderen Mannes bricht, soll sein Knochen gebrochen werden. Wenn ein Mann die Zähne eines Ebenbürtigen ausschlägt, sollen seine Zähne ausgeschlagen werden.*

Diese Vorstellung von Gerechtigkeit als angemessener Rache (»Auge um Auge, Zahn um Zahn«) sollte sich fortsetzen und die hebräische Bibel und das christliche Alte Testament durchdringen. In Teilen der heutigen Welt wirkt sie immer noch nach. Der Gedanke unterschiedlicher Strafhöhen für dasselbe Verbrechen – je nach der gesellschaftlichen Klasse des Missetäters – sollte in Kolonialgebieten und in Amerika während der Sklavenzeit abermals auftreten und dauert weniger sichtbar auch heute noch fort.

Diese frühesten Gesetzbücher ordneten auch eine erstaunliche Anzahl von Schutzmaßnahmen für gefährdete Gesellschaftsmitglieder an. Beispielsweise pflegte dem Codex Hammurabi gemäß ein jungfräuliches weibliches Opfer einer Vergewaltigung für schuldlos gehalten und sein Vergewaltiger hingerichtet zu werden. Wenn ein männlicher Sklave eine freie Frau heiratete, konnte der Herr des Sklaven deren Kinder nicht versklaven. Opfer von Raubüberfällen pflegten von der Regierung entschädigt zu werden. Einige dieser Ideen scheinen für diese alten Zeiten merkwürdig fortschrittlich zu sein und würden in bestimmten Teilen der Welt auch heute noch als progressiv gelten.

Wie verhielt es sich mit der Verwaltung natürlicher Ressourcen? In beiden Codizes war Flusswasser (oder die Feldfrüchte, die davon bewässert wurden) die wichtigste aufgeführte natürliche Ressource.

Darauf bezogene Verbrechen umfassten die nicht ordnungsgemäße Unterhaltung von Gräben und Dämmen, die unabsichtliche Überschwemmung des Feldes eines Nachbarn und das Stehlen von Gerätschaften zur Bewässerung. Die frühesten bekannten Gesetze legten also Präzedenzfälle für den verantwortlichen Umgang mit Wasser, persönliche Haftung und Eigentumsrechte fest, neben einem schmutzigen gesellschaftlichen Sud von Untreue, Sexualverbrechen, Überfällen, Diebstählen, Kreditausfällen, Bestechung und anderen unheimlich vertrauten Delikten.

Gewiss sind einige der anderen Rechtsvorstellungen in diesen Texten für uns heute äußerst fremd. Beispielsweise wurde die Entscheidungsgewalt manchmal der Natur überlassen. Wenn ein Mann der Hexerei oder eine Frau der Treulosigkeit verdächtigt wurde, diente der Euphrat sowohl als Richter als auch als Henker: Die Angeklagten wurden ins Wasser geworfen, und ihre Schuld oder Unschuld wurde davon abhängig gemacht, ob sie überlebten oder ertranken.

Flüsse für alle

Heutzutage ist es ein fundamentaler Rechtsgrundsatz überall auf der Welt, dass man Flüsse nicht besitzen kann. Selbst in Ländern mit einer starken kapitalistischen Tradition wie in den Vereinigten Staaten oder im Vereinigten Königreich stellen Flüsse eine Klasse für sich dar, die dem öffentlichen Wohl vorbehalten ist. Dadurch gehören Flüsse einer Kategorie an, die sich deutlich von der Kategorie der meisten anderen natürlichen Ressourcen unterscheidet. Es ist äußerst verbreitet, dass Land, Bäume, Mineralien und Wasser aus anderen natürlichen Ressourcen (z. B. Quellen, Teichen, Grundwasser) als Privateigentum gelten. Flüsse, Luft und Meere werden jedoch ganz anders behandelt. Woher stammt dieses Muster, und wie wirkt es sich auf die heutigen Rechtssysteme aus?

Die Idee geht mindestens bis auf das spätantike Rom zurück. Den *Digesten* zufolge, einer bedeutenden Sammlung der römischen Rechtsliteratur, die von Kaiser Justinian im Jahr 530 n. Chr. in Auftrag gegeben wurde, begründeten die frühen römischen Juristen viele Rechtsgrundsätze, die die Inanspruchnahme von Flüssen, den öffentlichen Zugang zu Flüssen und die Rechte privater Landeigentümer betrafen, die an Flüssen lebten. Diese Schriften zeigen, dass die römische Gesellschaft fest davon überzeugt war, dass ein dauerhafter, fließender Fluss *(flumen)* im Unterschied zu anderen Süßwasserquellen der Öffentlichkeit gehört *(flumen publicum)*. Die Römer sorgten sich auch um den Erhalt der Schifffahrtsfreiheit, insbesondere der freien Durchfahrt von Schiffen. Quellen, mit Unterbrechungen fließende Ströme, Grundwasserbrunnen und andere kleinere Wasserquellen durften zum Privatbesitz gehören, aber jeder natürliche Fluss, der das ganze Jahr floss, auch nicht schiffbare Flüsse, waren im Besitz der Öffentlichkeit zum Nutzen von allen. Mit Unterbrechungen hatte dieses Prinzip weitgehend Bestand und ermöglicht den öffentlichen Zugang und die ungehinderte Schifffahrt auf großen Flüssen bis zum heutigen Tag.

Die römischen Juristen kodifizierten auch Rechte für Uferanlieger. Obwohl jeder Bürger mit einem Boot auf einem Fluss fahren, in ihm schwimmen oder fischen konnte, stand der *Zugang* zu ihm auf einem anderen Blatt. Um ein Privatgrundstück zu überqueren, musste eine Art von öffentlichem Nutzungsrecht oder Durchfahrtsrecht (das als *servitus* bezeichnet wurde) ausgehandelt und gegenüber den Bedürfnissen des Grundstücksbesitzers abgewogen werden. Es oblag den Landvermessern und Richtern, ein *servitus* zu handhaben, in etwa so, wie öffentliche Nutzungsrechte in den Vereinigten Staaten und anderen Ländern heute gerichtlich entschieden werden.

Die römische Regierung hatte die Vollmacht, Abzweigungen, Dämmen und anderen bedeutenden Flussprojekten zuzustimmen. Wenn nötig, konnte sie sich zu diesem Zweck sogar Privatgrundstücke aneignen – ein antiker Vorgänger des Enteignungsrechts. Die Erhaltung der »natürlichen Strömung« eines Flusses war rechtlich verankert und bedeutete, dass Landeigentümer mit am Ufer gelegenen Grundstücken vor einer anderen Partei geschützt waren, die den Abfluss eines Flusses stromaufwärts von ihrem Besitz verschmutzte oder abzweigte.

Diese drei Kerngedanken – Schifffahrtsfreiheit, öffentliches Eigentum *(res publica)* und Privateigentum *(res privata)* – wurden durch das gesamte große Römische Reich verbreitet. Die ersten beiden begründeten die Handels-, Verkehrs- und Reisefreiheit entlang von Tiber, Po, Rhein, Donau, Rhône, Saône, Guadiana, Guadalquivir, Ebro, Orontes und (Großem) Mäander in den heutigen Ländern Italien, Deutschland, Frankreich, Schweiz, Niederlande, Rumänien, Ungarn, Serbien, Bulgarien, Slowakei, Ukraine, Moldawien, Spanien, Portugal, Libanon, Syrien und Türkei.

Die Idee der *res privata* (im Verein mit dem Einfluss des englischen Gewohnheitsrechts aus dem Mittelalter) sollte sich letztlich zum Rechtsbegriff der Wasserrechte entwickeln, der beinhaltet, dass Privateigentümer, die an einem Fluss wohnen, ein Recht auf die Nutzung seines Wassers haben. Jahrhunderte später (nachdem US-amerikanische Gerichte es mit dem Ziel der Lockerung des römischen Erfordernisses der »natürlichen Strömung« in dem Sinne aufgeweicht hatten, dass dieses Erfordernis durch die Forderung der »sinnvollen Nutzung« ersetzt und damit die Umweltverschmutzung durch Mühlen gestattet wurde) sollte dieses Prinzip die Explosion einer flussbasierten Industrie und Tausende neuer Siedlungen an den Mühlgräben Westeuropas und des nordamerikanischen Ostens ermöglichen. Wenn die Römer sich auf eine andere Idee zum Umgang mit Flüssen geeinigt hätten – beispielsweise auf *flumen pri-*

vatum anstatt auf *flumen publicum* –, würde die Welt heute ganz anders aussehen.

Krafträder

Mein Leben, und vielleicht ebenso das Ihre, erfordert ziemlich viele Reisen. Wenn mein Zielort mehr als vier Stunden entfernt ist, fliege ich, wenn weniger, fahre ich. Nur an den abgelegensten Arbeitsstätten – in Regionen wie Alaska, Nordkanada und Sibirien – reise ich mit dem Boot. Aber dort, wo es nur wenige Flughäfen und keine Straßen gibt, fühlt sich ein Kanu wie ein Motorrad an. Ein Boot aus Aluminium mit einem Außenbordmotor fühlt sich wie ein Geländewagen an. Flüsse werden zu Straßen, die sich durch die Wildnis schlängeln. Viel benutzte Wildpfade folgen den Ufern. Selbst im tiefen Winter sind die Flüsse des Nordens aktive Verkehrskorridore für Menschen und Tiere, die sich auf den glatten, gefrorenen Oberflächen hinunterbewegen, wie sie es seit Urzeiten getan haben. Die Reise auf diesen entlegenen Wasserstraßen fühlt sich heute abenteuerlich und kurios an. Aber bis in die jüngste Vergangenheit war den Flüssen zu folgen die hauptsächliche Methode, wie Menschen reisten und das Innere von Kontinenten erforschten.

Die Reise mit dem Boot ist relativ leicht und existiert schon seit Jahrtausenden. Niemand weiß, wann das erste Boot gebaut wurde, und wahrscheinlich werden wir es nie erfahren. Tatsächlich wurden Boote in der Menschheitsgeschichte mehrmals erfunden und wieder erfunden. Die frühesten Modelle – Einbaumkanus aus Holzstämmen, Bündel aus zusammengebundenem Schilf, Holzgerippe, die mit Baumrinde oder Tierhäuten überzogen waren – wurden an archäologischen Fundorten auf der ganzen Welt ausgegraben. Ein 8000 Jahre alter Einbaum wurde in Kuahuqiao ausgegraben, dem-

Fußabdrücke von einem Wolf am Yukon River, Alaska. Seit Urzeiten haben Wildtiere und Menschen, darunter die frühesten bekannten menschlichen Ankömmlinge in Nordamerika, Flüsse und Flusstäler als natürliche Reiserouten benutzt. *(Laurence C. Smith)*

selben archäologischen Fundort in der Nähe von Hangzhou, wo die frühesten Reisfelder Chinas in Erscheinung traten. Andere alte Wasserfahrzeuge wurden in Ägypten, Mesopotamien, Westafrika, Südostasien, Indien, Nord-, Mittel- und Südamerika und Europa ausgegraben.

Das aus Holzplanken bestehende Boot, ein technischer Durchbruch, der die Seetüchtigkeit erhöhte, wurde spätestens 1670 v. Chr. im heutigen England erfunden (1996 wurde eine einzige Planke entdeckt, die die Zeit überdauert hatte), wahrscheinlich aber schon früher, und dann spätestens 500 n. Chr. in Kalifornien (von den an der Küste lebenden Chumash). Im neunten und zehnten Jahrhundert benutzten die Wikinger wendige Kriegsschiffe aus Planken, um Europa in Angst und Schrecken zu versetzen; sie segelten die Flüsse hinauf, um Gebiete zu überfallen, die heute zum Baltikum und zu Russland gehören, und gründeten neue Siedlungen an solchen Orten wie der heutigen Normandie, Swansea und Dublin. Sie kolonisierten Grönland und die zuvor unbewohnte Insel Island und erkundeten die Felsküsten des nordöstlichen Nordamerika ein halbes Jahrtausend vor der Ankunft von Christoph Kolumbus im Jahr 1492.

Im elften und zwölften Jahrhundert entstanden, angetrieben vom Schiffsverkehr und Handel, Städte wie Antwerpen, Gent und Rotterdam entlang der schiffbaren Flusskanäle des Rhein-Maas-Schelde-Deltas in Westeuropa. Andere wichtige Flussstädte waren das heutige Amsterdam, Florenz, Paris und London. Die Handelsnetzwerke, die sie begründeten, kündigten eine städtische, merkantilistische europäische Wirtschaft an und letztlich den Untergang des alten landwirtschaftlichen Feudalsystems von Gutshäusern und Leibeigenschaft.

Europas Urbanisierung wurde weiter angeregt durch das wachsende Interesse an der Verwendung von Wasserrädern, um mechanische Kraft aus Flüssen zu ziehen. Mindestens seit der Zeit der

Römer standen kleine Wasserradmühlen im Gebrauch, um Getreide zu Mehl für Brot zu mahlen; in Dörfern und auf Herrensitzen waren sie in ganz Europa verbreitet. Das einfachste lenkte einen fließenden Strom auf ein horizontales Schaufelrad, das eine vertikale Kurbelwelle, an deren Spitze ein Mühlstein befestigt war, in Drehung versetzte. Die Welle war typischerweise von einem kleinen hölzernen Verschlag verdeckt, der sich über dem Strom befand, um den Müller und das Getreide zu schützen, während der sich langsam drehende gegen einen ruhenden Mühlstein schliff. Diese bescheidene Vorrichtung besaß kein Getriebe oder Schwungrad, war jedoch äußerst wichtig für das Zermahlen geringer Mengen von Mehl überall dort, wo ein zuverlässig fließender Strom existierte. Wesentlich ist auch, dass der Mühlstein zum Mahlen von Gerste für die Herstellung von Bier verwendet wurde.

Im elften Jahrhundert, wenn nicht schon früher, hatten Fortschritte in der Wasserradtechnik zur Konstruktion leistungsfähigerer Systeme geführt. Ein unterschlächtiges Wasserrad wies ein Getriebe und ein größeres, vertikal ausgerichtetes Rad auf, das zu einem Teil ins Wasser abgesenkt wurde. Bei Flüssen, die zu breit waren, um sie einzudämmen, wurden riesige unterschlächtige Wasserräder auf Schiffe montiert – die im Grunde schwimmende Mühlenfabriken waren –, die zu Hunderten am Rhein, an der Elbe und an der Donau ankerten. Die mittelalterlichen Städte Wien, Budapest, Straßburg, Mainz und Lyon waren zu unterschiedlichen Zeiten ihrer Geschichte alle auf diese Schiffsmühlen angewiesen. Im zwölften Jahrhundert ließ die Stadt Toulouse mindestens 60 Schiffsmühlen in der Garonne ankern, und in Paris tummelten sich fast 100 auf der Seine.

Ein oberschlächtiges Wasserrad wies zwar auch ein vertikales Rad auf, wurde jedoch von einem erhöhten Wasserstrom angetrieben, der üblicherweise durch die Aufstauung eines Mühlteichs oder die Ausnutzung eines natürlichen Wasserfalls erzeugt wurde, um stetig fließendes Wasser auf sein oberes Ende zu leiten. Diese Modifikation fügte der Drehung des Rades das Gewicht fallenden Wassers hinzu, wodurch seine Leistung in etwa verdoppelt wurde und weniger Wasser erforderlich war.

Durch diese technischen Fortschritte erweiterte sich die menschliche Nutzung der Wasserkraft weit über ihre bescheidenen Anfänge des Zermahlens von Getreide zu Mehl hinaus. Wasserräder begannen Sägewerke, Papiermühlen und Eisengießereien anzutreiben. Sie pumpten Wasser aus Minen heraus, drehten Holzdrehbänke und hämmerten Filztuch. Neue Erfindungen im Maschinenbau nahmen zu, als man herausfand, wie man Zahnräder, Rollen, Schwungräder, Nockenwellen, Kolben und Förderbänder benutzen konnte, um die Umwandlung der Durchflussmenge in mechanische Kraft zu optimieren. Neue Industrien entstanden an den Ufern von Europas Flüssen und zapften sowohl Wasser als auch Energie an. Insbesondere Papier- und Tuchfabriken brauchten große Mengen an Flusswasser, um Zellstoff, Tuch und Färbemittel zu verarbeiten und um den Abfall wegzuspülen. Um die Mitte des 18. Jahrhunderts stand die Welt der Mechanik bereit, ins Zeitalter der industriellen Revolution einzutreten.

Täler der neuen Welt

Unterdessen waren auf der anderen Seite des Atlantiks seit der frühesten Kolonisierung des Kontinents Menschen entlang der nordamerikanischen Flüsse gereist und hatten dort gelebt.

Im Jahr 2019 wurde eine bahnbrechende archäologische Entdeckung verkündet, die an den Flussufern des unteren Salmon River im US-Bundesstaat Idaho (der in den Snake und den Columbia River fließt) gemacht worden war. Man hatte Dutzende von steinernen Pfeilspitzen und Klingen und Gruben mit Artefakten aus Stein und Tierknochen gefunden. Die Radiokarbondatierung von Holzkohle- und Knochenüberresten des Fundorts, der als Cooper's Ferry bekannt wurde, zeigt, dass Menschen diesen Ort vor etwa 16 000 Jahren regelmäßig zu nutzen begannen – es handelt sich um die ältesten Radiokarbonnachweise von Menschen in Nordamerika. Von großer Bedeutung ist die Tatsache, dass dieser Zeitpunkt über ein Jahrtausend vor der Öffnung eines eisfreien Landkorridors durch die Eisdecke der Kordilleren (vor circa 14 800 Jahren) liegt. Daher reisten die frühesten bekannten Menschen Nordamerikas nicht über Land von der Beringstraße her, wie man früher dachte. Stattdessen kamen sie vor dem Ende der letzten Eiszeit über das Meer, fuhren an der Pazifikküste entlang und wandten sich dann nach Osten, um den Columbia River hinaufzugelangen, das erste große Flusstal südlich einer massiven Eisdecke, die zu jener Zeit das westliche Kanada und den Nordwesten des Pazifiks bedeckte.

Zwischen dem achten und 15. Jahrhundert n. Chr. entstand eine Hochkultur im Tal des Mississippi, die im Bau einer Hauptstadt namens Cahokia gipfelte, welche an einer heute verlassenen Flussbiegung in der Nähe des Zusammenflusses von Mississippi und Missouri unweit des heutigen St. Louis gelegen war. Gemeinsam mit einer Reihe kleinerer Bevölkerungszentren entlang des Tals strahlte ihre Macht auf die ganze Region aus.

Ihre Einwohner betrieben Ackerbau, fertigten Kunstgegenstände an und errichteten riesige Pyramiden aus Erde und Holz. Sie entwickelten neue Gebräuche, Ideen und politische Systeme. Auf dem Höhepunkt seines Einflusses vor etwa 1000 Jahren besaß Cahokia Verwaltungs- und Religionszentren sowie eine politische Kultur, die sich über einen großen Teil des Kontinents verbreitete. Sechs Jahrhunderte später sollten seine Nachkommen den spanischen Konquistador Hernando de Soto begrüßen; noch später sollten sie gegen die Ausdehnung weißer, eingewanderter Siedler nach Westen kämpfen. Überbleibsel der Pyramiden der Hauptstadt kann man immer noch bei der Cahokia Mounds State Historic Site sehen, nur ein paar Minuten mit dem Auto vom Stadtzentrum St. Louis' entfernt.

Wenn wir nach Süden blicken, nach Mittelamerika, zeigen vor Kurzem gemachte archäologische Funde, dass die rätselhafte Maya-Kultur eine Art von hydraulischer Gesellschaft war. Anhand von Laserscanning-Technik zur Durchdringung des dichten Waldkronendachs entdeckte ein Forscherteam, das von der Tulane University geleitet wurde, mehr als 60 000 alte Gebäude im Norden von Guatemala, darunter Häuser, Paläste, zeremonielle Zentren und Pyramiden. Diese gewaltige Kultur mit einer geschätzten Bevölkerung von sieben bis elf Millionen Menschen stützte sich auf ein über 1000 Quadratkilometer großes, intensiv kultiviertes Ackerland, das durch Gräben, Terrassen, Kanäle und Sammelbecken bewässert wurde und die Oberläufe des heutigen Río San Pedro anzapfte.

Als die europäischen Forschungsreisenden und Pelzhändler im nordöstlichen Nordamerika ankamen, begegneten ihnen blühende ureingesessene Gesellschaften, die leichte, widerstandsfähige Kanus mit gebogenen hölzernen Rippen und einer Verkleidung aus Birkenrinde nutzten. Der Pelzhandel fand dieses Design so genial, dass die franko-kanadischen *Voyageure* größere Varianten dieser Kanus abwandelten, um zwischen den 1690er und 1850er Jahren tief nach Kanada einzudringen. Die größten Exemplare (die als *canots du maître* bezeichnet wurden) waren im Grunde Frachtschiffe, die bis zu zwölf Meter lang und in der Mitte zwei Meter breit waren. Mit kraftvollen Gesängen und Pemmikan kauend nutzten die energischen *Voyageure* die Flüsse als Fernstraßen, indem sie 18 Stunden am Tag paddelten, um ihre Portage zu transportieren und so den Kontinent seiner Felle zu berauben.

Auf dem Höhepunkt des Pelzhandels im frühen 19. Jahrhundert zählten die *Voyageure* vielleicht 3000 Mann. Obwohl in ihrer und unserer Zeit romantisiert, waren sie in Wirklichkeit eine kleine Gruppe gering bezahlter Auftragsarbeiter, deren Leben auf den Flüssen erstaunlich hart war. Die meisten waren Analphabeten und konnten nicht schwimmen. Die aufreibende Arbeit krümmte ihr Rückgrat und deformierte ihre Füße. Sie starben durch Ertrinken, Hunger und Unfälle. Sie waren Träger und keine Trapper, die Firmengüter an die Eingeborenen lieferten, während sie einen Teil der einheimischen Kleidung und Lebensweisen übernahmen. In ihrer Zeit waren die *Voyageure* die Fernlastfahrer des Pelzhandels.

Sie verbreiteten auch den Tod. Durch DNA-Analysen von Proben, die von Tuberkuloseopfern aus Zentral- und Westkanada stammen, wurde das Pathogen auf eine einzige Abstammungslinie von *Mycobacterium tuberculosis* zurückgeführt. Das Bakterium nahm seinen Ausgang um das Jahr 1710 und wurde von ein paar *Voyageuren*, möglicherweise von nur zweien oder dreien, entlang der Flusshandelsrouten tief nach Kanada hinein verbreitet, wo es auf niedrigem Niveau über ein Jahrhundert lang fortbestand, bevor es sich anschließend im späten 19. und frühen 20. Jahrhundert weiter verbreitete, als die Bedingungen, die die Ausbreitung des Pathogens begünstigten, tödliche Tuberkuloseepidemien zur Folge hatten. Das räumliche Abflussmuster der Flüsse bestimmte auf diese Weise nicht nur die Orte, an denen die frühen Siedler Erkundungsreisen unternahmen, Handel trieben und sich niederließen, sondern bildete auch die Saat für die frühe Tuberkuloseepidemie in Kanada.

Die *Voyageure* öffneten das nördliche Nordamerika für den Außenhandel von den Großen Seen und Westkanada bis hinauf zur Arktis. Ihre mörderischen Kanurouten nahmen ihren Ausgang in Montreal oder Quebec-City und folgten dem Sankt-Lorenz-Strom und dem Ottawa River zu Oberläufen, die sich tief im Landesinneren befanden. Diese Routen wurden von Pelzhandelsgesellschaften genutzt – der Hudson's Bay Company und der North West Company –, um ihr Territorium, ihre Gewinne und ihre regionale Macht zu festigen. Die Handelsstationen und -garnisonen, die entlang dieser Routen entstanden, begründeten die ersten dauerhaften ausländischen Siedlungen im Innern von Nordamerika.

Südlich von Kanada hat die Konkurrenz zwischen Frankreich und Großbritannien um die Kontrolle über einen von Nordamerikas lebenswichtigsten Wasserwegen eine lange Geschichte. Frankreichs Anspruch auf den Mississippi ging mindestens so weit zurück wie die Forschungsreisen von René-Robert Cavelier, Sieur de la Salle, der 1682 als erster Europäer seine gesamte Länge bis zum Golf von Mexiko hinuntersegelte. An seiner Mündung legte er eine gravierte Tafel nieder und beanspruchte das gesamte Wassereinzugsgebiet des Mississippi für Frankreich, indem er es zu Ehren von König Ludwig XIV. als Louisiana bezeichnete.

La Salle konnte es zwar nicht wissen, aber der Umfang seines Claims war gewaltig, umfasste etwa 3,2 Millionen Quadratkilometer und entwässerte, auf die Gegenwart bezogen, 31 US-Staaten und zwei kanadische Provinzen. Frankreich wusste nur wenig mit dem abgelegenen Territorium anzufangen, aber um 1749 hatte sich die Konkurrenz durch britische Siedler verschärft. Das Flusstal des Ohio River, die große östliche Gabelung des Mississippi, die einen Großteil seines Wassereinzugsgebiets ausmacht, wurde ebenfalls von Großbritannien, von der Virginia-Kolonie und der ureingesessenen Irokesen-Konföderation beansprucht. Eine Gruppe von Landinvestoren aus Virginia hatte eine Privatinitiative namens Ohio Company gebildet, die beim König von England um ein Anrecht auf 200 000 Hektar am oberen Tal des Ohio River (das heute zu Pennsylvania gehört) ersuchte, um das Land zu vermessen und es dann an Siedler zu verkaufen. Der König war einverstanden und gewährte im Voraus 80 000 Hektar und ein Versprechen auf weitere 120 000 Hektar, falls die Gesellschaft mindestens 100 Familien innerhalb von sieben Jahren ansiedelte und ein Fort baute, um sie vor den Franzosen zu schützen. Zu den Aktionären der Ohio Company gehörten Robert Dinwiddie, der Vizegouverneur der Kolonie von Virginia, und Lawrence Washington, Halbbruder eines jungen Mannes aus Virginia namens George Washington.

George Washingtons Großes Amerika

Es ist durchaus erstaunlich, welch großer Teil des Ethos der heutigen amerikanischen Geschäftskultur auf diesen einen beharrlichen Mann zurückgeführt werden kann. Der junge George Washington sollte eines Tages zu einem unerschrockenen Führer des Unabhängigkeitskriegs und zum ersten Präsidenten der Vereinigten Staaten werden, aber in Wirklichkeit gierte er nie nach politischem Ruhm oder nach Kriegsabenteuern. Seine tiefste Liebe galt dem Grundbesitz.

George Washington wollte Land besitzen. Viel Land. Sein Interesse an Land war so groß, dass er als Teenager eine Laufbahn als Landvermesser begann. Er sparte seinen Verdienst und begann im Alter von 18 Jahren, ausgewählte Parzellen zu kaufen, die er durch seine Arbeit fand. Seine bevorzugten Ziele waren breite Gebiete von Flussniederungen, die er wegen ihres flachen und fruchtbaren Terrains und ihres leichten Zugangs durch Schiffe hoch schätzte.

Washington wurde in Virginias Eliteklasse von Plantagenbesitzern hineingeboren. Daher war es nicht ungewöhnlich, dass er den Landerwerb als Weg zur Vermögensbildung betrachtete. Was ihn jedoch auszeichnete, war seine Besessenheit von Land *westlich* des Appalachen-Gebirges, weit entfernt von den 13 britischen Kolonien, die an der östlichen Gezeitenküste des Kontinents gegründet worden waren.

Besonders fasziniert war er vom Tal des Ohio River, das sein Halbbruder Lawrence mithilfe der Ohio Company zu erschließen versuchte. Zusammen mit dem Anspruch der Kolonie von Virginia war das zu viel für die Franzosen, die das Tal seit der Zeit von La Salle als das ihre betrachtet hatten. Aus Montreal entsandten sie einen Hauptmann namens Pierre-Joseph de Céloron de Blainville, der mit einer Truppenstärke von 200 Mann den Allegheny und den Ohio River hinabfuhr. Entlang der Flussufer hängte er Wappen des Königs von Frankreich an den Bäumen auf und vergrub gravierte Bleitafeln in der Erde, um Frankreichs Anspruch zu bekräftigen. England und Virginia reagierten darauf mit dem Start ihrer eigenen Expeditionen, unter denen sich 1753 der 21-jährige Landvermesser George Washington befand.

Beim ersten Anblick des Ohio River erfasste Washington sofort seine strategische Bedeutung als Tor zum übrigen Kontinent. Er eilte nach Virginia zurück und drängte Vizegouverneur Dinwiddie dazu, ein Fort an der »Gabelung des Ohio« zu bauen, an dem Ort, wo die Flüsse Allegheny und Monongahela zusammentreffen, um den Ohio zu bilden. Dinwiddie war einverstanden, und so begann man an jenem Ort mit dem Bau eines kleinen Forts namens Fort Prince George.

Innerhalb eines Jahres eroberten es die Franzosen, bauten ein größeres Fort an derselben Stelle und nannten es Fort Duquesne. Dinwiddie schickte Washington, um einen Brief zu überbringen, der die französischen Soldaten aufforderte abzurücken. Die Forderung wurde zurückgewiesen. Großbritannien ließ die Situation dann eskalieren, indem es den hochdekorierten Generalmajor Edward Braddock und zwei Infanterieregimenter schickte, um Fort Duquesne einzunehmen, wobei wiederum der junge George Washington entsandt wurde.

Braddocks Rotröcke marschierten zu je vieren in einer Reihe und wurden von verborgenen französischen Musketen niedergemacht, die hinter den Bäumen aufflammten. Braddock wurde getötet, und seine Armee erlitt Verluste von nahezu 1000 Mann bei 1400 Soldaten, die ins Feuergefecht verwickelt waren. Der junge Washington überlebte und war leitend am Rückzug beteiligt. Im Jahr 1758 kehrte er in Begleitung einer noch größeren Armee britischer Soldaten und Milizionäre aus Virginia noch einmal zur Gabelung des Ohio zurück. Dieses Mal zogen sich die Franzosen zurück, indem sie Fort Duquesne niederbrannten und aufgaben, womit Frankreich das mittlere Amerika für immer verlor.

Die Sieger ersetzten Fort Duquesne rasch durch Fort Pitt, ein gewaltiges Fünfeck, das groß genug war, um ein ganzes britisches Regiment zu beherbergen. Händler, Trapper und Landprospektoren ließen sich ebenfalls an der Landspitze nieder, die wie ein Pfeil westwärts den Ohio hinunter zum Golf von Mexiko zeigt. Die Siedlung, die um Fort Pitt herum wuchs, sollte schon bald einen unauslöschlichen Namen erhalten: Pittsburgh.

Innerhalb von nur wenigen Jahren sollten Fort Pitt und seine Befehlshaber wichtige Rollen im Amerikanischen Unabhängigkeitskrieg spielen. George Washington sollte bunt zusammengewürfelte Rebellenarmeen gegen seine früheren Landsleute zu einem unwahrscheinlichen amerikanischen Sieg führen und zum Präsidenten des neuen Landes werden. Nach dem Krieg kaufte Washington Hunderte von Hektar Land im Tal des Ohio River und konzentrierte sich für den Rest seines Lebens auf dessen Sicherung und Entwicklung.

Pittsburgh wurde zu einer Startrampe für Einwanderer, die nach Chancen im Westen suchten, weg von den Appalachen und den immer stärker in Privatbesitz übergegangenen und teuren Ländereien der Ostküstenstaaten. Europäische Siedler fuhren den Ohio hinab und hatten es auf Heimstätten im fernen Nordwestterritorium abgesehen, das schließlich zu den US-Bundesstaaten Ohio,

Michigan, Indiana, Illinois, Wisconsin und im Nordosten Minnesota wurde.

George Washingtons Erkenntnis der strategischen Bedeutung des Ohio River erweiterte die Bestrebungen einer ansonsten kleinen Sammlung britischer Kolonien. Sie beeinflusste das Denken von Benjamin Franklin, John Adams und John Jay – Amerikas Verhandlungsführer des Vertrags von Paris von 1783, der den Unabhängigkeitskrieg beendete –, die darauf beharrten, dass die Westgrenze der eben erst unabhängig gewordenen Vereinigten Staaten sich bis zum Mississippi erstrecken sollte. Zwei Jahrzehnte später sollte dasselbe strategische Denken durch den dritten US-Präsidenten, Thomas Jefferson, noch einmal zur Anwendung kommen, als er von Frankreichs immer schwächer werdendem Einfluss auf die Neue Welt zu profitieren suchte.

Jefferson leitete den Kauf von Louisiana, das größte Grundstücksgeschäft in der neueren Geschichte. Im Jahr 1803, nach ersten Annäherungsversuchen Napoleons, kauften die noch jungen Vereinigten Staaten Frankreichs sämtliche verbliebenen Ansprüche auf Louisiana, zuzüglich der Stadt New Orleans, für gerade mal 15 Millionen Dollar auf. Dadurch erwarben die Vereinigten Staaten die Kontrolle über das gesamte Mississippibecken und – was Napoleon und Jefferson damals nicht wussten – vermehrten die Größe des jungen Landes, einschließlich eines Teils des produktivsten Ackerlands auf der Erde, um mehr als das Doppelte. Relativ zur Größe des Landes zu jener Zeit wäre es ein ungefähres modernes Äquivalent, würden die heutigen Vereinigten Staaten weniger als 500 Millionen Dollar aufbringen müssen, um ganz Kanada zu kaufen.

Fast ein Jahrhundert sollte vergehen, bevor die Urvölker Amerikas enteignet, die politische Stabilität der Vereinigten Staaten gesichert und ihr Gebiet kartiert waren. Aber mit einem Federstrich erlangten sie die Kontrolle über das größte Wassereinzugsgebiet Nordamerikas und seine zahlreichen großen Flusshauptadern. Dadurch wurde es später möglich, dass Schiffe den Kontinent durchdringen und zwischen seinem ressourcenreichen Inneren und der Außenwelt ungehindert verkehren konnten.

Während noch die Verhandlungen mit Frankreich im Gange waren, brachte Jefferson Kampagnen zur Erforschung der Flüsse in der Hoffnung auf den Weg, die Macht Amerikas bis zum Pazifik hin auszudehnen. Eine solche Kampagne war die berühmte Expedition von Lewis und Clark, der Jefferson auftrug, den Missouri hinaufzufahren, um »die direkteste und praktischste Wasserverbindung auf diesem Kontinent« zu suchen. Meriwether Lewis verließ Pittsburgh im Juli 1803 in einem hölzernen Kielboot, das den Ohio River hinabfuhr; William Clark schloss sich der Expedition einige Monate später in Louisville, Kentucky, an. In den nächsten drei Jahren kartierten sie viele Flüsse, u. a. den Mississippi, Missouri, Osage, Platte, Knife, Yellowstone, Salmon, Clearwater, Snake und schließlich den Columbia River, den sie bis zu seiner Mündung in den Pazifik hinabreisten.

Wenn Washington und Jefferson die großen inländischen Flüsse nicht so energisch im Blick gehabt hätten, hätte das koloniale Nordamerika sehr leicht in ein britisches Kanada, ein französisches mittleres Amerika, einen spanischen Westen und ein kleines Gebiet der unabhängigen Vereinigten Oststaaten geteilt werden können. Wäre das geschehen, würde die Welt heute ganz anders aussehen. Viele Kolonialgebiete erreichten die Unabhängigkeit von ihren Kolonialherren nicht vor den 1950er und 1960er Jahren, einige gar erst in den 1980er Jahren. Aber durch den Erwerb und die Erforschung der wichtigsten Wassereinzugsgebiete des Kontinents setzten Washington und Jefferson die Idee und das Schicksal eines mächtigen einzigen Amerikas in Bewegung, das sich vom Atlantik bis zum Pazifik erstreckt.

Kapitel 2

An der Grenze

Ich starrte auf einen dunklen Spalt in einer schrägen Betonmauer, die etwa 50 Meter entfernt lag. Ein Maschendrahtzaun, der wie eine alte Jeans geflickt war, zog sich am oberen Ende einer zweiten schrägen Mauer hin, auf der ich stand. Die beiden schrägen Mauern begegneten sich am Boden. Zwischen ihnen floss das seichte Rinnsal eines Flusses. Schmutz, Büsche und Lumpen säumten den flachen Grund des Betonkanals.

Da war es wieder, das Aufflackern einer Bewegung. Dort konnte ich in der beschatteten Öffnung des Regenwasserabflusses die Gestalt eines Mannes erkennen. Nein, zweier Männer. Der eine hatte ein schwarzes Hemd an, was es erschwerte, ihn zu sehen. Der andere trug ein blaues T-Shirt und kurze Hosen. Aus dem Innern der trapezförmigen Öffnung, die ungefähr auf halber Höhe der anderen schrägen Mauer lag, beobachteten sie aufmerksam meine beiden Begleiter und mich. Hinter ihnen konnte ich gerade noch den Kreis einer Kanalisationsröhre und ein Kleiderbündel erkennen. Ich hatte die Männer nur deshalb bemerkt, weil ich gerade den ausgehärteten Flusskanal des Rio Grande fotografierte.

In meiner Begleitung befand sich eine Beamtin der US-amerikanischen Grenzpolizei namens Lorena Apodaca, die ich eine Frage für mich zu übersetzen bat. Sie winkte und lächelte den beiden Männern zu, die sich im Abwasserkanal auf der anderen Seite des Flusses versteckten. *»¡Hola! ¿Podemos tomar una fotografia?«* (Können wir ein Foto machen?) Der eine schüttelte kurz und bündig den Kopf. Nein. Der andere grinste breit und winkte unbekümmert zurück. Ich legte meine Kamera beiseite. Über den Fluss hinweg starrten wir uns alle einander geraume Zeit an, bis die Männer des Spiels überdrüssig wurden. Sie zogen sich in die Dunkelheit der Kanalisation zurück und warteten darauf, dass wir weggingen.

Sie hielten nach einer ein paar Sekunden währenden Gelegenheit Ausschau, die Grenze zwischen Mexiko und den Vereinigten Staaten unbefugt zu überschreiten. Wenn sich diese Gelegenheit ergab, würden sie über das seichte Rinnsal des Rio Grande flitzen und die schräge Betonböschung hinaufklettern, auf der ich stand. Von dort würden sie sich entweder durch den Maschendraht schneiden – sein Spitzname lautet »Tortillazaun«, weil er täglich aufgeschnitten und wieder repariert wird – oder durch eine schmale Zufahrtsöffnung im Zaun in der Nähe sprinten. Hinter uns warteten zwei weiße Geländewagen der Grenzpolizei im Leerlauf und beobachteten diese Lücke sorgfältig.

Falls sie am Tortillazaun und den wartenden Grenzbeamten vorbeikämen, würden sie zu einer viel höheren Stahlabsperrung rennen, die sich in einer Entfernung von etwa 80 Metern vom Fluss nach hinten versetzt befindet. Sie erhebt sich bis zu einer Höhe von sechs Metern, und ihr Drahtgeflecht ist zu eng, als dass menschliche Finger sich darin festklammern könnten. Jeder Mann würde zwei Schraubenzieher mitbringen, um sie durch die Löcher zu zwängen. Mit diesem Werkzeugpaar könnten sie die Absperrung erklimmen und dann auf der anderen Seite ins Zentrum von El Paso, Texas, gelangen.

Der Zeitpunkt war entscheidend. Die gesamte Episode würde von Videokameras und Infrarotsensoren registriert werden, montiert auf hohen Türmen, welche in regelmäßigen Abständen entlang des Wasserlaufs errichtet wurden. Wenn die Männer es über den Fluss und über beide Barrieren schaffen würden, könnten sie in Sekundenschnelle verschwinden, indem sie einfach ihre äußere Kleidungsschicht auszögen und sich mit der Menge vermischten.

Im Stadtzentrum von El Paso drängten sich Menschen von mexikanischer und zentralamerikanischer Abstammung, genau wie in Ciudad Juárez, seiner Partnerstadt auf der anderen Seite des Flusses.

El Paso ist eine schöne Stadt, die sich in der westlichsten Ecke von Texas versteckt. Sonnendurchglühte rote Berge blicken über ihre farbenfrohe, nicht sehr hohe Skyline und die von Ciudad Juárez hinweg, der größten Stadt im mexikanischen Staat Chihuahua. Gemeinsam mit der nahe gelegenen Stadt Las Cruces, New Mexico, bildet das Großstadtgebiet von El Paso die Heimat für eine Million Menschen. Mit der Bevölkerung von Ciudad Juárez zusammen leben etwa 2,3 Millionen Menschen in diesem städtischen Ballungsgebiet, das sich über drei US-amerikanische und mexikanische Bundesstaaten sowie zwei souveräne Nationen erstreckt, die alle voneinander durch den Rio Grande getrennt sind.

El Paso/Ciudad Juárez markiert den Knotenpunkt, an dem die 1100 Kilometer lange Landesgrenze zwischen den Vereinigten Staaten und Mexiko endet und die 1985 Kilometer lange Flussgrenze beginnt. Nördlich von diesem Knotenpunkt windet sich der Rio Grande von den südlichen Rocky Mountains hinab und bildet einen wohltuenden Grüngürtel aus bewässerten Feldern, der auf einem kurzen Stück Texas von New Mexico trennt. Nur Vögel, Bauern und gelegentliche Kajak-Paddler sind hier auf Grenzstreife. Aber nachdem er den Tripelpunkt des Zusammentreffens von Texas, New Mexico und Mexiko erreicht hat, dreht der Fluss nach Osten ab und wird zu einem durch Beton und Stahl eingesperrten Streifen (siehe Farbtafel), der seinen Dienst als stark bewachte internationale Grenze antritt, die die Vereinigten Staaten und Mexiko wie gesagt über mehr als 1900 Kilometer bis zum Golf von Mexiko hinab voneinander trennt.

Dieser dreifache Knotenpunkt befindet sich nur wenige Autominuten vom Stadtzentrum El Pasos entfernt. Ein niedriger Damm hemmt den Fluss des Rio Grande unmittelbar oberhalb der internationalen Grenze und leitet einen Großteil seines Wassers in eine Betonrinne ab, die amerikanischer Kanal genannt wird. Man kann am linken Flussufer des Rio Grande (das als linkes Flussufer bezeichnet wird, wenn man flussabwärts blickt) in Texas stehen und auf der anderen Seite sowohl Mexiko als auch New Mexico sehen. Dort, wo sich die beiden berühren, nicht weit vom Verlauf des Flusses entfernt, steht ein großer weißer Obelisk.

Es ist das Baudenkmal Nr. 1 der Internationalen Grenzkommission, das 1855 errichtet wurde, und die erste von 267 Grenzmarkierungen, die die Landgrenze zwischen den Vereinigten Staaten und Mexiko westlich von diesem Punkt bis zum Pazifik hinüber markieren. Wenn man in der Nähe des Monuments steht und auf die Berge emporblickt, kann man gerade noch die nächste Markierung erkennen, die einige Kilometer weiter hoch auf einer Felswand sitzt. Wie J. R. R. Tolkiens von Feuern erleuchtete Signalbaken, die die Städte der Mittelerde Rohan und Gondor miteinander verbinden, wurde jede weitere Grenzmarkierung strategisch so positioniert, dass sie gerade noch von der nächsten aus sichtbar ist.

David Taylor, Künstler und Professor an der University of Arizona, brachte sieben Jahre damit zu, jedes dieser weitgehend in Vergessenheit geratenen Grenzdenkmäler aufzusuchen und zu fotografieren. Viele lassen sich von amerikanischer Seite aus nicht mehr erreichen. Sie sind von Mauern umgeben, durch eine Stahlabsperrung amerikanischer Zäune, die einige Meter von der Grenze zurückversetzt sind, faktisch an Mexiko abgetreten.

Ein Dutzend Meter südöstlich von Denkmal Nr. 1 liegt das mexikanische Ufer des Rio Grande, übersät mit den Hinterlassenschaften von Picknick-Ausflügen, während ein einsam aussehender Reiher umherstolziert. Irgendwo flussabwärts ertönt das glückliche Kreischen und Geplätscher badender Kinder. Ein altes Lehmziegelgebäude steht in der Nähe, das im Jahr 1911 als Hauptquartier für den Beginn der Mexikanischen Revolution diente. Von ihm aus starteten Francisco Madero und Pancho Villa einen kurz währenden Krieg gegen Ciudad Juárez und überraschten dann jedermann mit ihrem Sieg und schließlich dem Sturz der mexikanischen Bundesregierung. Auf der bei El Paso gelegenen Seite des Flusses sahen die Amerikaner von Hoteldächern aus der Entwicklung des Staatsstreichs zu. Andere wateten über die Grenze, um die Revolutionäre mit Geschenken in Form von Orangen und Bargeld zu unterstützen. Vor einem Jahrhundert war der Rio Grande einfach nur ein leicht zu durchquerender natürlicher Fluss, ein bequemes, unbewachtes Mittel, mit dem zwei Nachbarn ihren Einflussbereich abgrenzen konnten. Heute ist er eine der am stärksten befestigten und tödlichsten Flussgrenzen auf der Erde.

Jeden Tag überqueren Tausende von Menschen diese schwer bewachte internationale Grenze, die El Paso von Ciudad Juárez trennt. Sie bewegen sich hin und her auf Fußgänger- und Fahrzeugbrücken, die den mit Beton ausgekleideten Rio Grande und seinen festungsgrabenartigen Schatten, den amerikanischen Kanal, überspannen. Tausende leben in der einen Stadt und arbeiten in der anderen oder haben Familienmitglieder, die auf beiden Seiten des Flusses leben. Über vier Millionen legale Fußgängerüberquerungen fließen jedes Jahr über diese Brücken hin und her.

Unter den Schatten dieses fröhlichen Tumults lauert der Tod. Er wartet unter Brücken und in den glühenden Wüstengebirgen im Westen der Stadt. Auf dem Land ist der Boden von Sensoren durchdrungen, mit Stahlzäunen verbarrikadiert und von unbefestigten Straßen durchzogen, auf denen die weißen Geländewagen der US-Grenzpolizei patrouillieren. Regenwasserkanäle von beiden Städten entleeren ihren Ablauf in den Rio Grande und werden von Migranten und Drogenschmugglern benutzt, um sich im Verborgenen unter der Erde zu bewegen. Agent Apodaca erzählte mir, wie kürzliche Besuche von Papst Franziskus in Ciudad Juárez und dem damaligen Präsidenten Barack Obama in El Paso es erforderten, dass Grenzschutzbeamte sich, nur mit Handfeuerwaffen bewaffnet, durch diese Kanalisation hindurchschlängelten, um sie frei zu machen und abzusichern.

Die beiden Männer, mit denen wir Blicke getauscht hatten, hatten einen von El Pasos am wenigsten gefährlichen Orten ausgewählt, um einen Versuch der Grenzüberschreitung zu wagen. Entlang dieses besonderen 2,5 Kilometer langen Abschnitts des Rio Grande jagte der größte Teil des Flussablaufs unter der Erde dahin, durch einen Tunnel unter unseren Füßen. 200 Meter flussabwärts kam das Wasser im amerikanischen Kanal wieder zum Vorschein. Mit einer Breite von kaum 13 Metern ist die Enge des Kanals trügerisch und verlockt Menschen dazu, über seine Einzäunung zu klettern und auf die andere Seite zu schwimmen. Viele fallen den starken Strömungen, die bis in eine Tiefe von sechs Metern reichen und sich mit einer Geschwindigkeit von 38 Stundenkilometern bewegen, zum Opfer und sterben.

Der amerikanische Kanal wird auf beiden Seiten von einem soliden Maschendrahtzaun eingeschlossen, an dem Warnschilder auf Spanisch hängen. Doch die Überquerungsversuche finden immer noch statt. Alle paar Hundert Meter entlang des Kanals sah ich Notfallkisten, die mit Seilen und Rettungsringen versehen waren. In El Paso erhalten die Beamten der US-Grenzpolizei ein Training für Wildwasserrettung und sind gehalten, häufig daran teilzunehmen. Meine Begleiter sagten, dass es in jenem Jahr bereits wenigstens acht Todesfälle durch Ertrinken und viele Rettungseinsätze gegeben hatte.

Der Internationalen Organisation für Migration (IOM) zufolge, einer zwischenstaatlichen Organisation, die eine weltweite Datenbank für Todesfälle von Migranten erstellt, welche als »Missing Migrants Project« bezeichnet wird, ist die häufigste Todesursache von Migranten Ertrinken. Die meisten sterben im Mittelmeer, nachdem sie in unzureichende Boote gestopft wurden, die auf der gefährlichen Überfahrt von Nordafrika nach Europa kentern. Ihre Leichen werden gewöhnlich an Libyens schönen Sandstränden an Land gespült. Auf dem Land ertrinken Migranten bei der Durchquerung von Flüssen. Der Rio Grande (der in der IOM-Datenbank mit seinem mexikanischen Namen auch als Río Bravo bezeichnet wird) ist eine der tödlichsten Grenzen der Welt mit weit über 200 dokumentierten Todesfällen durch Ertrinken seit 2015.

Eine andere ist der Fluss Naf, der Myanmar von Bangladesch trennt. Seine Opfer sind die Rohingya, eine ethnische Minderheit bengalischer Muslime, die sich im nördlichen Teil des Rakhaing-Staats in Myanmar, eines entschieden buddhistischen Landes, konzentrieren. Myanmar betrachtet die Rohingya als Fremde und Eindringlinge, weil ihre Vorfahren während der britischen Kolonialherrschaft in das Gebiet strömten. Seit den 1960er Jahren haben die Buddhisten von Rakhaing und die zentrale Führung von Myanmar abwechselnd die Rohingya entrechtet und gewaltsam aus dem Land vertrieben. Im Jahr 2017 wurden bei einer ungewöhnlich brutalen »Säuberung« Tausende Rohingyas getötet, wobei nahezu 700 000 Menschen über den Naf nach Bangladesch gedrängt wurden. Mindestens 173 Menschen ertranken allein in jenem Jahr.

Andere sterben im Evros, der die Türkei und Griechenland trennt, in der Theiß (Tisza) an der Grenze zwischen Serbien und Ungarn und in der Donau, die Bulgarien und Rumänien trennt. Im Limpopo, Grenze zwischen Simbabwe und Südafrika, werden Migranten von Flusspferden getötet und von Krokodilen verschlungen.

Von den US-Grenzschutzbeamten hörte ich mitfühlende Worte für die Migranten und Abscheu vor »Kojoten« oder Menschenschmugglern, die ihre schlecht ausgerüsteten Kunden zur Durchquerung tödlicher Wildwasser und glühender Wüstengebirge drängen. »Denen ist es egal, wenn sie sterben«, sagte mir eine von ihnen erbittert. Ihr Mitgefühl war echt. Doch Tausende von Menschen sind so verzweifelt, dass sie ihr Leben riskieren werden, um der Beamtin auszuweichen. Grenzen sind ein verzwickter Ort.

Blaue Grenzen

Nachdem ich Texas besucht hatte, war ich zutiefst fasziniert von der menschlichen Nutzung der Flüsse als politische Grenzen. Was ich gesehen hatte, fühlte sich ganz anders an als die hydraulischen Gesellschaften der Antike, die Flüsse nutzten, um die Menschen zu vereinigen, und nicht, um sie voneinander zu trennen, sowie um Macht zu konsolidieren, und nicht, um sie aufzuspalten. Doch ein genauer Blick auf eine beliebige Weltkarte zeigt, dass viele Nationen heute Flüsse und ihre topografischen Einzugsgebiete nutzen, um ihre Territorialgrenzen zu bestimmen.

Neben ihren befestigten Grenzen durch Rio Grande und Colorado River zu Mexiko trennen die Vereinigten Staaten sich von Kanada durch Rainy, Pigeon, St. Mary's, St. Clair, Detroit, Niagara, Sankt-Lorenz-Strom, St. John und St. Croix ab. Vor den Terroranschlägen auf das World Trade Center und das Pentagon am 11. September 2001 waren diese Flüsse weitgehend unbewacht und konnten im Sommer leicht mit dem Boot und im Winter zu Fuß oder im Auto auf ihren gefrorenen Oberflächen überquert werden. Heute bewachen auf Türme montierte Infrarot-Videokameras die Flüsse St. Clair und Niagara, die die Bundesstaaten Michigan und New York von der kanadischen Provinz Ontario trennen. Im Winter spielen Schmuggler und Beamte des US-Grenzschutzes Katz und Maus auf Schneemobilen entlang der zugefrorenen weißen Autobahn des Sankt-Lorenz-Stroms.

Über eine Strecke von 2400 Kilometern trennen der Amur (Heilong Jiang) und seine Nebenflüsse Argun und Ussuri das nordöstliche China und Russlands Fernen Osten. Der Yalu trennt China von Nordkorea, wobei es markante Entwicklungsgegensätze zwischen den beiden Flussufern gibt. Deutschland nutzt den Rhein, die Donau, den Inn, die Neiße und die Oder als Grenzen. Brasilien, Paraguay und Argentinien werden durch den Paraná getrennt, Portugal und Spanien durch den Douro, England und Schottland durch den Tweed. Und wenn wir noch näher hinschauen, sehen wir im subnationalen Maßstab, dass Flüsse und ihre topografischen Teilungen durch Wasserscheiden genutzt werden, um Provinzen, Bundesstaaten, Landkreise und Gemeinden auf der ganzen Welt voneinander abzugrenzen.

Zu meiner Überraschung wurde bisher nur wenig quantitative Forschung zu dieser intensiven Nutzung von Flüssen als politische Grenzen betrieben. Ich motivierte Sarah Popelka, damals eine talentierte Geografie-Hauptfachstudentin an der University of California in Los Angeles (UCLA) im Vordiplom, die Software von Geographic Information Systems (GIS) zu nutzen, um das Problem anzugehen (wie wir in Kapitel 8 sehen werden, wer-

Der Yalu-Fluss trennt zwei verschiedene Welten der Entwicklung zwischen Nordkorea (links) und China (rechts). *(Michał Huniewicz)*

den globale »Big Data«-Analysen aufgrund der Vermehrung neuer satellitengestützter und raumbezogener Datenmengen erleichtert). Durch die Verschmelzung von Daten über politische Grenzen und Bevölkerungsdichte mit einer hochauflösenden Landkarte der Flüsse der Welt, die man aus der Fernerkundung von Satelliten erhält, erstellten wir eine neue raumbezogene Datenbank politischer Flussgrenzen, die als Global Subnational River-Borders oder GSRB bezeichnet wird.

GSRB ermöglicht die explizite Identifizierung und Kartierung politischer Grenzen, die durch große Flüsse im subnationalen und nationalen Maßstab bestimmt werden. Anhand dieser neuen Datenbank erfuhren wir, dass zumindest 58 000 Kilometer (23 Prozent) der inneren (nicht an der Küste verlaufenden) Landesgrenzen, 188 000 Kilometer (17 Prozent) aller Grenzen auf der Welt innerhalb von Staaten bzw. zwischen Provinzen und 442 000 Kilometer (12 Prozent) aller politischen Grenzen auf der Welt innerhalb von Landkreisen bzw. Gemeinden durch große Flüsse gebildet werden. Diese Zahlen steigen jeweils auf enorme 25, 20 und 22 Prozent an, wenn nur Zuständigkeitsbereiche betrachtet werden, die tatsächlich einen großen Fluss beinhalten. In Südamerika wird beinahe die Hälfte aller Staatsgrenzen durch Flüsse bestimmt. In globaler Perspektive beläuft sich die Anzahl benachbarter Paare politischer Einheiten, die eine Flussgrenze teilen, auf mindestens 219 Länderpaare, 2267 Paare aus Staaten und Provinzen und 13 674 Paare aus Landkreisen und Gemeinden. Diese großen Zahlen unterschätzen immer noch die wahre Nutzung von Flüssen als politischen Grenzen, weil wir in unsere Untersuchung keine kleineren Flüsse oder topografischen Wasserscheiden aufgenommen haben.

Einfach ausgedrückt, quantifiziert unsere Analyse die bedeutende Rolle, die Flüsse bei der Formung politischer Hoheitsgebiete spielen, in denen wir leben, und bei der Bestimmung dessen, wer unsere Nachbarn sind. Wir werden zu dieser ursprünglichen Forschungsarbeit in Kapitel 9 zurückkehren – im Kontext der Weltbevölkerung und der Zukunft von Städten.

Linien der Zweckdienlichkeit

Unsere Vorliebe für die Nutzung von Flüssen und ihrer Trennlinien durch topografische Wasserscheiden zur Abgrenzung politischer Territorien hat eine lange Geschichte. Eroberer und Kaiserreiche nutzten diese natürlichen Merkmale häufig als bequemes und deutlich sichtbares Mittel zur Grenzbestimmung und Aushandlung ihres Hoheitsgebiets. Im Mittelalter nutzte das Königreich Frankreich die Saône, Rhône, Maas und Schelde, um seine eigenen Grenzen zu bestimmen. Wie in Kapitel 1 dargelegt, nutzte der französische Forscher La Salle die Grenze der topografischen Wasserscheide des Mississippi – wo immer sie faktisch verlaufen sollte –, um ein riesiges unerforschtes Gebiet abzustecken, das in keiner Weise kartiert oder vermessen war. Er hatte wie gesagt keine Ahnung, dass sein Claim etwa 3,2 Millionen Quadratkilometer umfasste, etwa 40 Prozent des heutigen US-Festlands, oder dass die geografische Ausrüstung, die er zur Bestimmung seines Claims verwendete, auch noch weiterhin verwendet werden sollte, als das Land den Besitzer wechselte und in den folgenden Jahrzehnten und Jahrhunderten weiter unterteilt wurde.

Amerikanische Unterhändler sollten später den Mississippi als ein einfach gegliedertes, leicht verständliches Gebietsziel in ihren Verhandlungen mit Großbritannien zur Beendigung des Unabhängigkeitskriegs nutzen. Zwei Jahrzehnte später machten Thomas Jefferson und Napoleon Bonaparte von demselben Fluss und dem westlichen Teil von La Salles ursprünglicher Wasserscheidengrenze Gebrauch, um den Verkauf des unkartierten Louisiana auszuhandeln, was für die Vereinigten Staaten ein unblutiger territorialer Sieg war, der sich später als eine der größten Landbesitznahmen der Geschichte herausstellte.

In einer schwach kartierten Welt stellen Flüsse und ihre topografischen Grenzen in Form von Wasserscheiden zweckdienliche natürliche Grenzpfosten für schlecht informierte fremde Eroberer zur Bestimmung und zum Austausch von Gebieten dar. Schließlich sind Flüsse eindeutig, kontinuierlich und lang. Im Unterschied zu einer Landvermessung, die sowohl Zeit als auch Ausgaben erfordert, sind sie kostenlos und bereits vorhanden. Sie bieten deutliche, objektive Ziele für militärische Eroberungen und für die Aushandlung von Verträgen. Und abgesehen von diesen Liegenschaftsvorteilen bieten die Flüsse selbst Zugang zur Erforschung des Landes und zum Handel, ferner natürliches Kapital in Form von Holz aus den Flussniederungen, fruchtbare Böden, Fisch und manchmal auch Gold. In militärischer Hinsicht bieten Flüsse sowohl ein probates Mittel für den Transport von Personal und Nachschub zu entfernten Schauplätzen als auch ein Hindernis für vorrückende Truppen. Aus all diesen Gründen – Territorium, Zugang, natürliches Kapital und militärische Macht – wurden Flüsse zu einem beliebten natürlichen Merkmal, das die Erforschung, die Militärstrategien und Gebietsbestimmungen von schwach kartierten Kontinenten durch ferne Kolonialmächte gestaltete.

Die Gebietserweiterung der jungen Vereinigten Staaten ist ein Beispiel dafür, wie Flüsse und ihre topografischen Wasserscheiden vor der Verfügbarkeit zuverlässiger Landkarten gemeinhin als politische Grenzen genutzt wurden. Im Ausgang von Großbritanniens Königlicher Proklamation von 1763 (die die topografische Trennlinie zwischen dem Mississippibecken und den nach Osten fließenden Oberläufen der Appalachen nutzte, um ihre Kolonien an der Ostküste abzugrenzen) wurden entweder der Mississippi selbst oder seine Wasserscheiden bei Verhandlungen zum Vertrag von Paris (der

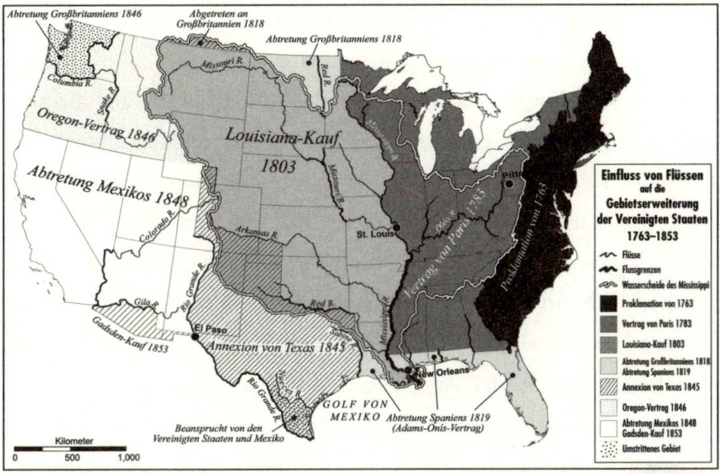

Koloniale und nationale Mächte nutzten gewöhnlich Flüsse und ihre topografischen Wasserscheiden, um Land abzugrenzen und einzutauschen, was hier dadurch veranschaulicht wird, dass bedeutende Verträge zur Gebietserweiterung der angrenzenden Vereinigten Staaten zwischen 1763 und 1853 über wichtige Flüsse und Flusswasserscheiden gelegt wurden.

den Unabhängigkeitskrieg beendete), beim Kauf von Louisiana und beim Oregon-Vertrag verwendet. Andere Flüsse nehmen eine zentrale Stellung bei der Annexion von Texas sowie bei der Gründung vieler US-Bundesstaaten und eines beträchtlichen Teils des am Pazifik gelegenen Nordwestens ein. Das gesamte 18. und 19. Jahrhundert hindurch spielten Flüsse und ihre Wasserscheiden eine wichtige Rolle bei der Gestaltung der Erweiterung der Grenzen und der politischen Macht Amerikas (siehe Karte).

Beispielsweise hätte die heutige Grenze zwischen den Vereinigten Staaten und Mexiko der Nueces-Fluss in Texas sein können, anstelle des Rio Grande, und ihre Gateway-Stadt hätte Corpus Christi anstelle von El Paso sein können, wenn Präsident James Polk nicht durch die Annexion von Texas im Jahr 1845 Mexiko zu einem ungleichgewichtigen Krieg provoziert hätte. Nachdem Texas gesichert war, stellte Polk US-Truppen südlich des Nueces auf, den Mexiko als seine nördliche Grenze zu Texas betrachtete, wodurch der Mexikanisch-Amerikanische Krieg ausgelöst wurde.

Diese Auseinandersetzung sollte das junge Land Mexiko mehr als 2,6 Millionen Quadratkilometer seines Territoriums kosten und seine Größe in etwa halbieren. Unter den Bedingungen des Vertrags von Guadalupe Hidalgo von 1848, der den Krieg beendete, verlor Mexiko alle Gebiete westlich des oberen Rio Grande, eine Fläche, die heute entweder die Gesamtheit oder einen Teil der US-Staaten New Mexico, Arizona, Colorado, Utah, Wyoming, Nevada und Kalifornien bildet. Wenn es den Gadsden-Kauf von 1853/54 (bei dem die Vereinigten Staaten zusätzlich 76 845 Quadratkilometer von Mexiko kauften) nicht gegeben hätte, wäre die südliche internationale Grenze Arizonas heute wellenförmig und würde dem Gila River unmittelbar südlich von Phoenix folgen.

Eine faszinierende Darstellung davon, wie bereits vorhandene physikalische und gesellschaftliche Bedingungen die Aushandlung politischer Grenzen beeinflussen, wurde von Dr. Wesley Reisser verfasst, der im US-Außenministerium arbeitete, bevor er die Hochschule für Aufbaustudien in der Abteilung für Geografie an der UCLA besuchte. Seine Doktorarbeit, die später als Buch mit dem Titel *The Black Book: Woodrow Wilson's Secret Plan for Peace* veröffentlicht wurde, erzählt von einem wenig bekannten Team amerikanischer Geografen, Historiker, Politikwissenschaftler und Ökonomen, das im Ersten Weltkrieg geheime Zusammenkünfte abhielt. Das Team wurde von Präsident Woodrow Wilson zusammengestellt, um einen Masterplan zur Neuziehung der politischen Grenzen der Welt auszuhecken. Die Gruppe bereitete ein streng geheimes Dokument vor, das als Black Book bezeichnet wurde, inklusive der Landkarten und Pläne, und das Wilson täglich zu den Pariser Friedensverhandlungen mitnahm, um den Krieg zu beenden. Diese Pläne berücksichtigten »natürliche Merkmale« von Flüssen und Wasserscheiden ebenso wie sprachliche, ethnische und politische Faktoren.

Die Kontrolle wichtiger Flüsse war eine von Wilsons obersten Prioritäten bei seinen Verhandlungen zum Versailler Vertrag. Ein Vorschlag des Black Book, die Oberläufe von Euphrat und Tigris einem einzigen mesopotamischen Staat zu gewähren (der heute Irak heißt), überlebte die Verhandlungen zwar nicht, andere aber schon. Bei vielen der vorgeschlagenen Grenzen betrachtete man den Zugang zu Flüssen als einen Faktor und übertrug manchmal sogar bewusst einem bevorzugten Land die Kontrolle über sie. Der Tschechoslowakei (heute Tschechien und die Slowakei) wurde beispielsweise Zugang zur Donau in der Stadt Bratislava gewährt. Eine umstrittene Bemühung, für Polen einen »Korridor zum Meer« entlang der Weichsel bis zum deutschen Hafen von Danzig (heute das polnische Gdańsk) zu gestalten, war schließlich erfolgreich, obwohl die Bevölkerung der Stadt zu 90 Prozent deutsch war und der Korridor Deutschland im Endeffekt in zwei Teile zerschnitt. Jahre später, nach dem Zweiten Weltkrieg, erweiterte die UdSSR Polens Grenze weiter nach Westen bis zu den Flüssen Oder und Neiße. Insgesamt trugen bestimmte Flüsse oder ihre topografischen Wasserscheiden zur Gestaltung der politischen Geografie Europas und des Nahen Ostens nach dem Ersten und Zweiten Weltkrieg bei. Das Vermächtnis dieser und vieler anderer historischer Eroberungen und Verträge, denen Flüsse zugrunde lagen, hat sich weitergetragen und betrifft heute fast ein Viertel der politischen Binnengrenzen auf der Welt.

Die Größe und Gestalt von Nationen

Die Ziehung politischer Grenzen ist natürlich eine rein menschliche Erfindung. Sie werden von Menschen erdacht und ausgehandelt, nicht von der physischen Geografie.

Meeresküsten, Flüsse und Gebirgsketten bieten zwar geeignete natürliche Merkmale an, konkurrieren jedoch mit anderen Erwägungen und Bestrebungen. Fast 6500 Kilometer Ozean hielten die Vereinigten Staaten nicht davon ab, die Inseln von Hawaii ihrem Bund einzugliedern. Worin bestehen also einige rein menschliche Faktoren, die die Größe und Anzahl von Nationen bestimmen?

In einem bedeutenden Buch mit dem Titel *The Size of Nations* machen die politischen Ökonomen Alberto Alesina und Enrico Spolaore geltend, dass die Ökonomie, die Demografie und politische Freiheiten die mögliche Größe eines Landes begrenzen. Im Allgemeinen hängt die ideale Größe eines Landes von Kompromissen zwischen den Vorteilen und Nachteilen einer großen Bevölkerung ab. Vorteile umfassen solche Dinge wie eine größere Wirtschaft, größere geopolitische Schlagkraft in der Welt und niedrigere Pro-Kopf-Kosten für Infrastruktur und öffentliche Dienste. Ein großes Land kann größere Armeen aufstellen und verfügt auch über ein weit gestreutes Reservoir an Menschen, um den Wohlstand neu verteilen zu können, was das Überstehen von lokalen wirtschaftlichen Abschwüngen und Naturkatastrophen erleichtert.

Große, bevölkerungsreiche Länder sind jedoch in der Regel heterogener, was zu unterschiedlichen Präferenzen, Prioritäten und Kulturen führt. Der Umgang mit dieser Vielfalt strapaziert die Zufriedenheit der Bürger und daher die Regierungsfähigkeit eines Landes, insbesondere in offenen Demokratien. Ein Regierungsversagen bedroht die bürgerliche Ordnung und die Stabilität des Staats.

Heute umfassen viele große Länder heterogene Bevölkerungen mit unterschiedlichen Präferenzen, deren Aufrechterhaltung eine Herausforderung darstellt. Um seine gegenwärtige Größe beizubehalten, muss der Irak die unterschiedlichen Präferenzen von sunnitischen Muslimen, schiitischen Muslimen und Kurden aushandeln. Deutschland muss mit einwanderungsfeindlichen Nationalisten und Anhängern des liberalen Globalismus umgehen. Amerika vereint zahlreiche unzufriedene Gruppierungen, wobei sich ländliche Konservative, städtische Liberale und Wählerschaften von unterschiedlichem sozioökonomischem Status und Geschlecht sowie unterschiedlicher Rassenzugehörigkeit gegenüberstehen. Solche Länder überleben auf Kosten von innerstaatlichem Hass und politischem Stillstand.

Ehemalige multiethnische Nationen, die unter einem solchen Druck zersplitterten, umfassen die UdSSR, die Tschechoslowakei, die Vereinigte Arabische Republik und Jugoslawien. Tatsächlich war das späte 20. Jahrhundert eine Zeit außergewöhnlicher politischer Fragmentierung, als die Anzahl der souveränen Länder der Welt sich mehr als verdoppelte. Diese politische Fragmentierung wurde teilweise durch eine erhöhte Demokratisierung angetrieben, die wiederum die Abspaltungen verstärkte. Einfach gesagt, beschlossen viele Länder, kleiner zu werden, um ihren Bürgern das zu geben, was sie wollten, selbst wenn das bedeutete, die wirtschaftlichen und geopolitischen Vorteile des Größerseins zu opfern.

The Size of Nations leistet einen Beitrag zur Erklärung der gesellschaftlichen und wirtschaftlichen Kräfte, die Nationen unter Druck setzen, sich auszudehnen oder auseinanderzubrechen. Aber die Ergebnisse dieser Kräfte wirken sich letztlich immer noch auf die physische Welt aus. Die Nützlichkeit von Meeresküsten, topografischen Wasserscheiden und Flüssen als politischen Grenzen war zwar für schon lange verblichene Erbauer von großen Reichen offensichtlich, wird jedoch heutzutage in der Gelehrtenwelt merkwürdigerweise ignoriert. Diese physischen Gegebenheiten werden beispielsweise kein einziges Mal in *The Size of Nations* erwähnt. Fragt man einen Politikwissenschaftler, warum die politischen Grenzen in der Welt dort sind, wo sie sich befinden, so wird man einen faszinierenden Bericht über die Rollen hören, die die ethnische Zugehörigkeit, Sprache, Kolonialgeschichte, Religion, Demokratie und Autoritarismus gespielt haben. Man wird nichts über Meeresküsten, Flüsse oder topografische Wasserscheiden hören.

Aber wie meine Forschungen, die ich gemeinsam mit Sarah Popelka durchgeführt habe, die Karte der Gebietserweiterung Amerikas und ein Blick auf eine beliebige Weltkarte zeigen, hat die physische Welt ebenfalls einen Einfluss darauf, wie politische Staaten ihre Grenzen bestimmen. Menschen kartieren zwar ihre politischen Orientierungen, aber nicht im luftleeren Raum. Neben rein gesellschaftlichen Kräften haben auch Meeresküsten und Flüsse einen Einfluss. Flüsse, und allgemeiner die physische Geografie, tragen ebenfalls zur Größe und Gestalt von Nationen und somit zum raumbezogenen Muster politischer Macht auf der ganzen Welt bei.

Kriegssorgen um Wasser

Heutzutage besteht die herausragende Rolle von Flüssen bei internationalen Streitigkeiten nicht mehr in der Bestimmung von Grenzen. Das dringlichere Problem ist ihr Wasser selbst.

Trotz fallender Fruchtbarkeitsraten in einem Großteil der Welt steigen die Weltbevölkerung und die Einkommen der sich entwickelnden Welt immer noch an. Um uns einer reicheren, Fleisch verzehrenden Welt mit etwa zehn Milliarden Menschen anzupassen – laut einer ungefähren Vorhersage der Erdbevölkerung für das Jahr 2050 –, müssen wir die gegenwärtige globale Nahrungsmittelproduktion nahezu verdoppeln. Maßnahmen des Wasserschutzes und technologische Fortschritte wie beispielsweise genetisch veränderte Anbaukulturen, um sie gegenüber Schädlingen und Krankheiten widerstandsfähig zu machen, werden uns dabei helfen, diese Herausforderung zu bewältigen. Aber um die wachsende Zahl von Menschen und Nutztieren auf der Erde zu ernähren, brauchen wir nach wie vor Wasser. Das verspricht einen weiteren Druck auf die bereits stark beanspruchten Flüsse, Ströme und grundwasserführenden Schichten.

Leicht lassen sich Schreckensszenarien entwerfen, wohin das führen könnte. Tatsächlich ist eine komplette Literatur zur Bedrohung durch bewaffnete Konflikte um Wasser entstanden. Zur Zeit der Niederschrift ergibt eine Google-Suche zum Begriff *water wars* (Kriege um Wasser) eine Million Treffer und etwa 1300 wissenschaftliche Veröffentlichungen. Aaron Wolf, ein Geograf an der Oregon State University, der dieses Thema lange Zeit untersucht hat, stellt fest, dass Wasser »die einzige knappe Ressource ist, für die es keinen Ersatz gibt, mit Bezug auf die es nur schwach entwickelte internationale Gesetze gibt und deren Bedarf überwältigend ist«. Drei aufeinanderfolgende UN-Generalsekretäre – Kofi Annan, Ban Ki-moon und António Guterres – haben sich unumwunden Sorgen darüber gemacht, dass ein unzureichender Zugang zu Wasser auf der ganzen Welt innere Unruhen, Massenmigration und bewaffnete Konflikte auslösen könnte.

Von besonderer Bedeutung sind Gebiete, in denen die Bevölkerung arm ist und internationale Spannungen bereits aus anderen Gründen ausgeprägt sind. Diese Beschreibung wird von mindestens vier großen grenzüberschreitenden Flusssystemen erfüllt. Den Nil teilen sich heute elf Nationen und nahezu eine halbe Milliarde Menschen. Den Jordan teilen sich Israel, Jordanien, der Libanon, die palästinensischen Gebiete und Syrien. Den Euphrat und den Tigris teilen sich die Türkei, Syrien, der Irak und der Iran. Den Indus teilen sich Afghanistan, China, Indien und Pakistan, wobei seine Oberläufe in der heftig umkämpften Bergregion Kaschmirs liegen.

Diese Flüsse, die schon heute überbeansprucht werden, sind für das Überleben der Menschheit entscheidend – und werden von eingeschworenen Feinden mitgenutzt. Die Bevölkerungsgruppen, die sie unterstützen, wachsen und siedeln Industrien an, wobei der Wasserbedarf zunimmt. Könnte die Konkurrenz um die Kontrolle dieser unverzichtbaren Flüsse zu Gewalt führen? Werden die zwischenstaatlichen Kriege des 21. Jahrhunderts wegen Wasser ausgefochten werden?

Mandela, der Bombenleger

Dafür gibt es jedenfalls ein plausibles Argument. Schließlich fühlte sich Nelson Mandela, ein auf der ganzen Welt geehrter Vorkämpfer für Frieden und soziale Gerechtigkeit, genötigt, wegen Wassers zu töten.

Nachdem er 27 Jahre in politischer Haft verbracht hatte, trat Mandela hervor, um eine fortschrittliche soziale Bewegung anzuführen, wofür ihm der Friedensnobelpreis verliehen wurde. Unermüdlich arbeitete er am Abbau von Südafrikas rassistischem Apartheidsystem und wurde schließlich 1994 Präsident des Landes.

Vier Jahre nach dem Antritt von Mandelas Präsidentschaft überfiel seine South African National Defence Force (SANDF, Südafrikanische Nationale Verteidigungsstreitkraft) das Königreich Lesotho, einen kleinen Binnenstaat im Hochland des südlichen Afrika. Mit Militärhubschraubern und Spezialkräften löschte die SANDF eine Garnison von Soldaten aus Lesotho aus, die den Katse-Staudamm bewachten, eine gerade erst aus Beton errichtete Bogenstaumauer mit Wasserreservoir am Malibamatšo-Fluss, die Teil eines acht Milliarden Dollar teuren gemeinsamen Wasserprojekts zwischen Lesotho und Südafrika war, das als Lesotho-Hochland-Wasserprojekt bezeichnet wird. Der Katse-Staudamm war der erste von fünf geplanten Staudämmen, die dazu entworfen wurden, den Abfluss aus den Oberläufen des Oranje (Senqu) aufzustauen und über Verbindungstunnel jährlich etwa 2,2 Milliarden Kubikmeter Wasser nach Pretoria, Johannesburg und Vereeniging, das industrielle Kernland Südafrikas, zu liefern.

16 Soldaten aus Lesotho wurden getötet, als die Soldaten der SANDF den Staudamm einnahmen. Erst nachdem dieser gesichert war, bewegte sich die Truppe weiter auf Lesothos Hauptstadt Maseru zu, um Unruhen niederzuschlagen, die wegen einer umstrittenen Wahl ausgebrochen waren, was als Grund für den Angriff angegeben wurde. Möglicherweise eingedenk seines Images als Friedensstifter ließ Mandela den Angriffsbefehl von einem Untergebenen namens Mangosuthu Buthelezi ausgeben, den Mandela für ein paar Tage zum amtierenden Präsidenten ernannte, während er das Land verließ, um nach Washington, D. C., zu fliegen und dort die Ehrenmedaille des US-Kongresses von Präsident Bill Clinton entgegenzunehmen.

Wissenschaftler und Rechtsgelehrte haben über die verschiedenen Argumente und Verträge nachgegrübelt, auf die sich Südafrika später zur Rechtfertigung des Angriffs berief. Die angegebenen Gründe wurden als unzulänglich befunden. Die Niederschlagung von Protesten gegen die Wahl gab einfach keinen hinreichenden Grund dafür ab, dass Südafrika beispielsweise seine Verpflichtungen gemäß dem Vertrag der Southern African Development Community (SADC, Entwicklungsgemeinschaft des südlichen Afrika) und der Charta der Vereinten Nationen verletzte. Das wahre Motiv für den Angriff scheint die Sorge über Bedrohungen des Lesotho-Hochland-Wasserprojekts gewesen zu sein. Zu jener Zeit war es eines der größten Programme zur Flussableitung auf dem afrikanischen Subkontinent und ein Eckpfeiler von Südafrikas langfristiger Wassersicherheitsstrategie.

Nehmen Sie sich bitte einen Augenblick Zeit, um das auf sich wirken zu lassen: Nelson Mandela, Nobelpreisträger mit würdevollem Auftreten, derselbe Visionär, der lieber Gefängnishaft auf sich nahm, als mit seiner friedlichen Arbeit für das Ende der Apartheid aufzuhören, fühlte sich genötigt, internationales Recht zu brechen, indem er wegen Wassers in einen souveränen Staat einmarschierte. Möglicherweise sagt das weniger über ihn aus als über die gewaltige Bedeutung von Flüssen. Kein Präsident – nicht einmal Nelson Mandela – kann sich der überragenden Bedeutung der Wassersicherheit entziehen, wenn er das Wohlergehen und die nationalen Interessen seines Landes abwägt.

Wassertürme schaffen Wasserwächter

Der Grund dafür, dass Lesotho so wichtig für das Wohlergehen der Südafrikaner ist, besteht darin, dass sein Maloti-Drakensberg-Gebirge einen »Wasserturm« bildet, d.h. eine Gebirgskette, die typischerweise von trockenem Tiefland umgeben ist, welches eine sehr große Menge von Abflüssen aufnimmt und in einen großen nachgelagerten Fluss leitet.

Der nachgelagerte Nutznießer ist in diesem Fall der Oranje (Senqu), eine gigantische Arterie, die durch den südlichen Teil des afrikanischen Kontinents fließt und ein entscheidender Wasserlieferant für Südafrika ist. Andere wichtige Wassertürme umfassen das äthiopische Hochland, das den Blauen Nil und den Nil mit Wasser versorgt; die europäischen Alpen, die die Donau, den Po, den Rhein und die Rhône versorgen; das afrikanische Bihé-Hochland, das den Okavango und den Sambesi versorgt; die zentralasiatischen Pamir-, Altai-, Hindukusch- und Tian-Shan-Gebirge, die den Amudarja und den Syrdarja versorgen; das Taurus- und das Zagrosgebirge im Nahen Osten, die Euphrat und Tigris versorgen; und die Rocky Mountains in Amerika, die den Colorado und den Rio Grande versorgen. Der großartigste Wasserturm von allen sind das Hochland von Tibet und die Himalayakette, in denen sich die Oberläufe der mächtigen Flüsse Indus, Ganges, Brahmaputra, Irrawaddy, Saluen, Mekong, Jangtse und des Gelben Flusses bilden, von denen nahezu die Hälfte der Menschheit abhängt.

Wenn wir die Lage der Wassertürme der Welt und die Flüsse untersuchen, die von ihnen unterhalten werden, stellen wir fest, dass viele Länder Wasser beziehen, das von anderswoher kommt. Lesotho kontrolliert einen Wasserturm, der für Südafrika von entscheidender Bedeutung ist. Äthiopien kontrolliert einen Wasserturm, der für Sudan und Ägypten entscheidend ist. Angola kontrolliert einen Wasserturm, der für Namibia, Botswana, Sambia, Simbabwe und Mosambik entscheidend ist. Nepal kontrolliert einen Teil eines Wasserturms, der für Indien entscheidend ist, und Indien einen Teil eines Wasserturms, der für Pakistan und Bangladesch entscheidend ist. Die Türkei kontrolliert einen Wasserturm, der für Syrien und den Irak entscheidend ist. Tibet, Nepal, Bhutan und Kaschmir umschließen einen massiven Wasserturm, der für das Überleben von neun benachbarten Ländern und fast der Hälfte der Erdbevölkerung wesentlich ist. Indem es 1950 Tibet besetzte, erlangte China die Kontrolle über einen Wasserturm, der nicht nur für das eigene Land, sondern auch für Bangladesch, Myanmar, Laos, Kambodscha, Thailand und Vietnam entscheidend ist.

Diese beeindruckende Asymmetrie zwischen dem Ort, an dem das Flusswasser entsteht, und dem Ort, an dem es verbraucht wird, birgt gewaltige Implikationen für die Macht politischer Staaten. Ein Land, das die Kontrolle über einen Wasserturm hat – oder über die Flüsse, die von ihm ausgehen –, stellt eine potenziell existenzielle Bedrohung für seine flussabwärts gelegenen Nachbarn dar. Das flussabwärts gelegene Land, das als Unterlieger bezeichnet wird, sorgt sich darum, dass der Oberlieger das Wasser des Flusses erschöpfen oder verschmutzen kann, bevor es die Grenze überquert.

Diese hypothetische Gefährdung ist dann am größten, wenn die physiografischen Bedingungen einem Oberlieger tatsächlich gestatten, einen Fluss innerhalb seiner eigenen Grenzen umzuleiten oder aufzustauen. Die Vereinigten Staaten üben beispielsweise eine gewaltige Oberliegermacht über Mexiko aus, weil der Rio Grande und der Colorado River über lange Strecken fließen und innerhalb der Vereinigten Staaten große Abflüsse aufweisen, bevor sie in Mexiko ankommen, wobei es zahlreiche attraktive Orte für Abzweigungen und Staudämme gibt. China und Laos üben eine ähnliche Macht über Myanmar, Kambodscha, Thailand und Vietnam aus und verfügen über zahlreiche potenzielle Örtlichkeiten, um den Mekong stromaufwärts dieser Nachbarn aufzustauen oder umzuleiten.

Harmons Torheit

Theoretisch könnte ein Oberlieger, wenn er es wollte, jeden Tropfen ohne Rücksicht auf seinen Nachbarn verbrauchen oder verschmutzen. Im Jahr 1895 schickte der mexikanische Botschafter in Washington dem US-Außenminister einen dringlichen Bericht, der die Beunruhigung darüber zum Ausdruck brachte, dass der Rio Grande auf 800 Kilometern entlang der mexikanischen Grenze im Sommer völlig auszutrocknen begonnen hatte. Die mexikanischen Bauern verließen ihre Felder, die sie 300 Jahre lang mit dem Flusswasser bewässert hatten. Die Bevölkerung von Ciudad Juárez hatte sich halbiert. Warum? Weil man weit stromaufwärts der Grenze neue Umleitungen vorgenommen hatte, um das Wasser aus dem oberen Rio Grande auf neues Ackerland in Colorado und New Mexico zu leiten. Diese Umleitungen, schrieb der Botschafter, vernichteten Jahrhunderte traditioneller Wassernutzung entlang der Ufer des Rio Grande um Ciudad Juárez und El Paso herum.

US-Justizminister Judson Harmon reagierte mit einem scharfen

Rechtsgutachten, das praktisch behauptete, die Vereinigten Staaten seien nicht verpflichtet, ihre inländische Nutzung des Rio Grande zu begrenzen. Sie hätten absolute Hoheitsgewalt über ihr Territorium und somit auch über alle Flüsse, die innerhalb ihrer Grenzen flössen. Es stehe den Vereinigten Staaten frei zu tun, was immer sie mit den Wasserressourcen des Rio Grande stromaufwärts seiner Ankunft an der US-mexikanischen Grenze tun wollten.

Die Harmon-Doktrin, wie sie später genannt wurde, ist ein Beispiel für die Existenzangst aller gefährdeten Unterlieger angesichts der Möglichkeit, dass ein Oberlieger seine Wasserversorgung drosseln könnte. Aber in Wirklichkeit sind die meisten Unterlieger auch Oberlieger, und zwar häufig im Hinblick auf denselben Nachbarn.

Wenn ein Fluss schiffbar ist, hat das stromabwärts gelegene Land außerdem noch eine andere Art von Machtposition, insbesondere wenn sein stromaufwärts gelegener Nachbar von Land umschlossen ist. Obwohl Deutschland ein Unterlieger ist, übt es dennoch Macht über die Tschechische Republik aus, weil die Tschechen keine Schiffe die Elbe hinunter zur Nordsee schicken können, ohne dass diese Deutschland durchqueren. Das stromaufwärts gelegene Ungarn kann die Donau nicht nutzen, um das Schwarze Meer zu erreichen, ohne die Einwilligung Kroatiens, Serbiens, Rumäniens und Bulgariens. Ohne Argentiniens Zustimmung können Schiffe des von Land umschlossenen Paraguay den Atlantik nicht erreichen.

Der Harmon-Doktrin zufolge könnte Mexiko zu Recht dadurch reagieren, dass es den Río Conchos entleert, einen wichtigen Nebenfluss des unteren Rio Grande, der seinen Strom entlang der texanischen Grenze unterstützt. Kanada könnte den Columbia River innerhalb der Provinz British Columbia aufstauen, bevor er die US-Staaten Washington und Oregon erreicht. Selbst die lautstärksten US-Nationalisten verstanden rasch, dass die Harmon-Doktrin ihrem eigenen Ziel im Weg stand, Amerika an die erste Stelle zu setzen.

Der nächste US-Justizminister ignorierte die Harmon-Doktrin. Um jede weitere Umleitung des Wassers aus dem Rio Grande zu stoppen, unternahm das US-Außenministerium gerichtliche Schritte, die ein anstehendes privates Staudammprojekt in New Mexico blockieren sollten. Mit einer Reihe von Beschlüssen bestätigte das Oberste Gericht der USA diese Entscheidung. Die Harmon-Doktrin war gestorben, und die Vereinigten Staaten beschlossen, den Rio Grande nicht leer werden zu lassen, bevor er ihren Nachbarn erreichte.

Stattdessen handelten die beiden Länder einen verbindlichen internationalen Vertrag aus, um das Wasser des Flusses fair zwischen ihnen aufzuteilen. Er wurde 1907 rechtskräftig und war der erste Vertrag mit Bezug auf einen grenzüberschreitenden Fluss, den die Vereinigten Staaten eingingen. Sein Kooperationsmodell legte die Grundlage dafür, wie man mit Hunderten anderer grenzüberschreitender Flüsse heutzutage auf der ganzen Welt umgeht.

Ebenso wie die Vereinbarung zwischen den USA und Mexiko von 1907 sind die meisten bilateralen Verträge. Manche bestehen zwischen eingeschworenen Feinden, die unfähig sind, im Hinblick auf andere Streitfragen eine gemeinsame Basis zu finden. Seit der Unterzeichnung des Indus-Wasservertrags haben Indien und Pakistan Atomraketen aufeinander gerichtet und drei Kriege ausgefochten, aber niemals die Bedingungen ihrer Vereinbarung verletzt, den Indus gleichberechtigt zu teilen. Während des langwierigen arabisch-israelischen Konflikts von 1979 bis 1994 haben sich Delegierte aus Israel und Jordanien heimlich getroffen, um ein kooperatives Vorgehen zur gemeinsamen Nutzung des Jarmuk zu erarbeiten, einer Wasserquelle, die für das Jordan-Tal von entscheidender Bedeutung ist, und zwar zu einer Zeit, in der es keine förmlichen diplomatischen Beziehungen zwischen den beiden Ländern gab.

Ähnliche Beispiele von Kooperation zwischen Feinden gehen bis auf das antike Mesopotamien zurück. Inschriften, die in einen sumerischen Stein geritzt sind, der als Geierstele bezeichnet wird (wegen ihrer Beschreibung Tausender Gefallener, die von den aasfressenden Vögeln verschlungen wurden), verkündeten einen uralten Pakt zwischen den mesopotamischen Stadtstaaten Lagasch und Umma, den Tigris nach einem blutigen Krieg gleichberechtigt zu nutzen. Im Jahr 1804 kamen die Rivalen Deutschland und Frankreich überein, den Rhein für immer gemeinsam zu nutzen, eine Kooperation, die seitdem auf Belgien, die Schweiz und die Niederlande erweitert wurde. Die Ursprünge dieser weiteren Kooperation gehen auf den Wiener Kongress von 1815 zurück, der eine neue europäische Ordnung auf den Trümmern der Napoleonischen Kriege begründete.

Heute gibt es beinahe 500 Vereinbarungen zur gemeinsamen Nutzung grenzüberschreitender Flüsse, die auf der ganzen Welt in Kraft sind, und ihre Zahl nimmt weiter zu. Multinationale Verträge und Ausschüsse existieren für einige der umstrittensten und überbeanspruchtesten Flussbecken, u. a. den Nil, den Jordan, Euphrat und Tigris und den Indus, die so oft als Krisenherde für bewaffnete Konflikte um Wasser hervorgehoben werden.

Dieser jahrzehntelange Trend erreichte 2014 einen weiteren Meilenstein, als Vietnam als 35. Land der UN-Gewässer-Konvention beitrat (vollständige Bezeichnung: Übereinkommen über das Recht der nichtschifffahrtlichen Nutzung internationaler Wasserläufe), wodurch die 44 Jahre währende Reise dieses wichtigen Bestandteils des internationalen Rechts zum Abschluss gelangte. Damit die UN-Gewässer-Konvention in Kraft treten konnte, mussten mindestens 35 Länder unterzeichnen.

Ihre Ursprünge gehen auf das Jahr 1970 zurück, als die Generalversammlung der Vereinten Nationen dafür stimmte, dass die

UN-Völkerrechtskommission (ILC, International Law Commission) einen globalen Rahmen für die gleichberechtigte Nutzung von Flüssen zwischen den Nationen formulieren sollte. Die ILC wiederum wandte sich an ein noch älteres Werk, das in den späten 1950er und frühen 1960er Jahren von einer Gelehrtengruppe namens International Law Association (ILA) entwickelt worden war. Diese Bemühung gipfelte in einer Tagung der ILA 1966 in Helsinki, die die Helsinki Rules über die Nutzung des Wassers internationaler Flüsse verabschiedete, ein hochrangiges Regelwerk zum gemeinsamen Umgang mit grenzüberschreitenden Flüssen. Entscheidend ist, dass die Helsinki Rules, wie sie später genannt wurden, von den Anrainerstaaten verlangten, die »sinnvolle und gleichberechtigte« Nutzung eines internationalen Flusses *aller* seiner Anrainerstaaten zu gewähren. Heute ist dieser Kerngedanke in der UN-Gewässer-Konvention und zahlreichen Verträgen mit Bezug auf grenzüberschreitende Flüsse auf der ganzen Welt aufgenommen.

Für andere Länder ohne grenzüberschreitende Vereinbarungen, weil es diese entweder zurzeit nicht gibt oder sie nicht alle Anrainerstaaten eines Flusses einschließen, liefert die UN-Gewässer-Konvention einen nützlichen Ausgangspunkt für Verhandlungen. Sie bietet auch Richtlinien für andere Probleme, wie beispielsweise die Verschmutzung, die von bestehenden Verträgen eventuell nicht abgedeckt werden. Die UN-Gewässer-Konvention trat formell 2014 in Kraft, und zur Zeit der Niederschrift waren 36 Nationen an ihr beteiligt, darunter das Vereinigte Königreich, Deutschland, Frankreich, Italien, Finnland, zahlreiche Länder Lateinamerikas, des Nahen Ostens und Afrikas.

Alles blickt auf den Mekong

Die Geschichte endet jedoch an dieser Stelle nicht. In dem Maße, in dem die Nachfrage nach Wasserressourcen steigt und sich geopolitische Machtkonstellationen verändern, wird sich auch das Wesen kooperativer multinationaler Vereinbarungen zur gemeinsamen Nutzung von Flüssen ändern.

Der Mekong, der fast 4500 Kilometer lang ist und ein Wassereinzugsgebiet von nahezu 800 000 Quadratkilometern besitzt, sammelt sich in Tibet und fließt dann durch China, Myanmar, Laos, Thailand, Kambodscha und Vietnam, bevor er ins Südchinesische Meer fließt. Sein oberes Wassereinzugsgebiet in China und Myanmar wird häufig als oberes Mekongbecken und sein unteres Einzugsgebiet in Laos, Thailand, Kambodscha und Vietnam als unteres Mekongbecken bezeichnet. In China wird der Fluss Lancang Jiang genannt, weshalb sein Name manchmal zu Lancang-Mekong gekreuzt wird. All diese verschiedenen Namen und Bestimmungen von Becken für etwas, das in Wirklichkeit ein riesiges, kontinuierliches Wassereinzugsgebiet ist, unterstreichen die entzweiende Politik und spaltenden Sichtweisen, die die Zukunft dieser Flussader umgeben. Insbesondere in Südostasien, wo der untere Mekong gegenwärtig einer der letzten großen ungestauten Flüsse ist, die es auf der Erde noch gibt.

Der Mekong stellt in Südostasien das Rückgrat der Ernährungskultur dar und ist in der gesamten Region die Grundlage lokaler Fisch- und Reisanbauwirtschaft. Thailand, Vietnam, Laos und Kambodscha sind im Hinblick auf Landwirtschaft, Fischeiweiß und Transportwege stark von dem Fluss und seinen Nebenläufen abhängig. Das vietnamesische Flussdelta des Mekong und die thailändische Khorat-Hochebene sind zwei der wichtigsten Anbaugebiete in der Region und liefern alleine etwa die Hälfte der gesamten

Reiserträge, die in diesen beiden Ländern produziert werden. Zusammengenommen produzieren die vier Länder etwa 60 Millionen Tonnen Reis im Jahr. Zwei Drittel davon werden im Inland verzehrt und ernähren nahezu 200 Millionen Menschen. Der übrige Teil wird gehandelt und liefert etwa 40 Prozent des globalen Exportmarkts für Reis.

Der Mekong und seine Nebenflüsse sind auch eine lebenswichtige Fischquelle. Betrachten wir beispielsweise die jährliche Rückstauüberflutung des Tonle Sap in Kambodscha, die eine der weltweit größten Ansammlungen von Süßwasserfischen hervorbringt. Bei einem kürzlichen Besuch in Südostasien war ich verblüfft über die Allgegenwart von Süßwasserfisch auf dem Speiseplan in Kambodscha, von den geschäftigen Märkten und Restaurants in Phnom Penh (das am Zusammenfluss von Tonle Sap, Mekong und Bassac liegt) bis zu ländlichen Dörfern, die um den Tonle-Sap-See herum gelegen sind. Die berühmtesten unter ihnen sind die »schwimmenden Dörfer« des Tonle Sap, die hin und her wandern und der veränderlichen Strandlinie dieses riesigen Binnensees folgen, die sich je nach Jahreszeit erweitert und dann wieder zusammenzieht.

Inmitten einer zunehmenden öffentlichen Debatte über einige vorgeschlagene Umleitungen und Wasserkraftstaudämme entlang des Mekong und seiner Nebenflüsse bildeten Thailand, Vietnam, Laos und Kambodscha 1995 die Mekong-Flusskommission (MRC, Mekong River Commission). Die MRC ist weniger ein Vertrag als vielmehr eine funktionale Leitungsstruktur, die von ihren Mitgliedsstaaten gemeinsam betrieben wird. Sie besitzt ein hochrangiges Gremium, das aus einzelstaatlichen Ministern besteht, einen Arbeitsrat, der sich aus behördlichen Abteilungsleitern zusammensetzt, und ein Sekretariatsbüro zur Verwaltung. Der Standort des Sekretariats wechselt unter den vier Nationen, wobei die Büros bisher in den Hauptstädten Bangkok, Phnom Penh und Vientiane untergebracht waren.

Der Erschließungsdruck entlang des Mekong ist gewaltig, und die MRC war ein mächtiger Vermittler im Hinblick auf den Vollzug dieser Erschließung. Obwohl sie in erster Linie eine Kommission zur Entwicklung ist, besteht ihr Mandat darin, eine »sinnvolle Nutzung« des Flusses zum gegenseitigen Nutzen aller vier Länder und Wohl ihrer Bewohner anzustreben. Sie versucht, potenzielle Schäden für die Landwirtschaft, Fischerei und örtlichen Kommunen, die durch die Erschließung des Flusses verursacht werden, festzustellen und zu mildern, auch über Staatsgrenzen hinweg.

Eine zentrale Aufgabe der MRC besteht in der Bestimmung und Priorisierung bestimmter Erschließungsprojekte, wie beispielsweise Wasserkraftstaudämme und Umleitungen zur Bewässerung, in gemeinsamer Absprache mit allen vier Ländern. Bevor ein größeres Projekt zur Förderung vorgeschlagen wird, gibt es ein detailliertes Verfahren der Benachrichtigung, Beratung und Konsensbildung. Obwohl die Mitgliedsstaaten sich nicht immer an diese Verfahren halten – vor Kurzem hat Thailand zum Beispiel die MRC ignoriert und für kurze Zeit während einer schweren Dürreperiode Wasser aus dem Mekong in den Huai-Luang-Fluss gepumpt –, werden sie im Großen und Ganzen doch befolgt. Die MRC unterstützt auch die Überwachung der Wasserqualität, wissenschaftliche Forschung, Sonderkonferenzen und Bildungsprogramme zur transparenten und umfassenden Überwachung und Nutzung des Flussbeckens.

Im Jahr 2006 wurde jedoch die Macht der MRC zum ersten Mal ernsthaft infrage gestellt, als Laos mit der Planung zweier Staudämme am Mekong begann, des Xayaburi und des Don Sahong am nördlichen und südlichen Ende des Landes. Diese sollten die ersten Staudämme sein, die je im unteren Mekongbecken gebaut wurden. Das Ziel von Laos war (und ist) es, durch den Export von Elektrizität an Thailand und Kambodscha zur »Batterie von Südostasien« zu werden, zu einem wichtigen regionalen Wasserkraftversorger. Dadurch sollte eine dringend benötigte Einkommensquelle in einem der ärmsten Länder der Welt generiert werden, während seinen sich rasch industrialisierenden Nachbarn gleichzeitig eine stabile Energiequelle zur Verfügung gestellt wurde.

Die Vorschläge von Laos erzeugten bei den anderen Anliegernationen, Umweltgruppen und internationalen NGOs Existenzängste. Sie wandten ein, dass die Auswirkungen der Staudämme auf den Reisanbau, die Fischerei, die natürlichen Ökosysteme und lokalen Kommunen nur sehr unzureichend untersucht und potenziell katastrophal seien. Laos fuhr jedoch fort und legte der Mekong-Flusskommission 2010 Pläne für einen 3,8 Milliarden Dollar kostenden Staudamm bei Xayaburi vor. Die MRC stellte fest, dass die Auswirkungen tatsächlich unzureichend bekannt waren, und verlangte weitere wissenschaftliche Untersuchungen und Datensammlungen, bevor weitere Schritte unternommen werden sollten. Außerdem schlug sie ein zehnjähriges Moratorium für alle Staudämme im unteren Mekongbecken vor, bis die Folgerisiken besser bestimmt werden konnten.

Aus Frustration wandte sich Laos der Politik des Alleingangs zu. Langfristige Energieverträge wurden mit der Xayaburi Power Company Limited, einem privaten Stromerzeuger, und der Electricity Generating Authority of Thailand, dem führenden staatseigenen Elektrizitätswerk des Landes, unterzeichnet. Im Jahr 2012 begann Laos mit dem Bau des Xayaburi-Staudamms, bevor eine endgültige Entscheidung der MRC gefallen war. Ein Jahr später unterbreitete das Land der MRC Pläne und Einschätzungen der Auswirkungen für den zweiten Staudamm bei Don Sahong, aber dieses Mal als »Mitteilung«, nicht als Antrag.

Ohnmächtig reichte die MRC die Angelegenheit weiter nach oben an die Mitgliedsregierungen. Drohungen von höchster Ebene und diplomatische Schritte konnten Laos nicht davon abbringen, weitere langfristige Energieverträge zu unterzeichnen und auch mit dem Bau des zweiten Staudamms zu beginnen. Zur Zeit der

Niederschrift sind beide Bauwerke nach weiteren Kämpfen und kurzzeitigen Unterlassungsverfügungen fast abgeschlossen, und bei einem dritten, das als Pak-Beng-Staudamm bezeichnet wird, steht der erste Spatenstich kurz bevor. Die Planung eines vierten namens Pak-Lay-Staudamm dauert trotz des katastrophalen Einsturzes einer Vorsperre des Xe-Pian-Xe-Namnoy-Wasserkraftprojekts, bei dem 40 Menschen getötet und Tausende aus ihren Wohnungen vertrieben wurden, weiter an.

Laos' Entscheidung, im Alleingang Staudämme am unteren Mekong zu bauen, legte die Schwäche der Mekong-Flusskommission offen. Sie hat nur ein begrenztes Mandat, verfügt über wenige Durchsetzungsmechanismen und über keine Vetomacht im Hinblick auf Bauprojekte. Ohne wirksame Druckmittel veranlasste die Abfolge von unbestimmten, wenn auch gut gemeinten Forderungen der MRC nach weiteren Untersuchungen und Aufschüben Laos dazu, die Vorschriften zu umgehen und im Alleingang weiterzumachen.

Überrascht und enttäuscht, reduzierten die nahezu 20 internationalen Geldgeber, die einen Großteil der MRC finanzieren – dazu gehören insbesondere Finnland, Australien, Schweden, Belgien, Dänemark und die Europäische Union –, ihre finanzielle Unterstützung drastisch von 25 Millionen Dollar im Jahr 2015 auf gerade einmal vier Millionen Dollar in den Jahren 2016 und 2017. Wenn die eigenen Mitglieder der MRC sich nicht an die Regeln der Kommission halten, so ihre Überlegung, warum sollten wir sie dann finanziell unterstützen? Nach mehr als zwei Jahrzehnten erfolgreicher kooperativer Verwaltung hat die Mekong-Flusskommission angesichts eines nationalistischen Erschließungsdrucks zum Bau großer Staudämme im unteren Mekongbecken möglicherweise ihren Bezwinger gefunden.

Das endgültige Todesurteil für die Mekong-Flusskommission und ihrer Beaufsichtigung der Erschließung des unteren Beckens wird vielleicht nicht von Laos, sondern von China unterzeichnet.

China ist kein offizielles Mitglied der MRC und auch nicht von ASEAN (Association of Southeast Asian Nations, Verband südostasiatischer Staaten). Das Land lehnte 1995 eine formelle MRC-Mitgliedschaft zugunsten des Status als Dialogpartner ab und befreite sich dadurch davon, seine eigenen Flusserschließungsprojekte der Begutachtung durch die MRC zu unterstellen. Bis 2018 hatte China acht Staudämme im oberen Mekongbecken gebaut, während sich mindestens 20 weitere noch im Bau oder in Planung befinden. Diese Tätigkeit hat den Abfluss von Wasser und Ablagerungen am unteren Flusslauf bedeutend verändert, worin sich ein klassischer Machtunterschied zwischen flussaufwärts und flussabwärts gelegenen Anrainerstaaten zeigt. Im Jahr 2016 fiel der Wasserstand so tief, dass Vietnam gezwungen war, China zu bitten, genügend Wasser aus seinen Staudämmen freizugeben, um schwere landwirtschaftliche Einbußen im Mekongdelta zu verhindern.

Auf dem 17. ASEAN-China-Gipfel in Myanmar schlug China 2014 ein neues Modell für die regionale Kontrolle des Mekong vor. Nur 16 Monate später wurde das Lancang-Mekong-Kooperationsrahmenwerk von den Oberhäuptern aller sechs Anrainerstaaten (China, Myanmar, Laos, Thailand, Kambodscha und Vietnam) unterzeichnet, wobei China den ständigen Vorsitz innehat.

Dies war die erste regionale zwischenstaatliche Organisation, die China je in Südostasien geleitet hat. Ihre Gründung führte augenblicklich zu Spekulationen über die Zukunft der MRC und fegte nicht weniger als drei andere konkurrierende regionale Kooperationsrahmenwerke beiseite, die sich in Südostasien durchzusetzen versuchten. Dazu gehörten die Initiative unterer Mekong (Lower Mekong Initiative), die von den Vereinigten Staaten erstmals im Jahr 2009 vorgeschlagen wurde und aus den USA und denselben fünf Anrainerstaaten *außer* China bestand, und der Mekong-Japan-Gipfel von 2009, der von Japan vorgeschlagen wurde und dieselben fünf Länder umfasste.

Wie die Mekong-Flusskommission ist das Lancang-Mekong-Kooperationsrahmenwerk eher ein Verwaltungsorgan als ein Vertrag. Es hält regelmäßige Treffen auf mehreren Verwaltungsebenen ab, wobei die Staatschefs sich alle zwei Jahre und die Außenminister jedes Jahr versammeln sollen. Obwohl ihr nominelles Thema »Gemeinsamer Fluss, gemeinsame Zukunft« lautet, ist ihr Mandat weitaus breiter angelegt. Erklärte Ziele umfassen die Einrichtung einer grenzüberschreitenden Kooperation in puncto Durchsetzung von Gesetzen, Terrorismus, Armut, Landwirtschaft, Klimawandel, Katastrophenschutz und Bankgeschäfte. China wird mehr als 1,5 Milliarden Dollar an Darlehen und einen Kreditrahmen von zehn Milliarden Dollar zur Investition in die regionale Infrastruktur in ganz Südostasien bereitstellen. Dieses Geld wird zum Bau von Wasserstraßen, Schienen und Autobahnen verwendet werden, die Südostasien mit China verbinden. Die Ziele dieses neuen Rahmenwerks gehen also weit über die Verwaltung des Flusses hinaus.

Diese Abfolge von Ereignissen zeigt, inwiefern die grenzüberschreitende Verwaltung des Mekong sowohl ein Machtziel als auch ein Machtmittel in Südostasien ist. Im Jahr 1995 brachte ein wachsendes Bedürfnis nach einem kooperativen internationalen Verfahren zur Abstimmung konkurrierender Vorstellungen hinsichtlich des Flusses die Mekong-Flusskommission und zwei Jahrzehnte relativ guter Kooperation in der Region hervor. Heute entsteht durch die Schwäche der MRC, die aufgrund des von Laos gezeigten Appetits nach Wasserkraft zutage trat, ein neues Modell für die Kontrolle des Flusses, das einen weitaus breiteren Auftrag besitzt. Das dringende Bedürfnis, den Mekong auf gleichberechtigte Weise zu teilen, wurde somit zu einem strategischen Mittel für etwas noch Größeres: eine breitere Integration von Südostasien mit China als führendem Geldgeber für die Erschließung in der Region.

Ebenso wie politische Grenzen lassen Flüsse verzweifelte Menschen ertrinken und ändern die Größe und Form von Staaten. Als Wasserläufe schüren sie Angst und Machtungleichgewichte unter den Nachbarn. Und bei globalen Angelegenheiten – von Bündnissen zur gemeinsamen Wassernutzung über die kooperative Verwaltung bis zu weitreichenden Visionen von regionaler wirtschaftlicher Integration – stellen wir fest, dass Flüsse weitaus häufiger zur Vereinigung als zur Trennung beitragen.

Außer im Krieg.

Kapitel 3

Das Jahrhundert der Demütigung und andere Kriegsgeschichten

Von 2014 bis 2019 erlebte eine brutale neue Gesellschaft Aufstieg und Untergang in der antiken Wiege der Kultur von Euphrat und Tigris. Der Islamische Staat, eine gewalttätige, militante dschihadistische Organisation, die unter den verschiedenen Bezeichnungen IS, ISIS, ISIL oder Daesh bekannt ist, entstand aus dem Chaos der Revolutionen des Arabischen Frühlings, um für kurze Zeit ihren Traum von der Gründung eines ultraorthodoxen islamischen Kalifats in Syrien und im Irak zu entwickeln.

Das Kernland dieser neuen theologischen Kultur sollte aus einer Reihe von eroberten, an Flüssen gelegenen Städten und Großstädten hervorgehen, die gemeinsam mit ihren Staudämmen, ihrer Wasserkraft, ihren umliegenden Ölquellen und ihrem Ackerland wie Perlen entlang des Euphrat und Tigris aufgereiht sind. Mit einer selbst für dschihadistische Maßstäbe außergewöhnlichen Grausamkeit stürmte der IS auf die Weltbühne und nahm kurz nacheinander die wichtigen irakischen Städte Mossul, Al-Qa'im, Falludscha und Tikrit ein und bedrohte sogar für kurze Zeit die Hauptstadt Bagdad. Die Gruppe schlug auch Kapital aus dem Durcheinander des fortwährenden syrischen Bürgerkriegs, um ihre Macht im Nordwesten zu festigen, indem sie einen Großteil des Euphrattals und die wichtigen syrischen Städte Deir ez-Zor, Al-Bukamal und Rakka einnahm, wobei der IS Letztere zur Hauptstadt des neuen Kalifats erklärte. Mit einer Stärke von beinahe 20 000 Mann umfassten die IS-Kämpfer nicht nur Syrer und Iraker, sondern auch Ausländer aus Saudi-Arabien, Jordanien und Tunesien sowie aus entlegenen Ländern wie Australien, Frankreich, Deutschland, Großbritannien und den USA. Der Eifer der Organisation im Hinblick auf die Enthauptung gefangener Soldaten und Menschen aus dem Westen und die anschließende Onlineveröffentlichung von Videos ihrer Hinrichtungen riefen weltweite Verurteilung und Angst hervor.

Auf dem Gipfel seiner Macht im Spätjahr 2014 kontrollierte der IS etwa zehn Millionen Menschen und über 100 000 Quadratkilometer von Gebieten in Syrien und im Irak. Der Islamische Staat beschaffte sich aggressiv Barmittel aus Öleinkünften, von ausländischen Geldgebern, aus Lösegeldern für entführte Personen, aus Plünderungen und der Besteuerung der eingenommenen Städte und Großstädte. Der IS drohte sogar mit der Zerstörung wichtiger Staudämme am Euphrat, um der gefangen genommenen Bürgerschaft seine Kontrolle aufzuzwingen. Die Öleinnahmen allein fügten seinem geschätzten Vermögen von zwei Milliarden Dollar täglich ein bis zwei Millionen hinzu. Mit diesem Geld wurden die Waffen, Fahrzeuge und Kämpfer bezahlt und Propagandakampagnen in sozialen Medien finanziert, die Dutzende von ausländischen Terrorakten auf der ganzen Welt anregten.

In Orlando, Florida, drang ein Mann, der sich zum IS bekannte und mit einem Sturmgewehr und einer halb automatischen Pistole des Herstellers Glock bewaffnet war, in einen Schwulennachtklub ein und erschoss gleichmütig über 100 Menschen. Es handelte sich mit einem Wort um die schlimmste Massenerschießung der amerikanischen Geschichte. In Nizza pflügte ein anderer Sympathisant mit einem Lastwagen durch die an der Uferpromenade stattfindenden Feiern zum Nationalfeiertag und tötete oder verletzte dabei über 400 Menschen. Ein ständiger Trommelschlag an Erschießungen, Bombenattentaten, Enthauptungen, absichtlich in Menschenmengen gelenkten Fahrzeugen und anderen Gräueltaten, über die weniger berichtet wurde, führte zu vielen Opfern in Afghanistan, Algerien, Australien, Bangladesch, Belgien, Bosnien-Herzegowina, Kanada, Dänemark, Ägypten, Frankreich, Deutschland, Großbritannien, Indonesien, Israel, Jemen, Kuwait, Libanon, Libyen, Malaysia, Nigeria, Pakistan, den palästinensischen Gebieten, Russland, Saudi-Arabien, Tunesien und den Vereinigten Staaten. Bis zur Mitte des Jahres 2016 wurden *außerhalb* des Iraks und Syriens über 1200 Menschen bei Terroranschlägen getötet, die vom IS inspiriert oder koordiniert wurden.

Die Welt reagierte darauf, und eine von den USA angeführte Koalition ließ Raketen auf das aufstrebende Kalifat herabregnen. Bis Anfang des Jahres 2018 waren fast 30 000 Luftangriffe gegen IS-Ziele im Irak und in Syrien geflogen worden. Zu Land wurden die Dschihadisten allmählich von Bodentruppen vertrieben, wobei von Russland unterstützte syrische Regierungstruppen von Westen und von den USA unterstützte irakische und syrische Oppositionstruppen von Osten vorrückten. Der Krieg dauerte sowohl während der Obama- als auch der Trump-Regierung an, und im März 2019 verkündete diese den Sieg, als von den USA unterstützte kurdische Truppen die letzten IS-Kämpfer aus Baghuz, einem kleinen syrischen Grenzdorf an den Ufern des Euphrat, vertrieben.

Die Grausamkeit und globale Reichweite des IS brachte ihm während der gesamten Dauer von fünf Jahren ständig ausführliche Medienberichte ein. Diese umfassten unter anderem die ständige Aufmerksamkeit beim *Economist* und bei *BBC News* arbeitender professioneller Kartografen, die Landkarten veröffentlichten, welche die Ausdehnung, die Schwankungen und die Schrumpfung der vom IS kontrollierten Gebiete dokumentierten, während der Islamische Staat von Angriffen aus der Luft und am Boden ausgehöhlt wurde. Ich interessierte mich schon früh für diesen Konflikt und verfolgte diese Karten mit Eifer. In dem Maße, wie sich der Krieg entwickelte, war ich immer wieder davon beeindruckt, wie wichtig die beiden großen Wasserläufe der Region – der Tigris im Irak und der Euphrat in Syrien – für die regionalen Bestrebungen der Organisation waren.

Von Beginn an war die Kontrolle dieser Flusskorridore für den IS eindeutig ein entscheidendes Ziel. In geografischer Hinsicht liegen die Bevölkerungszentren der Region und fruchtbares, bewässertes Ackerland an den Flüssen. Wasserkraftstaudämme liefern den größten Teil ihres Stroms, und zwar insbesondere in Syrien, wo das Stromnetz weniger zentralisiert ist als im Irak. In kultureller Hinsicht werden diese Tieflandtäler von konservativen Sunniten beherrscht, die im Allgemeinen der Überdehnung des salafistischen Fundamentalismus durch den IS toleranter gegenüberstanden. Um die breite Masse zu weiterer Kooperation zu bewegen, nutzte der IS Flussstaudämme als Waffen, und zwar sowohl durch die Vorenthaltung der Wasserversorgung als auch durch die Drohung, diese Bauwerke zu sprengen.

Eine Landkarte nach der anderen enthüllte den Kern der Macht des IS, der den Flusstälern des Euphrat und Tigris folgte. Insbesondere der Euphrat blieb unter IS-Kontrolle, auch nachdem sein Territorium auf zwei Prozent gegenüber seiner Ausdehnung auf dem Gipfel der Macht zusammengeschrumpft war. Nachdem Rakka gefallen war und die Militäroperationen sich dem Ende näherten, zeigten die letzten Landkarten, dass der Islamische Staat sich auf wenig mehr als einen langen, geschlängelten Korridor den Fluss entlang zusammengezogen hatte.

Überquere diesen Fluss

Es ist zwar klar, dass Flüsse für die IS-Dschihadisten wichtig waren. Aber ihr Krieg war bei Weitem nicht der erste, der in seiner Gestalt von diesen natürlichen Merkmalen beeinflusst wurde. Seit der Antike haben sie auch andere militärische Auseinandersetzungen geprägt. Die vorangehenden beiden Kapitel schilderten, wie Gesellschaften Flüsse im Hinblick auf natürliches Kapital, Zugang, Territorium und Macht wertschätzen. In diesem Kapitel stellen wir fest, dass dieselben Eigenschaften Flüssen in Kriegszeiten strategische Bedeutung verleihen.

In Form einer auf brutale Weise direkten Anwendung von Kriegsmacht wurden Flüsse sogar als Werkzeuge für Massenhinrichtungen gebraucht. Im Jahr 1793 wurden mehrere Zehntausend der in der französischen Vendée-Region lebenden Menschen im westlichen Tal der Loire abgeschlachtet, als die katholischen Priester dort sich weigerten, die neue Regierung der Französischen Republik während der Französischen Revolution und der Schreckensherrschaft zu unterstützen. Die Reaktion der neuen Regierung erfolgte prompt und brutal. In Nantes, einer Großstadt an der Loire, befahl der Kommandant Jean-Baptiste Carrier seinen Soldaten, so viele Männer, Frauen und Kinder aus der Vendée wie möglich dahinzumetzeln. Mit grässlicher Wirksamkeit wurde die Loire selbst bei einer Kampagne von Massenertränkungen, die als *Noyades de Nantes* bezeichnet werden, in Dienst genommen. Zivilisten aller Altersstufen mussten sich nackt ausziehen, wurden gefesselt und auf Lastkähnen, die versenkt werden sollten, auf den Fluss hinausgefahren oder mit Bajonetten unter die Wasseroberfläche gestoßen, bis sie ertranken. 5000 Menschen wurden schätzungsweise als Teil dieser breiter angelegten Terrorkampagne gegen die Bevölkerung der Vendée in der Loire niedergemacht.

Während der Schreckensherrschaft von 1793/94 zerschlug die neue Französische Republik einen Aufstand unter der Bevölkerung der Vendée im Tal der Loire. In Nantes wurde der Fluss dazu missbraucht, den Tod Tausender royalistischer Sympathisanten zu besiegeln, indem man speziell umgebaute Lastkähne verwendete, von denen aus die gefesselten Opfer wirksam ertränkt werden konnten.

Dort, wo Flüsse als politische Grenzen genutzt werden, können sie zu Symbolen tapferer Führung werden, wenn die Krieger sie zu überqueren wagen. Betrachten wir beispielsweise einen bestimmten römischen Eroberer und Statthalter Galliens, der im Jahr 49 v. Chr. beschloss, seine Armee nach Süden auf Rom marschieren zu lassen. Das erforderte die Überschreitung des Rubikon, eines kleinen Flusses im heutigen Norditalien, der eine politische Provinzgrenze markierte. Seine Überschreitung mit Soldaten war vom Gesetz der Römischen Republik ausdrücklich verboten. Es hätte Verrat und eine unwiderrufliche Kriegshandlung bedeutet.

Julius Caesars Entscheidung, den Fluss zu überschreiten, stürzte die Römische Republik in einen Bürgerkrieg, aus dem er schließlich als Sieger hervorging. Fünf Jahre später sollte er ermordet werden, aber erst nachdem er eine Reihe weitreichender politischer Reformen in Gang gesetzt hatte, die die Römische Republik in das riesige

Römische Reich verwandeln sollten. Der Legende zufolge äußerte Caesar die Worte »Alea iacta est« (»Der Würfel ist gefallen«), als er in den verbotenen Gewässern des Rubikon watete. Bis zum heutigen Tag ist *den Rubikon überschreiten* ein weithin verwendeter Ausdruck zur Bezeichnung einer wichtigen Entscheidung, von der es kein Zurück gibt.

Ein weiteres Beispiel kommt von einem der wenigen allgemein erinnerten Augenblicke des Amerikanischen Unabhängigkeitskriegs. Tatsächlich könnte es sein, dass die Vereinigten Staaten heute nicht existierten, wenn George Washington keinen Überraschungsangriff über den vereisten Delaware River in der Nähe von Trenton, New Jersey, angeführt hätte.

Es war an Heiligabend im Jahr 1776. Washingtons Kontinentalarmee war aufgerieben und demoralisiert, nachdem sie zahlreiche Schlachten gegen britische Truppen verloren hatte, die gesandt worden waren, um den Rebellenaufstand niederzuschlagen. New York City wurde eingenommen, und die amerikanischen Kämpfer hatten sich tief in den Staatenbund von Pennsylvania zurückgezogen. Der Kontinentalkongress, der die Ergreifung und Verhaftung seiner Mitglieder fürchtete, war aus seiner Hauptstadt Philadelphia geflohen. Britische Truppen kontrollierten New Jersey und hatten eine Garnison hessischer Söldner bei Trenton stationiert, einer Stadt auf der anderen Seite der Grenze, die der Delaware River bildete.

Washington hatte den größten Teil seiner Armee und Vorräte verloren. Die Zahl der Überläufer war ungezügelt, und ein britischer Sieg schien nahe zu sein. Als Washington spürte, dass der Krieg um ihn herum zusammenbrach, gab er seinen verbliebenen Soldaten die Order, einen nächtlichen Überraschungsangriff auf Trenton zu starten und etwa 2400 Kämpfer über den Delaware River zu befördern. Ein Eisregen- und Hagelsturm verzögerte ihren Angriff um einige Stunden, was sich als Vorteil erwies, weil die Söldner tief schliefen, als im Morgengrauen der Angriff über den Fluss hinweg erfolgte.

Zur Weihnachtszeit 1776 stand Großbritannien kurz davor, die Amerikanische Revolution niederzuschlagen. Angesichts der drohenden Niederlage überquerte George Washington den vereisten Delaware River, die Flussgrenze zwischen Pennsylvania und New Jersey, in einem Verzweiflungsangriff. Durch die überraschende Attacke wurden Trenton und Princeton erobert, der Aufstand mit neuem Leben erfüllt und der Kriegsverlauf umgekehrt. Jahrzehnte später sollte dieses Gemälde, *Washington überquert den Delaware,* das von dem deutschen Künstler Emanuel Leutze geschaffen wurde, zu einem symbolträchtigen Bild der amerikanischen Kultur des Patriotismus werden.

Washington eroberte die Garnison und gewann auch eine weitere entscheidende Schlacht bei Princeton. Seine Überraschungssiege kehrten die Dynamik des Krieges um und förderten die Rekrutierung neuer Kämpfer durch die Kontinentalarmee. Wäre die gefährliche nächtliche Überquerung des Delaware fehlgeschlagen, wäre der Amerikanische Unabhängigkeitskrieg wahrscheinlich niedergeschlagen worden, und die nur kurz existierenden »Vereinigten Staaten von Amerika« wären zu einer knappen Fußnote der Geschichte geworden.

Washingtons kühne Gegenoffensive wurde in der amerikanischen Überlieferung verankert und später durch ein kolossales Gemälde mit dem Titel *Washington überquert den Delaware* verewigt, das heute im Metropolitan Museum of Art in New York hängt. Es wurde 1850 von einem deutschen Maler namens Emanuel Leutze geschaffen, der vergeblich hoffte, dass es zu einer Einigungsbewegung innerhalb des Deutschen Bundes anregen würde. Das Gemälde blieb in Europa weitgehend unbeachtet, wurde aber in den Vereinigten Staaten zu einer augenblicklichen Sensation und im ganzen Land in einer äußerst erfolgreichen Tournee gezeigt. Nur vier Monate nachdem es seine ständige Heimat in New York City gefunden hatte, hatten etwa 50 000 Menschen gutes Geld gezahlt, um es zu sehen. Innerhalb eines Jahres waren Faksimiles von *Washington überquert den Delaware* in den meisten amerikanischen Schulbüchern und Haushalten zu sehen. Das überlebensgroße Gemälde von George Washington, dessen Blick fest auf das feindliche Ufer gerichtet ist, und von seinen zusammengewürfelten Soldaten, die Mühe haben, den vereisten Fluss zu überqueren, wurde augenblicklich zu einem dauerhaften Symbol des amerikanischen Patriotismus.

Das geteilte Amerika

Es gab einmal eine US-Präsidentschaftswahl, die so entzweiend war, dass eine riesige Zahl von Amerikanern sich ihrem eigenen Land entfremdet fühlte, als das Ergebnis feststand. Gesellschaftliche Spaltungen waren krude und schroff geografisch, wobei einige Teile des Landes den neuen Präsidenten unterstützten und andere Teile schworen, sich ihm zu widersetzen. Die Grundursache der Zwietracht ergab sich aus tief sitzenden Problemen, die die Wirtschaft und Rassenfragen betrafen, wobei die Konservativen danach strebten, eine traditionelle Wirtschaft und einen herkömmlichen Lebensstil zu bewahren, und die Liberalen eine fortschrittliche Richtung und Gleichheit unterstützten. Eine nationale Entscheidung zwischen der alten und neuen Richtung stand bevor, und Amerika war zutiefst polarisiert, welche von beiden für das Land am besten sei.

Diese Spannung spaltete sogar die Anhänger ein und derselben politischen Partei, der Demokraten, die zwei starke Kandidaten ins Rennen schickten, von denen jeder eine andere Vision der Zukunft anbot. Ihr erbitterter Kampf bei den Vorwahlen schwächte alle beide und trug dazu bei, dass ein unbeholfener Republikaner die Wahl im November mit weniger als der Hälfte der direkten Stimmen gewann. Ein Gefühl tiefen Unbehagens lag über dem Land. Schon bevor dieser neue Präsident sein Amt am 4. März 1861 antrat, hatten sich bereits sieben US-Staaten gegen ihn gestellt.

Fünf Wochen später befanden sich die Vereinigten Staaten im Krieg. Der Kern des Streits bestand in einer unversöhnlichen Meinungsverschiedenheit zwischen Sklavenhalterstaaten und freien Staaten, ob Sklaven in den neu besiedelten Gebieten Amerikas zugelassen werden würden. Die freien Staaten glaubten, dass die Bundesregierung die Sklaverei in den neuen Gebieten verbieten konnte und sollte. Die Sklavenhalterstaaten waren anderer Meinung und sagten, das sei eine Überschreitung der Befugnisse des Bundes und jedes Gebiet solle selbst entscheiden.

Während seiner Präsidentschaftskampagne traten Abraham Lincoln und seine abolitionistisch eingestellten Republikaner an, die Sklaverei in den neuen Territorien zu verbieten. Nach seiner Wahl spalteten sich die US-Staaten, die für die Sklaverei eintraten, nämlich South Carolina, Mississippi, Florida, Alabama, Georgia, Louisiana und Texas, rasch ab, um einen neuen Staat unter dem Namen Konföderierte Staaten von Amerika zu bilden. Dessen Hauptstadt war Richmond, Virginia, und Jefferson Davis, ein kürzlich abgetretener Senator aus Mississippi, wurde per Akklamation zu seinem ersten Präsidenten gewählt.

Nachdem er sein Amt angetreten hatte, unternahm Präsident

Lincoln gewaltige Anstrengungen, um den kommenden Krieg abzuwenden. In seiner Antrittsrede auf den Stufen des US-Kapitols versicherte er den Sklavenhalterstaaten, dass ihre Institution nicht in Gefahr sei. Er versprach, die Sklaverei in denjenigen Staaten zu schützen, in denen sie bereits existierte. Das Wichtigste, so lautete sein inständiger Appell, sei die Erhaltung der föderalen Union der Vereinigten Staaten von Amerika.

Sein Plädoyer wurde ignoriert. Die Nation, die sich gerade erst abgespalten hatte, verlangte die Kontrolle über alle Vermögenswerte des Bundes innerhalb ihrer Grenzen, einschließlich der Militärstützpunkte. Lincoln lehnte ab. Die Kämpfe brachen am 12. April 1861 aus, als konföderierte Truppen das Feuer auf Fort Sumter eröffneten, einen Militärstützpunkt des Bundes im Hafen von Charleston, South Carolina. Truppen der Union hatten sich aus Sicherheitsgründen dorthin zurückgezogen, und weil sie an Waffenstärke hoffnungslos unterlegen waren, ergab sich ihr Kommandant rasch. Innerhalb von Tagen spaltete sich der Staat Virginia ab, um sich der Konföderation anzuschließen, und kurz darauf folgten Arkansas, North Carolina und Tennessee.

Der blutigste Krieg in der Geschichte Amerikas hatte begonnen. Am 21. Juli fand die erste große Schlacht an den Ufern des Bull Run, eines kleinen Flusses in Virginia, zwischen Truppen der Union und der Konföderierten statt. Im Allgemeinen benannte die Union die Schlachten nach den Flüssen und Bächen, an denen sie stattfanden, während die Konföderation eher die Namen benachbarter Städte verwendete. Daher wird die erste Schlacht sowohl als die Erste Schlacht am Bull Run als auch als die Erste Schlacht bei Manassas bezeichnet.

Der Amerikanische Bürgerkrieg sollte vier lange Jahre dauern. Über 3,2 Millionen Soldaten kämpften in etwa 10 000 Schlachten und Scharmützeln in den gesamten Vereinigten Staaten. Sie kämpften um Land und Wasserwege, die heute von 23 US-Staaten und dem Distrikt Columbia – von Norddakota bis Vermont und Florida, von der Ostküste bis Texas und New Mexico – kontrolliert werden.

Als alles vorüber war, existierte die Union immer noch, 3,5 Millionen Sklaven waren befreit worden, und der Präsident wurde ermordet. Etwa 620 000 Soldaten waren tot. Das ist in etwa vergleichbar mit der kumulierten Opferzahl jedes anderen Krieges, den Amerika je gekämpft hat, einschließlich des Unabhängigkeitskriegs, des Spanisch-Amerikanischen Kriegs, des Krieges von 1812, des Ersten Weltkriegs, des Zweiten Weltkriegs, des Koreakriegs, des Vietnamkriegs und kleinerer Kriege aus jüngerer Zeit im Irak, in Afghanistan und Syrien. Um die Größenordnung dieser Opferzahl weiter zu ermessen, sollte man die Tatsache in Betracht ziehen, dass die Vereinigten Staaten zu jener Zeit nur 31,5 Millionen Einwohner hatten, weniger als zehn Prozent ihrer heutigen Bevölkerung. Fast jede Stadt, jede Familie hat jemanden – oder auch mehr – verloren.

Und es hätte noch schlimmer sein können, wenn der Mississippi nicht gewesen wäre.

Zum Entsetzen der Nordstaaten, die einen kurzen Krieg erwarteten, waren die Truppen der Konföderierten gut geführt und äußerst effektiv gegen ihre besser ausgerüsteten Nachbarn, obwohl sie zahlenmäßig im Verhältnis 2:1 unterlegen waren. Angeführt von qualifizierten Generälen wie Robert E. Lee und Thomas »Stonewall« Jackson, überlisteten sie durch geschicktes Manövrieren ihre unglücklichen Pendants bei der Union, und eine Reihe katastrophaler Schlachtverluste häufte die Opfer in solchen Zahlen an, wie sie zu Kriegsbeginn noch undenkbar gewesen waren. Die Unterstützung der Nordstaaten für »Lincolns Krieg« ging zurück, und seine politischen Gegner begannen, die Anerkennung der Konföderation zu verlangen. Bei den Zwischenwahlen von 1862 erlitten die Republikaner vernichtende Verluste gegenüber den demokratischen Herausforderern. Unterdessen stapelten sich die Toten an schwankenden Frontlinien in Virginia, Mississippi und Tennessee. Als seine politische Unterstützung schwand, setzte Präsident Lincoln seine Generäle unter Druck, etwas – irgendetwas – zu tun, um den Krieg zu wenden. Einer von ihnen, Ulysses S. Grant, erkannte, dass dazu der Gewinn der Kontrolle über den Mississippi erforderlich war.

Die strategische Bedeutung dieser gewaltigen Wasserader – die La Salle, Washington und Jefferson von Anfang an zu schätzen wussten – war für beide Seiten offensichtlich. Im Jahr 1861 waren Flüsse und Schienen Amerikas Fernstraßen, und der Mississippi und seine Nebenflüsse seine Autobahnen, die das Innere Nordamerikas mit sich selbst und mit anderen Ländern verbanden. Für die Nordstaatler ermöglichte dieser Zugang Handel und Export industrieller und landwirtschaftlicher Produkte aus dem oberen Mittleren Westen. Für die Südstaatler brachte der Fluss Nahrungsmittel und Waren aus den Nordstaaten und trug billige Baumwolle aus Plantagen gegen Bargeld davon. Schiffe konnten aus dem Innern des Kontinents an die bevölkerungsreiche Ostküste und in die übrige Welt gelangen. Der Mississippi bietet Zugang, Wohlstand und strategische Macht in einer Größenordnung, die man in Amerika heutzutage weitgehend übersieht.

In territorialer Hinsicht durchschnitt der Mississippi außerdem genau das Zentrum der neu gebildeten Konföderierten Staaten von Amerika. Er trennte deren große westliche Staaten Texas, Louisiana und Arkansas von den acht Staaten im Osten. Als der Krieg immer näher rückte, beeilten sich die Gouverneure der Sklavenstaaten und der neue Präsident der Konföderierten, Forts und Geschützbatterien an seinen Ufern zu errichten. Die mächtigsten davon wurden in Vicksburg, Mississippi, in Stellung gebracht, einer Festungsstadt, die auf dem hohen Steilufer über dem Fluss platziert war. Von dort wurden schwere Geschütze mit verheerender Präzision und Durchschlagskraft auf das Wasser gerichtet. Vicksburg wurde als »Gibraltar der Konföderation« bezeichnet. Zusammen mit Port Hudson, einer anderen befestigten Stadt am Fluss, die etwa 240 Kilometer weiter flussabwärts lag, schützte sie den am stärksten verteidigten Abschnitt des Mississippi.

Vicksburg war eine regelrechte Burg. Sie blockierte den Zugang von Unionsschiffen aus dem Norden, während sie zugleich die ungehinderte Durchfahrt von Kämpfern, Waffen und Nachschub innerhalb der Konföderation selbst absicherte. Vicksburgs Bedeutung war so entscheidend, dass Präsident Davis die strikte Order an den Kommandanten der dort stationierten Armee, General John C. Pemberton, verfasste: *»Vicksburg ist der Nagelkopf, der die beiden Hälften des Südens zusammenhält! Sie müssen es um jeden Preis halten!«*

Unterdessen erprobten beide Präsidenten einen technologischen Durchbruch in der Seekriegsführung. Im März 1862 erstürmten die ersten gepanzerten Kriegsschiffe der Welt im brackigen Zusammenfluss der Flüsse James, Nansemond und Elizabeth in der Küstenregion Virginias die Weltbühne. Die beiden merkwürdig aussehenden Schiffe USS *Monitor* und CSS *Virginia* (die ehemalige USS *Merrimack*) waren schwer bewaffnet und mit Eisenplatten ummantelt. Sie brachten sich in Stellung und eröffneten das Feuer, einen Tag nachdem die *Virginia* in aller Ruhe zwei holzverschalte Schiffe der Union zerstört hatte, die USS *Cumberland* und die USS *Congress*. Sie kämpften, bis sich eine Pattsituation ergab, wobei jedes Schiff nur unwesentliche Schäden erlitt. Eine Schockwelle zog sich durch die Kriegsflotten der Welt. Das Zeitalter holzverschalter Kriegsschiffe ging zu Ende, und das Zeitalter metallummantelter Schiffe begann.

Überzeugt von der Bedeutung der neuen Technologie, nahm die US-Kriegsmarine James B. Eads unter Vertrag, einen Bauingenieur und Geschäftsmann aus St. Louis mit Erfahrung im Bau von Flussschiffen, um eine Spezialflotte von gepanzerten Kanonenschiffen zu bauen, die für den Mississippi entworfen wurden. Um ihren Tiefgang zu verringern, wurden die Schiffe im Verhältnis zu ihrer Länge ungewöhnlich breit gebaut. Ihre schräg abfallenden Oberseiten waren mit Metallplatten ummantelt, um Kugeln und Artilleriefeuer abzuwehren. Klappbare Luken an den Seiten ließen sich hochziehen, um eine große Zahl schwerer Geschütze freizugeben, die nach Belieben vom Wasser aus abgefeuert werden konnten.

Im Frühjahr 1862 begannen die Panzerschiffe der Union, ihre militärische Macht den Mississippi und seine Nebenflüsse hinab zu verlagern. Diese sonderbaren Kanonenboote trugen zur Eroberung von Fort Henry und Fort Donelson bei, zwei Festungsanlagen der Konföderierten an den Flüssen Tennessee und Cumberland, und erzwangen die Kapitulation von Memphis. Sie unterstützten Boden-

Gepanzerte Fluss-Kanonenboote unterstützten die Union dabei, die Kontrolle über den Mississippi zu erlangen und damit den Amerikanischen Bürgerkrieg zu gewinnen. Zu sehen ist hier die USS *Carondelet*, ein Schiff aus einer Flotte von Panzerschiffen, die dazu beitrugen, die am Flussufer gelegene Stadt Vicksburg einzunehmen, was einen entscheidenden Wendepunkt für den Ausgang des Krieges darstellte.

truppen in der berühmten Schlacht von Shiloh. Dann wandten sich die Schiffe nach Vicksburg mit dem Ziel, die Blockade des Mississippi durch die Konföderierten aufzubrechen und die Kontrolle über den Fluss bis zum Golf von Mexiko hinab an sich zu reißen.

Damit begann eine komplexe Reihe von Manövern und Schlachten, die als Belagerung von Vicksburg bezeichnet wird. Die Unionsflotte von Fluss-Panzerschiffen bildete das Rückgrat des Mississippi-Geschwaders, das von dem US-Marinegeneral David Dixon Porter angeführt wurde. Die Bodentruppen standen unter dem Kommando von General Ulysses S. Grant. Auf der Seite der Konföderierten stand Pembertons Armee, die in Vicksburg stationiert war.

Durch eine Reihe von Finten und eine große Einkreisbewegung wand sich Grant westlich und südlich von Vicksburg durch die Sümpfe Louisianas. Dann zog er wieder nach Osten zurück und brachte die Soldaten der Union zu einem nicht verteidigten Ort etwa 60 Kilometer südlich von Vicksburg auf dem rechten (westlichen) Ufer des Mississippi (Flussufer werden als links oder rechts in Stromrichtung bezeichnet). In einem der dramatischsten Schachzüge des Bürgerkriegs ließ Admiral Porter seine Panzerschiffe mit vollem Tempo am Kanonenfeuer von Vicksburg vorbeiziehen, um sich mit Grants Truppen zu vereinen, und setzte diese dann Ende April 1863 über den Fluss auf das rechte Ufer auf den Boden des Staates Mississippi über. Grants Armee wandte sich anschließend nach Nordosten und beteiligte sich an einer Reihe von erbitterten Kämpfen, wobei sie Mississippis Hauptstadt Jackson am 14. Mai einnahm und niederbrannte, bevor sie wieder nach Westen in Richtung Vicksburg schwenkte.

Pembertons Armee saß in der Falle. Abgeschnitten durch Grants Infanterie im Osten und Porters Flussflotte, die wie feurige Krokodile im Westen schwammen, befahl er seiner Armee, sich in die Stadt zurückzuziehen und zu verschanzen. Ermutigt drängte Grant auf den Sieg und trieb seine Armee zur Stadt hin. Er erlitt furchtbare Verluste. Nach zwei fehlgeschlagenen Versuchen, die Festungsanlagen von Vicksburg zu durchbrechen, kreiste er die Stadt ein und belagerte sie, während Porters Kanonenschiffe sie vom Fluss aus beschossen. Eine lange Versorgungskette aus Schiffen schlängelte sich vom Norden herab und brachte den belagernden Unionstruppen Nahrungsmittel, Munition und Kleidung.

Im Innern von Vicksburg begannen den belagerten Soldaten und Zivilisten Nahrungsmittel, Wasser und Medikamente auszugehen. Sie gruben Höhlen, um der ständigen Bombardierung zu entgehen. Sie aßen Pferde, Hunde und Ratten. Sie fingen zu hungern und zu sterben an.

Am 4. Juli 1863 – Amerikas Unabhängigkeitstag – kapitulierte Pemberton mit seiner ausgemergelten Armee. Grant entließ die Soldaten unverzüglich, und 30 000 konföderierte Soldaten legten ihre Gewehre auf Stapel und wanderten nach Hause. Fünf Tage später wurde Port Hudson flussabwärts eingenommen. Die Konföderation war in zwei Teile getrennt, ihre östliche und westliche Hälfte durch eine Blockade voneinander geschieden. Schiffe der Union, die Kämpfer, Waffen und Vorräte mit sich führten, fuhren nun ungestraft die Autobahn des Mississippi hinunter und gelangten ungehindert von Pittsburgh bis nach New Orleans und weiteren Stationen im Osten. Das Gibraltar der Konföderation war gefallen.

Gemeinsam mit einem wichtigen Sieg auf dem Schlachtfeld über General Robert E. Lee bei Gettysburg, Pennsylvania, bedeutete der Fall von Vicksburg und der Verlust des Mississippi den Untergang für die Konföderierten Staaten von Amerika. Vier Monate später wählte Präsident Lincoln das näher gelegene Gettysburg für seine »Gettysburg Address«, die schließlich zu einer der denkwürdigsten Reden der amerikanischen Geschichte werden sollte.

In ihr bestimmte Lincoln praktisch den Zweck des Krieges neu. Er fasste ihn als einen Kampf für die amerikanischen Verfassungsprinzipien der Gleichheit auf, nicht um das Recht, Menschen als

Eigentum zu besitzen. 17 Monate später wurde er ermordet, aus nächster Nähe in den Kopf geschossen von dem Sympathisanten der Konföderierten John Wilkes Booth. Sein Vizepräsident und Nachfolger Andrew Johnson, ein Demokrat, erlebte eine katastrophale Präsidentschaft und verlor die Wahl von 1868 an keinen anderen als einen Kriegshelden namens Ulysses S. Grant.

Eine vergessene Fußnote aus dem Amerikanischen Bürgerkrieg betrifft die USS *Saginaw*, ein schlichtes Schaufelrad-Kanonenboot mit geringem Tiefgang. Bei ihrem Stapellauf 1859 von der Mare-Island-Werft bei San Francisco war die *Saginaw* das erste Kriegsschiff der US-Marine, das je an der Westküste gebaut worden war. Obwohl sie zwei Jahre bevor die ersten Schüsse bei Fort Sumter ertönten fertiggestellt worden war, stand das Schiff beim Ausbruch des Krieges nicht zur Verfügung. Anstatt an der kalifornischen Küste entlangzubummeln oder auf Mare Island in Reserve zu warten, befand es sich 1100 Kilometer flussaufwärts auf dem Jangtse, tief im Innern Chinas.

Das Jahrhundert der Demütigung

Es war wegen China, dass die USS *Saginaw* gebaut wurde. Der Grund, weshalb dieses Kanonenboot nicht zur Verfügung stand, als die Präsidenten Jefferson Davis und Abraham Lincoln im Frühling des Jahres 1861 in den Krieg zogen, bestand darin, dass es bereits eifrig Geschützfeuer mit chinesischen Batterien austauschte. Als Ulysses S. Grant plante, die Blockade am Mississippi zu durchbrechen und den Amerikanischen Bürgerkrieg zu beenden, dampfte es den Jangtse hinauf, ins Herz Chinas. Damals wusste es zwar noch niemand, aber die USS *Saginaw* testete eine auf Flüsse fokussierte Militärstrategie, die die Vereinigten Staaten, Großbritannien, Deutschland, Frankreich und andere Mächte des Auslands anwenden sollten, um ihre militärische Macht fast ein Jahrhundert lang über China auszudehnen.

Diese lange Geschichte der Kanonenboote auf dem Jangtse beginnt mit Großbritannien und seinem Wunsch, illegal Drogen in China einzuführen und das Land gewaltsam für den internationalen Handel zu öffnen. Im Jahr 1839 griff die größte Seemacht der Welt ein äußerst selbstbewusstes, aber in technologischer Hinsicht rückständiges China an. Großbritannien revanchierte sich für den Krieg des Landes gegen Drogen. Die Kartelle, die diese Drogen lieferten, waren britische Händler und deren Partner. Sie verkauften enorme Mengen von Opium – das damals geraucht wurde und heute zu Heroin und Opioid-Schmerztabletten raffiniert wird – als Teil eines illegalen Systems, um Opium in Silber zu verwandeln, das sie dann zum Kauf für chinesischen Tee, Porzellan, Seide und andere Waren verwenden konnten, welche sie zu Hause in Europa gewinnbringend weiterverkauften.

Zu jener Zeit verfügte China über die größte Wirtschaft auf der Welt. Es besaß eine gewaltige Kapazität zur Produktion exotischer Waren, die in Europa begehrt waren, und gewaltige Binnenmärkte, die das sich rasch industrialisierende Großbritannien mit seinen Industrieprodukten fluten wollte. Aber zur Bestürzung Londons blieb China dem Außenhandel und selbst gegenüber Besuchern fest verschlossen. Aufeinanderfolgende Kaiser der Qing-Dynastie verboten Ausländern das Reisen oder Geschäfte im Land. Eine seltene Ausnahme war Kanton (heute Guangzhou), ein stark regulierter Hafen an der Mündung des Perlflusses (der heute Zhujiang heißt) in der heutigen Provinz Guangdong. Hier wurde zwar widerwillig ein eingeschränkter Handel geduldet, aber nur unter der Bedingung, dass allein Silber zum Kauf chinesischer Waren verwendet werden durfte.

Diese Regelung funktionierte zwar eine Zeit lang, aber um die 1830er Jahre wurde in Großbritannien das Silber knapp, während Opium, das in seinen indischen Kolonien billig angebaut wurde, das Land überschwemmte. Die medizinische Verwendung von Opium hatte zwar eine lange Geschichte in China, aber der Konsum als Freizeitdroge war verboten und selten. Das änderte sich, als Händler begannen, 150 Pfund schwere Kisten mit indischem Opium nach Lintin (das heute Nei Lingding Dao heißt), einer kleinen Insel vor Guangzhou, zu verschicken. Auf Lintin wurden die Drogen abgeladen und an chinesische Schleuser weiterverteilt, die sie in kleinen Booten an die Küste schmuggelten. Von dort gewährleistete ein Netzwerk aus Drogenhändlern und korrupten Beamten, dass das Rauchen von Opium sich rasch in ganz Guangzhou und weiter auf dem Festland Chinas ausbreitete.

Um 1837 hatte sich eine bedeutende Drogenkrise entwickelt. Die Gesetzesordnung wurde zwar mit dem Abfangen und Verbrennen der Schmugglerboote durchgesetzt, die Epidemie aber wütete weiter. Chinas Kaiser Daoguang, alarmiert durch die explosionsartige Vermehrung der Süchtigenzahl, erklärte den Drogen den Krieg und sandte einen Sonderbeauftragten namens Lin Zexu nach Guangzhou, um den Zufluss britischen Opiums nach China abzustellen.

Als wichtigster Kämpfer in diesem Krieg war Lin Zexu effektiv. Er verhaftete Drogenhändler und korrupte Beamte und legte die verräucherten Opiumhöhlen still. Er trat den ausländischen Kartellen gegenüber und verlangte, dass sie ihre Drogen abgäben, die sich aufgrund des scharfen Vorgehens in Lagerhäusern stapelten. Als sie sich weigerten, konfiszierte Lin Zexu mehr als 20 000 Kisten Opium und versenkte sie im Meer. Ein diplomatischer Streit folgte, und schon bald danach errichtete Großbritannien eine Seeblockade über den Perlfluss bei Guangzhou.

Auf diese Weise begann der Erste Opiumkrieg, der erste von zwei Kriegen, an deren Anfang die Versenkung chinesischer Dschunken durch britische Schiffskanonen bei Guangzhou stand und die mit der gewaltsamen Öffnung von Chinas Märkten und der territorialen Souveränität endeten, welche den Westmächten verliehen wurde.

Schon von Anfang an war Chinas Marine technisch unterlegen. Die britischen Schiffe verfügten über Dampfkraft, rotierende Geschütztürme und Sprenggranaten, ein überwältigender Vorteil gegenüber den Segeln und den unbeweglichen Kanonen der chinesischen Marine. Ein besonders tödliches Schlachtschiff war die *Nemesis*, ein eisernes Kriegsschiff mit geringem Tiefgang, das von der britischen Ostindienkompanie heimlich in Auftrag gegeben wurde. Von ihrem Geburtsort in einer Liverpooler Werft entschlüpfte die *Nemesis* ins Meer mit direktem Kurs auf Guangzhou, wo sie in den Kanälen und Flussengen des Perlflussdeltas schreckliche Tribute forderte. Londoner Zeitungen zeigten damals das dunkle, extrem flache Schiff, wie es anscheinend nach Belieben eine lange Reihe unglücklicher Kriegsdschunken zur Explosion brachte.

Anschließend trugen britische Kanonenboote den Krieg tief nach China hinein und fuhren den Jangtse hinauf, um die wichtigen, am Fluss gelegenen Städte Shanghai, Chinkiang (heute Zhenjiang) und Nanking (heute Nanjing) einzunehmen. Chinkiang lag am Zusammenfluss des Jangtse und des Kaiserkanals, eines alten, äußerst wichtigen Wassertransportweges, der den Jangtse mit Orten im Norden und mit Peking (heute Beijing) verbindet. Durch die Eroberung dieser Städte und die Kontrolle des Jangtse bahnte sich Großbritannien mit der überlegenen Feuerkraft seiner Marine seinen Weg durch China.

Dessen Truppen waren hoffnungslos unterlegen. Schon 1842 hatte Kaiser Daoguang fast keine andere Wahl, als einen Vertrag in Form einer Abstrafung in Nanking zu unterzeichnen, den ersten vieler einseitiger Verträge, die das Ziel hatten, sein Land in das westliche Wirtschaftssystem hineinzuzwingen. Der Vertrag von Nanking schaffte das einschränkende Handelssystem ab, das in Guangzhou seit 1760 Bestand hatte, und verwandelte Guangzhou und vier andere Städte – Shanghai, Xiamen, Fuzhou und Ningbo – in Freihandelszonen, die als »Vertragshäfen« bezeichnet wurden. Chinesische Waren mussten für den Export bereitgestellt werden und Chinas Binnenmärkte Exporte aus dem Ausland akzeptieren. China sollte Hongkong an Großbritannien abtreten. Das Land sollte schwere Reparationszahlungen für den Krieg leisten, unter anderem sechs Millionen Silberdollar, um die Opiumkisten zu bezahlen, die Lin Zexu beschlagnahmt und zerstört hatte. Als Gegenleistung erhielt China so gut wie nichts, und die Opiumkrise im Land wurde ignoriert. Zu allem Überfluss zwangen die Vereinigten Staaten China in einem Vertrag, der 1844 unterzeichnet wurde, zu ähnlichen Handelskonzessionen. Im Unterschied zu Großbritannien erlaubte der US-Vertrag zwar das Verkaufsverbot von Opium, war aber ansonsten ähnlich einseitig.

Für einige Jahre breitete sich eine Art Frieden aus, der jedoch anschließend in einer Kombination von chinesischem Widerstand gegen die Verträge und dem Appetit des Westens nach noch weitgehenderen Zugeständnissen aufgeweicht wurde. Unter einem fadenscheinigen Vorwand startete Großbritannien 1857 einen Zweiten Opiumkrieg, indem es abermals Guangzhou und ebenso Tientsin (das heutige Tianjin) angriff. Diesmal war auch Frankreich beteiligt. Die Vereinigten Staaten, offiziell neutral, unterstützten dezent die westlichen Attacken.

Das Ergebnis war für China in militärischer und diplomatischer Hinsicht erneut vernichtend. Großbritannien erzwang neue Vertragsunterzeichnungen in Tientsin, die von China die Öffnung weiterer Vertragshäfen verlangten. Ausländische Botschafter konnten in Peking leben und arbeiten. Ausländer konnten ungehindert reisen und Missionsarbeit im Land leisten. Durch die sogenannte Meistbegünstigungsklausel wurde anderen ausländischen Mächten gestattet, ähnliche Zugeständnisse zu verfolgen. In rascher Folge zwangen Frankreich, die Vereinigten Staaten und Russland China zur Unterzeichnung ähnlicher Verträge. Noch mehr Land ging verloren, unter anderem durch die Abtretung von 150 Millionen Quadratkilometern in Nordwest- und Nordostchina an Russland, wobei der Fluss Amur (Heilong Jiang) zur neuen politischen Grenze zwischen Nordostchina und Russland wurde (was er heute immer noch ist). Wieder erhielt China so gut wie nichts, und seine Drogenkrise wurde ignoriert. Tatsächlich erpresste Großbritannien nur wenige Monate nach der Unterzeichnung der Verträge China dazu, den Opiumhandel vollständig zu legalisieren.

Zwei weitere Jahre Kampf sollten vergehen, bevor die chinesische Regierung diese neue Welle von Verträgen zähneknirschend akzeptierte. Bis das geschah, bombardierten britische Schiffe die chinesischen Festungen weiter. Unterdessen brachten die Westmächte einen auf 100 Jahre berechneten Plan auf den Weg, um China zum Handel mit der Außenwelt zu zwingen. Weitere Verträge wurden abgepresst und unterzeichnet, und bereits im frühen 20. Jahrhundert standen über 40 Vertragshäfen in China dem Handel offen.

Innerhalb dieser Enklaven schufen die Auslandsmächte Stadtregierungen, Unternehmen, Schulen und Gerichtshöfe. Ausländische Kriegsflotten legten an, Geschäftsleute schlossen Geschäfte ab, und Missionare reisten und missionierten in dem aufgebrachten Land. Furchtbare Aufstände brachen aus und wurden niedergeschlagen. Die Opiumkrise wütete weiter. Es war der Beginn dessen, was die Chinesen heute als das *Jahrhundert der Demütigung* bezeichnen.

Wenn man den Vertrag von Tientsin liest, springen zwei seiner Bestimmungen ins Auge:

Britischen Kriegsschiffen, die mit keiner feindlichen Absicht kommen oder mit der Verfolgung von Piraten befasst sind, soll es freistehen, alle Häfen innerhalb der Herrschaftsgebiete des Kaisers von China anzulaufen, und sie sollen jede Möglichkeit zum Kauf von Vorräten erhalten.

Und:

Britische Handelsschiffe sollen das Recht haben, auf dem Großen Fluss [Jangtse] Handel zu treiben.

Es war eine brisante Situation, die einem stolzen Land gewaltsam aufgezwungen wurde, welches seit Langem an die Vorstellung gewöhnt war, nicht nur eine vorherrschende Weltmacht, sondern *die* überlegene Nation auf Erden zu sein. Und für viele gewöhnliche Chinesen, die außerhalb der Vertragsstädte lebten, waren die sichtbarste Form ausländischer Besatzung die Kanonenboote auf dem Jangtse. Ob groß oder klein, marode oder modern, 90 Jahre lang, von 1858 bis 1949, fuhr eine internationale Flotte bewaffneter Kriegsschiffe an Chinas Küsten entlang und den Jangtse hinauf bis tief ins Innere des Landes.

90 Jahre lang kamen und gingen die ausländischen Kanonenboote auf dem Jangtse. Sie waren da, um die Verträge durchzusetzen und ihre Enklaven abzusichern. Sie waren da, um Banditen zu jagen, die Bürger ihrer Staaten zu schützen und ihre politischen und geschäftlichen Interessen zu verteidigen. Sie waren da, um diplomatische und militärische Macht über China auszuüben.

Zu verschiedenen Zeiten patrouillierten Kanonenboote der königlichen britischen Marine, der US-Marine, der französischen Marine, der kaiserlichen deutschen Marine, der königlichen Marine Italiens und der kaiserlichen Marine Japans auf diesen Wasserstraßen. Sie trugen Namen wie *Jangtse-Flottille* (britische Marine) und

Jangtse-Patrouille (US-Marine). Die Verträge gewährten diesen Schiffen den Zugang nach China, um eine globalisierte Wirtschaftsordnung durchzusetzen. Die Kommandanten der Kanonenboote hatten das Recht, »Schutzaktionen« durchzuführen, um ihre Enklaven abzusichern, und »Strafaktionen«, um chinesische Angriffe auf ihre Bürger oder Unternehmen zu rächen. Wie der Militärhistoriker Angus Konstam bemerkte: »Kanonenboote waren die Garanten für westlichen Handel, Privilegien und Sicherheit und waren häufig alles, was die ausländischen Enklaven in China schützte.« Sie waren ein friedensicherndes Unternehmen zum Schutz der Stabilität ausländischer Interessen und merkantilistischen Handels.

Das Zeitalter der Kanonenboote auf dem Jangtse ging zu Ende, als zivile Revolten und ein Weltkrieg über China hinwegfegten. Nach dem Zusammenbruch der Qing-Dynastie im Jahr 1911 fiel Chinas kurz dauernde politische Vereinigung unter Sun Yat-sen und Tschiang Kai-schek auseinander, als Mao Tse-tungs Kommunisten und Kai-scheks Nationalisten das Land in einem Bürgerkrieg polarisierten. Ihr Kampf, den Mao letztlich gewann (eine Geschichte, die ebenfalls Flüsse einschließt, wie wir in Kapitel 4 sehen werden), wurde nur von Japans kompromissloser Invasion Chinas im Jahr 1937 unterbrochen, woraus sich später der pazifische Schauplatz des Zweiten Weltkriegs entwickeln sollte. 1941, als Japan in den Krieg mit Großbritannien und den USA eintrat, war für die Kanonenboote auf dem Jangtse die Zeit zur Abreise gekommen.

Ihre kurze Rückkehr nach Japans Niederlage wurde von Maos Kommunisten, die sich den alten Verträgen instinktiv widersetzten, nicht geduldet. Sie feuerten auf das britische Kanonenboot HMS *Amethyst*, das nur knapp entkam, indem es einen Spießrutenlauf durch die chinesische Artillerie den Jangtse hinab absolvierte, womit die westliche Kanonenbootdiplomatie in China beendet war. Mao sollte dann Tschiang Kai-scheks mit dem Westen verbündete Nationalisten aus dem Land vertreiben, und im Jahr 1950 wurde der ausländische Zugang zu China wieder eingestellt; er beschränkte sich auf Hongkong, Macau und die Insel Taiwan.

In den Vereinigten Staaten haben die meisten Menschen zwar von den Opiumkriegen gehört, aber nur wenige wissen viel darüber. Für Amerikaner bedeutet das einen Nachteil bei dem Versuch, die historische Last und die nationalen Bestrebungen Chinas zu interpretieren, eines Landes, das schon bald wieder die größte Wirtschaft der Welt besitzen wird. Der Amerikanische Bürgerkrieg dauerte vier Jahre und riss das Land entzwei. Dabei hinterließ er Narben, die immer noch schmerzen. Selbst heute ist es umstritten, Statuen und Denkmäler der Konföderierten von öffentlichen Räumen entfernen zu wollen. Bronzeabgüsse lange verstorbener Generäle müssen heimlich in der Nacht abgeschleppt werden, um Proteste und potenzielle Gewalt zu vermeiden.

Ich frage mich, ob Amerikas Zerwürfnisse heute noch tiefer gingen, wenn ausländische Kanonenboote auf dem Mississippi patrouilliert hätten statt der Panzerschiffe der Union und wenn der Bürgerkrieg annähernd ein Jahrhundert gedauert hätte anstatt so lange wie ein pünktlich abgeschlossenes Hochschulstudium. Chinas Strapazen dauerten von 1839 bis 1949. Heute wird in China jedes Schulkind über das *Jahrhundert der Demütigung* unterrichtet, eine mehrere Generationen dauernde Tragödie von Ausländern, Drogen und Fluss-Kanonenbooten, die Chinas Weltsicht und seinen Umgang mit westlicher Macht grundiert.

Es scheint, dass jede Kriegserzählung eine Randleiste aufweist, und die Geschichte der Kanonenboote auf dem Jangtse bildet davon keine Ausnahme.

1941 startete das Kaiserreich Japan einen Überraschungsangriff auf den US-Marinestützpunkt Pearl Harbor auf Hawaii, bei dem

2403 Amerikaner getötet und 1178 verwundet wurden. 19 US-Schiffe und über 300 Flugzeuge wurden beschädigt oder zerstört. Der Schlag hatte Amerikas formellen Eintritt in den Zweiten Weltkrieg zur Folge, wobei eine der letzten Kriegserklärungen tatsächlich vom US-Kongress gemacht wurde. Aber der 7. Dezember 1941, von dem Präsident Franklin D. Roosevelt sagte, das Datum werde »für alle Zeit eine Schande bleiben«, war nicht Japans erster Angriff auf die US-Marine.

Diese Auszeichnung gebührt der USS *Panay*, einem Kanonenboot auf dem Jangtse. Der Angriff erfolgte vier Jahre vor Pearl Harbor während des japanischen Einmarschs in China und der chaotischen Zeit vor dem Nanking-Massaker, bei dem japanische Soldaten über 300 000 Chinesen abschlachteten. Die *Panay* war mit fünf Seeleuten an Bord in Nanking, um alle verbliebenen Amerikaner aus der Stadt zu evakuieren. Das Schiff ankerte im Jangtse und zeigte amerikanische Flaggen, als es von japanischen Kampfflugzeugen bombardiert und mit Maschinengewehrfeuer belegt wurde. Drei Besatzungsmitglieder und Zivilisten wurden getötet und 48 verwundet. Der Kaiser von Japan entschuldigte sich und behauptete, dass der Angriff ein unglückliches Versehen war, aber Überlebende und Historiker bestehen darauf, dass die *Panay* deutlich als US-Schiff zu erkennen war. Der Angriff löste keinen amerikanischen Vergeltungsschlag aus, und heute ist ihr Untergang weitgehend in Vergessenheit geraten.

Flüsse aus Metall

Zwischen 1939 und 1945 stand im größten Massenkrieg aller Zeiten die Welt in Flammen. Es war ein Krieg, der an Tausenden Orten ausgefochten wurde, wobei fast jedes Land auf der Welt irgendwie betroffen war. Es war ein Krieg, in dem schätzungsweise 50 bis 80 Millionen Menschen starben. Einzelheiten zu diesem unfassbaren Konflikt kommen immer noch ans Licht, auch was die Rolle von Flüssen betrifft. Betrachten wir als ein Beispiel die hohe Wahrscheinlichkeit, dass der gesamte Krieg hätte vermieden werden können, wenn es das tapfere Verhalten eines deutschen Jungen namens Johann Kühberger nicht gegeben hätte.

Kühberger wohnte in der Grenzstadt Passau, auf der anderen Seite von Österreich, am Inn. Die Kinder spielten oft am Fluss, und an einem kalten Tag im Januar 1894 sah der junge Kühberger jemanden, der im Wasser um sein Leben kämpfte. Ein anderer Junge hatte sich auf das dünn gefrorene Eis des Flusses vorgewagt, war eingebrochen und drohte in der starken Strömung zu ertrinken. Kühberger tauchte durch die Öffnung hinab und rettete das Leben des anderen Jungen.

Die Tat sprach sich herum, und die Rettung wurde in der Stadt zu so etwas wie einer Legende. Kühberger wurde Priester, und ein Kollege – ein anderer Priester namens Max Tremmel – schilderte Kühbergers Erinnerung an das Ereignis kurz vor seinem eigenen Tod im Jahr 1980. Die Geschichte blieb jedoch bis 2012 unbestätigt, als ein Ausschnitt aus der lokalen *Donauzeitung* in einem deutschen Archiv entdeckt wurde. Obwohl der Artikel das Opfer nicht namentlich erwähnte, hat die hohe Übereinstimmung zwischen dem Zeitungsausschnitt und Tremmels Zeugnis Historiker zu dem Schluss geführt, dass der Junge, der um ein Haar im Inn ertrunken wäre, sehr wahrscheinlich Adolf Hitler war.

Spulen wir zum Jahr 1939 vor, als Hitler den Zweiten Weltkrieg durch den Einmarsch in Polen mit 1,5 Millionen Soldaten, über 2000 Panzern und 1300 Flugzeugen eröffnete. Das war eine überwältigende Übermacht gegen eine schlecht ausgerüstete polnische Armee, die nur ein paar Dutzend moderne Flugzeuge und gepanzerte Fahrzeuge besaß.

Ein Grund, warum Hitler so viele Flugzeuge hatte, bestand darin, dass Deutschland bequemen Zugang zu einem nahezu wunderartigen Material hatte, das die Luftfahrtindustrie mächtig durcheinanderwirbelte. Es war leicht, biegsam und beständig. In der Vergangenheit war dieses Material zu energieintensiv gewesen, um in großen Mengen hergestellt zu werden, aber als sein Wert für den Bau von Flugzeugen und andere industrielle Anwendungen sichtbar wurde, investierte Deutschland planmäßig in den Bau von Wasserkraftstaudämmen und Verhüttungsanlagen, um 1939 der führende Produzent von Aluminium in der Welt zu werden.

Die Flugzeuge aus Aluminium der deutschen Luftwaffe kontrollierten schon bald den Himmel über Europa. Sie begannen mit der Bombardierung von Waffenproduktionsfabriken, Stromversorgungsanlagen, Kommunikationsnetzen, Rangierbahnhöfen, Häfen, Kanälen und anderer Infrastruktur. Schon 1940 war es schmerzhaft deutlich, dass die Luftmacht für den Ausgang des Zweiten Weltkriegs entscheidend war. Großbritannien und die Vereinigten Staaten kündigten gewaltige Programme zur Herstellung von Flugzeugen an, wobei die USA gelobten, 50 000 Flugzeuge pro Jahr zu produzieren, obwohl sie in dem Konflikt offiziell neutral waren. Um das zu erreichen, brauchten Amerikas Fabriken unerhörte Mengen von Aluminium. Das wiederum erforderte Zugang zu Bauxit und riesigen Mengen billiger Elektrizität für den Schmelzprozess.

Hier kommen der Fluss Demerara in Guyana (damals die Kolonie Britisch-Guayana) und der Saguenay in Quebec ins Spiel. Alcan, ein kanadisches Bergbauunternehmen, hatte Zugang zu großen

Bauxitvorkommen in Guyana, und auf Schiffen konnte das Gestein den Demerara hinab zu einer vorverarbeitenden Fabrik bei der am Fluss gelegenen Stadt Mackenzie (die jetzt zu Linden gehört) transportiert werden, um es dort zu zerstoßen und zu waschen. Von da konnte das ausgewaschene Erz auf größere Schiffe geladen werden, die Kurs auf den Seeweg des Sankt-Lorenz-Stroms und seinen Nebenfluss, den Saguenay, in Kanada nahmen. Der Saguenay entwässert den Lac Saint-Jean und Nebenflüsse des Kanadischen Schilds. Als Reaktion auf die steigende Nachfrage nach Aluminiumbarren in Amerika, einige das Geschäft begünstigende Steuererleichterungen aus Ottawa und politischen Druck baute Alcan eine gewaltige Wasserstauanlage am Saguenay, die als Shipshaw-Wasserkraftprojekt bezeichnet wurde.

Gemeinsam mit zwei weiteren Staudämmen, die flussaufwärts gelegen sind, verwandelte Alcan das Tal des Saguenay in den weltweit führenden Herstellungsort von Aluminium für Flugzeuge. Seine Aluminiumproduktion stieg von nur 75 200 Tonnen im Jahr 1939 auf über 1,5 Millionen Tonnen bis 1945, ein 20-facher Zuwachs in nur sechs Jahren. Bombenflugzeuge, die aus kanadischem Aluminium hergestellt wurden, flogen unter den Flaggen der Alliierten auf der ganzen Welt.

Aluminium war für die Kriegsstrategie der Alliierten so lebenswichtig, dass diese Tatsache zum Hyde-Park-Abkommen von 1941 führte, einer legalen Umgehungslösung, die vom kanadischen Premierminister Mackenzie King und US-Präsident Franklin D. Roosevelt ausgeheckt wurde, um den Vereinigten Staaten – die offiziell immer noch neutral waren – die Verwendung von Rohmaterialien aus Kanada zur Produktion von Kriegslieferungen für Großbritannien zu erlauben. Dank der Anlage bei Shipshaw wurde Kanada zu einem wichtigen Kriegslieferanten für Aluminium an die Vereinigten Staaten und lieferte 90 Prozent des Aluminiums, das von Großbritannien und seinen Alliierten aus dem Commonwealth genutzt wurde. In einem globalen Konflikt, der mittels Industriekapazitäten ebenso wie durch Truppen ausgefochten wurde, wurde die Wasserkraft des Saguenay zu einem der wichtigsten Beiträge Kanadas zum Krieg.

Großbritanniens Staudammzerstörer

Fast unmittelbar nach Ausbruch des Krieges begannen die Planer im britischen Luftfahrtministerium, nach Möglichkeiten Ausschau zu halten, um Deutschlands Industriekapazität zu schwächen. Insbesondere im Tal der Ruhr befanden sich umfangreiche Fabrik- und Stromerzeugungsanlagen, die im Fokus der britischen Bombenangriffspläne standen. Eine Reihe von Flussstaudämmen lieferte diesem industriellen Kernland, das sich im Westen Deutschlands befand, Wasserkraft und Wasser. Man heckte einen Plan zu ihrer Sprengung aus.

Ein Schlüsselziel stellte eine Talsperre an der Möhne dar. Sie war der wichtigste Stromlieferant im Ruhrtal und staute die größten Wassermengen auf. Zwei weitere Ziele waren der Ederstausee, der Strom erzeugte und den Wasserpegel in einem wichtigen Schifffahrtskanal aufrechterhielt, und die Sorpetalsperre. Drei andere, die in Betracht gezogen wurden, waren die Ennepe-, Lister- und Diemeltalsperren. Die Briten beschlossen, die ersten drei im Spätfrühling 1943 zu sprengen, wenn ihre Stauseen angefüllt wären, um flussabwärts ein Maximum an Zerstörung zu erreichen.

Geheimtests wurden an einer alten Talsperre im abgelegenen walisischen Elan Valley östlich von Aberystwyth durchgeführt. Die Experimente zeigten schnell, dass der Abwurf auch einer gewaltigen Bombe auf die Oberseite der Staumauer nicht zu ihrem Einsturz führen würde. Die flussaufwärts gelegene Staufläche musste unter

Wasser in der Nähe ihrer Mitte getroffen werden. Aber das Ruhrtal lag zu weit im Innern von Deutschland, als dass man sich auf dem Boden hätte nähern können, und die Talsperren waren mit Netzen aus Stahl bespannt, um Unterwasserminen oder Torpedoangriffe abzuwehren. Man brauchte eine Vorrichtung, die aus der Luft abgeschossen werden, sich auf der Stauseeseite an die unter Wasser gelegene Staumauer anschmiegen und dann eine gigantische Explosion auslösen konnte.

Nach vielen Tests erfanden die Ingenieure der Royal Air Force die »Rollbombe«, einen 4,5 Tonnen schweren rotierenden Zylinder, der über die Oberfläche des Stausees hüpfen sollte, bevor er zur Staufläche des Damms hinabsank. Um ihre Hüpffähigkeit zu erhöhen, musste die Bombe sich wie wild rückwärts drehen, wenn sie aus einem sehr tief fliegenden Flugzeug abgeworfen wurde. Wie ein Flippstein, der über einen Teich hüpft, sollte die Vorrichtung mehrere Male über die Wasseroberfläche hüpfen, bevor sie langsamer wurde, sank und explodierte.

Ein Geheimgeschwader aus Piloten und Avro-Lancaster-Flugzeugen wurde auf dem Militärflugplatz der Royal Air Force bei Scampton versammelt, das sich etwa 110 Kilometer östlich von Leeds befindet. Die Flugzeuge wurden stark umgebaut, damit sie jeweils eine gewaltige staudammzerstörende Bombe tragen konnten, unter anderem mit einem separaten V-8-Motor von Ford, um die Bombe in Rotation zu versetzen. Durch die notwendige tiefe Annäherung wurden barometrische und Radarhöhenmesser nutzlos. Deshalb wurden die Flugzeuge mit zwei nach unten weisenden Scheinwerfern ausgestattet, die in einem solchen Winkel angebracht waren, dass ihre Strahlen sich zu einem einzigen Kreis auf der Wasseroberfläche vereinigen würden, wenn das Flugzeug die richtige Höhe erreicht hatte, um die Bombe auszuklinken.

Die Piloten übten die niedrigen Bombenangriffe fast zwei Monate lang und glaubten, dass sie sich für einen Angriff auf die

Tirpitz, ein gewaltiges deutsches Schlachtschiff, vorbereiten würden. Erst in der Nacht des Überfalls erfuhren sie, dass ihr Befehl lautete, über den Ärmelkanal, die besetzten Niederlande hinweg und ins Innere von Deutschland hineinzufliegen, um die Talsperren von Sorpe, Möhne und Eder zu bombardieren.

Die ersten Lancaster-Maschinen flogen am 16. Mai 1943 um 21.28 Uhr ab. Sie flogen so dicht über dem Boden, dass eine von ihnen auf Hochspannungsleitungen stieß, in Flammen aufging und zu Boden stürzte; ihre merkwürdige Bombe sollte am nächsten Tag von deutschen Ingenieuren geborgen und untersucht werden. Vier von fünf Bombern, die den Sorpestausee ansteuerten, wurden abgeschossen oder beschädigt. Der eine, der sein Ziel erreichte, klinkte zwar seine Rollbombe aus, die aber die Staumauer nicht zu durchbrechen vermochte.

Acht der neun Bomber, die zum Möhnestausee unterwegs waren, erreichten ihr Ziel wenige Minuten nach Mitternacht. Als die deutschen Verteidiger mit ihren Flugabwehrgeschützen zu feuern begannen, hüpfte die erste Rollbombe über das Wasser und sank, wie beabsichtigt, gegen die Staufläche der Talsperre. Eine riesige Wasserwolke spritzte in die Luft, aber die Staumauer blieb unversehrt. Die nächste Bombe fiel ein paar Sekunden zu spät, weil das Flugzeug abgeschossen worden war und in Flammen stand. Die Bombe hüpfte über die Staumauer und explodierte irgendwo flussabwärts. Die dritte und vierte Bombe sprengten noch mehr Wasser in die Luft, aber vergeblich. Augenblicke nachdem die fünfte Bombe Wasser in die Luft spritzte, stürzte die Staumauer ein und setzte den Inhalt ihres nahezu vollen Stausees auf das bewohnte Tal frei.

Etwa 116 Millionen Kubikmeter Wasser – ungefähr 50 000 Olympia-Schwimmbecken – gingen auf Fabriken und Wohnhäuser nieder. Von der Flut wurden sie zerstört oder überschwemmt. Die kreisenden Bomber berichteten, wie sie das Wasser das Tal hinabtosen sahen und wie die Scheinwerfer von Autos unter der steigenden Wasseroberfläche undeutlicher wurden.

Drei übrig gebliebene Flugzeuge hatten noch Bomben und setzten ihren Flug zum Ederstausee fort. Die erste hüpfte zweimal und brachte nichts weiter als eine Wasserwolke hervor. Die zweite traf den Kamm der Staumauer und explodierte in einem Feuerblitz, der auch den Bomber beschädigte, welcher wegtaumelte und abgeschossen wurde. Die dritte Bombe hüpfte dreimal, sank zur Staufläche hinab und sprengte sie auseinander. Eine weitere Wasserwand toste ein weiteres Tal hinab und traf dessen Bewohner.

Die Sprengung der beiden Staudämme tötete 1294 Menschen und zerstörte oder beschädigte elf Fabriken und über 1000 Wohnhäuser. Zwei Elektrizitätskraftwerke waren beschädigt, und bis zu 60 Kilometer entfernte Brücken und Gebäude waren zerstört. Die Flüsse wurden mit Ablagerungen verstopft, die hinter den Staumauern eingeschlossen waren, wodurch sie unschiffbar wurden. Die Produktionskapazität des deutschen Industriekernlands war beschädigt. Großbritannien verlor 53 Soldaten der Luftwaffe und acht Avro-Lancaster-Bomber.

Die Nachrichten über die »Staudammzerstörer« der Royal Air Force machten weltweit Schlagzeilen. Zwei Tage später rühmte Premierminister Winston Churchill den Angriff vor einem frenetisch jubelnden US-Kongress. Großbritannien setzte seine Staudammzerstörer während des gesamten Krieges weiter ein, griff einen deutschen Eisenbahntunnel in der Normandie, Schnellbootanlagen und den Dortmund-Ems-Kanal an und trug auch wirklich zum Untergang der *Tirpitz* bei.

In diesem kleinen Kapitel steht einfach nicht genug Raum zur Verfügung, um alle die verschiedenen Möglichkeiten aufzuzählen, wie Flüsse die Strategien und Kampftaktiken des Zweiten Weltkriegs beeinflussten. Beispielsweise spielte die Wolga eine wesentliche Rolle in einer der blutigsten Schlachten der Menschheitsgeschichte. Durch ihre Verbindung des russischen Landesinneren mit dem Kaspischen Meer und den Ölfeldern von Baku (im heutigen Aserbaidschan) war die Wolga für die Sowjetunion ein zentraler Transportkorridor, weshalb Hitler seiner 200000 Mann starken 6. Armee befahl, die bedeutende, am Fluss gelegene Stadt Stalingrad (heute Wolgograd), die etwa 900 Kilometer südöstlich von Moskau liegt, anzugreifen. Hitler hatte es auf die Eroberung der Ölfelder von Baku abgesehen, und die Kontrolle der unteren Wolga sollte den sowjetischen Truppen, die sie zu verteidigen versuchten, den Zugang verwehren. Die Stadt selbst war außerdem ein wichtiger Produktions- und Transportknotenpunkt, der nach dem Sowjetführer Josef Stalin benannt war, was für Hitler ein verlockendes symbolträchtiges Ziel darstellte.

Als die Wehrmacht im August 1942 Stalingrad angriff, zogen sich die sowjetischen Verteidiger zurück und umzingelten die ausgedehnte Stadt, wodurch die 6. Armee an dem anderthalb Kilometer breiten Fluss in der Falle saß. Hitler sandte Verstärkung, und eine langwierige, brutale Belagerung und ein gegenseitiges Abschlachten folgten, als die Russen sich mit den Deutschen Straßen- und Gebäudekämpfe lieferten, während Scharfschützen von den Hausdächern schossen. Der Mamajew-Hügel, eine oberhalb der Stadt gelegene Hügelfestung, wurde so heftig umkämpft, dass er mehr als zwölfmal von der einen und der anderen Seite erobert wurde. Granatfeuer wühlte den Hang des Hügels so stark auf, dass sich seine Erde mit Metallsplittern füllte und den ganzen Winter über schwarz blieb. Der Schnee schmolz durch Explosionen und Feuer.

Da sie nicht entkommen konnten und von ihrer Versorgung abgeschnitten waren, gingen etwa eine Viertelmillion Soldaten der Achsenmächte zugrunde und möglicherweise vier- bis achtmal so viele Sowjets. Stalin verbot die Evakuierung von Zivilisten aus Stalingrad, weil er glaubte, dass ihre Anwesenheit die Rote Armee dazu bewegen würde, die Stadt entschlossener zu verteidigen. Die an Hunger leidenden deutschen Überlebenden, die schließlich ein halbes Jahr später kapitulierten, wurden in Gefangenenlager des Gulags geschickt, wo die meisten von ihnen umkamen. Nur 6000 Soldaten von der ursprünglichen 6. Armee der Wehrmacht kehrten je nach Deutschland in die Heimat zurück.

Mit einer geschätzten Gesamtopferzahl auf sowjetischer und deutscher Seite von 1,5 Millionen zehrte Hitlers Versuch, die Wolga zu kontrollieren, somit eine seiner mächtigsten Armeen auf. Die Belagerung von Stalingrad, wobei der Fluss selbst zum Einschluss von Hitlers Truppen beitrug, brachte Deutschlands Vorstoß in die Sowjetunion zum Stillstand und war ein Wendepunkt im Krieg.

Ein anderes Beispiel dafür, wie Flüsse die Strategien und Kampftaktiken des Zweiten Weltkriegs beeinflussten, war die Operation Market Garden, ein dramatischer Versuch der Alliierten im September 1944, einen 80 Kilometer breiten Korridor von Fluss- und Kanalbrücken zu erobern und über den Rhein nach Deutschland einzudringen. Es war der größte luftgestützte Angriff, der je gestartet wurde, wobei 35 000 britische und amerikanische Fallschirmjäger hinter den deutschen Linien landeten, um Flussquerungen über die Waal, die Dommel, den Rhein und andere Fluss- und Kanalbrücken einzunehmen. Die deutschen Verteidiger erlitten zwar schwere Verluste, schlugen aber den Angriff zurück und verlängerten damit den Krieg in Europa. Andere folgenschwere Schlachten des Zweiten Weltkriegs wurden um die Maas, den Dnjepr, die Narva und die Oder ausgetragen. Außergewöhnlich war insbesondere die Schlacht bei Sedan, die um Brückenköpfe über die Maas gekämpft wurde.

Der Umhang des Matadors

Die Landstriche entlang der Maas gehören zu denjenigen in Europa, die am meisten von Blut getränkt wurden. Von ihrer Quelle auf dem Plateau von Langres in der Nähe von Pouilly windet sich die Maas nach Norden und Osten durch Frankreich, Belgien und Holland, bevor sie in der Nordsee versinkt. Auf einem Großteil ihrer Länge ist sie schiffbar, und zusammen mit einigen abstrahlenden Kanälen ist sie einer der bedeutendsten Wassertransportwege Europas. Aber in Kriegszeiten gewinnt die ungewöhnliche physische Geografie dieses Flusses eine besondere strategische Bedeutung.

Auf mehreren Hundert Kilometern schneidet der Fluss Steilufer in das große geologische Massiv, das sich nach Nordostfrankreich hineinschiebt und die schroffe Landschaft der Ardennen von den offenen Tiefebenen westlich von Paris und dem übrigen Land trennt. Dieser Abschnitt der Maas hat zusammen mit den Ardennen seit Langem eine natürliche Grenze für Armeen errichtet, die versuchten, von Deutschland und Osteuropa aus in Frankreich einzufallen, und gleichzeitig war er traditionelles Grenzland, das vergangene germanische und französischsprachige Reiche voneinander trennte.

Frankreichs Vertrauen auf die physische Schwierigkeit, die steilen Felshänge hinabzusteigen und dann die Maas zu überqueren, führte zu der nur leichten Befestigung des Gebiets. Für die Feinde Frankreichs ergaben sich aus der hochriskanten, aber auch äußerst vielversprechenden Verlockung, eine Armee durch dieses schwierige Terrain in Frankreichs Tiefland mit direkter Anbindung an Paris zu schicken, einige der größten militärischen Überraschungen wie auch Opferzahlen der europäischen Geschichte. In den vergangenen 150 Jahren ereigneten sich mindestens vier bedeutende militärische Auseinandersetzungen entlang des Tals der Maas und des zerklüfteten Ardennenmassivs nordöstlich des Flusses.

Deutsche Truppen überquerten 1870 die Maas erfolgreich bei der Schlacht von Sedan im Deutsch-Französischen Krieg. 46 Jahre später kämpften die Massenheere Deutschlands und Frankreichs bis zu einem qualvollen deutschen Rückzug in der Schlacht um Verdun im Jahr 1916, wobei eine Million Soldaten auf einem briefmarkengroßen Gebiet starben. 1944 konnten die amerikanischen Streitkräfte die deutschen Truppen in den Ardennen kaum aufhalten, ein Blutbad, das als Ardennenoffensive bekannt wurde. Es war Hitlers letzte große Gegenoffensive, ein fehlgeschlagener Versuch, einen verheerenden Durchbruch über die Maas zu wiederholen, der die Welt vier Jahre zuvor schockiert hatte und bis zum heutigen Tag eines der verblüffendsten Manöver der Militärgeschichte bleibt.

Es war Frühling 1940, und ganz Europa bereitete sich auf den Krieg vor. Deutschlands Einmarsch in Polen hatte Kriegserklärungen von Großbritannien und Frankreich ausgelöst und zum Einmarsch der Sowjetunion in Ostpolen geführt. Nachdem Hitler und Stalin sich darauf geeinigt hatten, Polen aufzuteilen, marschierte Stalin am 30. November 1939 in Finnland ein. Die finnischen Soldaten kämpften den ganzen Winter hindurch auf Skiern gegen die sowjetischen Truppen entlang der finnisch-russischen Grenze, manchmal bei minus 40 Grad im sogenannten Winterkrieg. Im April 1940 griff Deutschland die neutralen Länder Dänemark und Norwegen an. Die alliierten Streitkräfte Frankreichs, Großbritanniens und exilpolnischer Truppen bereiteten sich auf den Kampf vor, und die offiziell neutralen Vereinigten Staaten begannen, am laufenden Band Waffen, Flugzeuge, gepanzerte Fahrzeuge und Nachschub zu produzieren, um diese an sie zu verkaufen, weil sie einen großen Angriff der Alliierten auf Deutschland irgendwann im nächsten Jahr erwarteten.

Zu jener Zeit war Frankreich Europas größte Militärmacht. Der Oberbefehlshaber der französischen Armee, Maurice Gamelin, glaubte, dass eine deutsche Invasion aus dem Norden kommen würde, durch die sogenannten Beneluxstaaten Belgien, Luxemburg und Niederlande (die deshalb so genannt werden, weil sie sich auf alten, niedrig gelegenen Ablagerungen im Flussdelta von Rhein und Maas befinden). Wie die meisten Landschaften, in denen es Flussablagerungen gibt und deren Gestalt durch die Flüsse umgearbeitet wird, hatten die Niederlande ein flaches Terrain und gerade Straßen, die sich für einen schnellen Blitzkrieg-Einmarsch durch Deutschlands motorisierte Infanterie und Panzer perfekt eigneten. Außerdem waren die Beneluxstaaten Deutschlands bevorzugter Angriffskorridor im Ersten Weltkrieg gewesen, und Spione bestätigten, dass Hitler in der Nähe ihrer Grenzen Streitkräfte konzentrierte.

Erinnerungen an den Ersten Weltkrieg hingen schwer in der Luft, und Gamelin war darauf bedacht, die Rückkehr des Grabenkrieges auf französischem Boden zu verhindern. In Erwartung eines deutschen Angriffs bereitete er seine Truppen und Ausrüstung darauf vor, nach Norden verlegt zu werden. Am 10. Mai 1940 überrollte die deutsche Infanterie Belgien, und die Luftwaffe bombardierte belgische Befestigungen und Rotterdam. Vier Tage später kapitulierten die Niederlande, und Hitlers Einmarsch in Frankreich durch die Beneluxländer schien unmittelbar bevorzustehen. Gamelin führte seine Gegenentwürfe aus und schickte noch mehr Truppen, Waffen und Nachschub nach Norden.

Aber es war alles nur eine List. Als Frankreich und die Alliierten sich auf einen langwierigen Krieg in Schützengräben im Stil des Ersten Weltkriegs vorbereiteten, der in den Tiefebenen des Deltas stattfinden sollte, schlängelten sich lange Konvois aus Panzern und motorisierter Infanterie durch die Wälder der Ardennen. Eine gewaltige technisierte Streitmacht bewegte sich Meter um Meter auf den am schwächsten verteidigten Abschnitt von Frankreichs Grenze zu und steuerte auf Sedan und andere Brückenköpfe über die Maas zu. In der Vorhut dieser Armee befanden sich zahlreiche Panzerdivisionen, die von den Generälen Heinz Guderian und Erwin Rommel angeführt wurden.

Als Gamelin von der deutschen Aktivität in den Ardennen unterrichtet wurde, dachte er, es handele sich um eine Finte. Das könnte unmöglich Hitlers Ziel sein, so seine Überlegung, weil es zu schwierig wäre, Panzer durch das zerklüftete Bergmassiv und die Steilufer hinabzumanövrieren, die von der Maas geschnitten wurden. Er wollte es immer noch nicht glauben, als die Panzerdivisionen aus dem Wald hervorbrachen und sich von Osten auf die Flussstädte Sedan, Monthermé und Dinant zubewegten.

Sie waren die Speerspitze einer großen Invasionsstreitmacht, die sich durch das Innere Frankreichs ergießen sollte. Wie der Umhang des Matadors war die wirkliche Finte die Scheininvasion durch die Beneluxstaaten, gefolgt von einem stichartigen Vorstoß durch Frankreichs schwach geschützte Flanke. Der Plan, der später als *Sichelschnitt* bekannt wurde, wurde ursprünglich von einem Feldmarschall der Wehrmacht namens Erich von Manstein entworfen.

Nachdem die eingeschränkten Verteidigungsmannschaften der Brückenköpfe aus der Luft bombardiert worden waren, stürzten die Panzerdivisionen dem Fluss entgegen. Am 12. Mai griffen General Guderians Panzer Sedan an. Rommel machte die Überquerung bei Dinant. Schrecken und Chaos befielen die leicht bemannten französischen Bunker, von denen einige betriebsunfähig waren, weil sie von abgezogenen französischen Verteidigungstruppen, die nach Belgien im Norden beordert wurden, verschlossen worden waren. Als ihre Verteidigung zusammenbrach, sprengten die Franzosen alle Brückenköpfe, die sie konnten, und zogen sich zurück.

Das scheinbar unpassierbare natürliche Hindernis war durchbrochen, und Gamelin erfuhr von seinem verhängnisvollen Fehler. Pontonbrücken wurden über die Maas gelegt, und deutsche Panzer und motorisierte Infanterie begannen, über sie hinweg nach Frankreich einzuströmen. Bis zum 16. Mai hatten Guderian und Rommel ihre Panzerdivisionen mehr als 80 Kilometer ins Landesinnere vorgerückt, fast ein Drittel der Strecke bis zum Ärmelkanal. Die Amphetamin kauenden Panzerbesatzungen waren zwar überstrapaziert und hatten nur noch wenig Treibstoff, aber die Franzosen waren völlig verwirrt und unfähig zurückzuschlagen. Die besten Kräfte des Landes waren mitsamt Ausrüstung nach Norden verschickt worden, um Belgien zu unterstützen.

Am 15. Mai telefonierte Frankreichs Premierminister Paul Reynaud mit Winston Churchill, Großbritanniens neuem Premierminister, der erst vor fünf Tagen das Amt übernommen hatte, und sagte ihm, dass Frankreich besiegt war. Am nächsten Tag flog Churchill nach Paris und sah, wie Regierungsbeamte Dokumente verbrannten und sich auf die Evakuierung der Stadt vorbereiteten.

Aber die Panzer hatten noch kein Interesse an Paris. Nach einigen Tagen der Erholung und Wiederherstellung drehten sie unvermittelt nach Norden ab und bildeten einen Halbkreis hinter den alliierten Truppen, die nach Belgien verlegt worden waren. Die Armeen der Franzosen, Briten, Belgier und Niederländer saßen am Ärmelkanal in der Falle. Nur durch eine epische Rettungsaktion wurde eine Drittelmillion alliierter Soldaten von den Stränden Dünkirchens evakuiert, wodurch der Krieg weitergehen konnte. Am 22. Juni, nachdem mehr als die Hälfte des Landes besetzt war, unterzeichnete Frankreich einen Waffenstillstand mit Deutschland in demselben Eisenbahnwaggon und an demselben Ort, an dem Deutschland im Ersten Weltkrieg vor Frankreich kapituliert hatte. Hitler nahm die Kapitulation persönlich entgegen und saß in demselben Sessel, in dem Frankreichs Marschall Ferdinand Foch gesessen hatte, als dieser 22 Jahre zuvor die Kapitulation Deutschlands entgegennahm.

Frankreich war gefallen, und zwar nur 41 Tage nachdem deutsche Panzer das natürliche, naturräumliche Hindernis der Ardennen und die steile Talwand der Maas überwunden hatten. Großbritannien stand allein da. Vier lange Jahre sollten vergehen, bevor die alliierte

Invasion in der Normandie am 6. Juni 1944 den Anfang vom Ende der deutschen Besatzung Westeuropas markierte.

Eine kleine Runde in Vietnam

Ich begegnete Richard Lorman erstmals in seinem Haus, das die Hingham Bay in Massachusetts überblickte. Ich gab ihm die Hand und riss einen schwachen Witz über seine scheinbar anhaltende Vorliebe für Wasser. Ich war aufgeregt und etwas nervös im Hinblick auf das bevorstehende Gespräch. Es war das erste Mal, dass ich je einen Kriegsveteranen gebeten hatte, seine persönlichen Kriegserfahrungen zu erzählen. Daher war ich nicht sicher, was zu erwarten war.

Zu meiner Überraschung hatte er ein maßstabsgetreues und außerordentlich genaues Miniaturmodell von einem der Flussschiffe, auf denen er gelebt hatte. Während er sprach, half mir das Modell zu verstehen, was er über die Funktionsweise des Schiffes und die Ereignisse sagte, die sich auf ihm zugetragen hatten. Einst war es ein Truppenlandefahrzeug aus dem Zweiten Weltkrieg gewesen, mit dem die Truppen der Alliierten am D-Day über den Ärmelkanal gebracht worden waren. Eine Flotte solcher Boote, die Soldaten am Omaha Beach ablädt, wird in den dramatischen Eröffnungsszenen von Steven Spielbergs *Der Soldat James Ryan* dargestellt. Ich erkannte den tiefen Truppenschacht und den kantigen Bug, an dessen Ende sich eine ausklappbare Landungsbrücke befand.

Mir unbekannt waren die zahlreichen An- und Umbauten, die an dem Schiff vorgenommen worden waren. Schwere, abgeschirmte M-60-Maschinengewehre säumten jede Seite. Eine Hubschrauberlandefläche deckte den Truppenschacht ab. Drei zylinderförmige

Geschütztürme kauerten in der Nähe des Hecks. Jeder von ihnen war groß genug, um einen Schützen aufzunehmen, der ein Maschinengewehr vom Kaliber .50 (12,7 x 99 mm) oder einen Granatwerfer bediente. Um die Geschütztürme waren Mauern aus Sandsäcken gestapelt – zum zusätzlichen Schutz vor Panzerfäusten, erklärte Lorman, die die zweieinhalb Zentimeter dicke Panzerung leicht durchdringen konnten. Das umgebaute Landungsfahrzeug aus dem Zweiten Weltkrieg war in einen zur Waffe umfunktionierten, auf Flüssen eingesetzten gepanzerten Truppentransporter (*armored troop carrier*, ATC) verwandelt worden, einen von vielen, die bei einigen der härtesten Kämpfe des Vietnamkriegs in einem Labyrinth aus Flüssen und Kanälen im Mekongdelta patrouillierten.

Von 1965 bis 1971 hatten die US-Armee, die Marine und die Küstenwache Hunderte flusstüchtiger Wasserfahrzeuge auf den Flüssen und Kanälen Südvietnams in Betrieb. Es gab ATCs, Fluss-Patrouillenboote und Sturmboote. Es gab Fluss-Minenräumboote, Bergungsfahrzeuge und Auftankboote. Es gab riesige schwimmende Mutterschiffe mit Vorratsspeichern, Kasernen, Kantinen, Mechanikwerkstätten, Krankenhäusern und Anlegestellen, an denen mehr als ein Dutzend kleinere Boote anlegen konnten. Einige ATCs wurden zu gigantischen Wasserwerfern umfunktioniert, um Stellungen der Vietcong an den Flussufern wegzustrahlen; andere wurden in Flammenwerfer verwandelt, um die Stellungen in Brand zu setzen.

Eine Sache ist es, in einem trockenen, vor Abkürzungen strotzenden Militärbericht über diese technischen Erfindungen zu lesen. Etwas ganz anderes ist es dagegen, von einem Kriegsveteranen, der einige der schlimmsten Gräuel des Vietnamkriegs erlebte, etwas über sie zu erfahren. Während seiner einjährigen Dienstzeit lebte Lorman ausschließlich auf Booten der US-amerikanischen mobilen Flussstreitkräfte und diente elf Monate als ATC-Schütze und einen Monat auf einem Flammenwerferboot. In jenem Jahr beteiligte er sich, so seine Schätzung, an 50 schweren Feuergefechten und lag mindestens 150-mal unter feindlichem Feuer. Um einen Eindruck davon zu bekommen, wie sich das anfühlte, empfahl Lorman, die Anfangsszenen des Films *Apocalypse Now* von 1979 anzusehen, die seinem Dafürhalten nach seine Erfahrung ziemlich genau widerspiegeln.

Die Kriegsführung auf den schmalen Flüssen und Kanälen des Mekongdeltas bedeutete ständige Angst vor einem Hinterhalt. Kugeln und Raketen brachen aus dem dichten Blätterwerk an den Ufern hervor, häufig aus einer Entfernung von nur wenigen Metern. Manchmal waren die Angriffe eine Finte, ein Versuch, damit die Munition des Flussboots verbraucht wurde, bevor es einen größeren Hinterhalt flussabwärts erreichte, oder um den Beschuss durch eigene Truppen auf Soldaten der Vereinigten Staaten oder der südvietnamesischen Armee in der Nähe zu lenken. Mit Sprengfallen versehene Bananenstauden lockten von Bäumen aus, die sich über das Wasser lehnten. Lorman tastete das Wasser ständig mit den Augen auf der Suche nach verdächtigen Objekten ab. Die meisten waren schwimmende Leichen, aber einige waren Minen. Andere Minen waren auf dem Grund des Flusses verborgen und detonierten über verborgene Drähte, die aus dem Wasser ins Blattwerk liefen. Andere wurden von feindlichen Schwimmern unbemerkt an der Außenhülle der Boote angebracht.

Einmal kroch ein einzelner Vietcong-Soldat auf Lormans ATC, als es an einem vermeintlich sicheren Ort in der Nähe eines freien Feldes verankert war, das von faulenzenden südvietnamesischen Soldaten abgesichert wurde. Er und seine Kameraden ruhten sich gerade auf der Hubschrauberlandefläche aus, wobei die Landungsklappe heruntergelassen war. Plötzlich sprang ein Vietcong-Soldat auf die Landungsfläche, eröffnete das Feuer aus kürzester Entfernung und entkam unversehrt. Der Kugelhagel ging irgendwie an Lorman vorbei, tötete aber zwei seiner Landsleute, die Karten spielten.

Er schilderte das Grauen der Flammenwerferboote, deren Spitzname »Zippos« – nach dem Feuerzeug – war (siehe Farbtafel). Ich erfuhr, dass ihre Hauptaufgabe im Unterschied zur gängigen Meinung nicht in der Entlaubung der Flussufer, sondern im Töten bestand. Bei einem Feuergefecht rammte sich der Zippo geradewegs in das Flussufer und entlud Flammenbögen aus brennendem, geliertem Benzin auf den Feind. Lorman erzählte von einem jungen Vietcong-Soldaten, der in Brand geraten war und schreiend ins Freie rannte. Die Hitze ließ die Granaten an seinem Körper explodieren, wodurch er in Stücke gerissen wurde.

Lorman sah, wie viele amerikanische Soldaten auf den kurvigen Wasserstraßen des Mekongdeltas getötet oder verwundet wurden. Und als Schütze eines eine Million Dollar kostenden, hochmodernen, als Waffe eingesetzten Bootes tötete und verwundete er zweifellos weit mehr Vietnamesen, obwohl wir darüber nicht sprachen. Sein Boot, das die Bezeichnung T-152-6 trug, hatte Glück und wurde im Verlauf seiner einjährigen Dienstzeit nur einmal direkt mit Panzerfäusten angegriffen. Die Glückssträhne endete, nur zwei Tage bevor Lorman und seine fünf überlebenden ursprünglichen Besatzungsmitglieder ihren Dienst beenden und nach Hause gehen sollten.

Wie in einem schlechten Film wurden an jenem Tag alle Regeln des Aberglaubens verletzt. Es war Freitag, der 13. Juni 1969. Die Besatzung war »klamm« – was bedeutete, dass sie im Begriff stand, nach Hause zurückzukehren –, eines der allerschlimmsten Vorzeichen für Unglück. Aber nach 363 Tagen auf den Flüssen hatte ihnen ihr kommandierender Offizier versichert, dass ihre Dienstzeit vorbei sei. Sie hatten an einem Mutterschiff angelegt und waren guter Laune, inventarisierten die Ausrüstung ihres Bootes und putzten es, strichen es neu an und füllten die Vorräte für ihre Ablösung auf. »Wir waren fertig«, sagte Lorman. »Es blieb uns nur noch übrig, das Boot für die neue Besatzung vorzubereiten, die in zwei Tagen eintreffen sollte.« Dann erschien ein Offizier und gab ihnen einen Befehl für einen einzigen letzten, kurzen Auftrag. Es war nichts Großes, nur »eine kleine Runde«, behauptete der Offizier.

Die Besatzung stand kurz vor der Meuterei, aber am Ende, nach viel hitzigem Hin und Her, befolgte man den Befehl. Lorman, der ganz versteinert war, riss das schwammartige Innenpolster eines zusätzlichen Helms heraus und presste dessen Schale über seinen eigenen Helm. Ein Soldat, der ihm von einem anderen Boot aus zusah, warf eine zweite Splitterschutzweste und ein Paar Hosen herüber, die er ebenfalls über seine eigenen anzog. ATC T-152-6 glitt vom Mutterschiff los und bewegte sich stromaufwärts zu seinem Einsatz: ein frisches Platoon auf eine Insel im Ben-Tre-Fluss zu bringen, an einen der gefährlichsten Orte im Delta. Zu jener Zeit wurde die Beschaffenheit ihres Zielorts vor Lorman und seinen Mitsoldaten geheim gehalten – erst Jahre später erfuhr er von der Gefahr, in die sie sich begeben hatten.

Sie nahmen die Truppe auf. Etwa 30 Soldaten in voller Ausrüstung drängten sich im Truppenschacht. Bei ihnen war ein »echt freundlicher« Sanitäter, und Lorman fragte ihn nach der Uhrzeit. »Halb elf«, lautete die lächelnde Antwort, auf die das Krachen des Feuers aus automatischen Waffen vom Typ AK-47 und Explosionen von Panzerfaustgranaten folgten.

Die Soldaten sprangen auf und erwiderten das Feuer auf das belaubte Ufer, das etwa zwei Bootslängen entfernt war. »Ich erinnere mich, dass die Schneeballschlachten meiner Kindheit aus ähnlicher Entfernung stattfanden«, erzählte mir Lorman. Jahre später sollte er erfahren, dass der freundliche Sanitäter augenblicklich getötet worden war. Lorman war sich dessen Todes zu diesem Zeitpunkt nicht bewusst, weil eine Kugel glatt durch seinen äußeren Helm gegangen war, seinen inneren Helm spaltete und sich in seinen Halswirbeln vergrub. Ein Granatsplitter durchschlug seinen Darm, und ein Bein wurde schlimm lädiert. Lorman sackte auf dem Deck zusammen und hörte mindestens zwei Panzerfaustgranaten im Innern des Truppenschachts explodieren, wodurch dieser in Brand gesetzt wurde. »Ich fühlte mich wie zermalmt«, erzählte er später. »Ich war im Grunde gelähmt und konnte mich nicht bewegen, atmen oder sprechen. … Ich verlor wiederholt das Bewusstsein unter den anderen Verwundeten, von denen einige auf mir lagen. … Ich hatte das faszinierende Gefühl, außerhalb des Körpers sanft zu einem warmen, verlockenden Licht hinzuschweben. Das ist verblüffend real, glauben Sie mir.«

Innerhalb von Sekunden war der Angriff vorbei. Die Überlebenden forderten Unterstützung zur medizinischen Evakuierung an und machten Triage. Lorman wurde irrtümlich für tot gehalten und auf einen Haufen mit Leichen über und unter ihm geworfen. Irgendwie wurde der Fehler entdeckt, und er wurde auf eine Trage geschoben und in einen lauten, heftig vibrierenden Hubschrauber geladen. Er erinnert sich daran, wie er seine verkohlte rechte Hand bewegte und die glitschige linke Hand eines anderen verwundeten Soldaten fand. Die beiden Fremden hielten sich während des halluzinogenen Flugs an den Händen fest, als sie zu ihrem neuen Leben in Krankenhäusern und Reha-Einrichtungen weggetragen wurden.

Richard Lorman, ein dauerhaft berufsunfähiger Kriegsveteran, hat nie geheiratet und ist kinderlos. Er trägt Hörgeräte infolge von »Booten, Explosionen, Bars, Nachtklubs, Metallwerkstätten und Baustellen«. Während er im Krieg Abstinenzler war – bei den seltenen Strandbesuchen von Armeestützpunkten blieb er auf dem Boot –, trinkt er heute. Mit Traurigkeit sprach er über das junge Lebensalter, den unterernährten Zustand und die armselige Ausrüstung seines Feindes. Aber ich hörte keine Klagen von Lorman. »Ich verpflichtete mich«, sagte er rundheraus. »Ich wollte ein Abenteuer, und ich hab eins bekommen.« Er scherzte über eine CT-Aufnahme aus jüngster Zeit, bei der eine Kugel in seiner Wade gefunden wurde, die fast 50 Jahre lang unentdeckt geblieben war. Er lebt in einem schönen Haus, das er sich selbst an der Küste von Massachusetts baute. Vor ein paar Jahren konnte er den verwundeten Soldaten, dessen Hand er während des surrealen Evakuationsflugs gehalten hatte, im Internet finden. Jeder der beiden Männer war froh zu erfahren, dass der andere überlebt hatte. Aber auf die Frage nach seinen Gedanken über den umfassenderen Sinn seines Krieges schüttelte er nur den Kopf. Verrückt. Es war alles nur verrückt.

Aber es *gab* einen umfassenderen Sinn. Die Aufgabe von ATC T-152-6, Lormans apokalyptischem Hausboot für das prägendste Jahr seines Lebens, war dieselbe wie die von Hunderten anderer Boote, die zu einer in braunem Gewässer operierenden Marine gehörten, welche gesandt wurde, um ein kritisches Gebiet Südvietnams zu kontrollieren, eines heute verschwundenen Landes, das als Stellvertreter für einen viel umfassenderen globalen Kampf zwischen zwei konkurrierenden politischen Ideologien fungierte.

Nach dem Zweiten Weltkrieg kämpften viele Kolonialgebiete, um ihre europäischen Herren abzuschütteln. In Südostasien war der Indochinakrieg ein blutiger Aufstand, der das französische Indochina 1954 nach der Schlacht um Dien Bien Phu auseinanderbrach. Die Region wurde in Kambodscha, Laos, ein von den USA unterstütztes Südvietnam und ein kommunistisches Nordvietnam aufgespalten. Die willkürliche Teilung Vietnams auf dem 17. Breitengrad – die nach dem Vorbild der 1945 von der Sowjetunion und den USA vollzogenen Teilung Koreas am 38. Breitengrad erfolgte – wurde in Genf als Teil des Waffenstillstands zur Beendigung des Krieges ausgehandelt. Sie sollte nur vorübergehend sein, aber die Administrationen von Truman, Eisenhower und insbesondere Kennedy lieferten Südvietnam alle finanzielle und militärische Unterstützung als Teil von Amerikas Großstrategie des Kalten Krieges, nämlich der »Eindämmung« des Kommunismus.

Die Nordvietnamesen und ihre Sympathisanten in Südvietnam wollten Vietnam jedoch zu einem einzigen kommunistischen Land wiedervereinigen nach dem Vorbild von China und der Sowjetunion. Im Jahr 1964 drohte ein vom Norden unterstützter Aufstand der Vietcong Südvietnam zu Fall zu bringen. Das machte US-Präsident Lyndon B. Johnson Sorgen, der den Kongress dazu drängte, die Tonkin-Resolution zu verabschieden, die dem Präsidenten militärische Befugnisse in der Region und eine Rechtsgrundlage zur unbeschränkten Kriegsführung in Vietnam gewährte. Johnson begann unverzüglich, Zehntausende Soldaten in Übersee zu stationieren, und 1968 waren mehr als eine halbe Million Amerikaner in Vietnam.

Für Nordvietnam ging es in dem Krieg vor allem darum, die fremden Besatzer zu vertreiben und das Land wieder zu vereinigen. Für die Vereinigten Staaten ging es darum, das nicht kommunistische Südvietnam zu erhalten, einen künstlichen Staat, der in Genf geschaffen worden war. Die Überlegung war, dass, würde die Wiedervereinigung der beiden Gebilde erlaubt werden, die Ausbreitung des Kommunismus ermöglicht und der Einfluss der Sowjetunion und Chinas zunehmen würde. Das Ziel der Amerikaner war die Erhaltung Südvietnams und nicht, im Norden einzumarschieren, was gewiss den Eintritt Chinas in den Krieg ausgelöst hätte.

Daher fand der Kampf in Südvietnam statt, was bedeutete, dass Truppen, Waffen und Nachschub des Vietcong aus Nordvietnam herabfließen mussten. Um zu gewinnen, mussten die Streitkräfte der Vereinigten Staaten und Südvietnams diese Nachschubkorridore kontrollieren. Der berühmteste unter ihnen war als Ho-Chi-Minh-Pfad bekannt. Aber da Vietnam sowohl ein Küsten- als auch ein Flussland ist, in dem es damals nur wenige asphaltierte Straßen oder Eisenbahnstrecken gab, bestand die beste Methode der Unterbrechung der Nachschubketten in der Abriegelung durch die Marine.

Im Jahr 1965 starteten die Vereinigten Staaten die Operation Market Time, eine acht Jahre dauernde Blockade des Südchinesischen Meeres durch Marinezerstörer, Meeresminenräumbote, Schnellboote, Patrouillen-Kanonenboote der Marine und US-Küstenwachschiffe, um nordvietnamesische Schiffe abzufangen, die versuchten, Südvietnam zu erreichen. Aufgrund der annähernd in Nord-Süd-Richtung verlaufenden Küstenlinie musste jede Annäherung aus dem Norden vom Meer her aus Osten kommen, wodurch die Abfangaktionen der Marine äußerst effektiv waren. Bei Beginn der Operation Market Time kamen etwa 70 Prozent des Nachschubs für den Vietcong über das Südchinesische Meer. Innerhalb eines Jahres verringerte sich dieser Zufluss auf bloße zehn Prozent.

Aufgrund dessen blieben Pfade über Land, Wasserwege im Binnenland und das Mekongdelta übrig. Nordvietnam schickte durch Laos und Kambodscha enorme Nachschubmengen die Dschungelwege des Ho-Chi-Minh-Pfads hinunter, von denen Abzweigungen nach Südvietnam führten. Der südlichste dieser Pfade stellte eine Verbindung mit dem Mekong über Kambodscha her, von wo aus Material und Kämpfer über das Mekongdelta mit kleinen Dschunken, Sampans und Frachtkähnen in seinem gesamten komplexen Netz aus Flüssen und Kanälen verteilt wurden. Sein mehr als 1100 Kilometer umfassendes Labyrinth aus Wasserwegen wurde zu einem entscheidenden Leitungssystem für den Transport von Soldaten, Waffen und Nachschub in den südlichen Teil des Landes.

Das Mekongdelta hatte auch an sich große strategische Bedeutung. Es war (und ist immer noch) die wichtigste Reisanbauregion Vietnams. Es umfasste die Hälfte der Bevölkerung Südvietnams und war strategisch in der Nähe der Hauptstadt Saigon (heute Ho-Chi-Minh-Stadt) gelegen. 1965 schnürte der Vietcong die Hauptquelle an Reis für Saigon ab. Die Wasserlandschaft des Deltas konnte durch motorisierten Transport auf dem Landweg nicht verteidigt werden. Obwohl die US-Marine eine überaus große technologische

Überlegenheit auf dem offenen Meer innehatte, machte das Labyrinth aus schmalen Flüssen und Kanälen den Gewinn der Kontrolle über das Delta zu einer enormen Herausforderung.

Während sie dieses durchlässige Gebiet zu kontrollieren versuchten, starteten die Streitkräfte der Vereinigten Staaten und Südvietnams eine Reihe von Flusskampagnen mit Bezeichnungen wie Operation Game Warden, Operation Coronado und Operation Sealords. Keine von ihnen konnte das Mekongdelta so effektiv befrieden, wie die Operation Market Time das Südchinesische Meer abgeriegelt hatte. Ein Katz-und-Maus-Spiel folgte, als US-Flussboote Sampans anhielten und durchsuchten, um den Nachschub der Vietcong abzufangen. Das Delta wurde allmählich zu einer Kriegszone, als gepanzerte Truppentransporter und Hubschrauber amerikanische und südvietnamesische Streitkräfte in dem Gebiet hin und her verlegten.

Trotz dieser Gegenoffensiven nutzten die Truppen des Vietcong die Wasserwege auch weiterhin effektiv, um Nachschub und Kämpfer in Stellung zu bringen, unter anderem vor Nordvietnams grimmiger und unerwarteter Tet-Offensive im Jahr 1968. Unter einer steigenden Zahl von Todesopfern sowie Studentenprotesten in den Vereinigten Staaten ließ dieser koordinierte Angriff auf Saigon und andere südliche Standorte die politische Unterstützung für den Krieg im Inland der USA einbrechen. Um 1971 wurde die letzte der Operationen der mobilen Flussstreitkräfte an das südvietnamesische Militär übergeben, und die Vereinigten Staaten stiegen formell im Januar 1973 aus. Zwei Jahre später überrannten nordvietnamesische Truppen Saigon. Auf Kosten des Lebens von mindestens 1,3 Millionen Vietnamesen und nahezu 60 000 Amerikanern wurde Vietnam als kommunistisches Land wiedervereinigt.

Obwohl Flüsse nur selten, wenn überhaupt je, Beweggründe zu Kriegen lieferten, haben wir sie schon seit Langem als stille Mitkämpfer bei unseren Konflikten zwangsverpflichtet. Im Zweiten Weltkrieg trug ihr natürliches Kapital an Wasserkraft dazu bei, dass Kanada Aluminium produzieren konnte, und brachte deutsche Talsperren in das Doppelscheinwerfer-Fadenkreuz der Staudammzerstörer der Royal Air Force. Als politische Grenzen und Schutzwälle der Verteidigung sind sie de facto Eroberungsziele und lösen manchmal historische Wendepunkte aus wie beispielsweise Caesars Überquerung des Rubikon, Washingtons Überquerung des Delaware und Hitlers Überquerung der Maas. Ihr Wert für den militärischen Zugriff wurde durch die Menge des Blutes gemessen, das bei Vicksburg für den Mississippi und bei Stalingrad für die Wolga vergossen wurde.

Fast ein Jahrhundert lang patrouillierten ausländische Marineschiffe auf dem Jangtse, schlugen Aufstände nieder und trugen ihre Macht auf dem Wasser in die Tiefe eines aufgebrachten China. Die physische Unmöglichkeit der Absicherung eines Labyrinths aus Fahrrinnen und Kanälen führte zu vier Jahren eines fürchterlichen Guerillakriegs im Mekongdelta mit einer weitreichenden Traumatisierung für alle beteiligten Länder und Einzelpersonen. Der IS stieg auf und fiel anschließend entlang des Euphrat und versuchte dabei, sich bis zur letzten syrischen Hochburg an seinen Ufern festzuhalten.

Von der Antike bis zu den Kriegen Amerikas, vom Jahrhundert der Demütigung bis zu zwei globalen Großbränden, von Massenertränkungen über Vietnam bis zum Dschihad sind Flüsse in Kriegszeiten seit Langem von großer Bedeutung.

Kapitel 4

Zerstörung und Erneuerung

Am 26. August 2017 erreichte der Hurrikan Harvey in der Nähe von Corpus Christi, Texas, das Land und zog dann vier qualvolle Tage über den Bundesstaat hinweg. Bei Nederland fielen 151,45 Zentimeter Regen, wodurch der vorherige US-Rekord von 130 Zentimeter übertroffen wurde, den die Regenfälle im Jahr 1950 auf Hawaii erreichten. Nie zuvor hatte eine Wetterstation in Amerika anderthalb Meter Regen bei einem einzelnen Unwetter verzeichnet.

Houston, die viertgrößte Metropole des Landes und Heimat von 2,3 Millionen Menschen, bekam bis zu 1,20 Meter Regen ab. Der Buffalo Bayou, ein träger Fluss, der durch Houstons Zentrum fließt, sprang über seine Ufer und verband sich mit anschwellenden Nebenflüssen, um tief gelegene Gebiete der Stadt zu überfluten. Autobahnüberführungen standen unter Wasser. Rettungsboote fuhren die überschwemmten Straßen von Houston hinunter, während Menschen auf ihre Dächer kletterten, um dem steigenden Wasser zu entkommen.

Fünfzig Kilometer in nordöstlicher Richtung überschwemmte der San Jacinto River die schicken Viertel von River Terrace und Northwood Country Estates. In Fort Bend County stiegen die Flüsse Brazos und San Bernard auf Rekordhöhen an und lösten für nahezu 200 000 Menschen Evakuierungsbefehle aus. In anderen Landkreisen von Texas verzeichneten der Lower Neches River, der Tres Palacios River, der Colorado River, der Oyster Creek, der

Trinity River, der Sabine River, der Big Cow Creek und der Guadelupe River alle Rekord- oder Beinaherekordhöhen. 30 000 Wasserrettungseinsätze wurden unternommen.

Als Harvey sich schließlich auflöste, waren etwa 40 000 Menschen in öffentliche Schutzräume von Texas und Louisiana geflohen. Über 300 000 Gebäude und eine halbe Million Autos waren beschädigt. Mindestens 68 Menschen waren ertrunken oder aus anderen Gründen gestorben, die unmittelbar mit den Überschwemmungen verknüpft waren, wie beispielsweise unter einfallenden Gebäuden zermalmt zu werden. Eine Drittelmillion Häuser waren in der glühenden Hitze ohne Strom.

Drei Wochen später besuchte ich einige dieser überschwemmten Stadtviertel. Überall lagen Trümmer. Ich sah durchgeweichte Berge von Matratzen und herausgerissene Rigipsplatten und Wanddämmungen. Die Menschen kampierten außerhalb ihrer zerstörten Wohnhäuser. Die Elektrizität war zwar wiederhergestellt worden, aber das Innere der Häuser war dunkel und ohne Leben. Eine Katze nagte an etwas Unkenntlichem, das in Plastikfolie eingewickelt war. Schwarzschimmel kroch an den Außenwänden eines einst typischen mittelständigen Stadtteils von Houston empor.

Es war nur eines von Tausenden beschädigter Stadtviertel, die hektisch abgerissen wurden. Im gesamten Südosten von Texas rissen Hausbesitzer und freiwillige Helfer Wände, Dämmungen und Bodenbeläge aus den vom Wasser beschädigten Gebäuden heraus. Sie befanden sich in einem Wettlauf gegen die Zeit und hofften, die Gerippe der Gebäude und die elektrischen Leitungen auszutrocknen, bevor Schimmel und Korrosion sie völlig ruinierten.

Ich befand mich dort auf Einladung des Teams Rubicon, einer Freiwilligenorganisationen für Katastrophenhilfe, die als eine der Ersten eintreffen sollte, nachdem sich die Flüsse zurückgezogen hatten. Team Rubicon wurde 2010 gegründet, nachdem zwei ehemalige US-Marines, Jake Wood und William McNulty, Versorgungsgüter und Freiwillige gesammelt hatten, um den Opfern eines Erdbebens der Stärke 7,8 zu helfen, das Port-au-Prince auf Haiti dem Erdboden gleichgemacht hatte. Entsetzt darüber, dass sie unter den ersten Rettungskräften auf dem Schauplatz waren, beschlossen sie, eine neue Organisation für Katastrophenhilfe zu schaffen, die schneller als herkömmliche Hilfsorganisationen, welche sie als zu langsam und zaghaft wahrnahmen, eingesetzt werden konnte. Sie nannten sie Team Rubicon (jawohl, nach der Überquerung Caesars; siehe Kapitel 3) und machten Militärveteranen ausfindig, die als Personal und Freiwillige der Organisation dienen wollten. Neben ihrer Hauptaufgabe der Katastrophenhilfe ist die Wiedereingliederung von Kriegsveteranen in die Gesellschaft eine wichtige Dimension ihrer Arbeit.

Die langen texanischen Tage von Team Rubicon begannen mit logistischen Anweisungen auf einem Dachparkplatz über ihrem provisorischen Kommandozentrum, einem leer stehenden Lagerhaus in der Nähe von Houstons Zentrum. Die versammelten Freiwilligen waren von Dutzenden Mietwagen umgeben, auf deren Türen Magnetschilder mit der Aufschrift »Team Rubicon« prangten. Unten, in den provisorischen Büros, lief eine Menge junger Leute umher. An den Wänden hingen Landkarten, auf weißen Tafeln waren Pläne gekritzelt, und Luftmatratzen waren zwischen Schreibtische gezwängt.

Team Rubicon ist eine große Einrichtung, die über Millionen von gespendeten Dollars und Tausende Freiwillige verfügt, die bei vielfachen Operationen der Katastrophenhilfe zu jeder Zeit auf der ganzen Welt zum Einsatz kommen. Etwa 70 Prozent ihrer Freiwilligen sind Kriegsveteranen. Ich wurde von Bob Pries, einem rührigen Burschen, dessen Handy ständig klingelte, umhergeführt. Das Klingeln war verständlich, da er Hunderte von Freiwilligen koordinierte, die jeden Tag auf Houstons beiden wichtigsten Flughäfen ankamen und von dort abflogen.

In den Tagen nachdem Hurrikan Harvey das Land erreicht

hatte, arbeiteten über 1300 Freiwillige pro Tag für die Hilfs- und Bergungsbemühungen von Team Rubicon in Texas. Sie starteten Rettungseinsätze mit Booten, zersägten umgefallene Bäume und räumten Trümmer weg. Sie schaufelten Schlamm, rissen gefährliche Gebäude ab oder reparierten sie und gaben Rat bei finanziellen Fragen. Bei einer so großen Verwüstung in einem so großen Gebiet waren diese Freiwilligen und andere aus vielen anderen Organisationen und Kirchengruppen, die ihre Tätigkeit in Houston aufgenommen hatten, häufig unter den ersten Helfern, die in den schwer geprüften Stadtvierteln aufkreuzten.

Ein halbes Jahr später hatte sich eine düstere Wirklichkeit bei Hunderttausenden Texanern breitgemacht, von denen viele sich keine Reparatur oder keinen Neubau leisten konnten. Der Texas World Speedway, eine Rennstrecke, war angefüllt mit beschädigten Autos, die auf die Bearbeitung von Schadensersatzansprüchen durch die Versicherungsgesellschaften warteten. Die Freiwilligen von Team Rubicon waren immer noch in Houston und halfen den Überschwemmungsopfern beim Wiederaufbau. Die Schadensschätzung für Harvey war auf 125 Milliarden Dollar gestiegen, was Harvey zum zweitteuersten Unwetter in der amerikanischen Geschichte machte.

Er wurde nur vom Hurrikan Katrina übertroffen, der 2005 in die Golfküste und New Orleans einschlug und mindestens 1883 Tote und einen Schaden von 161,3 Milliarden Dollar verursachte.

Katrina erreichte am 29. August 2005 um 6.10 Uhr morgens das Gebiet um New Orleans. Zwei Stunden später floss der Mississippi über einige Deiche. Die Pumpen waren überfordert. Deiche und Hochwassermauern wurden durchbrochen oder versagten völlig. Da New Orleans in einer schüsselförmigen Vertiefung liegt, die weitaus tiefer als der Fluss ist, füllten sich etwa 80 Prozent der Stadt mit Wasser, das an manchen Orten fast drei Meter tief war.

Vier Monate später besuchte ich den Stadtteil Lower Ninth

Im Jahr 2017 tötete der Wirbelsturm Harvey 68 Menschen und beschädigte etwa 300 000 Gebäude im Süden von Texas und in Louisiana. Die Gesamtschäden werden auf 125 Milliarden Dollar geschätzt, wodurch er zu einer der teuersten Naturkatastrophen in der US-Geschichte wurde. Hier abgebildet sind Freiwillige des Teams Rubicon, einer Organisation für Katastrophenhilfe, die von Militärveteranen betrieben wird, welche unter den Ersten waren, um den Überschwemmungsopfern zu helfen. *(Laurence C. Smith)*

Ward, der wochenlang unter Wasser gestanden hatte. Die Zerstörung war total. Es gab endlose Blöcke von absackenden, irrsinnig schiefen Häusern. Schlammlinien, die den Höchststand des Wassers markierten, befanden sich auf den Dächern oder in deren Nähe. Die einzigen Anzeichen von Leben waren großes, üppiges Unkraut, zwitschernde Vögel und die hungrigen Blicke wilder Hunde. Viele Wohnhäuser waren zu durchnässt, um gerettet werden zu können, und die meisten wurden immer noch nicht wiederaufgebaut. Mehr als die Hälfte der Deiche, die den Großraum New Orleans schützten, wurden durchbrochen, beschädigt oder zerstört, und 95 000 Wohnstätten gingen verloren.

Entlang des Ufers der Golfküste spülte die Sturmwelle über die Strände hinweg, riss Häuser aus ihren Fundamenten heraus und schleuderte Autos wie Kinderspielzeug umher. In der Nähe von Biloxi, Mississippi, sah ich große Verkaufsflächen, die bis auf ihr nacktes, geknicktes Stahlskelett hinunter entkernt waren. Zermalmte SUVs wurden in Swimmingpools geschleudert. Restaurants und Wohnhäuser waren einfach verschwunden und hinterließen nur sterile weiße Platten aus Betonfundamenten. Über 200 000 Gebäude waren zerstört.

Die meisten Menschen stellen sich Überschwemmungen als äußerst seltene, unvorhersehbare »Handlungen Gottes« vor. Das stimmt aber nicht. Überschwemmungen sind auf der ganzen Welt wiederkehrende, erwartete und vorhersehbare Ereignisse.

Die Schäden, die von Harvey und Katrina angerichtet wurden, waren einfach extreme Beispiele eines allgemeinen Phänomens. Allein im Jahr 2017 erlitten die Vereinigten Staaten nicht weniger als 16 gesonderte »Megakatastrophen« (die so bestimmt werden, sobald sie Schäden in Höhe von einer Milliarde Dollar oder mehr verursachen), darunter zehn andere Überschwemmungen und Unwetter neben den Hurrikans Harvey (125 Milliarden), Maria (90 Milliarden) und Irma (50 Milliarden). Irma erreichte Florida nur wenige Tage nachdem Harvey Texas heimgesucht hatte. Anschließend legte Maria im September einen Streifen der Zerstörung durch Puerto Rico und mehrere andere karibische Inseln und tötete mindestens 65 Menschen unmittelbar und nahezu 3000 in der Folge. Seit 1980 haben die Vereinigten Staaten etwa 250 Megakatastrophen erlitten, wobei sich die Schäden (inflationsbereinigt) zu mehr als 1,7 Billionen Dollar aufsummieren.

Und das sind nur die Großereignisse. Jedes Jahr werden unzählige kleinere Überschwemmungen in den Niederungen von Flüssen und Bächen durch Schneeschmelze, Regenzeiten und starke Gewitter ausgelöst. Sie verursachen Schäden in Milliardenhöhe und bedrohen das Leben und Eigentum in jedem Bundesstaat Amerikas und so gut wie jedem Land auf der Erde. Im Allgemeinen sind

Überschwemmungen tödlich und zerstörerisch, fordern im Durchschnitt jedes Jahr mehr als 5000 Todesopfer und Schäden über 50 Milliarden Dollar.

Das wirkt sich zweifelsohne negativ auf das menschliche Wohlbefinden aus. Wie wir in Kapitel 9 erfahren werden, wohnen nahezu zwei Drittel aller heute lebenden Menschen in der Nähe großer Flüsse, weshalb Überschwemmungen eine ständige Gefahr sind und Leben und Eigentum mit bedrückender Regelmäßigkeit zerstören. Doch Flüsse liefern auch natürliches Kapital, indem sie ihre Überschwemmungsgebiete mit frischen Ablagerungen von Schlamm, Nährstoffen und Wasser durchtränken, wodurch einige der reichhaltigsten Ökosysteme und der besten landwirtschaftlichen Anbauflächen entstehen. Wo es Programme zur Katastrophenhilfe von Versicherungen oder der Regierung gibt, lösen Überschwemmungen Bargeldzuflüsse aus, die das Wirtschaftswachstum anspornen und die regionale Demografie formen. Bei seltenen Gelegenheiten können die Umwälzungen, die durch Flussüberschwemmungen verursacht werden, sogar politische Mächte absetzen oder Rechtsnormen ändern. Der restliche Teil dieses Kapitels erforscht, wie weitreichend einige dieser ungewöhnlichen Fälle sein können.

Nach der Sintflut

Nachdem die Deiche des Mississippi eingebrochen waren, wurden etwa 400 000 Menschen von Katrina aus ihrer Heimat vertrieben. Schätzungsweise 100 000 bis 150 000 Flüchtlinge zogen innerhalb der ersten Monate allein nach Houston, was zur Erhöhung der Mietpreise und zum plötzlichen Anstieg der Stadtbevölkerung um mehr als drei Prozent führte. Manche kehrten nie wieder zurück, und zwölf Jahre später wurden viele derselben Flüchtlinge noch einmal von Harvey verprügelt.

Unterdessen hatte New Orleans Menschen eingebüßt. Zwei Monate bevor der Mississippi in die Stadt strömte, lag die Gesamtbevölkerung von Orleans Parish (worin die Stadt New Orleans enthalten ist) bei 454 085 Menschen. Fünf Jahre später betrug die Bevölkerung fast ein Viertel weniger und lag bei 343 829.

Die Zusammensetzung dieser Abwanderung nach Rassen unterschied sich von dem Exodus, der Orleans Parish als Ganzes betraf. Die Verluste an Wohnhäusern waren am schlimmsten in den tief gelegenen Stadtvierteln mit niedrigem Einkommen – was durch die Lower Ninth Ward veranschaulicht wird, die arm und schwarz war. Daher war ein unverhältnismäßig großer Anteil an der Abwanderung arm und schwarz. Die meisten Hausbesitzer in diesen Stadtvierteln konnten sich für ihre risikoreichen Liegenschaften keine teuren Versicherungsprämien gegen Überschwemmung leisten. Die Menschen verloren alles und hatten ohne Geld von der Versicherung zum Wiederaufbau fast keine andere Wahl als wegzugehen.

Die Abwanderung betraf auch unverhältnismäßig viele junge Menschen. Junge Leute mieten eher eine Wohnung, als sie zu kaufen, und junge Hausbesitzer haben typischerweise weniger Ersparnisse, mit denen sie den Wiederaufbau finanzieren können. Die plötzliche Wohnungsknappheit – die durch einen Zufluss von Arbeitern der Katastrophenrettung und Bauindustrie, die ebenfalls Unterkünfte brauchten, weiter verschlimmert wurde – führte dazu, dass die Mieten für die verbleibenden Mietwohnungsbestände in die Höhe schossen. Ein Wiederaufbauboom in wohlhabenderen Stadtvierteln zog Tausende von Baufacharbeitern mexikanischer und zentralamerikanischer Herkunft an, und manche blieben, als der Bauboom vorüber war. Fünf Jahre nach der Überschwemmung war New Orleans kleiner, weißer, älter, reicher und hispanischer geworden als zuvor.

Den mittelfristigen US-Volkszählungsdaten zufolge betrug im Jahr 2000 die Gesamtbevölkerung von Orleans Parish 484 668 Menschen, von denen 325 942 (67,3 Prozent) schwarz waren. Zehn Jahre später war die Bevölkerung auf 343 829 Menschen gefallen, von denen 206 871 (60,2 Prozent) schwarz waren. Mit anderen Worten, 85 Prozent des gesamten Bevölkerungsrückgangs machten Schwarze aus. Obwohl dieser Bevölkerungsverlust nicht gänzlich Katrina zugeschrieben werden kann, ist doch klar, dass New Orleans, das, historisch gesehen, eine stolze afroamerikanische Stadt war, teilweise aufgrund der Überschwemmung der Stadt und der darauf folgenden Wohnungskrise weniger schwarz wurde.

Der Bevölkerungsrückgang war jedoch nur vorübergehend. Heute wächst New Orleans wieder zum ersten Mal seit einem Jahrhundert. Im Jahr 2017 hatte sich die geschätzte Bevölkerungszahl auf 393 292 erhöht und lag damit beinahe 15 Prozent höher als 2010. Die Einkommen und die Beschäftigungssituation hatten sich erholt, und die Mieten waren auf ein normales Niveau zurückgefallen. Dieser Wiederaufschwung stimmt völlig mit landesweiten Untersuchungen überein, die zeigen, dass Überschwemmungen (und andere Naturkatastrophen) im Allgemeinen zum *Wachstum* der Bevölkerung führen, anstatt zu ihrer Schrumpfung.

Anhand einer landesweiten Analyse von Migrationsdaten stellte James Elliott, Soziologieprofessor an der Rice University, fest, dass Naturkatastrophen, obwohl sie marginalisierte Menschen verdrängen, auch solche anziehen. Asiaten und insbesondere Hispanics ziehen oft in großer Zahl in Gebiete, die von Naturkatastrophen heimgesucht wurden – auch wenn diese relativ geringfügig waren (definiert als Schaden in Höhe von 51 Millionen Dollar oder weniger). In ganz Amerika scheinen diese traumatischen Ereignisse einen Schub des lokalen Wirtschafts- und Bevölkerungswachstums auszulösen. Je größer der Schaden, umso größer der Schub, wobei der Status quo vor der Katastrophe häufig übertroffen wird.

Bargeldzuflüsse von Rettungsgeldern, die von außen kommen, zusammen mit einer beeinträchtigten lokalen Arbeiterschaft und einem gestörten Sozialgefüge, schaffen neue Beschäftigungsgelegenheiten, die für die Neuankömmlinge, welche anderswo ein schweres Leben fristen, attraktiv sind. Auszahlungen von Versicherungsgesellschaften, Darlehen zur Katastrophenhilfe und Gelder aus gemeinnützigen Spenden fließen herein. Städteplaner entstauben seit Langem nicht finanzierte Sanierungspläne, um die Katastrophe in Chancen zu verwandeln. Neue Stellen entstehen, nicht nur für das Baufachgewerbe, sondern auch für Planer, Designer, Ingenieure und Gastronomiebetriebe. Innerhalb nur weniger Jahre können diese Transfusionen von Geld und Menschen die Wirtschaft und Demografie einer überschwemmten Stadt nachhaltig gestalten.

Ein weiteres Phänomen, das mit Flussüberschwemmungen und anderen Eigentum zerstörenden Naturkatastrophen verbunden ist, ist ein sprunghafter Anstieg der kriminellen Korruption. Die »Große Flut« des Missouri und des Mississippi von 1993 war eine der zerstörerischsten Naturkatastrophen in der US-Geschichte und fügte Teilen von Illinois, Iowa, Kansas, Missouri, Nebraska, Norddakota, Süddakota, Minnesota und Wisconsin schwere Schäden zu. Fast 1,2 Milliarden Dollar an Hilfsgeldern, die von der Federal Emergency Management Agency (FEMA, Bundesbehörde für Katastrophenschutz) zur Verfügung gestellt wurden (ungefähr 2,1 Milliarden in inflationsbereinigten Konsumentenpreisindex-Dollars von 2019), flossen in diese neun Staaten, um bei ihrem Wiederaufbau und ihrer Erholung zu helfen. Dieser Zufluss von Bundesgeldern zur Katastrophenhilfe verdreifachte in etwa die Zahl von Korruptionsurteilen über mehrere Jahre hinweg.

Die Gründe dafür liegen auf der Hand. Die Folgezeit nach Naturkatastrophen ist chaotisch und dringlich und bietet reichlich Gelegenheit zur Bestechung. Um die Erholung voranzutreiben, können zum Beispiel die gewöhnlichen Anforderungen an Ausschreibungen außer Kraft gesetzt werden. Typische Korruptionsverbrechen in Katastrophengebieten umfassen das Erbitten von Schmiergeldern für vom Staat finanzierte Wiederaufbauprojekte, Geldwäsche, Bestechungsgelder, Vetternwirtschaft und Unterschlagung. Je größer der Schaden und Geldzufluss, umso größer der Anstieg von Verurteilungen. Diese beobachtete Korrelation zwischen Hilfsgeldern und Korruption wurde landesweit dokumentiert und wirft die interessante Möglichkeit auf, dass historisch hohe Korruptionsniveaus in Staaten wie Louisiana und Mississippi zum Teil auf die Häufigkeit und Schwere von Überschwemmungskatastrophen in diesen Gebieten zurückgehen.

Die Annahme liegt nahe, dass Flussüberschwemmungen keine Unterscheidungen treffen. Schließlich weiß die Natur nichts von Klassen und Rassen. Aber das Überschwemmungen ausgesetzte Land, das sich an den tief gelegenen Flusstälern und Küstendeltas erstreckt, ist gewöhnlich Land, in dem niedriges Einkommen vorherrscht. Nachdem sich das Hochwasser zurückzieht, sind arme Menschen häufig am meisten betroffen und haben die geringsten Mittel, um an der Erholung teilzuhaben. Während die Wohlhabenderen Versicherungsansprüche geltend machen und Architekten zum Wiederaufbau einstellen, wandern die Ärmeren ab, auch wenn neue demografische Gruppen hereinströmen. Wenn die Überschwemmungen der Flüsse Gebäude zerstören, spielen sie somit neben anderen sozialen und wirtschaftlichen Faktoren auch eine Rolle bei der Gestaltung der Größe und Vielfältigkeit amerikanischer Gemeinden.

Wenn die Deiche brechen

Manchmal haben Überschwemmungen politische Folgen.

Das qualvoll langsame Anlaufen der Hilfs- und Wiederaufbauoperationen seitens der FEMA im Fall von Hurrikan Katrina führte zu einer nachhaltigen Beeinträchtigung der öffentlichen Wahrnehmung von George W. Bush, dem republikanischen Präsidenten, der damals im Amt war. Als 10 000 vorwiegend schwarze Überschwemmungsopfer im Superdome von New Orleans ohne Nahrungsmittel, Wasser oder funktionierende Toiletten schmorten, lobte Bush den in Bedrängnis geratenen Leiter der FEMA, Michael Brown, für »erstklassige Arbeit«. Tatsächlich führte Browns Inkompetenz zehn Tage später zu seinem Rücktritt, und Bush wurde dafür verspottet, dass er kein Gefühl für die Not schwarzer Menschen habe und sich nicht um sie kümmere – eine Wahrnehmung, die seine Präsidentschaft ständig begleiten sollte und die ihn schwer ärgerte. In einer anschließenden Gallup-Umfrage antworteten 60 Prozent aller Befragten und gewaltige 80 Prozent schwarzer Menschen mit »Nein« auf die Frage »Meinen Sie, dass George W. Bush sich um schwarze Menschen kümmert?« Trotz der Berufung von mehr schwarzen Amerikanern auf hochrangige Kabinettspositionen, als es jede vorherige Administration getan hatte, fügte die verpfuschte Reaktion auf die Überschwemmung von New Orleans der Präsidentschaft von Bush unter den Minderheiten einen bleibenden Schaden zu.

Bush war nicht der erste Präsident der Vereinigten Staaten, der an den politischen Auswirkungen steigender Wasserpegel eines gewaltigen Unwetters und der damit verbundenen Überschwemmung des Mississippi zu leiden hatte. Die umwälzende, doch merkwürdigerweise vergessene Überschwemmung des Mississippi von 1927 lähmte das Land und war entscheidend bei der Präsidentschaftswahl. Sie zeitigte die ersten einer Reihe von Rissen, die schwarze

Amerikaner von der Republikanischen Partei trennten, und veränderte das Antlitz der US-Politik bis zum heutigen Tag.

Heute unterstützen schwarze Amerikaner durchweg die Partei der Demokraten. Bei der Präsidentschaftswahl von 2016 gewann der Republikaner Donald J. Trump nur 8 Prozent der schwarzen Stimmen. Vier Jahre zuvor sammelte der vorherige republikanische Kandidat Mitt Romney armselige 6 Prozent gegen Barack Obama. Doch vor 100 Jahren waren die Zahlen umgekehrt – zugunsten der Republikaner.

Frederick Douglass, ein prominenter schwarzer Sklavereigegner und Staatsmann, war Republikaner. Ebenso Abraham Lincoln, der als Präsident die Emanzipationsproklamation erließ, das Land durch einen zermalmenden Bürgerkrieg über die Frage der Sklaverei führte und den 13. Zusatzartikel zur US-Verfassung durchboxte, um die Sklaverei dauerhaft abzuschaffen. Es waren republikanische Kongressabgeordnete, die den 14. Verfassungszusatz durchsetzten, der den ehemaligen Sklaven US-Staatsbürgerschaft und gleichen Schutz unter dem Gesetz gewährte, und den 15. Zusatzartikel, der schwarzen Männern das Wahlrecht zugestand. 50 weitere Jahre sollten vergehen, bevor der 19. Zusatzartikel den Frauen dasselbe Recht gewährte – wofür sich ebenfalls die Republikaner einsetzten.

Im Gegensatz dazu bekämpften die Demokraten diese Zusatzartikel zur Verfassung. Sie kämpften gegen sie in den Nordstaaten, wo sie befürchteten, dass die Hinzufügung von Schwarzen zu den Wählerverzeichnissen den Republikanern dabei helfen würde, Wahlen zu gewinnen. Sie umgingen sie in den Südstaaten, indem sie Schwarze durch die verhassten Jim-Crow-Gesetze* ausgrenz-

* Der Ausdruck »Jim Crow« war im 19. Jahrhundert in den USA die Bezeichnung für das Stereotyp eines tanzenden, singenden Schwarzen. Jim-Crow-Gesetze sind eine Reihe von US-Gesetzen, mit denen von 1877 bis 1964 die Rassentrennung zwischen Schwarzen und Weißen festgeschrieben wurde. (A. d. Ü.)

ten. Schwarze waren in der Demokratischen Partei unerwünscht, und schwarzen Abgeordneten wurde bis 1936 nicht einmal erlaubt, den Nominierungsparteitagen der Demokraten beizuwohnen, über 60 Jahre nach dem Inkrafttreten des 15. Zusatzartikels.

Was war geschehen? Wie verlor die Republikanische Partei ihre überwältigende Unterstützung durch schwarze Amerikaner, die im frühen 20. Jahrhundert für sie ebenso einseitig war wie heute für die Demokraten?

Die meisten Geschichtsbücher verfolgen diese Geschichte bis auf Franklin D. Roosevelt zurück, den ersten von vier progressiven Präsidenten der Demokratischen Partei. Sein New Deal stärkte das soziale Sicherheitsnetz für Amerikaner, die durch die Weltwirtschaftskrise verarmt waren, eine demografische Gruppe, der viele Schwarze angehörten. Roosevelt wurde mit Unterstützung von 71 Prozent schwarzer Wähler 1936 wiedergewählt, obwohl etwa die Hälfte von ihnen sich als Republikaner betrachtete. Im Jahr 1948 hob sein Nachfolger Harry Truman die Rassentrennung in den Streitkräften auf und ächtete rassistische Einstellungspraktiken für Stellen auf Bundesebene. Das schadete zwar seinem Status bei weißen Demokraten aus dem Süden, gewann aber die Unterstützung von 77 Prozent schwarzer Wähler bei seiner Bewerbung für die Wiederwahl von 1948, was ihm dabei half, einen Außenseitersieg gegen seinen republikanischen Herausforderer Thomas Dewey zu erkämpfen. Im Jahr 1963 wurde der demokratische Präsident John F. Kennedy ermordet, während er an neuen Gesetzen arbeitete, um die Rassentrennung und die Jim-Crow-Gesetze abzuschaffen. Sein Nachfolger, Lyndon B. Johnson, führte diese Bemühungen weiter und verlieh dem Civil Rights Act am 2. Juli 1964 Gesetzeskraft. Vier Monate später wurde Johnson in einem Erdrutschwahlsieg wiedergewählt, indem er 94 Prozent der schwarzen Stimmen gewann. Die Übertragung der schwarzen Stimmenmacht von der Republikanischen Partei auf die der Demokraten war abgeschlossen.

Diese bedeutende Geschichte lässt jedoch die Tatsache aus, dass die Abtrünnigkeit der Afroamerikaner von Lincolns Partei schon begonnen hatte, bevor Roosevelt gewählt wurde. Die Ursprünge dieser Unzufriedenheit gehen auf die gewaltige Überschwemmung des Mississippi von 1927 zurück, die das Leben von Hunderttausenden schwarzer Farmarbeiter auf den Kopf stellte.

Um das Ausmaß dieser Überschwemmung richtig einzuschätzen, muss man verstehen, dass der Mississippi ein wahrer Gigant ist. Sein Wassereinzugsgebiet, das eines der größten der Erde ist, erstreckt sich über 31 US-Staaten und zwei kanadische Provinzen. Mit einer Fläche von 3,1 Millionen Quadratkilometern reicht es von Kanada bis zur Golfküste und von Virginia bis Montana. Insgesamt deckt es über 40 Prozent der aneinandergrenzenden US-Staaten ab.

Die Voraussetzungen für eine Katastrophe wurden den ganzen August 1926 hindurch gelegt, als eine Reihe von Unwettern dem oberen Mittleren Westen zusetzte, die Herbsternte zerstörte und den Boden aufweichte. Weitere Unwetter durchnässten das Becken in jenem Herbst, Winter und Frühling und hoben die Flusspegelstände von Illinois bis Louisiana auf Rekordhöhen. Im Januar 1927 überschwemmte der große östliche Ausläufer des Mississippi, der Ohio River, sein Tal von Pittsburgh bis Cincinnati. Zwei kleine Nebenflüsse, der Little Red und der White River, durchbrachen ihre Deiche und überschwemmten die umliegenden Farmen von Arkansas mit bis zu fünf Meter hohem Wasser. Im März floss eine Folge von Flutwellen den Mississippi hinab und trieb Tausende Menschen zu den Deichen, um sie in fieberhafter Anstrengung durch Stapel aus mit Sand und Erde gefüllten Säcken zu erhöhen. Eine Flutwelle nach der anderen erprobte, durchtränkte und erodierte die Deiche.

Am 15. April 1927 – Karfreitag – wurde es dann richtig schlimm. Ein ausgedehntes Unwetter lud zwischen 15 und 37 Zentimeter Regen über mehreren Hunderttausend Quadratkilometern des Mississippibeckens ab. Da die Erde jetzt völlig aufgeweicht war und die

Flüsse und Feuchtgebiete bereits angeschwollen waren, rauschte so gut wie alles Wasser dieses neuen Regens geradewegs in die Zweigadern des Mississippi. In seiner umfassenden Geschichte der Katastrophe mit dem Titel *Rising Tide: The Great Mississippi Flood of 1927 and How It Changed America* schreibt John M. Barry:

> *Der Fluss schien die mächtigste Sache der Welt zu sein. Dieses Wasser war aus den Rocky Mountains von Colorado herabgekommen, aus den Allegheny-Bergen von New York und Pennsylvania, aus den Wäldern Montanas, den Eisengruben Minnesotas und den Ebenen von Illinois. Alles Wasser, das auf die Erde fiel, war auf der ganzen Breite des Kontinents herabgekommen … als ob es durch einen Trichter gegossen worden wäre, zu dieser riesigen, sich windenden Flussschlange herab, dem Mississippi.*

Die Überschwemmung zerbröselte die Deiche wie Rohzucker. Sie überflutete die riesigen Ackerbauebenen des Mississippitals von Illinois bis zum Golf von Mexiko. Über 700 000 Menschen waren obdachlos geworden. Eine offizielle Opferstatistik belegte 313 Todesfälle durch Ertrinken, aber die wirkliche Zahl war viel größer. Viele Opfer wurden in den Golf von Mexiko hinausgeschwemmt oder unter tiefen Ablagerungen aus Sand und Schlamm begraben. Wenn der Atchafalaya River nicht gewesen wäre, der über die Hälfte des Abflusses der Überschwemmung ableitete, hätte das Ungeheuer New Orleans ausgelöscht.

Die Überschwemmung des Mississippi von 1927 und ihre Nachwirkungen beherrschten die Schlagzeilen der überregionalen Zeitungen das ganze Jahr über. Unerklärlicherweise lehnte es der republikanische Präsident Calvin Coolidge ab, den Schauplatz der Katastrophe zu besichtigen. Schroff wies er wiederholte und immer verzweifeltere Bitten von Führungspersonen aus den verwüsteten

Staaten und von Hilfsorganisationen wie dem Roten Kreuz zurück, die wussten, dass ein Besuch des Präsidenten bitter notwendige Spenden zur Folge hätte und freiwillige Helfer aus dem ganzen Land und der Welt anlocken würde. Das stellte sich als fataler politischer Missgriff heraus, der von US-Präsidenten seither sorgsam vermieden wird. Heute ist der Präsident schon bald vor Ort, wo immer es zu einer großen Naturkatastrophe kommt. Pressekonferenzen werden abgehalten und Bilder des Präsidenten verbreitet, wie er sich bedrückt mit den Leitern von Hilfsorganisationen berät, Ersthelfer lobt und Opfer umarmt.

In dieses klaffende politische Vakuum trat Herbert Hoover, Coolidges undurchsichtiger Wirtschaftsminister. Hoover, ein ehemaliger Bergbauingenieur, hatte ein starkes und persönliches Interesse an den Fluten. Er arbeitete unermüdlich und effektiv als Chef der Rettungs- und Wiederaufbaubemühung des Landes. Er besuchte das Katastrophengebiet häufig und sorgte dort mit Bedacht und wirkungsvoll für ein außergewöhnliches Maß an Berichterstattung durch die Medien. Er beharrte darauf, dass die Fotografen und Reporter von Zeitungen vollständige Kooperation genossen und sie uneingeschränkten Zugang zu den laufenden Wiederaufbaumaßnahmen und zu ihm selbst hatten. Innerhalb von Monaten wurde Herbert Hoover aufgrund des gewaltigen Ausmaßes der Katastrophe und seiner starken Präsenz in ganz Amerika zu einem vertrauten Namen.

1928 war ein Präsidentschaftswahljahr. Zum Entsetzen der zum Establishment gehörenden Republikaner katapultierte Hoovers frisch gewonnener Ruhm ihn über seine Rivalen bei den Vorwahlen hinaus, zu denen unter anderen Frank Lowden gehörte, der Favorit der Partei, ein ehemaliger Gouverneur von Illinois. Herbert Hoover entschied die Nominierung der Republikaner für sich und gewann auch die Präsidentschaftswahlen.

Aber nicht jeder war von Hoover begeistert.

Die weitgehend in Vergessenheit geratene Überschwemmung des Mississippi von 1927 gehört zu den schlimmsten Naturkatastrophen der US-Geschichte. Sie hatte bedeutende politische Folgen, trug zur Wahl Herbert Hoovers zum 31. Präsidenten bei und bewirkte erste Risse zwischen schwarzen Wählern und den Republikanern.

Alle, die in der Nähe des Flusspfades lebten, litten. Doch in einer düsteren Vorwegnahme der Ereignisse, wie sie 78 Jahre später mit Katrina wieder geschehen sollten, trugen die Schwarzen und Armen die schlimmsten Schäden davon, als der Mississippi seine Deiche durchbrach.

Die Sklaverei war zwar beendet, aber die schwarze Knechtschaft unter weißen Landbesitzern nicht. Da etwa drei Milliarden Dollar an menschlichem »Eigentum« aus ihren Bilanzen ausgelöscht waren, war die alte wohlhabende Klasse von Plantagen besitzenden Sklavenhaltern verschwunden. An ihre Stelle traten verschuldete weiße Landbesitzer, die äußerst abhängig von der Arbeit schwarzer Farmpächter waren. Indem sie die Ernteanteile knapp hielten und Grundnahrungsmittel und Vorräte den Farmpächtern auf Kredit weiterverkauften, ketteten die Landbesitzer deren Arbeit praktisch an das Land. Obwohl es ihnen theoretisch freistand wegzugehen, hatten nur wenige Farmpächter die Mittel dazu. Aber die erste Welle der großen Abwanderung, bei der etwa sechs Millionen Schwarze den Süden letztlich verließen, hatte bereits begonnen. Viele arme Schwarze aus dem Süden und insbesondere Farmpächter aus dem Mississippidelta hatten entweder einen Verwandten in einer aufstrebenden Stadt im Norden wie Detroit, Pittsburgh oder Chicago oder träumten von diesen Städten.

In diese Zeit des Wandels rauschte die Überschwemmung von 1927, die Weiße und Schwarze gleichermaßen auf die Höhen der Deiche und in Flüchtlingslager auf Anhöhen trieb. In Greenville, Mississippi, war ein gewaltiger Deich von drei Metern Höhe und 16 Metern Breite nicht in der Lage, die Stadt zu schützen. Schäumende Wellen stürzten durch sie hindurch und brandeten gegen Häuser wie Brecher am Strand, bevor sie die Stadt unter stehendem Gewässer versenkten. Tausende Überlebende stolperten auf die Überreste des Deichkamms hinauf, dessen langer, schmaler Streifen die letzte Anhöhe in einem Meer aus trübem Wasser war.

Das Rote Kreuz richtete schließlich 154 Flüchtlingslager in Arkansas, Illinois, Kentucky, Louisiana, Mississippi, Missouri und Tennessee ein, die als »Konzentrationslager« bezeichnet wurden. Die meisten waren nach Rassen getrennt, und während jenes ganzen schrecklichen Sommers wurden schwarze Amerikaner nach der Überschwemmung zu Wiederaufbauarbeiten gezwungen. Sie füllten Sandsäcke und besserten Deiche aus. Sie luden Essensrationen vom Roten Kreuz für die weißen Lager und ihre eigenen ab. Sie verteilten Notrationen aus Rettungskähnen, die den Fluss hinabgeschickt wurden. In den meisten Lagern waren die Bedingungen zwar schwierig, aber erträglich. Die Menschen erhielten Essen und, wenn sie arbeiteten, ein bis zwei Dollar am Tag.

In Greenville, wo es schwarzen Flüchtlingen verboten war wegzugehen, wo sie zur Arbeit gezwungen und von bewaffneten weißen Männern bewacht wurden, war das nicht so. Als Rettungsdampfschiffe ankamen, um die Überlebenden vom Deich zu holen, untersagten die Oberhäupter der Stadt zum großen Erstaunen des Kapitäns den Schwarzen die Evakuierung. Die Stadtoberhäupter wussten, wenn die Arbeiter weggingen, würden sie nie mehr zurückkommen – was sie noch mehr fürchteten als die Überschwemmung selbst.

In Greenville wurden etwa 13 000 schwarze Flüchtlinge in ein Konzentrationslager gepfercht, das sich auf dem Deich befand. Im Lager patrouillierten bewaffnete Wachen. Begehrte Nahrungsmittel, wie beispielsweise Dosenpfirsiche, wurden für Weiße requiriert. Die Schwarzen wurden zur Arbeit ohne Bezahlung gezwungen und trugen Abzeichen auf ihren Hemden, die ihre Aufgaben bezeichneten. Sie wurden zum Putzen, Kochen und zur Kleiderwäsche gezwungen. Wenn man das Tragen eines Abzeichens ablehnte, wurde man mit Essensentzug bestraft. Die bewaffneten Wächter weigerten sich, Schwarze aus dem Lager freizulassen, bis ein Landbesitzer, dessen Felder schließlich wieder entwässert waren, kam und sie zurückholte.

Viele weigerten sich, zurückgeholt zu werden, weil sie glaubten, dass die Katastrophe die Chance zum Weggehen eröffnet habe. Ein ganzes Jahr lang gab es Gräueltaten und Prügeleien während des gewaltigen Machtkampfs zwischen weißen Landbesitzern, die ihre Arbeitskräfte verzweifelt zurückhalten wollten, und einer überdrüssigen Unterschicht schwarzer Farmpächter. Auf diese Weise beschleunigte die Überschwemmung von 1927 die große Abwanderung durch einen gewaltigen Exodus obdachlos gewordener Überschwemmungsopfer, die wussten, dass die Zeit gekommen war, den Süden endgültig zu verlassen.

Während all dieser Ereignisse spielte Herbert Hoover ein raffiniertes Spiel. Äußerlich zeigte er Mitgefühl für schwarze Amerikaner, die von der Überschwemmung vertrieben worden waren und in der Folge unterjocht wurden, tat aber nur wenig zur Lösung ihrer Misere. Mit einem Auge auf die Präsidentschaftsnominierung ging er dazu über, die traditionell überwältigende Unterstützung schwarzer Wähler zu festigen, die seine Republikanische Partei genoss. Als sich die Nachrichten über die Misshandlungen in Greenville verbreiteten, forderte er Robert Moton, einen prominenten Schwarzenführer und Schützling von Booker T. Washington*, auf, ein Untersuchungsgremium zu bilden. Unter vier Augen spiegelte er Moton einen verlockenden Plan für ein riesiges Hypothekenprogramm zur »Landumsiedlung« vor, das mit 4,5 Millionen Dollar finanzieller Unterstützung vom Roten Kreuz ausgestattet war und Tausenden obdachloser schwarzer Farmpächter im gesamten Zerstörungsgebiet acht Hektar große Anwesen bewilligen würde. Er werde für die schwarzen Amerikaner etwas tun, »bedeutender als alles, was seit der Befreiung geschehen ist«.

Aber Hoover log. Er wusste, dass es kein Landumsiedlungspro-

* Amerikanischer Pädagoge, Sozialreformer und Bürgerrechtler, 1856–1915. (A. d. Ü.)

gramm geben würde, und weigerte sich auch tatsächlich, es später zu unterstützen. Sein einziges Interesse an Greenville galt der Eindämmung des politischen Schadens, der aus den skandalösen Gräueltaten entstanden war, die dort geschahen. Er spielte Moton und allgemein der schwarzen Wählerschaft etwas vor. Aber sie bemerkten es.

Bei seinem Wahlsieg von 1928 verlor er 15 Prozent der schwarzen Stimmen, ein unfassbares Novum für die Republikanische Partei. Danach nominierte Hoover einen Richter für den Obersten Gerichtshof, der so rassistisch war, dass sich seine eigene Partei sträubte. Als er 1932 zur Wiederwahl antrat, weigerte sich Robert Moton, einer seiner standhaftesten schwarzen Unterstützer, für ihn einzutreten. Hoover verlor in einer Erdrutschniederlage gegen den demokratischen Kandidaten Franklin D. Roosevelt. Die ersten Risse waren in einem politischen Deich erschienen, den man einst für unzerstörbar gehalten hatte. Das war der Anfang vom Ende des schwarzen Republikanismus in Amerika.

Die Umwandlung von Chinas Leid in eine Waffe

Vor einigen Jahren erhielt ich eine Einladung zu einem Hauptvortrag auf einer Konferenz in Taiwan. Der Tagungsort war ein höhlenartiger Hörsaal in einem historischen, in architektonischer Hinsicht beeindruckenden Gebäude namens Zhongshan Hall im Zentrum von Taipeh. Das Gebäude ist aus zwei Gründen berühmt. Erstens ist es der Ort, an dem Japan Taiwan am 25. Oktober 1945 formell an die Republik China zurückgab, und zwar nach einem blutigen, acht Jahre dauernden Versuch, China zu erobern. Einen Monat zuvor hatte Japan auf ähnliche Weise gegenüber den Alliierten auf dem

Deck der USS *Missouri* in der Bucht von Tokio kapituliert, um den Zweiten Weltkrieg formell zu beenden.

Der zweite Grund, warum Zhongshan Hall berühmt ist, besteht in seinem ausladenden Freiluftbalkon, von dem aus Tschiang Kai-schek, der letzte nicht kommunistische Präsident Chinas, auf die Weltbühne zurückkam, nachdem er aus seinem Land verbannt worden war. Im Jahr 1949 wurden Tschiang und seine nationalistische Partei (Kuomintang) von kommunistischen Truppen gestürzt, die von Mao Tse-tung angeführt wurden, und Tschiang floh mit den Überbleibseln seiner Streitkräfte und seiner Regierung nach Taiwan. Unter Beibehaltung des Namens »Republik China« verwandelte er die kleine Insel in eine Operationsbasis, von der aus er darauf sann, das chinesische Festland zurückzuerobern. Vom emporschwebenden Freiluftbalkon der Zhongshan Hall aus hielt er viele packende Reden und später Ansprachen als Präsident von Taiwan.

Die komplizierte Geschichte von Japans Einmarsch in China, das Exil Tschiang Kai-scheks und der Aufstieg des kommunistischen China haben ihren Schnittpunkt auf einem bedeutenden Fluss Nordchinas, der sich mehr als 1000 Kilometer nordwestlich von Taipeh befindet. Im Jahr 1938 tat Tschiang Kai-schek dem großen Huang He oder Gelben Fluss etwas Furchtbares an, was zu seinem eigenen Niedergang beitrug und den Verlauf der kommunistischen Machtübernahme in Festlandchina für immer änderte.

Wie in Kapitel 1 geschildert, ist der Gelbe Fluss sowohl die Wiege der chinesischen Zivilisation als auch der gefährlichste Fluss der Welt. Aufgrund einer geologischen Schrulle fließt er durch das große Lössplateau, eine massive Decke aus verwehtem Schluff, die über 600 000 Quadratkilometer im nördlichen Zentralchina abdeckt. Da es weich und bröckelig ist, verwittert das Lössplateau schnell und spült riesige Schluffmengen in den Fluss. Dieser Schluff verwandelt das Wasser in eine grobkörnige, hellbraune Flüssigkeit, die dem Gelben Fluss seinen Namen verleiht, und in die größte

Sedimentfracht im Vergleich zu jedem anderen großen Fluss auf der Welt. Er ist eine echte Laune der Natur und befördert jedes Jahr über eine Milliarde Tonnen Ablagerungen in den Ozean. Das ist in etwa vergleichbar mit der jährlichen Sedimentfracht des Amazonas, des größten Flusses der Welt, obwohl der Gelbe Fluss weniger als *1 Prozent* vom Abfluss des Amazonas aufweist.

Genau diese gewaltige Sedimentfracht ist es, die den Fluss für die Menschheit historisch so nutzbringend und gefährlich machte. Nicht alles von diesem Schluff wurde ins Meer gespült. Jahrtausendelang wurde er durch Überschwemmungen und Abschwemmungen auf natürliche Weise über der Landschaft verbreitet, wodurch einer der fruchtbarsten Böden der Welt und ein natürlicher Mittelpunkt einer Landwirtschaftskultur entstand, die sich auf dem nordchinesischen Tiefland entwickeln sollte (erinnern wir uns an die Legende von Yu dem Großen aus Kapitel 1, dessen Beherrschung einer solchen Abschwemmung eine kulturelle Blüte einleitete und zur ersten Dynastie Chinas führte).

Überschwemmungen zerstören nicht nur, sie wirken natürlich auch formgebend. Deshalb bauten Bauern und schließlich auch die Regierungen Deiche, um den Gelben Fluss zu kontrollieren. Ihr Ziel bestand darin, die umliegenden Dörfer zu schützen und den wechselhaften Fluss in seinem Verlauf festzulegen. Aber die Ablagerungen im Flussbett gingen weiter und ließen die Grundhöhe ansteigen. Aufgrund seiner großen Sedimentfracht vollzieht sich dieser natürliche Prozess beim Gelben Fluss besonders schnell – in der Größenordnung von etwa zehn Zentimetern pro Jahr. Um Schritt zu halten, mussten auch die Deiche regelmäßig erhöht werden.

Schließlich floss der Gelbe Fluss über seine umliegenden Überschwemmungsgebiete. Wenn irgendein Deich oder Damm seinen Dienst unausweichlich versagte, pflegte der Fluss zu einer niedriger gelegenen Fläche zu tosen, das Tal zu überschwemmen und sich gelegentlich auch einen brandneuen Weg zum Meer zu bahnen. Historische Aufzeichnungen behaupten, dass der Gelbe Fluss in den vergangenen zweieinhalb Jahrtausenden fast 1600-mal seine Deiche durchbrochen, Tausende kleiner Dörfer überschwemmt und Millionen Opfer ertränkt hat. Kein anderer Fluss der Erde hat mehr menschliches Leid und Tod verursacht. Aus diesem Grund wird der Gelbe Fluss manchmal »Chinas Leid« genannt.

Der Gelbe Fluss hat mindestens 26-mal eine größere Abschwemmung durchgemacht und sich einen neuen Verlauf über das nordchinesische Tiefland gegraben. Heute sind diese alten Flussbette aus dem Weltraum sichtbar und auf dem Boden kartografiert worden. Sie dehnen sich über Hunderte von Kilometern aus und schwanken zwischen Norden und Süden hin und her, als ob der Fluss nicht in der Lage wäre zu entscheiden, ob er nach Norden zum Golf von Bohai oder nach Südosten ins Gelbe Meer fließen soll.

Aber nicht alle dieser verheerenden Überschwemmungen traten auf natürliche Weise ein. Im Jahr 1938 löste Tschiang Kai-schek absichtlich eine solche aus, und zwar mit außergewöhnlichen Folgen für ihn selbst, seine nationalistische Partei und Chinas politische Zukunft.

Aber zunächst etwas Hintergrundgeschichte. Die chinesische Politik der 1920er Jahre war chaotisch, wobei verschiedene Warlord-Regime um die Macht konkurrierten. Die beiden politischen Parteien mit dem größten Einfluss, die nationalistische Partei und die Kommunistische Partei Chinas (KPCh) standen in heftigem Gegensatz zueinander. Eine Zeit lang kooperierten sie miteinander unter der Führung von Sun Yat-sen, der die nationalistische Partei gründete und der erste Führer eines postdynastischen Chinas war. Aber nachdem Sun Yat-sen 1925 an Krebs gestorben war, steuerte der entschieden konservative Tschiang Kai-schek die Führung der nationalistischen Partei und des Landes an. Die KPCh wurde von Mao Tse-tung angeführt. Tschiang widersetzte sich dem Kommunismus vehement und ließ 1927 Tausende Kommunisten beim Massaker von Shanghai exekutieren, wodurch die unsichere Allianz zusammenbrach und China in einen Bürgerkrieg stürzte.

Japan zog seinen Vorteil aus der Verwirrung dieses Bürgerkriegs und marschierte 1931 in Chinas nordöstlichen Provinzen ein, die damals als Mandschurei bezeichnet wurden. Mehrere Jahre lang teilte Tschiang Kai-schek seine Aufmerksamkeit zwischen der Einhegung der Japaner und dem Kampf gegen Maos Kommunisten. Aber im Jahr 1937 geriet eine Reihe von Scharmützeln mit Japan nach einem Zwischenfall an der Marco-Polo-Brücke (oder Lugouqiao) außer Kontrolle, einem strategischen Brückenbogen über den Yongding-Fluss in der Nähe von Peking (heute Beijing). Die Nationalisten und Kommunisten kamen darin überein, ihren Bürgerkrieg zu stoppen, um sich dem Kampf gegen Japan zuzuwenden, und begannen im Juli 1937 einen »Widerstandskrieg« gegen eine umfassende japanische Invasion. In dieser turbulenten Zeit versenkten japanische Bomber die USS *Panay* im Jangtse, wie in Kapitel 3 geschildert. Der Zweite Japanisch-Chinesische Krieg hatte begonnen.

Chinas Widerstand nahm keinen guten Anfang. Nanking (heute Nanjing), die Hauptstadt der nationalistischen Partei, wurde schon bald erobert, und nach manchen Schätzungen wurden mehr als 300 000 Menschen von japanischen Soldaten massakriert. Tschiang Kai-schek zog seine Regierung nach Westen zurück, in die Stadt Wuhan, aber im Mai 1938 stand auch diese kurz vor dem Fall. Der Verlust Wuhans würde China eine Industriestadt von entscheidender Bedeutung kosten und wahrscheinlich auch die Hilfeleistungen der Vereinigten Staaten und Großbritanniens, die zwar Japan erst noch den Krieg erklären mussten, aber seinen Bestrebungen in China und dem kolonialen Südostasien Widerstand entgegensetzten. Angesichts dessen, was auf dem Spiel stand, wollte Tschiang Kai-Schek den Vormarsch der japanischen Armee auf Wuhan mit allen Mitteln stoppen oder zumindest bremsen. Zu diesem Zweck beschloss er, den Gelben Fluss in deren Weg zu lenken.

1938 leitete Tschiang Kai-schek den Lauf des Gelben Fluss um, dem Vormarsch der japanischen Invasion entgegen. Die Überschwemmung verzögerte ihn zwar kurzfristig, löschte aber auch ohne Vorwarnung das Leben von 900 000 chinesischen Zivilisten und 3500 Dörfer und Städte aus. Die anfängliche Leugnung der Verantwortung durch Tschiang Kai-scheks nationalistische Partei, auf die Reuelosigkeit folgte, stand in scharfem Gegensatz zu Mao Tse-tungs Kommunisten, die den Überschwemmungsopfern halfen und die Bauern in die nunmehr leere Tallandschaft des Gelben Flusses umsiedelten. Ihre Unterstützung half Mao letztlich dabei, den Bürgerkrieg zu gewinnen und eine kommunistische Herrschaft über China zu etablieren.

Im Juni 1938, als die japanischen Streitkräfte heranrückten, befahl Tschiang Kai-schek die Sprengung von Deichen am Gelben Fluss in der Nähe der Stadt Zhengzhou in der Provinz Henan. Ein erfolgreicher Durchbruch wurde bei Huayuankou erzielt, einem kleinen Dorf im Norden der Stadt, unmittelbar stromaufwärts der scharfen Wendung des Flusses nach Nordosten in Richtung auf den Golf von Bohai. Am 9. Juni öffnete sich der Deich ganz, und der Gelbe Fluss strömte aus seinem erhöhten Kanal auf die niedriger gelegene Fläche und bewegte sich nach Südosten. Eine Wasserflut von 100 Kilometern Breite schäumte mehr als 400 Kilometer über das Land, bevor sie sich mit dem Jangtse und dem Huai zusammenschloss. Der gewaltige Gelbe Fluss, der sich Stunden zuvor noch

700 Kilometer nach Nordosten zum Golf von Bohai bewegt hatte, grub sich nun einen neuen Verlauf und floss jetzt 1000 Kilometer lang nach Südosten auf Shanghai und das Gelbe Meer zu.

Mehrere Tausend japanische Soldaten ertranken in der gewaltigen Flutwelle, die aus dem gesprengten Deich hervorschoss. Dasselbe Schicksal erlitten schätzungsweise 900 000 unglückliche chinesische Bürger, die in ihrer Verlaufsrichtung wohnten. 44 Städte und 3500 Dörfer wurden überschwemmt oder einfach weggespült. Vier Millionen Menschen wurden zu Flüchtlingen. Die Hälfte des urbaren Landes in den Provinzen Henan, Anhui und Jiangsu wurde unbrauchbar, was zur großen Hungersnot von Henan in den Jahren 1942/43 beitrug, bei der weitere drei Millionen Menschen starben. Und da es entlang des neuen Verlaufs des Gelben Flusses keine Deiche oder andere Wasserversorgungsanlagen gab, trat die Überschwemmung die nächsten acht Jahre jedes Jahr während der Monsunregen im Sommer auf.

Entlang des alten Verlaufs war der Fluss einfach verschwunden. Fünftausend Boote waren auf trockenem Land gestrandet. Ganze Fischereigemeinden mussten verlassen werden. Insgesamt waren etwa 12,5 Millionen Chinesen unmittelbar von der durch Tschiang Kai-schek absichtlich ausgelösten Abschwemmung des Gelben Flusses betroffen.

Die Taktik bremste zwar den Vormarsch der Japaner, vereitelte aber nicht den Fall Wuhans. Vier Monate später wurde die Stadt von japanischen Streitkräften eingenommen, die nach Westen den Jangtse hinauf vorrückten. Aber die Verzögerung gab der nationalistischen Regierung genug Zeit, um zu entkommen. Die westlichen Verbündeten, die anscheinend von der Ernsthaftigkeit von Tschiang Kai-scheks Anstrengung, Japan Widerstand zu leisten, überzeugt waren, lieferten auch weiterhin Hilfe an China, ebenso wie die Sowjetunion.

Im Spätjahr 1938 war Japans technologisch überlegenes Militär gegen eine schlecht versorgte, aber gewaltige und entschlossene chinesische Bevölkerung ins Stocken geraten. Der Zweite Japanisch-Chinesische Krieg trat in eine anhaltende Pattsituation ein, wobei der chinesische Widerstand von der nationalistischen Regierung aus Westchina und kommunistischen Guerillakämpfern hinter den japanischen Linien in Nordchina geführt wurde.

Drei Jahre weiteren Blutvergießens sollten vergehen, bevor die Vereinigten Staaten am 7. Dezember 1941 Japan formell den Krieg erklärten. Japans Streitkräfte sollten eine Reihe von Schlachten im kolonialen Südostasien gewinnen und auf Indien vorrücken. Im Jahr 1942 stellte sich ein wichtiger US-Sieg bei den Midwayinseln als Wendepunkt im Krieg heraus und kündigte ein Himmel-und Hölle-Spiel blutiger Inselschlachten den Südpazifik hinauf an, während Großbritannien seine Kolonie Birma zurückerrang.

Am 6. August 1945 warf die U.S. Air Force die erste Atombombe auf die japanische Stadt Hiroshima und drei Tage später eine zweite Bombe auf Nagasaki, tötete schätzungsweise 120 000 Zivilisten und beschleunigte das Ende des Krieges. Neun Tage später verkündete Japan, dass es kapitulieren werde, was es formell am 2. September 1945 gegenüber General Douglas MacArthur, dem Oberbefehlshaber der alliierten Mächte, auf dem Deck der USS *Missouri* in der Bucht von Tokio auch tat. Sieben Tage später kapitulierte Japan offiziell gegenüber China in Nanjing. Die Übergabe von Taiwan fand schon bald darauf in der Zhongshan Hall statt, in demselben Gebäude, in dem ich fast 70 Jahre später einen Hauptvortrag halten sollte.

Japans Kapitulationszeremonien beendeten jedoch nicht die Gewalt in China. Als die fremden Streitkräfte abgezogen waren, wurde der Waffenstillstand zwischen Tschiang Kai-scheks Nationalisten und

Mao Tse-tungs Kommunisten schon bald aufgelöst, was den immer noch nicht entschiedenen Chinesischen Bürgerkrieg neu entfachte. Tschiang Kai-scheks absichtliche Sprengung der Deiche am Gelben Fluss sollte in diesem Konflikt und bei seinem Endergebnis eine wichtige Rolle spielen.

Neun lange Jahre schwärten die Nachwirkungen der Abschwemmung. Anfänglich lehnte die nationalistische Regierung die Verantwortung ab und schob die Katastrophe auf Bomben der Japaner. Japan leugnete diese Behauptung energisch, und innerhalb von Wochen hatte die Presse als den wahren Schuldigen die chinesische Regierung ausgemacht. Die Inkaufnahme des Todes von Zivilisten war im China der 1930er Jahre zwar ganz anders als heute – damals war es für die Führungsriege und die Öffentlichkeit eher üblich, Kollateralschäden zum Wohle der Nation zu akzeptieren –, aber das Leugnen der Regierung führte zu noch mehr Verbitterung bei einer Bevölkerung, die bereits durch das bloße Ausmaß der Katastrophe und nahezu eine Million sinnloser Todesopfer durch die Hand der eigenen Führung wutentbrannt war. Der öffentliche Groll auf die Nationalisten wuchs, und die Stimmung sollte sich schon bald verschlechtern.

Erinnern wir uns daran, dass die von Tschiang Kai-schek absichtlich ausgelöste Abschwemmung zu einem breiten, verlassenen, trockenen Flussbett führte, in dem der Gelbe Fluss nach Norden zu fließen pflegte. In diesen Raum zogen Mao Tse-tungs Kommunisten. Sie halfen bei der Organisation und Ansiedlung einer halben Million Kleinbauern – unter denen sich viele Überschwemmungsopfer befanden – in diesem jetzt leer stehenden Land, das Teile der Provinzen Henan, Hebei und Shandong kreuzte.

Als sich diese Neuansiedlungen etablierten, brach ein Kampf zwischen den Nationalisten und Kommunisten um die Frage aus, ob der alte Verlauf des Gelben Flusses wiederhergestellt werden sollte oder nicht. Die nationalistische Regierung verkündete einen Plan zur Schließung des Deichbruchs und zur Umleitung des Flusses in seinen ursprünglichen Kanal vor 1938. Die Überlebenden, die immer noch in den verwüsteten Gebieten der Provinzen Henan, Anhui und Jiangsu wohnten, befürworteten den Plan nachdrücklich, da der neue Verlauf des Flusses einen Großteil ihres Ackerlandes verschlungen hatte und das, was übrig war, ständig sich wiederholenden und gefährlichen jährlichen Überschwemmungen ausgesetzt war. Die KPCh war gegen den Plan, und zwar aus Sorge um die halbe Million Bauern, bei deren Ansiedlung auf dem trockenen Flussbett sie geholfen hatte.

Nach dem Zweiten Weltkrieg gewannen die Nationalisten internationale Fördermittel für das Projekt von der United Nations Relief and Rehabilitation Administration (UNRRA, Wiederaufbauverwaltung der Vereinten Nationen), einer Hilfsorganisation, die gegründet wurde, um den Wiederaufbau in Ländern zu unterstützen, die während des Krieges besetzt gewesen waren. Ihr Programm für China war eine der größten Hilfsinitiativen der UNRRA und stand nur hinter ihrer Wiederaufbauarbeit in Deutschland zurück. Die UNRRA zog jedoch die Finanzierung des Projekts zurück, als deutlich wurde, dass die Nationalisten aggressiv drängten, ohne zuerst die notwendigen neuen Deiche zu bauen und die alten zu reparieren, um die neuen Bewohner des ausgetrockneten Flussbetts zu schützen.

Tatsächlich hatte Tschiang Kai-schek politische Gründe dafür, eine schnelle Rückkehr des Gelben Flusses zu seinem alten Verlauf anzustreben. Dadurch würde er die Unterstützung der Überschwemmungsopfer in den Provinzen Henan, Anhui und Jiangsu gewinnen, ein Gebiet, das im Allgemeinen seiner nationalistischen Regierung wohlgesonnen war. Man wollte eine gewaltige Wassersperre zwischen zwei wichtigen kommunistischen Militärstützpunkten errichten, der Jin-Ji-Lu-Yu-Regionalarmee im Norden des Flussbettes und der ostchinesischen Regionalarmee im Süden, im südlichen Shandong. Maos Kommunisten verlangten ihrerseits mehr Zeit und Ressourcen, um Deiche und Dämme zum Schutz der neuen Siedler zu bauen, sowie Hilfsfonds für diejenigen, die durch die Rückkehr des Flusses zwangsläufig obdachlos werden würden. Das Umleitungsprojekt des Gelben Flusses wurde noch stärker politisiert, was den schwelenden Konflikt zwischen Nationalisten und Kommunisten verstärkte und dazu beitrug, das Land in einen umfassenden Bürgerkrieg zu stürzen.

Am 17. Dezember 1946 ließen die Nationalisten plötzlich ohne Vorwarnung eine geringe Wassermenge in das alte Flussbett von vor 1938 fließen. Das war ein Signal an die Kommunisten, dass Tschiang Kai-schek die Verhandlungen beendete. Unmittelbar darauf startete Tschiang eine Reihe militärischer Angriffe gegen die Streitkräfte der KPCh in Nordchina. Aus Mangel an Zeit und Nachschub und weil sie sich intensiv gegen die Angriffe verteidigen mussten, stellten die Kommunisten ihre Aktivitäten an den Deichen ein, und die frisch angesiedelten Gemeinden wurden ohne Vorbereitung auf die Rückkehr des Flusses zurückgelassen.

Am 15. März 1947 befahl Tschiang, dass der Durchbruch endgültig geschlossen werden sollte. Der Gelbe Fluss wand sich noch einmal, dieses Mal in sein altes Tal zurück, und floss nach Nordosten. Abermals erhielten die Gemeinden, die sich auf dem trockenen Flussbett angesiedelt hatten, keine Vorwarnung. Fast 500 Dörfer wurden überschwemmt, und Hunderte ihrer Bewohner ertranken. Über 100 000 Menschen wurden obdachlos. Obwohl dies im Vergleich zur Überschwemmungskatastrophe von 1938 eine relativ kleine Anzahl von Todesopfern war, schadete die Kaltschnäuzigkeit der unangekündigten Umleitung dem Ansehen der nationalistischen Partei in den Augen der Öffentlichkeit noch weiter und wurde zu einem effektiven Rekrutierungsmittel für die KPCh.

Die Kommunisten nutzten die neue Krise zu ihrem Vorteil. Wieder übernahmen sie die Organisation für die betroffenen Gemeinden und halfen bei der Reparatur von Dämmen und Deichen entlang des wiederbesetzten Flusstals. So wurde die regierende nationalistische Partei weiter diskreditiert, und das Ganze entwickelte sich zu einer antinationalistischen Bewegung. Das Mitgefühl und die Unterstützung, die die Kommunisten von den betroffenen Bauern nach der anfänglichen Katastrophe von 1938 und dann nach der zweiten im Jahr 1947 ernteten, trugen einen wichtigen Teil zur Rekrutierung, zum Kampf und zum Sieg im Bürgerkrieg bei.

Die Idee der Nationalisten, den Gelben Fluss zu nutzen, um die Stützpunkte der Kommunisten physisch zu trennen, erwies sich als unwirksam. Tatsächlich hob die Umleitung die Wassergrenze zwischen manchen nationalistischen und kommunistischen Territorien auf, was den Kommunisten weitere Expansionsmöglichkeiten bot. Ein Gebiet innerhalb der Überschwemmungszone von 1938 wurde zu einem Stützpunkt, an dem die Neue Vierte Armee der KPCh sich auf einen Guerillakrieg umstellte, um auf dem Terrain der Überschwemmungsebene unter der Führung eines Kommandanten namens Peng Xuefeng zu kämpfen. Diese Fertigkeiten sollten sich im Huaihai-Feldzug von 1948/49, der in der Flussebene des Gelben Flusses stattfand, als entscheidend erweisen. Dieser Feldzug war eine der größten und wichtigsten Schlachten des Chinesischen Bürgerkriegs.

Eine Reihe kommunistischer Siege wuchs lawinenartig an – der Liaoshen-Feldzug in der Mandschurei, der Pingjin-Feldzug und schließlich ein Vormarsch nach Südchina. Mit der Hilfe lokaler Konvertiten starteten die kommunistischen Streitkräfte den Feldzug zur Überquerung des Jangtse und eroberten noch mehr Gebiete. Im Frühjahr 1949 nahmen kommunistische Streitkräfte Nanking ein, die Hauptstadt der Nationalisten. Am 1. Oktober 1949 rief Mao Tse-tung die Volksrepublik China als souveräne Nation aus, mit ihm selbst als Staatsoberhaupt und Vorsitzendem der Kommunistischen Partei Chinas, die das Land bis heute regiert.

Tschiang Kai-schek und seine verbliebenen Anhänger flohen nach Taiwan, wo die »Republik China« immer noch als politische Partei regiert. Als autoritärer Staatslenker mit starker Unterstützung durch die Vereinigten Staaten sollte er in der Folge Taiwan fest an den Westen binden. Er träumte bis zu seinem Tod 1975 im Alter von 87 Jahren vom Zusammenbruch des chinesischen Kommunismus und von der Wiedervereinigung mit dem Festland.

Obwohl die Überschwemmungen des Gelben Flusses und ihre Nachwirkungen nicht weithin als Wendepunkte in der Geschichte Chinas anerkannt sind, war die Rekrutierung von darüber aufgebrachten Bauern für die KPCh ein wichtiger Faktor für die kommunistische Übermacht zu einem entscheidenden Zeitpunkt der Entwicklung des Bürgerkriegs im Land. Die Mobilisierung der Massen und die Wiederaufbaumaßnahmen der KPCh zusammen mit dem Abscheu der Bevölkerung vor der Kaltschnäuzigkeit der regierenden Nationalisten gegenüber den Opfern der Katastrophe halfen der Kommunistischen Partei dabei, die Rekruten anzuziehen, die sie brauchte, um den Huaihai-Feldzug und andere entscheidende Schlachten auszutragen und zu gewinnen. Die durch Tschiang Kai-schek vorsätzlich ausgelösten Überschwemmungen des Gelben Flusses trugen dazu bei, Millionen Menschen auf die Seite der Kommunistischen Partei Chinas und ihres letztlich erfolgreichen Strebens nach der Macht über das chinesische Festland zu bringen.

Es kam vom South Fork Club

An einem Heiligabend in aller Frühe geriet das Haus meiner Eltern in Brand, während wir noch schliefen. Wir entkamen ohne Habseligkeiten und mit nichts als unseren Schlafanzügen in die verschneite Nacht. Der Ursprung des Feuers wurde schließlich auf eine defekte Heizung zurückgeführt. Meine Eltern hatten eine gute Brandschutzversicherung, weshalb sie den Hersteller nicht gerichtlich verklagten. Aber sie hätten es tun können, weil Amerika eine so prozesssüchtige Gesellschaft ist.

Auf Reklametafeln im ganzen Land werben Rechtsanwälte für ihre Dienste mit Ermunterungen wie »Verletzt? Rufen Sie jetzt an!« Im Jahr 1992 ordnete das US-Distriktgericht für den Bezirk New Mexico an, dass McDonald's 2,7 Millionen Dollar Schadensersatz an eine Kundin zahlen sollte, die schlimme Verbrennungen durch heißen Kaffee erlitten hatte, der auf ihren Schoß schwappte. Im Jahr 2009 wurde Francisco García von den Sacramento Kings verletzt, als ein Basketball platzte. Die Kings und García verklagten Hersteller und Vertrieb auf vier Millionen Dollar Lohnausfall für die Zeit seiner Genesung und zusätzlich 29,6 Millionen Schadensersatz. 2015 zahlte Toyota 1,1 Milliarden Dollar, um eine Sammelklage beizulegen, die das Unternehmen beschuldigte, eine wichtige Sicherheitsfunktion übersehen zu haben. Obwohl alle Verletzungen, die in diesen verschiedenen Gerichtsprozessen geschildert wurden, unbeabsichtigt waren, hatten die Kläger dennoch das ausdrückliche Recht, die Beklagten für ihre Schäden und Leiden zur Verantwortung zu ziehen.

Gerichtsverfahren wie diese sind in Amerika gang und gäbe, weil die US-Gerichte der Rechtsdoktrin der Gefährdungshaftung folgen. Gefährdungshaftung gestattet einem Opfer, Entschädigung und Schadensersatz zu fordern, wenn jemand ihm einen Schaden zufügt, selbst wenn dieser zufällig eintritt. Unwissenheit oder gute Absichten sind kein Schutz vor gerichtlichen Schritten, und es ist auch kein Nachweis grober Fahrlässigkeit notwendig, damit Entschädigungszahlungen gewährt werden. Die Gefährdungshaftung ist der Grund, warum in den Vereinigten Staaten so viele Gerichtsverfahren angestrengt werden. Außerdem hat sie die Sicherheit von Waren und Arbeitsplätzen im Land stark verbessert.

Die amerikanische Rechtsprechung war nicht immer so. Im 19. Jahrhundert wurden stichhaltige Belege für einen willentlichen *Vorsatz* zur Schädigung oder zumindest willentlich fahrlässiges Verhalten verlangt, damit ein Beklagter Entschädigungszahlungen leisten musste. Wie wurden die Vereinigten Staaten, ein von vehement unabhängigen religiösen Außenseitern gegründetes Land, das eine unbekümmerte Kultur der Wiedergutmachung und einige der nachsichtigsten Insolvenzgesetze hatte, so knallhart? Die Antwort geht auf eine Reihe einflussreicher Überschwemmungskatastrophen in England und den Vereinigten Staaten zurück, die in einer gewaltigen Katastrophe in Johnstown, Pennsylvania, gipfelten.

Strategisch am Zusammenfluss der Flüsse Little Conemaugh und Stonycreek (wo sie den Conemaugh River bilden) in den nährstoffreichen Allegheny-Bergen gelegen, boomte Johnstown in den 1830er Jahren als Verkehrsknotenpunkt, nachdem der Conemaugh in die Pennsylvania Main Line, ein neues Kanalsystem, das Philadelphia und Pittsburgh miteinander verband, eingegliedert worden war. Um die niedrigen Wasserstände des Kanals im Sommer aufzustocken, baute der Commonwealth von Pennsylvania den South-Fork-Staudamm über den Little Conemaugh, 22 Kilometer flussaufwärts von Johnstown zur Schaffung eines künstlichen Staubeckens, von dem aus Wasser nach Bedarf in das Kanalsystem geleitet werden konnte.

Der ursprüngliche South-Fork-Staudamm wurde aus Erde und Stein erbaut und war etwa 21 Meter hoch, 280 Meter breit und an seinem Sockel 67 Meter dick, wobei er sich auf etwas über drei Meter an seiner Spitze verjüngte. Er hatte Abflusskanäle und Entlastungsrohre, um dem überschüssigen Wasser den Abfluss zu ermöglichen, und einen unterirdischen Abzugskanal aus Stein mit Abflussrohren, damit das Staubecken im Notfall entleert werden konnte. Die Fertigstellung des Staudamms dauerte Jahre, und als er 1852 vollendet war, wurde das Zeitalter der Kanäle vom Zeitalter der Eisenbahnen abgelöst. Der gesamte Zweck des Staubeckens war überholt, und der Staat verkaufte den Staudamm, das 182 Hektar große Staubecken und das umliegende Land.

Nach dem Verkauf verfiel das Ganze. 1862 beschädigte ein Unwetter den Abzugskanal und durchbrach einen Teil des Staudamms. Beides wurde nicht repariert. Im Lauf der Jahre wurden die Entlastungsrohre als Metallschrott verkauft. Im Jahr 1879 wurde das Staubecken nach 27 Jahren der Vernachlässigung durch verschiedene Besitzer von einem Eisenbahnbauer und Immobilieninvestor namens Benjamin Ruff gekauft, der es in Lake Conemaugh umbenannte und seinen Besitz in einen exklusiven Rückzugsort für Millionäre verwandelte, South Fork Fishing and Hunting Club genannt.

Ruff beauftragte einen seiner Eisenbahnbautrupps damit, den Riss im Staudamm aufzufüllen, wobei sie ungeeignetes Material und inadäquate Baumethoden verwendeten, die für Bahntrassen entworfen waren. Der Abzugskanal wurde versiegelt und die fehlenden Abflussrohre nicht ersetzt. Der obere Teil des Staudamms wurde abgetragen, um seine Oberfläche zu vergrößern, wodurch die Durchflussleistung des verbleibenden Überlaufs reduziert wurde. In diesen Überlauf wurden Metallsiebe gehängt, um die Flussbarsche daran zu hindern, in den Little Conemaugh River zu entkommen. Einige störende Lecks im Staudamm wurden mit Pferdedung und Stroh verstopft. Ein Ingenieur, von dem man Rat über diese Veränderungen und Reparaturen hätte einholen können, wurde nicht konsultiert.

Der South Fork Club baute Ferienhäuschen und ein elegantes Sommerhaus mit 47 Gästezimmern und einem großen offiziellen Speisesaal. Beinahe ein Jahrzehnt lang war der idyllische Ort ein Refugium und Spielplatz für die reichsten Familien Pittsburghs. Unter ihnen befanden sich Andrew Carnegie, Henry Clay Frick und Andrew Mellon.

Im Jahr 1880 warnte ein Ingenieur den Klub, dass die Reparaturen substanzlos seien, der Damm lecke und das Fehlen jeglicher Entwässerungsrohre eine existenzielle Bedrohung für das flussabwärts gelegene Tal und die Stadt Johnstown darstelle, in der über 30 000 Menschen wohnten (darunter viele Einwanderer aus Deutschland, Wales und Irland) sowie einer der führenden Eisen- und Stahlproduzenten des Landes. Der South Fork Club ignorierte die Warnung des Ingenieurs, auch nachdem die Wasserpegel im Lake-Conemaugh-Staubecken auf nicht mehr sichere Höhen stiegen und der Staudamm abzusacken begann. Die Millionäre aus Pittsburgh angelten, dinierten, machten Picknick und waren anscheinend unbekümmert angesichts dieses Frankenstein'schen Monsters von einem Staudamm, der 20 Millionen Tonnen Wasser von einem boomenden, landesweit bedeutenden Stahl produzierenden Tal flussabwärts trennte.

Am 28. Mai 1889 setzte ein großes Unwetter ein, und die Flüsse um Johnstown herum traten über die Ufer. Der Abfluss von den Hügeln, die den Lake Conemaugh umgeben, ließ den Wasserpegel des Staubeckens noch höher ansteigen. Blätter, Stöcke und anderer Schutt wurden hereingespült und verstopften die Fischsiebe aus Metall, die der South Fork Club im Überlauf des Staudamms installiert hatte. Einige Ortsansässige, die sich der Gefahr bewusst wurden, versuchten verzweifelt und vergeblich, die Siebe zu entfernen oder zu säubern. Der Wasserpegel hinter dem Staudamm stieg um dreißig Zentimeter pro Stunde an, als sie ihre Bemühungen aufgaben und am 31. Mai gegen 13.30 Uhr flohen. Das Wasser floss schon bald über den Staudamm, und um etwa 15.10 Uhr zerriss der

Inhalt des Lake Conemaugh die zusammenbrechende Konstruktion und schoss das Tal hinunter auf Johnstown zu.

Die Flutwelle bewegte sich mit einer Geschwindigkeit von 160 Stundenkilometern und einer Höhe von 15 Metern oder mehr, als sie Johnstown mit einer Kraft erreichte, die mit der der Niagarafälle vergleichbar ist. Innerhalb von Minuten war die Stadt ausgelöscht. Gerüchte über den schlechten Zustand des Staudamms waren seit Jahren in Umlauf. Deshalb waren schon viele Bewohner auf die Hügel geflohen. Diejenigen, die das nicht getan hatten, bezahlten mit ihrem Leben. Die offizielle Zahl der Todesopfer war 2209, etwa zehn Prozent von Johnstowns Bevölkerung. 1600 Gebäude wurden einfach weggefegt. »Alles – Häuser, Maschinen, alles – taumelte im Wasser umher«, sagte ein Überlebender, der die Szene beschrieb.

Die Leichen wurden bis nach Cincinnati, Ohio, weggetragen. In den nächsten 22 Jahren sollten immer wieder Skelette auftauchen. Die Flutwelle schleuderte Schutt auf eine Eisenbahnbrücke und türmte einen zwölf Meter hohen Haufen aus Bauholz und Opfern auf. Als die Flutwasser nachließen, setzten noch brennende, glühende Kohlen den Haufen in Brand. Die verzweifelten Schreie der Menschen, die im Innern in der Falle saßen, sollten die fieberhaft arbeitenden Rettungskräfte für den Rest ihres Lebens heimsuchen. Bis zu 80 Menschen, denen es gelang, sich vor dem Ertrinken zu retten, verbrannten in dem Trümmerhaufen aus Feuer.

Innerhalb von Tagen schwärmten Journalisten aus dem ganzen Land in Johnstown umher. Wie die Überschwemmung des Mississippi von 1927 und der Hurrikan Katrina von 2005 erfassten die Nachwirkungen der Überschwemmung das Land, wobei die Zeitungen tägliche Aktualisierungen zur Zahl der Todesopfer, zu den Schäden und Hilfsmaßnahmen veröffentlichten. Der republikanische US-Präsident Benjamin Harrison flehte die Nation um Unterstützung an.

Grobe Fahrlässigkeit seitens des South Fork Club, eines Rückzugsorts zum Angeln für reiche Eliten, schuf die Voraussetzung für den katastrophalen Zusammenbruch des Staudamms und die sich daraus ergebende Vernichtung der flussabwärts gelegenen boomenden Stadt Johnstown, Pennsylvania. Die öffentliche Empörung über die Entlastung des Klubs löste eine grundlegende Veränderung in der amerikanischen Rechtsprechung aus: die landesweite Verabschiedung von Gesetzen zur Gefährdungshaftung. Heute gilt die Überschwemmung von Johnstown immer noch als eine der tödlichsten Katastrophen in der amerikanischen Geschichte, und Gerichtsverfahren, die auf der Gefährdungshaftung beruhen, sind in den USA allgegenwärtig.

Spenden und Freiwillige strömten nach Johnstown, um die Hilfs- und Wiederaufbaumaßnahmen zu unterstützen. Eine dieser Freiwilligen war eine Frau namens Clara Barton, die vor Kurzem eine neue Katastrophenhilfsorganisation ins Leben gerufen hatte. Sie organisierte Freiwillige, Aufräumteams und Baubrigaden. Spender schickten ihr Matratzen, Öfen, Schuhe und drei Millionen Dollar in bar. Ihr Erfolg und der enorme landesweite Bekanntheitsgrad gaben ihrer jungen Organisation, dem amerikanischen Roten Kreuz, bei ihrem ersten wichtigen Test einen drastischen Schub.

Als die wirkliche Ursache der Überschwemmung von Johnstown bekannt wurde, war das Land erzürnt über die Fahrlässigkeit und Arroganz des South Fork Club. Da dessen Mitglieder Millionäre waren, nahm man an, dass der Klub die Opfer entschädigen und die Stadt wieder aufbauen würde. Stattdessen lehnte er jegliche Schuld ab und spendete nur geringe Beträge für die Wiederaufbaumaßnahmen. Das rief im ganzen Land Empörung hervor, bis ein wütender Mob sogar das elegante Sommerhaus des South Fork Club angriff.

Eine förmliche Untersuchung kam zu dem Schluss, dass grobe Fahrlässigkeit seitens des South Fork Club unmittelbar verantwortlich für den Zusammenbruch des Staudamms war, für alle 2209 Todesopfer und etwa 17 Millionen Dollar (fast 500 Millionen in Dollars von 2020) allein an Eigentumsschäden. Diese Bekanntmachung brachte noch mehr Zeitungsleitartikel und Aufschreie in der Öffentlichkeit hervor, wobei man von den Gerichten forderte, für die Opfer Entschädigungen zu erzwingen. Aber 1889 hatten die US-Gerichte das Prinzip der Gefährdungshaftung noch nicht übernommen. Viele Gerichtsverfahren wurden gegen den South Fork Club angestrengt. Aber alle waren erfolglos. Weder der Klub noch irgendein Mitglied wurde je für den Tod und die Zerstörung, die ihre Fahrlässigkeit auf die unglücklichen Menschen von Johnstown hatte hereinbrechen lassen, haftbar gemacht.

Wie manches Mal in Amerika gab es ein nationales Erwachen. Das Land wurde sich der Wirklichkeit bewusst, dass eine kleine Gruppe von Millionären durch ihre Sorglosigkeit eine ganze Stadt zerstört hatte, und zwar ohne Folgen für sie selbst. Eine der einflussreichsten juristischen Fachzeitschriften des Landes forderte von den US-Gerichten, das Prinzip der Gefährdungshaftung anzunehmen, indem sie die Speicherung eines »riesigen Wasservorrats hinter einem morschen Staudamm zum bloßen Vergnügen, ihn als Fischteich zu nutzen«, seitens der Ehrenmänner anführte. Um einen Präzedenzfall zu finden, warfen sie ihren Blick über den Atlantik nach

England, wo man mit genau demselben Problem von Überschwemmungen gerungen hatte, die durch Fahrlässigkeit verursacht wurden.

Der Fall in England trug die Bezeichnung *Rylands vs. Fletcher* und sollte weitaus einflussreicher werden, als sich irgendjemand hätte träumen lassen. Er wurde von mindestens drei Überschwemmungskatastrophen beeinflusst, die im 19. Jahrhundert in Großbritannien stattfanden. Die erste war der katastrophale Einsturz des Bilberry-Staudamms, eines problematischen Bauwerks, das über den Fluss Holme gebaut worden war, um Textilfabriken in der Nähe des Dorfes Holmfirth in Yorkshire mit Energie zu versorgen. Unter vielen Konstruktionsfehlern wurde seine Böschung über einer fließenden Quelle gebaut, die ihn von unten aushöhlte. Ein Notfallsteuerungsventil, das überschüssiges Wasser aus dem Staubecken freigeben sollte, war nicht funktionsfähig. Der Staudamm stürzte am 5. Februar 1852 ein, tötete mindestens 78 Menschen und machte 7000 weitere obdachlos.

Eine zweite Katastrophe war der Einsturz des Dale-Dyke-Staudamms über den Fluss Loxley in der Nähe von Sheffield in der Nacht des 11. März 1864. Die dadurch entstehende Flutwelle toste in den frühen Morgenstunden das Tal hinab und fegte Hunderte Einwohner aus ihren Betten. Sie tötete mindestens 238 Menschen und machte über 20 000 obdachlos.

Beide Katastrophen fanden in England breite öffentliche Beachtung und hatten einen Einfluss auf die Entscheidung des Oberhauses im vergleichbar banalen Fall von *Rylands vs. Fletcher*, in dem der Kläger, Thomas Fletcher, Schadensersatz vom Beklagten, John Rylands, verlangte. Rylands hatte einen kleinen privaten Wasservorrat auf seinem Grundstück aufgestaut, der dann versehentlich in einen verlassenen Kohlengrubenschacht durchbrach und Fletchers in der Nähe angesiedelten Bergbaubetrieb ausschwemmte. Das Oberhaus entschied zugunsten von Fletcher, und der Fall *Rylands vs. Fletcher* sollte zum Wendepunkt im britischen und amerikanischen Schadensersatzrecht werden.

Die Entscheidung im Fall *Rylands vs. Fletcher* bot einen ersten Präzedenzfall für das Prinzip der Gefährdungshaftung. Im Jahr 1886 führte beispielsweise der Oberste Gerichtshof von Kalifornien den Fall *Rylands vs. Fletcher* an, um das Prinzip der Gefährdungshaftung in dem Bundesstaat nach einer Reihe von zerstörerischen Überschwemmungen und Gerichtsverfahren zu etablieren, bei denen es um Schäden durch den hydraulischen Abbau von Seifenablagerungen in Flüssen ging. Aber es war die Überschwemmung von Johnstown, die diese Entwicklung festigte. Im Zuge des öffentlichen Aufschreis, der auf die Katastrophe folgte, begannen viele US-Staaten, darunter die obersten Gerichte von Massachusetts, Minnesota, Maryland, Ohio, Vermont, South Carolina, Oregon, Missouri, Iowa, Colorado, West Virginia und Texas, den Fall *Rylands vs. Fletcher* auf ein breites Spektrum von Gefährdungen durch die Industrie anzuwenden. Selbst die obersten Gerichtshöfe von New Jersey, New York und Pennsylvania – die zuvor Beweisführungen abgelehnt hatten, welche auf *Rylands vs. Fletcher* beruhten – machten innerhalb weniger Jahre nach der Überschwemmung von Johnstown eine Kehrtwende in ihrer ablehnenden Haltung. Nach und nach sollten die Gerichte der US-Staaten diesen Fall dann auf Gerichtsentscheidungen in ganz Amerika anwenden.

Diese grundlegende Veränderung der Rechtsprechung kam allerdings zu spät, um den Überlebenden von Johnstown zu helfen. Aber wie so häufig nach Überschwemmungen wurde die Stadt rasch wieder aufgebaut, und ihre Bevölkerung stieg in den nächsten Jahren um mehr als 40 Prozent.

Die Zahl der Todesopfer der Überschwemmung von Johnstown kam der Zahl der Opfer der Terroranschläge in New York, Washington, D. C., und Pennsylvania am 11. September 2001 nahe und reiht sie unter die schlimmsten Katastrophen ein, die sich je auf US-

Boden ereigneten. Heute ist das Johnstown Flood National Memorial, das vom National Park Service auf dem ehemaligen Gelände des Lake Conemaugh betrieben wird, ein beliebtes Touristenziel. Schaurigerweise stürzte der Flug 93 der United Airlines, mit dem vierten am 11. September entführten Flugzeug, in dem die Passagiere und die Flugzeugbesatzung sich einen tödlichen Kampf mit den Terroristen lieferten, unweit Shanksville, Pennsylvania, ab, das weniger als 30 Kilometer von Johnstown entfernt liegt, was Anlass zur Schaffung einer zweiten nationalen Gedenkstätte in der Nähe gab.

Wie die Attacken vom 11. September hatte die unerwartete Katastrophe einen bleibenden Einfluss. Die Überschwemmung von Johnstown im Jahr 1889 trug zur Etablierung des amerikanischen Roten Kreuzes bei und setzte innerhalb nur weniger Jahre eine grundlegende Veränderung der gesellschaftlichen Erwartungen im Hinblick auf Verantwortung und gesetzliche Haftpflicht in Amerika in Gang.

Kapitel 5

Den Strom nutzen

Im Jahr 2018 spülte eine Welle filmischer Begeisterung über die Welt hinweg, als Marvel Studios *Black Panther* veröffentlichten, einen Superhelden-Actionfilm, der im fiktiven ostafrikanischen Land Wakanda spielt. Der Film brachte bereits am Eröffnungswochenende seine geschätzten 200 Millionen Dollar an Produktionskosten wieder ein. Monatelang waren die öffentlichen Ämter von Wauconda, einer Kleinstadt in Illinois, Opfer von Telefonstreichen, bei denen »*Wakandaaaaa!*« in den Hörer gebrüllt wurde (der charakteristische Schlachtruf des Films), gefolgt vom Kichern von Teenagern und dem Aufhängen des Hörers. Innerhalb von drei Monaten war *Black Panther* der Film mit den dritthöchsten Einnahmen aller Zeiten und eine weltweite Sensation und brachte bis zum Ende des Sommers 1,3 Milliarden ein. Als die Regierung von Saudi-Arabien ein 35 Jahre anhaltendes Verbot von Kinos aufhob, war der erste Film, der in Riads strahlendem neuen Kinokomplex aufgeführt wurde, *Black Panther*. Im folgenden Jahr wurde der Film für sieben Oscars nominiert und gewann drei davon.

Der Film war aus mindestens zwei Gründen erfrischend. Erstens waren sein 32-jähriger Regisseur Ryan Coogler und fast die ganze Besetzung schwarz, wobei einige auch afrikanischen Nationen angehörten. Dadurch wurde eine lange gehegte Hollywoodmaxime obsolet, dass Filme mit schwarzer Besetzung nur einen engen Markt hätten. Zweitens wagte sich *Black Panther* eine Welt vorzustellen, in der die höchstentwickelte, reichste und technologisch am weitesten fortgeschrittene Kultur ein afrikanisches Land ist, das niemals kolonisiert wurde. Im Film (und in den Comic-Heften von Marvel, auf denen der Film basiert) ist die Quelle von Wakandas technologischer Macht ein Metall namens Vibranium aus dem Jenseits, das nahezu magische Energieeigenschaften besitzt. Näher an der Wirklichkeit ist die Tatsache, dass Wakanda auch auf einen Fluss zurückgreift. Er fließt durch das Zentrum von Wakandas hoch aufragender Hauptstadt und lässt außerdem die Warrior Falls entstehen, einen heiligen Wasserfall, an dem rituelle Schlachten um den Thron von Wakanda bis zum Tod in kaskadierenden Becken ausgetragen werden. In diesen Becken kämpfen der Held des Films, T'Challa (gespielt von Chadwick Boseman) und sein Gegner Killmonger (gespielt von Michael B. Jordan) um das Recht, über Wakanda zu herrschen, und über die Frage, ob das Land seine traditionelle Passivität aufgeben wird, um eine aggressivere Führungsrolle in der geopolitischen Ordnung der Welt zu spielen.

In den Monaten nach dem Filmstart zog *Black Panther* einige Vergleiche mit einem wirklichen Land in Ostafrika nach sich. Auch dieses war nie wirklich kolonisiert worden, obwohl Italien es versucht hatte. Es wurden Vergleiche angestellt zwischen dem techniktversierten T'Challa und Kaiser Menelik II., der im 19. Jahrhundert moderne Militärtechnik einführte, um eine Invasion seines Landes zurückzuschlagen. Wie Wakanda ist es eine stolze Nation mit mannigfaltigen Stämmen und einem gesunden Respekt vor Bildung. Und durch die Annahme einer aggressiveren Führungsrolle über jenen Fluss gibt Äthiopien seine historisch passive Rolle in der geopolitischen Ordnung der Region auf.

GERD

Zum ersten Mal hörte ich von Äthiopiens umstrittenem Staudammprojekt vor einigen Jahren ausgerechnet in der Arktis. Einer meiner norwegischen Kollegen in Bodø, der von meinem Interesse an Flüssen erfuhr, fragte in verschwörerischem Ton, ob ich schon die Nachrichten über Äthiopien gehört hätte. Dieses verarmte Land, dessen Pro-Kopf-Einkommen zu den niedrigsten in der Welt zählt und wo in den 1980er Jahren furchtbare Hungersnöte herrschten, bot der Weltbank die Stirn, um einen gewaltigen Staudamm über der Quelle des Nils zu bauen. Nein, davon wisse ich nichts, sagte ich, aber ich würde es gewiss wissen wollen. Schon bald darauf wurde das Projekt mir gegenüber wieder zur Sprache gebracht, dieses Mal in einer Kneipe in Shanghai, und zwar von dem prominenten britischen Umweltautor Fred Pearce, der gerade einen Artikel darüber geschrieben hatte. Es schien, dass jeder, den ich kannte, über einen der faszinierendsten Machtkämpfe der Moderne zwischen Anrainerstaaten sprechen wollte, der sich derzeit in Ostafrika entfaltet.

Im Zentrum dieser Auseinandersetzung steht Ägypten. Erinnern wir uns aus Kapitel 1 daran, dass für die alten Ägypter die alljährliche Überschwemmung des Nils, die aus der von der Sonne verdörrten, knochentrockenen Wüste hervorbrach, ein Geschenk der Götter war. Das Überleben von Ägyptens Kultur hing vom Nil ab, und das gilt immer noch.

Ägypten war lange Zeit der größte Konsument von Wasser aus dem Nil, obwohl es der am meisten flussabwärts gelegene Anrainerstaat ist. Der Wunsch des Landes, diesen Status quo gesetzlich zu schützen, geht auf historische Verträge zurück, die es mit dem Sudan, seinem unmittelbar flussaufwärts gelegenen Nachbarn, unterzeichnete, bevor und nachdem beide Länder zu britischen Kolonien wurden. Diese Verträge teilten fast das gesamte Wasser des Nils zwischen ihnen auf. Der jüngste, das Nilwasserabkommen von 1959, teilt 55,5 Kubikkilometer jährlich Ägypten zu und 18,5 Kubikkilometer dem Sudan. Aber heute gibt es neun weitere souveräne Nationen, die weiter flussaufwärts im Nilbecken angesiedelt sind, und ihr eigener Wasserbedarf wird von diesen Verträgen nicht anerkannt. Ein neues internationales Abkommen, das all diese Länder umfasst, ist bitter nötig. Doch jede Verringerung des flussabwärts fließenden Gesamtwasservolumens ist für Ägypten potenziell verheerend.

Die eklatanteste Auslassung in den alten Verträgen ist Äthiopien. Die Fairness gebietet es einzuräumen, dass unser hydrologisches Verständnis der gewaltigen Menge des Abflusses aus dem äthiopischen Hochland in das Nilbecken im Jahr 1959 noch ganz dürftig war. Aber heute wissen wir, dass nahezu 90 Prozent des Wassers, das in den Nil fließt, seinen Ursprung hier hat, in einem von Afrikas größten natürlichen Wassertürmen. Tausende von Strömen und Zuflüssen, die Oberläufe des Nils sind, gehen aus diesem Wasserturm hervor. Der größte von allen ist der Blaue Nil.

Der Blaue Nil ist der östlichste von zwei großen Zuflüssen, die zusammenströmen, um den Nil bei Khartum im Sudan zu bilden. Der andere ist der Weiße Nil, der in sechs Ländern Oberläufe hat (in der Demokratischen Republik Kongo, Ruanda, Südsudan, Sudan, Tansania und Uganda) und den Viktoriasee einschließt. Von Khartum aus fließt der Nil nördlich nach Ägypten, wobei die Sudanesen nur relativ wenig Wasser entnehmen. Er zieht über 1000 Kilometer durch die unfruchtbare Sahara-Wüste, bevor er vom Assuan-Staudamm gestoppt wird und den Nassersee bildet, einen riesigen künstlichen Stausee. Dieser Stausee hat zwar seit 1970 den berühmten jährlichen Überschwemmungszyklus in Ägypten vernichtet, ihn allerdings auch durch neue Vorteile in Form einer stabilen Wasserversorgung und Elektrizität zum Wohlergehen von Ägyptens schnell wachsender Bevölkerung ersetzt.

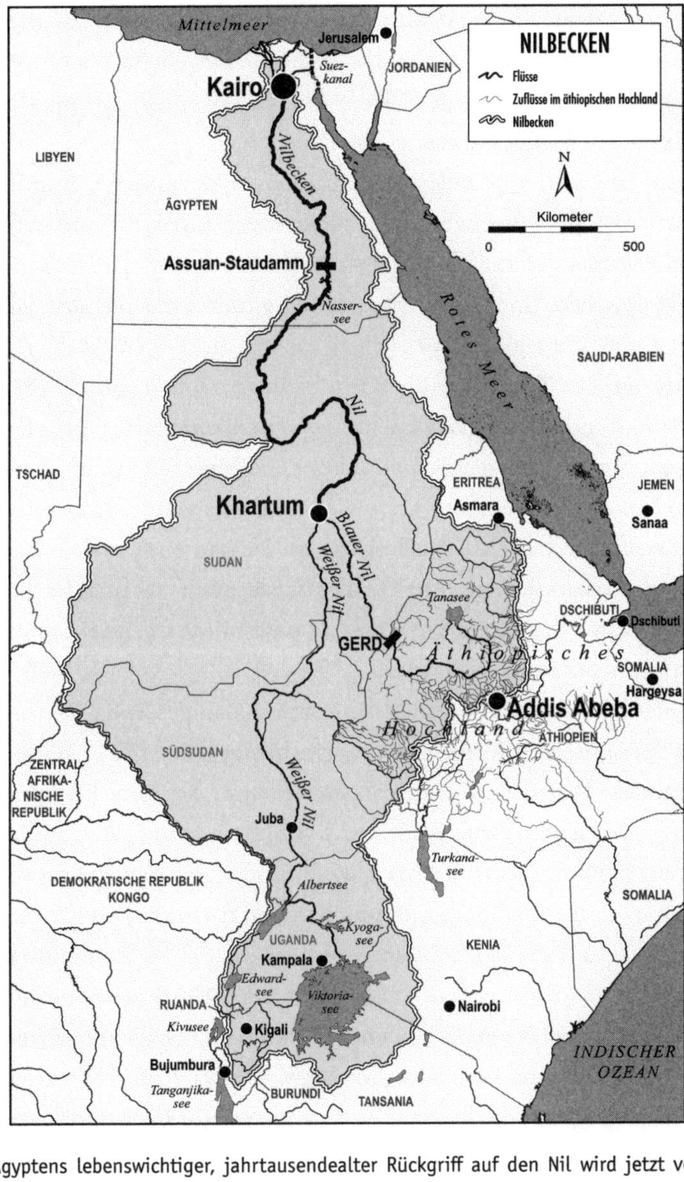

Ägyptens lebenswichtiger, jahrtausendealter Rückgriff auf den Nil wird jetzt von der aktuellen Geopolitik bedroht. Die Oberläufe dieses höchst bedeutsamen Flusses umfassen elf souveräne Nationen, wobei der größte Teil seines Wassers aus dem äthiopischen Hochland kommt. Aus diesem Grund ist der Bau der Talsperre GERD (Grand Ethiopian Renaissance Dam) durch Äthiopien für Kairo von enormer Bedeutung.

Die Bedeutung des Nilwassers für Ägypten lässt sich nicht überschätzen. Daher rührt der heftige, beinahe verzweifelte Widerstand gegen Äthiopiens Plan, den Blauen Nil einzudämmen, der mindestens die Hälfte des Nilwassers liefert.

Im Jahr 2011 verkündete Äthiopien einen detaillierten Plan für den Bau eines gewaltigen Wasserkraftwerksstaudamms und Staubeckens über den Blauen Nil etwa 30 Kilometer stromaufwärts der sudanesischen Grenze. Ein Bauvertrag wurde im folgenden Jahr mit Salini Impregilo unterzeichnet, einer italienischen Bauingenieurfirma. Die Zeremonie der Grundsteinlegung fand am 24. März 2011 statt, nur Wochen nachdem Ägyptens diktatorischer Präsident Hosni Mubarak bei den Revolutionen des Arabischen Frühlings, die den Nahen Osten aufflammen ließen, abgesetzt wurde. Trotz finanzieller und technischer Rückschläge ist der Bau seither mehr oder weniger fortgeschritten. Zur Zeit der Niederschrift arbeiten Baubrigaden ständig rund um die Uhr, und das Projekt ist zu 70 Prozent fertiggestellt (siehe Farbtafel).

Der Name dieses Megaingenieurprojekts lautet Große Talsperre der äthiopischen Wiedergeburt, was häufig mit GERD (Grand Ethiopian Renaissance Dam) abgekürzt wird. Bei ihrer Fertigstellung wird sie 155 Meter hoch und 1780 Meter breit sein, wodurch sie zur größten Talsperre Afrikas wird. Sie wird ein Staubecken von etwa 1870 Quadratkilometern anfüllen und flächenmäßig mit dem Nassersee in Ägypten konkurrieren. Das System wird eine installierte Stromerzeugungskapazität von bis zu 6000 Megawatt aufweisen, was etwa das Dreifache der gegenwärtigen installierten Erzeugungskapazität des Assuan-Staudamms ist. Etwa 20 000 Menschen werden umgesiedelt. Die geschätzten Kosten für GERD belaufen sich auf nahezu fünf Milliarden Dollar.

Das ist ein gewaltiger Preis für so ein kleines Land: Fünf Milliarden Dollar sind etwa sechs Prozent von Äthiopiens Bruttoinlandsprodukt und 40 Prozent des gesamten jährlichen Verwaltungshaushalts der Regierung. Schon bald nach der Ankündigung des Projekts begann Äthiopien, internationale finanzielle Unterstützung aus zahlreichen Quellen zu beantragen, unter anderem bei der Weltbank, der Europäischen Bank für Wiederaufbau und Entwicklung (EBWE), bei der Export-Import Bank von China (Exim) und bei verschiedenen Staatsfonds.

Die Reaktion Ägyptens, das jede Einmischung in den Lauf des Nils als existenzielle Bedrohung ansieht, war hart und prompt. Als Äthiopien sich um Darlehen in Übersee bemühte, betrieb Ägypten grimmige Lobbyarbeit, um jegliches internationale Kapital daran zu hindern, in das Projekt einzufließen. Ägypten stellte Anträge an die Vereinten Nationen und die Afrikanische Union mit der Bitte, die Finanzierungsanträge abzulehnen, indem es Risiken für die Stabilität der Region anführte. Im Jahr 2013 wurde eine Versammlung ägyptischer Politiker in einer Liveübertragung dabei ertappt, wie sie offen darüber sprachen, den Staudamm zu sabotieren oder durch Bomben zu sprengen. In einer vernünftigeren Geisteshaltung verlangte Ägypten, dass das Projekt gestoppt werden solle, bis ein internationales Expertengremium einberufen werden könne, um seine Auswirkungen zu untersuchen. Unter starkem Druck Ägyptens wurden Äthiopiens Finanzierungsanträge an die Weltbank und EBWE und später auch an Chinas Exim-Bank alle abgelehnt.

Aber das war nicht das Ende von GERD. Nachdem die internationalen Darlehen abgelehnt worden waren, wandte sich Äthiopien nach innen. Im Jahr 2011 forderte der Premierminister Meles Zenawi von den Äthiopiern, sich zusammenzuschließen und die Kosten auf die eigenen Schultern zu nehmen. Seine Regierung entwarf einen Plan zur Finanzierung des Projekts durch eine äußerst ungewöhnliche öffentlich-private Partnerschaft mit den eigenen Bürgern. Äthiopiens Regierung würde etwa 80 Prozent bezahlen und das äthiopische Volk den Rest übernehmen. Die Idee fand Anklang und erhielt breite Unterstützung in der Bevölkerung, die zu einer nationalen Bewegung anschwoll.

Dem Geschäftsführer des Eastern Nile Technical Regional Office, Fekahmed Negash, zufolge hat GERD »in Äthiopien eine Art von nationaler Einheit geschaffen«. Äthiopier, die Unterstützung leisten wollen, haben mehrere Möglichkeiten, einen Beitrag zur Finanzierung des Projekts zu leisten: Sie können direkt spenden, bei der nationalen Lotterie mitspielen oder Anleihen kaufen, die entweder zinsfrei sind oder einen bescheidenen Festzins von etwa zwei Prozent pro Jahr abwerfen. Von allen Regierungsangestellten und Mitgliedern des Militärs wird erwartet, dass sie jedes Jahr bis zu einem Monatsverdienst spenden, zunächst als Zuschuss und später dann als Zahlung für Anleihen. Prominente Unternehmensinhaber werden ebenfalls aufgefordert, Beihilfen zu leisten. Hochschulstudenten, die von der Regierung finanzierte Unterkunft und Verpflegung erhalten, werden ermuntert zu fasten – wobei das Geld für die ausgelassenen Mahlzeiten zugunsten von GERD bereitgestellt wird. Veranstaltungen zur Geldbeschaffung gibt es im Überfluss. Als ich Negash begegnete, sagte er, dass er am nächsten Tag an einem 5000-Meter-Lauf teilnehmen werde, um Geld für den Staudamm einzutreiben. Im Jahr 2018 nahmen schätzungsweise eine halbe Million Äthiopier in über 100 Städten an einem entsprechenden Rennen teil, um GERD zu unterstützen.

Diese Art von Graswurzel-Geldbeschaffung geschieht nicht nur innerhalb des Landes, sondern auch in der gesamten globalen äthiopischen Diaspora. GERD-Anleihen können in äthiopischen Konsulaten auf der ganzen Welt für gerade einmal ein paar Dollar gekauft werden. Da ich neugierig war, versuchte ich selbst, eine kleine Anleihe zu kaufen, und erfuhr, dass das Angebot nur für äthiopische Staatsbürger oder Ausländer äthiopischer Abstammung zur Verfügung steht. Die Anleihen dürfen nicht an Nichtäthiopier verkauft oder übertragen werden.

Irgendwie hat sich GERD von einem Stück Energieversorgungsinfrastruktur zu einer Bewegung des Nationalstolzes entwickelt. Tausende Äthiopier reisen Hunderte von Kilometern, um die Baustelle des Staudamms in einer abgelegenen, dünn besiedelten Ecke ihres Landes zu sehen. Der Jahrestag der Grundsteinlegungszeremonie ist zu so etwas wie einem jährlichen Festtag geworden.

Woher kommt dieser Feuereifer? Es ist unmöglich, sich irgendjemanden in beispielsweise meinem eigenen Land vorzustellen, der einen Monatslohn hergibt, um ein Kraftwerk oder eine andere solche öffentliche Infrastruktur zu unterstützen. Negash zufolge geht einer der Gründe auf die Hungersnöte in den frühen 1980er Jahren zurück, bei denen allein 1984 über eine Million Äthiopier ums Leben kamen. »Das war eine nationale Schande«, sagte er mir. »Jedes Jahr die internationale Gemeinschaft um Nahrungsmittel anzubetteln … das war eine Demütigung.« Äthiopien hat auch seit Langem bestehende Feindseligkeiten mit Ägypten, und zwar sowohl mit Bezug auf Wasser als auch die ägyptische Unterstützung Eritreas bei Bürger- und Unabhängigkeitskriegen der Vergangenheit. Ägyptens Lobbyarbeit gegenüber internationalen Kapitalgebern mit dem Ziel der Ablehnung von GERD kam daher für die meisten Äthiopier nicht überraschend und stimmte mit einer langen Geschichte der Feindschaft zwischen den beiden Ländern überein. Unter diesem Blickwinkel betrachtet, können wir sehen, dass GERD für viele Äthiopier zu etwas Größerem geworden ist – einer Möglichkeit, die Macht ihres Landes über Ägypten und die Welt spielen zu lassen.

Ägyptens Lobbying ging nach hinten los. Unbehindert durch Verfahrensweisen der Weltbank, geht Äthiopien voran ohne die Reihe externer Gutachten, die ansonsten erforderlich gewesen wären. Einige Nichtregierungsorganisationen von Umweltschützern sind gegen das Projekt angetreten und führen Undurchsichtigkeit und unzureichende technische und wissenschaftliche Untersuchungen ins Feld. Eine unabhängige Gruppe internationaler

Wissenschaftler kommt unregelmäßig am Massachusetts Institute of Technology zusammen, um Möglichkeiten auszuloten, wie die Spannungen in der Region, die durch GERD entstanden sind, verringert werden könnten, und um die potenziellen technischen Risiken zu untersuchen. Die Gruppe fand beispielsweise Schwächen bei dem Satteldamm, der möglicherweise einstürzen und eine katastrophale Überschwemmung über den Sudan bringen könnte. Äthiopische Beamte verweisen auf das Design von Salini Impregilo, dem zufolge Beton zur Verstärkung der fragwürdigen Konstruktion und ihres schwachen darunterliegenden Fundaments verwendet werden soll, aber die Bauingenieure bleiben weiterhin skeptisch.

Für Ägypten ist die schlimmste kurzfristige Bedrohung durch GERD der Zeitraum der Füllung des Staubeckens. Seine Staukapazität wird ungeheuer sein; sie könnte die flussabwärts gerichteten Zuflüsse in den Blauen Nil jahrelang verringern oder gar stoppen, während es sich anfüllt. Ein plötzlicher Stopp des Abflusses in den Blauen Nil würde Ägypten verwüsten.

Eine langfristige Bedrohung besteht darin, dass GERD durch die Aufstauung von Wasser während der Regenzeit und dessen spätere Freisetzung während der Trockenperiode den Sudan dazu verlocken könnte, mehr als das ihm unter dem Nilwasserabkommen von 1959 rechtmäßig zustehende Wasser (von dem ein Großteil, wie bereits erwähnt, gegenwärtig ungenutzt nach Ägypten fließt) abzuzapfen, um seine bewässerte Landwirtschaft auszudehnen. Im Unterschied zur Stromerzeugung durch Wasserkraft, die zwar den zeitlichen Ablauf des Fließens verändert, aber ansonsten (abgesehen von der Verdunstung) keinen Verbrauch darstellt, wird durch die Bewässerung von Feldfrüchten in der Wüste das Volumen und die Qualität des Wassers, das an den Fluss zurückgegeben wird, stark reduziert. Obwohl der Sudan seine Wasserzuteilung gegenwärtig nicht ausnutzt, wird die Zunahme des Abflusses von GERD in der Trockenzeit dies für die sudanesischen Bauern zweckmäßig machen, wodurch Ägypten seinen gewohnten Überschuss verliert.

Ein Abkommen zwischen Ägypten, Äthiopien und dem Sudan zu der Frage, wie man das GERD-Staubecken allmählich füllen sollte und wie man mit seinem Speicher in Zusammenarbeit mit dem Nassersee umgehen sollte, wird bitter benötigt. Das Abkommen von 1959 ist veraltet und wird von anderen Nationen des Nilbeckens nicht anerkannt. Es sind zwar einige vielversprechende kooperative Rahmengebilde entstanden, wie beispielsweise die Nilbeckeninitiative (Nile Basin Initiative), die 1999 formell beschlossen wurde – aber nichts, was einem verbindlichen Vertrag zur Wasserzuteilung gleicht, der von allen elf Anrainerstaaten unterzeichnet werden würde, lässt sich am Horizont erkennen. Ein Rahmenabkommen zur fairen gemeinsamen Nutzung des Wassers aus dem Nilbecken wurde zwar 2011 von Äthiopien, Uganda, Kenia, Tansania, Burundi und Ruanda unterzeichnet, aber Ägypten und der Sudan widersetzen sich.

Mit Vertrauen, kluger Wasserwirtschaft und bindenden Verpflichtungen, die sudanesische Bewässerung nicht auszudehnen, sind die flussabwärts stattfindenden Auswirkungen der Großen Talsperre der äthiopischen Wiedergeburt auf die Wasserversorgung Ägyptens wahrscheinlich kontrollierbar, sobald die Zeit der Auffüllung des Staubeckens vorbei ist. Klar ist, dass GERD und der Assuan-Staudamm in Zukunft zusammenarbeiten müssen. GERD könnte die Wasserversorgung Ägyptens sogar erhöhen, nämlich durch die Zurückhaltung von Wasser, das ansonsten schneller aus dem Nassersee in die ägyptische Gluthitze verdunsten würde. Es hat einige Bewegung in Richtung zur Kooperation gegeben, darunter die Unterzeichnung einer Erklärung von vereinbarten Prinzipien durch die Staatsoberhäupter von Ägypten, Sudan und Äthiopien 2015 in Khartum. Es gibt auch manche Anzeichen für eine wärmer werdende Beziehung zwischen Ägyptens Präsident Abdel Fattah al-Sisi und Äthiopiens Premierminister Abiy Ahmed.

Unterdessen gehen die Kontroversen und Ränkespiele weiter. 2018 hat sich der Chefingenieur, der aufgrund von Verzögerungen und steigenden Projektkosten unter Druck stand, in Addis Abeba erschossen. 2019 wurde der Sudan ins Chaos gestürzt, als Diktator Omar al-Baschir, der seit 30 Jahren an der Macht war, nach monatelangen Demonstrationen in Khartum durch einen Militärputsch abgesetzt wurde. Zur Zeit der Niederschrift ist kein Abkommen zwischen den drei Ländern darüber in Sicht, wie GERD angefüllt und verwaltet werden sollte – geschweige denn ein bedeutendes grenzüberschreitendes Abkommen zur gemeinsamen Wassernutzung zwischen allen Ländern des Nilbeckens.

Wie in der biblischen Geschichte von Joseph und dem Pharao könnten die nächsten sieben Jahre Feste oder aber Hungersnöte für Ägypten bedeuten, je nachdem, wie Äthiopien, Ägypten und der Sudan über den Einsatz des Grand Ethiopian Renaissance Dam, dessen Fertigstellung für 2022 geplant ist, verhandeln. In der Zwischenzeit baut Äthiopien seine Macht über die Region aus, indem es den Blauen Nil gegen den Willen von internationalen Geldgebern, Umweltschutzgruppen und seinen wütenden stärkeren Nachbarn flussabwärts aufstaut. *Wakandaaaa!*

Das Jahrhundert der Megastaudämme

Der Grand Ethiopian Renaissance Dam ist nur das jüngste Beispiel für einen globalen Trend bei gewaltigen flusstechnischen Megaprojekten, der schon nahezu ein Jahrhundert anhält.

Während der gesamten Menschheitsgeschichte haben unzählige Gesellschaften Flüsse angezapft, umgeleitet und gestaut. Archäologische Belege dafür gibt es im Überfluss, angefangen bei schon lange vergessenen Wasserversorgungsanlagen, die in ganz Mesopotamien ausgegraben wurden, bis zu den Überbleibseln von Fundamenten Tausender ehemaliger Mühlgräben im Vereinigten Königreich und Neuengland. Doch alle vorherigen Tätigkeiten scheinen schon fast harmlos im Vergleich zur bloßen Größe und Kraft der flusstechnischen Megaprojekte des 20. Jahrhunderts.

Der Trend setzte in Amerika während der Weltwirtschaftskrise ein, und zwar mit einer Reihe von New-Deal-Megaprojekten, die von der Regierung finanziert wurden und die Aufgabe hatten, Menschen Beschäftigung zu verschaffen und das natürliche Kapital der Flüsse Colorado, Columbia, Missouri und Tennessee zur Bewässerung, Energiegewinnung und Entwicklung zu erschließen. Riesige Konstruktionen, die während dieser Zeit gebaut oder begonnen wurden, umfassen die Hoover-Talsperre, den Grand-Coulee-Staudamm, den Fort-Peck-Staudamm und das Staudammsystem der Tennessee Valley Authority. Diese amerikanischen Megaprojekte regten zu vergleichbaren in Kanada, der Sowjetunion, Indien und anderswo an, wobei sie von den Landesregierungen und der Weltbank voller Begeisterung unterstützt wurden.

Insbesondere in den 1950er und 1960er Jahren gab es außergewöhnliche Investitionen in gewaltige Staudämme und die damit verbundene Infrastruktur zur Stromerzeugung durch Wasserkraft und zur Wasserversorgung. Bedeutende Flüsse, die während dieser Zeit aufgestaut wurden, umfassen die Angara und den Jenissei in Russland (Bratsker Staudamm, Krasnojarsker Staudamm), den Caroní in Venezuela (Guri-Staudamm), den Indus in Pakistan (Tarbela-Staudamm), den Paraná in Brasilien und Paraguay (Itaipu-Staudamm), die Flüsse Peace und Manicouagan in Kanada (W.-A.-C.-Bennett-Staudamm, Daniel-Johnson-Staudamm), den Sutlej in Indien (Bhakra-Staudamm), den Nil in Ägypten (Assuan-Staudamm), den Volta in Ghana (Akosombo-Staudamm) und den Sambesi in Sambia und Simbabwe (Kariba-Staudamm). Wie ihre amerikanischen Vorgänger hatten diese Megaprojekte umwälzende

Auswirkungen auf die lokalen Wirtschaften und Siedlungsmuster in diesen Ländern.

Heute rollt eine neue Welle flusstechnischer Megaprojekte durch die Entwicklungsländer, von denen viele noch größer als ihre Vorläufer aus dem 20. Jahrhundert sind. Chinas gigantische Drei-Schluchten-Talsperre, die den Jangtse überspannt, ist 181 Meter hoch und 2335 Meter lang und brauchte etwa 20 Jahre zu ihrer Fertigstellung. Ihr riesiges Staubecken begann im Jahr 2006 damit, den Abfluss des Flusses aufzustauen, und füllte den längsten künstlichen See der Welt, der sich etwa 590 Kilometer zwischen Chongqing und Sandouping erstreckt, was in etwa der Entfernung von Cleveland nach Washington, D. C., entspricht.

Um für dieses lange, schmale Staubecken Platz zu schaffen, wurden etwa 1,3 Millionen Menschen aus ihren Wohnungen entlang des Jangtse und seiner Nebenflüsse vertrieben. Über 1000 Quadratkilometer Land, 13 Großstädte, fast 1500 Städte und Dörfer und zahlreiche archäologische und Kulturerbestätten wurden überflutet. Zusammen mit monetären Kosten von über 50 Milliarden Dollar verwandelten diese Opfer den Jangtse in einen Koloss erneuerbarer Energie. Mit einer installierten Leistung von 22 500 Megawatt ist der Drei-Schluchten-Staudamm im Augenblick bei Weitem das größte hydroelektrische Kraftwerk der Welt.

In Brasilien ist der Bau des Belo-Monte-Staudamms (tatsächlich handelt es sich um eine Reihe von Staudämmen und miteinander verbundenen Staubecken) im Gang, um den Rio Xingu, einen Nebenfluss des Amazonas, nutzbar zu machen. Das Projekt wird Zehntausende Eingeborene vertreiben und ihre Fischgründe stark in Mitleidenschaft ziehen, während es über 11 200 Megawatt Wasserkraftleistung an das staatliche Netz liefert. In Südostasien sind zahlreiche Staudämme entlang des unteren Mekong geplant, wie in Kapitel 2 erörtert. Diese Projekte werden bei der Elektrifizierung Südostasiens helfen und bitter nötige Einkünfte nach Laos bringen, auf Kosten lokaler Lebensgrundlagen und ökologischer Schäden an einem der größten Süßwasserfischbestände der Welt.

In der Demokratischen Republik Kongo sieht ein wahrhaft gewaltiger Vorschlag zu einem Wasserkraftsystem den Bau einer Reihe niedriger Staudämme entlang des mächtigen Kongo-Flusses vor. Unter der Bezeichnung Grand Inga würde dieses Megaprojekt sogar den Drei-Schluchten-Staudamm im Hinblick auf die Kosten und die installierte Stromerzeugungskapazität in den Schatten stellen. Die erste Phase schlägt einen neuen Staudamm und ein Kraftwerk (namens Inga-3) an den Inga-Wasserfällen vor, eine große Menge von Stromschnellen, die der zweitgrößte Fluss der Welt (im Sinne der Abflussmenge) zum Atlantischen Ozean hinabtaumelt. Diese Stromschnellen, die sich etwa 40 Kilometer stromaufwärts des Hafens von Matadi befinden, haben trotz der politischen Instabilität des Gebiets schon seit Langem Vorschläge zur Erschließung von Wasserkraft hervorgebracht. 2019 hatte eine internationale Vereinigung von Investoren, die von China und Spanien angeführt wurde (die Drei-Schluchten-Gesellschaft und Actividades de Construcción y Servicios SA), ein Angebot in Höhe von 14 Milliarden Dollar unterbreitet, um mit der Ausgangskonstruktion einer 11 000-Megawatt-Anlage bei Inga-3 zu beginnen. Gegenwärtige Kostenschätzungen für das vollständige Grand-Inga-Projekt belaufen sich auf annähernd 90 Milliarden Dollar für eine installierte Erzeugungsleistung von 40 000 Megawatt, fast doppelt so hoch wie Kosten und Leistung des Drei-Schluchten-Staudamms. Wenn der Grand-Inga-Staudamm je gebaut wird, wird er mehr als ein Viertel der gesamten Elektrizität generieren, die heute auf dem afrikanischen Kontinent produziert wird.

Drei Erfindungen, die die Welt veränderten

So groß die umwälzende Wirkung der riesigen Megaprojekte des 20. und 21. Jahrhunderts auch ist, sind sie doch nur das jüngste Beispiel für Gesellschaften, die Flüsse durch Technik manipulieren, um sie ihren Bedürfnissen anzupassen. Der Drei-Schluchten-Staudamm, der Belo-Monte-Staudamm und das Grand-Inga-Projekt sind moderne (wenn auch extreme) Verkörperungen eines von drei technischen Wunderwerken der Antike: Staudämme, Wasserumleitungen und Brücken.

Brücken sind so zeitlos und allgegenwärtig, dass kaum jemand groß über sie nachdenkt. Gewiss nutzten schon die ersten Hominiden die einfachste aller Brücken, einen Baumstamm über einen Bach, genauso wie wild lebende Tiere und Wanderer es auch heute tun. Der erste bekannte schriftliche Nachweis des Wortes *Brücke* (das griechische γέφυρα) findet sich in Homers *Ilias*, aber archäologische Belege für die Verwendung des Bauwerks sind viel älter. Zwei der ältesten bekannten Beispiele wurden während der mykenischen Kultur in der Mittleren Bronzezeit gebaut, außerhalb der heutigen Ortschaft Arkadiko im ländlichen Griechenland.

Diese beiden besonderen Brücken stehen nach über 3000 Jahren immer noch. Ihre schmalen Kragsteinbögen wurden durch sorgfältiges Aufeinanderabstimmen der Steinblöcke zusammengesetzt, und beide Konstruktionen sind erstaunlich gut erhalten und können heute immer noch benutzt werden. Sollten Sie sie sich persönlich ansehen wollen, so ist die Geolokalisierung der einen Brücke 37 ° 35′ 37.10″N, 22 ° 56′ 15.21″O; die zweite, weniger stark besuchte Brücke befindet sich bei 37 ° 35′ 27.27″N, 22 ° 55′ 36.30″O, etwa einen Kilometer entfernt. Diese und andere mykenische Brücken dienten in der Bronzezeit demselben Zweck, dem Straßenüberführungen heute dienen: Sie ermöglichten Menschen in Fahrzeugen, die Straße hinunterzustechen, ohne in einen Bach zu fallen. Mykenische Wagen wurden zwar seither durch Autos und Lastwagen ersetzt, aber die Grundidee ist dieselbe.

Was als pragmatische Verbesserung von Straßen begann, wurde natürlich zu etwas viel Größerem. Die Römer perfektionierten die Verwendung von behauenem Stein und Zement, um viele Bogenbrücken und Viadukte zu bauen, unter anderem Meisterwerke wie die Alcántara-Brücke über den Tajo in Spanien. Andere frühe Meisterleistungen aus Stein umfassen die im 17. Jahrhundert gebaute Zhaozhou-Brücke über den Jiao in China, die im 15. Jahrhundert gebaute Karlsbrücke über die Moldau in Prag, die Si-o-se-Pol-Brücke über den Zayandeh im Iran und den Pont Neuf über die Seine in Paris, beide aus dem 17. Jahrhundert.

Die erste gusseiserne Bogenbrücke der Welt wurde 1779 über den Severn in Shropshire, England, gebaut. Kleine, kostspielige Brücken, die aus behauenem Stein gemacht wurden, wurden obsolet, als sich unsere Fertigkeiten der Metallverarbeitung verbesserten, und die Gesellschaften wandten sich längeren, stärkeren, billigeren Brückenbögen aus Eisen, Stahl und Stahlbeton zu. Bis zum frühen 20. Jahrhundert waren viele symbolträchtige Brücken in Nordamerika und Europa gebaut worden, darunter die Brooklyn Bridge in New York, die Burrard Bridge in Vancouver, die Golden Gate Bridge in San Francisco, die Kettenbrücke in Budapest, die Oberbaumbrücke in Berlin und die Tower Bridge in London.

In dem Maße, wie mehr und größere Brücken gebaut wurden, verwandelten sich die Flüsse aus Hindernissen für Reisen über Land zu Verdichtungszonen gesellschaftlicher und geschäftlicher Tätigkeit an den Brückenköpfen. Flussüberquerungen ziehen ihrem Wesen nach Ströme von Menschen, Verkehr und Handel an. Sie generieren Mauteinnahmen und ermuntern zur Besiedlung beider Flussufer, wodurch der Fluss ins Zentrum des Wachstums der Stadt rückt. Obwohl Fähren einem ähnlichen Zweck dienen, fördern die Beständigkeit, Bequemlichkeit und Zuverlässigkeit von Brücken den Bau dauerhafter Gebäude auf beiden Seiten des Flusses.

Die beiden Hälften von Paris, einer Stadt, die ursprünglich auf einer Insel inmitten der Seine gegründet wurde, werden heute durch 37 Brücken miteinander verbunden, die zwei in etwa gleich große Stadtgebiete auf jeder Seite zusammenfügen. Ohne sie wäre Paris asymmetrisch gewachsen – nämlich nur auf der einen Seite wie die russischen Städte Wolgograd und Jakutsk. Tatsächlich werden die meisten großen Städte heute durch einen Fluss, der durch ihren Kern verläuft, in zwei Hälften geteilt. Das ist eine wichtige Feststellung, auf die ich gegen Ende des Buches zurückkommen und die ich quantifizieren werde.

Wo Flüsse internationale politische Grenzen bestimmen, führen Brückenübergänge häufig zu Paaren von Grenzstädten auf beiden Seiten, wie zum Beispiel bei den Partnerstädten El Paso und Ciudad Juárez, die in Kapitel 2 beschrieben wurden. Brücken sind in Kriegszeiten von strategischer Bedeutung, wie wir bei unserer Erörterung der Operation Market Garden und der Schlacht bei Sedan in Kapitel 3 sahen. Manche sind Kunstwerke wie die Drachenbrücke in Vietnam und die Helix-Brücke in Singapur. Manche haben sogar Symbolkraft.

Betrachten wir beispielsweise eine vor Kurzem fertig gewordene Brücke, die die Region Krasnodar in Südwestrussland mit der Halbinsel Krim verbindet. Unter dem Protest der Ukraine und der internationalen Gemeinschaft wurde dieses äußerst umstrittene Bauwerk 2018 fertiggestellt, nachdem Russland 2014 einmarschiert war und die Krim annektiert hatte, die damals Teil der Ukraine war. Diese teure, 18 Kilometer lange Brücke überspannt die Straße von Kertsch und übertrifft die Vasco-da-Gama-Brücke in Portugal als längste Brücke Europas. Bei ihrer Eröffnung fuhr Russlands Präsident Wladimir Putin den ersten Lastwagen über diesen metaphorischen und buchstäblichen Brückenkopf auf den Boden der Krim. Nach Kosten von fast vier Milliarden Dollar und internationalen Spannungen stellt diese Brücke jetzt eine direkte Straßenverbindung von Moskau zur Krim her und ist sowohl eine symbolische als auch eine physische Projektion russischer Macht.

Das Jahr 2018 markierte auch den 50. Geburtstag der Nanjing-Jangtse-Brücke, einer der ersten dauerhaften Brücken, die über den Jangtse gebaut wurden. Vor ihrer Fertigstellung im Jahr 1968 mussten Menschen und Waren in Booten über den anderthalb Kilometer breiten Fluss geschafft werden. Sogar Züge wurden getrennt, auf Fähren gesetzt und dann auf der anderen Seite wieder zusammengefügt, was ein äußerst ineffizientes Verfahren war. Mit einem oberen Deck, das vier Fahrbahnen für Autos und Bürgersteige für Fußgänger aufweist, und einem unteren Deck, auf dem sich Eisenbahnschienen befinden, die Beijing mit Shanghai verbinden, war die Nanjing-Jangtse-Brücke ein bedeutender Meilenstein für das sich entwickelnde Verkehrsnetz.

Sie war auch ein symbolischer Meilenstein, weil sie die erste bedeutende Brücke des 20. Jahrhunderts war, die ausschließlich von China entworfen und gebaut wurde. Ihre technisch moderne, aber deutlich chinesische Architektur war eine seltene Quelle des Stolzes in dem Land während einiger der schlimmsten Gräuel der Kulturrevolution. Die Nanjing-Jangtse-Brücke erschien auf Tassen, Bleistiften, Schuhen, Fahrrädern und anderen Erzeugnissen, die in ganz China verkauft wurden, und verzierte Propagandaplakate, die Mao Tse-tungs Gedankengut (den Maoismus) beförderten.

Heute bleibt die Nanjing-Jangtse-Brücke in China ein kulturell wichtiges Symbol; zu Ehren ihres 50. Geburtstags wurde sie für 160,7 Millionen Dollar restauriert. An anderen Orten im Land werden viele der in technischer Hinsicht aufregendsten Brückenbögen der Welt gebaut. Die jüngsten Wunderwerke umfassen die Beipanjiang-Brücke, die höchste Brücke der Welt mit einer Fahrbahn, die sich in 565 Metern Höhe über dem Fluss Beipan erhebt, um die Gebirgsprovinzen Guizhou und Yunnan miteinander zu verbinden, und die Yangsigang-Brücke, die längste Doppeldecker-Hängebrücke der Welt über den Jangtse in Wuhan.

Künstliche Flüsse

Neben Staudämmen und Brücken war die *Wasserumleitung* das dritte Wunderwerk der Flussingenieurskunst, das die Art und Weise der Nutzung von Flüssen durch Gesellschaften veränderte. Wie die Brücke sind ihre Ursprünge prähistorisch. Archäologische Belege für Flussumleitungen sind sogar älter als die großen hydraulischen Gesellschaften – im Nordirak beispielsweise, wo frühe Proto-Bauern mit der Umleitung des Laufs von Bächen auf ihre Felder vor mindestens 9000 Jahren experimentierten. Wir erinnern uns aus Kapitel 1, dass die großen Kulturen in den Tälern von Nil, Euphrat und Tigris, Indus und Gelbem Fluss ausgefeilte Wasserversorgungsanlagen aus Deichen und Kanälen bauten, um das Wasser auf Feldfrüchte zu leiten. Zwischen 850 und 1450 n. Chr. erbaute die Hokoham-Kultur ein System von Bewässerungskanälen in der Nähe des heutigen Phoenix, Arizona. Heute nutzt das größte zusammenhängende Bewässerungssystem der Welt auf der Überschwemmungsebene des Indus in Pakistan mehr als 60 000 Kilometer an Umleitungskanälen.

Einfach ausgedrückt, basiert die bewässerte Landwirtschaft ganz auf der Umleitung von Wasser, eine Idee, die durch die Zeiten hindurch immer wieder neu entdeckt wurde. Setzen Sie Kinder in einen Sandkasten mit einem spritzenden Gartenschlauch und ein paar Stöcken zum Graben, und bald schon werden sie ihre Vorfahren nachahmen, indem sie dieselbe Erfindung machen.

Umleitungen sind auch für das Schwimmen von Booten nützlich. Niemand weiß, wo oder wann der erste Flusskanal der Welt gegraben wurde, aber eine vernünftige Vermutung bezieht sich auf den Irak, und zwar während des goldenen Zeitalters der sumerischen Stadtstaaten, die in Kapitel 1 geschildert wurden. Diese frühen mesopotamischen Städte handelten, gestützt auf Wasserfahrzeuge, entlang der wechselhaften Kanäle und Abtrennungen der Flüsse Euphrat und Tigris. Aufgrund der hohen Sedimentfrachten der Flüsse hätten ihre bevorzugten Routen regelmäßiges Ausbaggern erfordert, ein erster Schritt zur Grabung der zahlreichen kurzen Kanäle des Gebiets – deren schwache Spuren immer noch vom Weltraum aus sichtbar sind.

Der heutige Suezkanal, der das Mittelmeer mit dem Roten Meer verbindet, ist eine der wichtigsten Abkürzungen für Schiffe aus aller Welt. Er ist jedoch nicht der erste Kanal, der durch diese schmale Landenge gegraben wurde. Der erste wurde vor langer Zeit auf Anweisung ägyptischer Pharaonen gebaut, die Zehntausende Sklaven einsetzten, um per Hand einen 160 Kilometer langen »Kanal der Pharaonen« zu graben, indem sie wenig mehr als Schaufeln aus Bronze verwendeten. Diese antike Schiffsroute, die sich östlich des Nils entlang des Verlaufs eines natürlichen Wadi ausbreitete, das als Wadi Tumilat bezeichnet wird, wurde jahrhundertelang genutzt. Ihr ungefährer Verlauf lässt sich heute immer noch auf Satellitenbildern als ein tiefgrüner Strang auf dem Nildelta erkennen (heute ist der Korridor von bewässertem Ackerland gesäumt). Er biegt scharf vom Nil weg, bewegt sich nach Osten von Zagazig über Ismailia und wendet sich dann plötzlich nach Süden, um das Rote Meer zu erreichen, und zwar entlang einer Route, die jetzt Teil des Suezkanals ist.

Der längste Schifffahrtskanal, der sich über etwa 1800 Kilometer erstreckt, wurde in China gebaut. Er wird als Großer Kanal oder Beijing-Hangzhou-Kanal bezeichnet und wurde 609 n. Chr. fertiggestellt, nachdem einige Wasserstraßen und noch ältere Kanalabschnitte, die ein Jahrtausend früher, im fünften Jahrhundert v. Chr., gegraben wurden, verlängert und miteinander verbunden worden waren. Der Große Kanal ließ einen langen Binnenschifffahrtskorridor von entscheidender Bedeutung entstehen, der den Jangtse und den Gelben Fluss miteinander und mit einer Reihe von Städten und Dörfern von Beijing bis Hangzhou verband. Dieser Zugang war für die Schifffahrt und den Handel entscheidend und wurde in China zu einer historisch einenden Kraft. Er wird noch heute benutzt.

In Frankreich ermöglichte die Fertigstellung des Canal du Midi im Jahr 1681 Booten erstmals die vollständige Durchquerung des Landes. Dieser bemerkenswerte Kanal verband das Mittelmeer mit der Stadt Toulouse und von dort (über den Garonne-Kanal und die Garonne) mit dem Atlantik. Mit seiner 240 Kilometer langen Route von Tunneln, Aquädukten und fast 100 Schleusen war der Canal du Midi bei seinem Bau eines der größten Weltwunder und wird, hauptsächlich von Vergnügungsbooten, bis zum heutigen Tag benutzt.

Schifffahrtskanäle machten 1761 einen großen technologischen Sprung nach vorn, und zwar mit der Erfindung des ersten völlig künstlichen Kanals in Lancashire, England. Der Herzog von Bridgewater, der einige leistungsstarke, aber landumschlossene Kohleminen etwa 15 Kilometer nordwestlich von Manchester besaß, wollte eine wirtschaftlich rentable Möglichkeit finden, um der boomenden Textilindustrie der Stadt Zugang zu seiner Kohle zu verschaffen. In der Nähe seiner Minen gab es keine natürliche Wasserstraße, und die Beförderung der Kohle auf Packpferden war unbezahlbar teuer. Inspiriert vom Canal du Midi, engagierte er einen Ingenieur namens James Brindley, um eine Art von kanalähnlicher Lösung zu erfinden.

Brindley entwarf einen genialen, völlig künstlichen Kanal, der die Kohleminen des Herzogs mit Manchester verbinden sollte. Der Kanal hatte seinen Ursprung unter der Erde, im Innern der Minen, bevor er den Fluss Irwell auf einem Aquädukt *über*querte und weiter zur Stadt hin verlief. Frachtkähne wurden in den Minen beladen und dann von Packpferden auf einem Treidelpfad entlang des Kanals gezogen. Brindleys Entwurf half sogar dabei, das Grundwasser aus den Minen zu befördern, wodurch ein chronisches Problem in eine Wasserquelle verwandelt wurde, die zur Auffüllung des Kanals beitrug und die Frachtkähne über Wasser hielt.

Innerhalb eines Jahres hatte der Bridgewater-Kanal den Preis von Manchester-Kohle halbiert. Der Herzog von Bridgewater wurde reich, und sein Erfolg regte in England zu einem Kanalbauboom an. Mithilfe von Brindleys gedanklichem Durchbruch, Aquädukten und dem durch Kohle betriebenen Dampfbagger wurden in den nächsten 40 Jahren viele Überlandkanäle gegraben. Diese verbanden beispielsweise den Severn mit dem Mersey und der Themse und den Mersey mit dem Trent. Diese und andere neue Kanalnetze verbesserten die Geschwindigkeiten und Kosten gewaltig, mit denen Rohmaterialien und der Handel in Mittelengland zirkulierten, und trugen zur Befeuerung seiner sich schnell industrialisierenden Wirtschaft bei.

Auch Deutschland übernahm die Technik, und das Land grub bis weit ins späte 19. Jahrhundert bedeutende Schifffahrtskanäle. Der Dortmund-Ems-Kanal, eine 269 Kilometer lange Wasserstraße, die das industrielle Kernland des Ruhrtals mit der Nordsee verband, wurde 1899 fertiggestellt. Zusammen mit dem Wesel-Datteln-Kanal, dem Datteln-Hamm-Kanal, dem Mittellandkanal und dem Elbe-Lübeck-Kanal trug er zur Schaffung eines Hauptaderverkehrs- und Schifffahrtsnetzes bei, das Deutschlands Industriezentren mit Elbe und Rhein sowie Ost- und Nordsee verband. Der kürzere, aber sehr wichtige Nord-Ostsee-Kanal, eine 98 Kilometer lange Wasserstraße, die die Nordsee bei Brunsbüttelkoog (an der Elbmündung) mit der Ostsee bei Kiel-Holtenau verbindet, wurde 1895 fertiggestellt. In der Folge wurde er viele Male modifiziert und bleibt ein wichtiger Teil von Deutschlands heutigem Binnenverkehrssystem. Der 171 Kilometer lange Main-Donau-Kanal, der 1992 fertiggestellt wurde, verbindet den Rhein mit der Donau und ist Teil einer 3500 Kilometer langen künstlichen Wasserstraße, die den Schiffsverkehr zwischen der Nordsee und dem Schwarzen Meer ermöglicht.

Auf der anderen Seite des Atlantiks beflügelte der Kanalbauboom in England eine ähnliche Explosion der Hydrotechnik in Amerika. Eines der erfolgreichsten Projekte war der Eriekanal, der zur Öffnung des Landes beitrug, indem er den Atlantik über den Hudson River mit den Großen Seen und Orten im Westen verband. Als der Eriekanal 1825 eröffnet wurde, war er 12 Meter breit, 1,20 Meter tief und 580 Kilometer lang. Er hatte 83 Schleusen, um seine Wasserstände um die fast 200 Höhenmeter zu erhöhen, die nötig waren, damit Frachtkähne zwischen dem Hudson River und dem Eriesee schwimmen konnten. Er hatte 18 Aquädukte, um sie über problematische Schluchten und Flüsse zu heben. Jeder Kahn konnte bis zu 30 Tonnen Fracht oder Passagiere befördern, die von Pferden gezogen wurden, welche sich auf einem Treidelpfad neben dem Kanal abmühten. Diese wichtige neue Verkehrsroute sollte in den folgenden Jahren noch weiter vertieft und erweitert werden, wodurch in der gesamten Region ein umfassendes Netz aus Kanaladern entstand.

Mitte des 19. Jahrhunderts war die Überlegenheit der Eisenbahntechnik offenkundig, und das goldene Zeitalter der Kanäle neigte sich dem Ende zu. Deutschland fuhr mit der Erweiterung seines Netzes aus künstlichen Binnenwasserstraßen zwar jahrzehntelang fort, der letzte, ganz lange englische Kanal aber wurde 1834 fertiggestellt. In Pennsylvania wurde ein gewisser Staudamm und Wasserspeicher, der am Little Conemaugh River gebaut worden war, um Wasser in das Kanalsystem des Bundesstaats zu leiten, verkauft und verfiel, was die Voraussetzung für seinen letztendlichen Erwerb durch einen Eliteklub von Millionären aus Pittsburgh und die katastrophale Überschwemmung von Johnstown schuf, die in Kapitel 4 geschildert wurde.

Fast ein Jahrhundert lang hatte ein Kanalbaufieber Großbritannien, Kontinentaleuropa und die Vereinigten Staaten fest im Griff. Obwohl sie formal eine evolutionäre Verbesserung gegenüber der jahrhundertealten Praxis der Vertiefung und Kanalisierung natürlicher Wasserstraßen und der Verwendung von Schleusen zur Hebung und Absenkung von Booten darstellte, war die Idee, sich mit einem völlig künstlichen Kanal und hochgezogenen Aquädukten einen Weg durch das Land zu schlagen, ein grundlegender technischer Fortschritt. Wie die Eisenbahnen, die sie ersetzten, und die Hochgeschwindigkeits-Interstate-Highways, die der Eisenbahn folgen sollten, waren Kanäle ein umwälzender Fortschritt in der Transporttechnik, der die Industrialisierung Europas und das nach Westen gerichtete Wachstum der Vereinigten Staaten dynamisierte.

Viele dieser alten Kanäle werden heute immer noch genutzt, unter anderem der Große Kanal in China, der Canal du Midi in Frankreich und der Eriekanal in Amerika. Tatsächlich verbindet das 838 Kilometer lange heutige Kanalsystem des Bundesstaats New York Flüsse und Seen im ganzen Staat bis nach Kanada hinein. Da es jetzt ein pulsierendes Freizeitziel mit über 2000 Attraktionen und touristischen Einrichtungen ist, wird es von Vergnügungsbooten und Radfahrern bereist, die den Nachhall einer Zeit am Wasser suchen, als künstliche Flüsse die Autobahnen Amerikas waren.

Ein Ire baut Los Angeles

Über ein Jahrhundert ist vergangen, seit William Mulholland, ein irischstämmiger Bauingenieur und der erste Leiter des Los Angeles Department of Water and Power (LADWP), einen Plan ausheckte, um auf unlautere Weise die Land- und Wasserrechte eines abgelegenen Flusses aufzukaufen und ihn nach Süden in seine Stadt zu leiten. Sein Ziel war der von der Schneeschmelze versorgte Owens River, der durch ein bukolisches Rancherparadies floss, welches zwischen der Sierra Nevada und dem Death Valley über 300 Kilometer nördlich von Los Angeles eingekuschelt lag.

Mulhollands heimlicher Wasserklau leitete nahezu den ganzen Abfluss der Schneeschmelze, die an der Ostflanke der Sierras zu Tal stürzte, in den Owens River um. Dieser Schachzug löste Aufstände und Bombenattentate seitens der wütenden Bewohner des Tals aus und sollte eines Tages Roman Polanskis Klassiker *Chinatown* von 1974 inspirieren, in dem Jack Nicholson und Faye Dunaway die Hauptrollen spielen. Er formte auch das Image von Los Angeles als einer brutalen Stadt neu, die um jeden Preis auf Wachstum angelegt war. Im Jahr 1913 war der Raub abgeschlossen, und Mulholland führte den Vorsitz bei der großartigen Eröffnung des Aquädukts von Los Angeles, eines 372 Kilometer langen Kanals und einer Wasserleitung, die den Owens River in das San Fernando Valley umleitete. Damals war es das längste Aquädukt der Welt. »Da ist es. Nehmt es!«, rief Mulholland bekanntlich aus. Und die Einwohner von Los Angeles taten das auch und lösten einen neuen Bevölkerungsboom in der heute zweitgrößten städtischen Agglomeration Amerikas aus.

Das Machtspiel des LADWP um einen weit entfernten Fluss war die erste von mehreren Umleitungen weit entfernter Flüsse in Südkalifornien. Im Jahr 1919 schlug der U.S. Geological Survey erstmals vor, Wasser aus dem in Nordkalifornien gelegenen Sacramento

River nach Süden durch das San Joaquin Valley zu leiten, damit es den trockeneren südlichen Teil des Staates erreicht. Bereits 1931 gab es Entwürfe auf Papier für einen großen Wassertransferplan von Norden nach Süden. Sieben Jahre später, in den Tiefen der Weltwirtschaftskrise, setzte die Bundesregierung diesen Plan in die Tat um, indem sie den Sacramento River in der Nähe von Redding aufstaute. Heute ist der Shasta-Staudamm nur ein Bestandteil des Central Valley Project, eines weitläufigen, vom Bund verwalteten Systems aus Staubecken, Wasserkraftstaudämmen und Kanälen, die Bauern und Bevölkerungszentren im gesamten Central Valley von Kalifornien bedienen.

In den späten 1940er und 1950er Jahren baute der Bevölkerungsboom der Nachkriegszeit Druck für einen anderen Plan zur Flussumleitung auf, um Wasser nach Südkalifornien zu schaffen. Dieser wurde vom Staat Kalifornien finanziert. Wie das Bundesprojekt des Central Valley würde das Staatssystem ein weitläufiges, miteinander verbundenes Netz aus Staudämmen und -becken bauen, um Wasser zu speichern und hin und her zu bewegen und außerdem die gewaltige Menge an Elektrizität zu generieren, die nötig war, um sie im ganzen Gebiet zu verteilen und über das Tehachapi-Gebirge nach Los Angeles zu befördern. Im Jahr 1960 wurde eine bitter umkämpfte Schuldverschreibungsmaßnahme in Kalifornien mit knapper Mehrheit verabschiedet, um mit der Finanzierung dieses ausgedehnten Flussumleitungsplans von Norden nach Süden zu beginnen, der den nichtssagenden Namen State Water Project erhielt.

Die Volksabstimmung stellte die eine Hälfte des Staats gegen die andere, wobei die Südkalifornier das State Water Project als unverzichtbar für das Wachstum betrachteten und die Nordkalifornier sich jedem Angriff auf ihre Wasserressourcen heftig widersetzten. Die Maßnahme wurde ganz knapp verabschiedet, und bis zum heutigen Tag haben die Leute aus dem Norden eine gefühlsmäßige Abneigung gegenüber Leuten aus dem Süden, die auf diese von den Wählern gebilligte Wasserwegnahme zurückgeführt werden kann. Die Missgunst ist einseitig, wobei eine Diaspora der Bewohner von Los Angeles fröhlich in den Norden reist, um Weinproben und die bezaubernde Stadt San Francisco zu genießen, während ihre mit Patagonia-Felljacken bekleideten Gastgeber sich verdrießlich die Frage stellen, wie irgendjemand es aushalten könne, in L.A. zu wohnen.

Aber die Einwohner von Los Angeles lassen sich davon nicht abschrecken. Sie sind ein glückliches Volk, gesegnet mit behaglichem Wetter, einer pulsierenden Kultur und weitaus mehr Wasser, als es ihr lokales Klima verdient. Mit der Schuldverschreibungsmaßnahme von 1960 wurde der gewaltige Oroville-Staudamm über den Feather River in Nordmittelkalifornien gebaut. Sein Staubecken, Lake Oroville, wurde zum schlagenden Herzen eines ausgedehnten Netzes von Staubecken, Wasserkraftstaudämmen, Kraftwerksblöcken, Aquädukten, Tunneln und Pumpwerken, die auf zwei Dritteln der Länge Kaliforniens und etwa 1100 Kilometern erbauter Infrastruktur das Wasser nach Süden zirkulieren lassen. (Im Jahr 2017 bedrohte ein beinahe katastrophaler Ausfall des Überlaufs des Oroville-Staudamms die Wasserversorgung des Staats und 200 000 flussabwärts angesiedelte Anwohner, die zum Verlassen gezwungen wurden – es bleiben Zweifel an der langfristigen Sicherheit des Staudamms, auch nachdem eine Reparatur in Höhe von 1,1 Milliarden Dollar 2019 fertiggestellt wurde.) Das State Water Project bewässert drei Viertel einer 400 000 Hektar großen Ackerlandfläche und liefert Wasser an über 27 Millionen Menschen in Nordkalifornien, in der Bay Area, der Central Coast, im San Joaquin Valley und in Südkalifornien.

Der bei Weitem größte Kunde ist der Metropolitan Water District of Southern California, ein Mammutkonglomerat staatlicher Agenturen, das die Wasserversorgung für 19 Millionen Menschen beaufsichtigt, die in den Landkreisen von Los Angeles, Orange,

Riverside, San Bernardino, San Diego und Ventura leben. Metropolitan besitzt und betreibt neun Staubecken, 16 Wasserkraftanlagen, vier der weltgrößten Kläranlagen und das Aquädukt des Colorado River, das Wasser auf einer Strecke von 387 Kilometer aus dem Colorado River nach Südkalifornien befördert. Die Agentur ist außerdem ein weltweiter Pionier, was die spannende neue Grundwasserspeicherung und Recyclingprogramme »von der Toilette zum Wasserhahn« angeht, ein Thema, auf das ich in Kapitel 8 zurückkommen werde. Metropolitan war die treibende Kraft hinter dem vom State Water Project vorgeschlagenen »California WaterFix«-Projekt, einem Plan zur Bohrung zweier Tunnel unter dem Flussdelta von Sacramento-San Joaquin im Osten von San Francisco, um den Transport von Wasser aus dem Sacramento River nach Los Angeles weiter zu verbessern. Vor seiner Streichung durch Kaliforniens Gouverneur Gavin Newsom im Jahr 2019 aus Umweltschutzgründen hatte Metropolitan 10,8 Milliarden Dollar für California WaterFix bereitgestellt, wodurch die Agentur zum größten einzelnen finanziellen Unterstützer des Projekts wurde.

Kaliforniens Central Valley Project und State Water Project sind zusammen mit regionalen Flussumleitungen wie dem Aquädukt von Los Angeles und dem Hetch-Hetchy-Pipeline-/Staubeckensystem, das den Yosemite-Nationalpark mit San Francisco verbindet, bedeutende Flussumleitungen, die den Staat gründlich neu ausgelotet haben. Die Bewohner San Franciscos haben 1913 mit der Umleitung von Flüssen begonnen, als sie das Recht erwarben, den Tuolumne River aufzustauen und sein Hetch Hetchy Valley, eines der zauberhaftesten im Yosemite-Nationalpark, in einen Wasserversorgungsspeicher umzuwandeln. Dieses Muskelspiel städtischer Macht löste eine solche Wut aus, dass es eine Umweltschutzbewegung in Gang setzte, an deren Spitze der richtungweisende Naturschützer und Autor John Muir stand. Die Protestierenden verloren, und der Hetch Hetchy liefert jetzt den größten Teil der Wasserversorgung von San Francisco – was bedeutet, dass der umgeleitete Tuolumne River jetzt einer der pulsierendsten und innovativsten Städte in der Welt natürliches Kapital und Wohlbefinden für den Menschen liefert.

Große Umleitungen

Heute motiviert unser Bedarf an Wasser Pläne für neue Megaprojekte der technischen Steuerung von Flüssen in einem Größenmaßstab und mit einer Geschwindigkeit, die die Welt noch nicht erlebt hat.

Etwa vier Milliarden Menschen – fast zwei Drittel der heute lebenden Menschheit – machen die Erfahrung massiver Wasserknappheit mindestens für einen Monat im Jahr. Von diesen vier Milliarden leben etwa 900 Millionen in China und eine Milliarde in Indien. Andere große Bevölkerungsteile, die an Wasserknappheit leiden, leben in Bangladesch, Pakistan, Nigeria, Mexiko und in manchen trockenen westlichen und südlichen US-Staaten. In den letzten Jahren haben mehrere Großstädte akuten Wassermangel erlebt, darunter São Paulo in Brasilien, Chennai in Indien und Kapstadt in Südafrika.

Diese Probleme werden sich verschlimmern. Auch wenn wir vorerst von schädlichen Folgen des Klimawandels absehen, wird erwartet, dass der menschliche Bedarf an Süßwasser bis zur Mitte dieses Jahrhunderts auf über sechs Billionen Kubikmeter pro Jahr steigt – was über 50 Prozent höher ist als heute. Insbesondere Indien steht vor der gewaltigen Herausforderung, seinen Süßwasservorrat bis 2050 zu verdreifachen, um den Bedarf seiner schnell wachsenden und sich industrialisierenden Bevölkerung zu decken.

Um diesen Druck zu lindern, werden wir in den kommenden

Der Nilometer auf der Insel Roda im heutigen Kairo war von 861 bis 1887 in Betrieb und damit eines der jüngsten Exemplare dieser antiken ägyptischen Technologie. Nilometer unterstützten die Pharaos bei der Maximierung der landwirtschaftlichen Erträge und der Steuereinkünfte. Lithografie von Louis Haghe, um 1846

Nahe El Paso in Texas dient der Rio Grande zur Bestimmung der Grenze zwischen Texas und New Mexico (oben) sowie zwischen den Vereinigten Staaten und Mexiko (unten). Entlang der US-mexikanischen Landesgrenze verläuft der schnell fließende amerikanische Kanal parallel zum Fluss (unten rechts); er bildet eine gefährliche Barriere gegen Migranten, die ohne Einreisedokumente die Vereinigten Staaten betreten. Fotos: Laurence C. Smith

Im Jahr 2017 vertrieb das Militär Myanmars gewaltsam mehr als 700 000 Rohingyas, eine muslimische Minderheit, entlang des Naf nach Bangladesch. Ihr Schicksal ist weiterhin ungew Foto: UNHCR/Roger Arnold

Ein *Apocalypse now* in der Realität erlebten Richard Lorman und Tausende andere Veteranen d Vietnamkriegs aus den USA und den beiden Teilen Vietnams, die sich längs der verschlungene Wasserstraßen des Mekongdeltas bekämpften. Die mobilen Flussstreitkräfte der USA operierte mittels speziell angepasster Marineboote für Braunwasser, wie etwa der »Zippo«-Flammenwerf boote, die versteckte Stellungen des Vietkong entlang der Ufer attackierten. Foto: Richard Lor

Gegen den Willen Ägyptens und der Weltbank baut Äthiopien den Grand Ethiopian Renaissance Dam (GERD) entlang des Blauen Nils, eines ler wichtigsten Nebenflüsse des Nils. GERD, hier in einer Auf- ıahme von 2018, ist heute eine Quelle äthiopischen Nationalstolzes und repräsentiert den \nspruch einer Regionalmacht. Foto: Gedion Asfaw

In seiner ersten Rede zur Lage der Nation kündigte der republikanische US-Präsident Richard Nixon 1970 einen kostspieligen, ehrgeizigen Plan an, um die Wasserverschmutzung in Amerika zu bekämpfen und eine neue Bundesbehörde zu gründen, die wissenschaftsbasierte nationale Verschmutzungsstandards definieren und durchsetzen sollte. Im selben Jahr rief er mittels Präsidentenverfügung die Umweltschutzbehörde EPA ins Leben. John W. McCormack, demokratischer Sprecher des Repräsentantenhauses, der auf dem Podium hinter ihm saß, schien darüber entsetzt zu sein. Foto: Richard Nixon Presidential Library & Museum

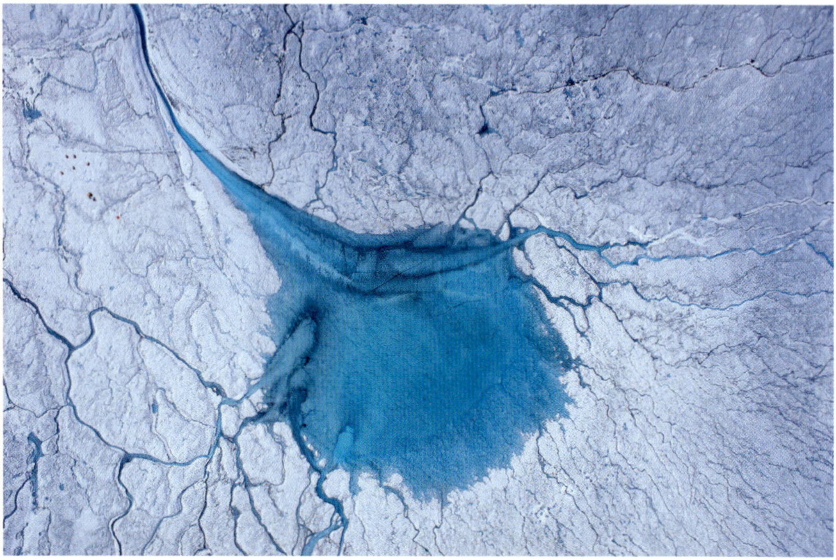

Auf der südwestlichen Seite von Grönlands Eisschild kommt es im Sommer zu ausgedehnten Schmelzvorgängen, wodurch supraglaziale Bäche, Ströme und Flüsse entstehen, darüber hinaus auch Gletschermühlen, die Schmelzwasser vom Eisschild zum Ozean transportieren. Dieser Prozess trägt unmittelbar zum global ansteigenden Meeresniveau bei und wird derzeit intensiv wissenschaftlich erforscht. Der Maßstab erschließt sich durch einen Blick auf die Zelte von einer Expedition des Autors in der oberen linken Bildecke dieser von einer wissenschaftlichen Drohne mit unbeweglichen Flügeln stammenden Luftaufnahme. Foto: John C. Ryan

Der kürzlich verstorbene Dr. Alberto Behar war ein ausgezeichneter Robotikingenieur am Düsenantriebslabor der NASA, dessen Leidenschaft der Erfindung autonomer kostengünstiger Sensoren galt, um außergewöhnliche wissenschaftliche Daten in Extremumgebungen zu sammeln. Hier bereitet er den Start eines unbemannten Bootes in einen supraglazialen Schmelzwasserfluss auf Grönlands Eisschild vor. Foto: Laurence C. Smith

ıgründe in Reisfeldern stellen eine einzigartige nachhaltige Aquakultur für die verarmte
lbevölkerung zur Verfügung, indem sie jahreszeitliche Überflutungszyklen ausnutzen kann,
ıeben Feldfrüchten auch Fisch zu ernten. Während der Regensaison werden diese kambo-
anischen Reisfelder überflutet und füllen sich mit ablaichenden Fischen. Wenn die Fluten
ben, ziehen sich die Fische in künstlich vertiefte Fangteiche zurück, wo sie mit Netzen (oben)
durch Trockenlegung (unten) herausgeholt werden. Fotos: Laurence C. Smith

Jeffrey Kightlinger (links), der Geschäftsführer des Metropolitan Water District of Southern California, während der Einweihungsfeier für ein aufregendes neues Wasseraufbereitungsprogramm, das bald den Bewohnern von Los Angeles und Orange County in Südkalifornien zur Verfügung stehen wird. Partiell im Hintergrund auszumachen ist die Wasserquelle: eine der größten Abwasseraufbereitungsanlagen der Region. Foto: Laurence C. Smith

Fast ein Jahrhundert lang staute der Glines Canyon Dam den Elwha River und blockierte so den Durchzug der Chinook-Lachse und anderer Wanderfischarten. Innerhalb von Tagen nach der letzten Sprengung sah man die Lachse an dieser Stelle vorbeischwimmen. D Abriss alternder Staudämm folgt einem wachsenden Trend in Nordamerika und Europa, wodurch Flüsse wieder in einen natürliche frei fließenden Zustand versetzt werden. Foto: John Gussman

stlerische Darstellung der Satellitenmission SWOT (Topografie von Oberflächengewässern Meeren), die 2022 starten soll. Als Kooperation zwischen NASA (USA), CNES (Frankreich), (Kanada) und UKSA (Großbritannien) wird SWOT sich verändernde Wasserstände und lle in den Millionen an Flüssen, Staubecken und Seen der Erde erfassen und so radikal unsere gkeit verbessern, globale Süßwasserressourcen zu überblicken. Foto: NASA

son Yards, das kostspieligste Neugestaltungsprojekt in der US-Geschichte, erhebt sich über f Hektar einnehmendes Gleisgelände, das sich neben dem Hudson River in Lower hattan befindet. Der 25 Milliarden Dollar teure Mix aus Wohntürmen, Läden und öffentn Grünflächen soll 2022 vollendet sein. Foto: Laurence C. Smith

Eine New Yorker Hochzeitsfeier am Ende von Pier 61, einem zum Veranstaltungsraum umfunktionierten früheren Schiffsdock, das in den Hudson River in Lower Manhattan hineinragt. Foto: Laurence C. Smith

Shanghai schafft üppige Grünflächen und öffentliche Parks entlang der Flussfront des Huangp Der Bund, die historische Promenade der Stadt, wurde 2020 revitalisiert und steht im Zentrur eines langfristigen Plans zur Weiterentwicklung beider Flussufer. Foto: Laurence C. Smith

Flüsse in China und Südostasien werden in gewaltigem Maßstab technisch manipuliert. Hervorgehoben sind hier Chinas Wasserumleitungsprojekt von Süden nach Norden (mit östlichen, zentralen und westlichen Routen), das Wasser aus dem Jangtse-Becken nach Norden verschiebt, der Drei-Schluchten-Staudamm und eine Reihe neuer Staudämme, die entweder schon fertiggestellt oder am Mekong hinunter durch China, Laos, Thailand und Kambodscha geplant sind.

Jahren die ausgefeiltesten Pläne zur Umleitung von Flüssen sehen, die man sich je ausgedacht hat. Lokale Wasserumleitungen haben uns seit Jahrtausenden begleitet, aber gewaltige Flussumleitungen über Zwischenspeicher sind etwas ganz anderes. Erstens erfordern sie eine gewaltige Technikinfrastruktur und die Veränderung der

Landschaft. Zweitens fördern sie durch den Transport von Flusswasser über große Entfernungen die Entwicklung und das Bevölkerungswachstum an Orten, die einfach nicht allein anhand lokaler Wasserquellen überleben können. Diese Praxis begann im 20. Jahrhundert in Kalifornien und ist jetzt zu einem globalen Phänomen geworden.

Betrachten wir nur drei große Flussumleitungspläne, die ganze Einzugsgebiete betreffen und die jetzt entweder im Planungsstadium oder bereits in Ausführung sind: Chinas Wasserumleitungsprojekt von Süden nach Norden, das afrikanische Transaqua-Projekt und Indiens National River Linking Project.

Die Wasserumleitung von Süden nach Norden in China ist gegenwärtig der weltweit größte vorhandene Plan zur Umleitung von Flüssen zwischen ihren Einzugsgebieten. Sein übergreifender Zweck ist die Verschiebung von Wasser aus dem feuchten Süden des Landes in dessen wasserarmen Norden. Das soll erreicht werden durch die Umleitung des Wassers aus dem mächtigen Jangtse, während er vom tibetischen Hochland nach Osten ins Ostchinesische Meer fließt.

Die Grundidee ist schon alt. Neben der Beförderung von Booten mit Getreide hatte der uralte Große Kanal auch den Zweck, Wasser aus dem Jangtse in den trockenen nördlichen Teil des Landes umzuleiten. Pläne für das gegenwärtige Projekt gehen mindestens 50 Jahre zurück, als Mao regierte. Die Gesamtkonzeption hatte Chinas Staatsrat im Jahr 2002 gebilligt, und ein Jahr später wurde mit dem ersten Spatenstich des Projekts begonnen.

Die östliche Route, die den Jangtse bei Yangzhou anzapft und den Großen Kanal bei seinem Fluss nach Norden zur Stadt Tianjin einbezieht, wurde 2013 fertiggestellt. Die zentrale Route leitet Wasser aus einem Staubecken am Han-Fluss (einem wichtigen Nebenfluss des Jangtse) um, fließt nach Norden zum Huai-Becken und geht dann unter dem Gelben Fluss hinweg, um schließlich in Beijing zu landen. Diese 1286 Kilometer lange zentrale Route, die 2014 fertiggestellt wurde, erzwang die Umsiedelung einer Drittelmillion Menschen. Sie liefert jetzt Wasser an über 50 Millionen und ist für etwa 70 Prozent der Wasserversorgung Beijings verantwortlich.

Die dritte, westliche Route befindet sich immer noch im frühen Planungsstadium. Sie wird Wasser aus drei Nebenflüssen des oberen Jangtse in der Nähe des Hochlands von Tibet umleiten und es in die Oberläufe des überstrapazierten Gelben Flusses ergießen. Diese letzte Phase des Projekts könnte bis 2050 fertiggestellt sein.

Mit einem Bauplan, der sich über ein halbes Jahrhundert erstreckt, und geschätzten Kosten von mindestens 77 Milliarden Dollar wird Chinas Süd-Nord-Wasserumleitungsprojekt eine längere Bauzeit beanspruchen und mehr kosten als der Drei-Schluchten-Staudamm. Wenn es fertiggestellt ist, wird es den Jangtse mit den Becken des Gelben Flusses, des Huai und des Hai verbinden und jährlich 45 Milliarden Kubikmeter Wasser von Süd- nach Nordchina umleiten. Um einen Eindruck von der Dimension dieser Zahl zu bekommen, vergleichen wir sie mit dem State Water Project und Central Valley Project in Kalifornien. Diese beiden Projekte *zusammen* liefern jährlich weniger als 14 Milliarden Kubikmeter. Chinas massive, mehrgleisige Umleitung wird sich dem Strom eines neuen, künstlichen Gelben Flusses annähern, der von Süden nach Norden durch das Land fließt.

In Zentral- und Westafrika rückt ein ehrgeiziger großer Umleitungsplan namens Transaqua seiner Verwirklichung näher. Sein Gesamtkonzept sieht die Umleitung von Wasser über fast 2400 Kilometer vom Kongobecken in den Schari vor, der zum Tschadsee fließt. Dabei würde ein langer schiffbarer Kanal gegraben und eine Reihe von Wasserkraftstaudämmen in der Demokratischen Republik Kongo, der Republik Kongo und der Zentralafrikanischen Republik gebaut werden. Etwa 50 Milliarden Kubikmeter Wasser würden jährlich überführt werden, etwa die Hälfte davon durch einen 1330 Kilometer langen künstlichen Kanal.

Transaqua bezweckt auch die Rettung des Tschadsees. Nachdem er einst ein blühendes Süßwasserökosystem und eine wichtige Quelle des Lebensunterhalts für Millionen gewesen war, hat der Tschadsee stark unter Austrocknung durch Umleitungen zur örtlichen Bewässerung und rückläufige Regenfälle gelitten. Seit den frühen 1960er Jahren ist dieser riesige See um 90 Prozent zusammengeschrumpft – von 22 000 Quadratkilometern auf weniger als 1000. Die dadurch entstehenden Verluste an Fisch, Vieh und Feldfrüchten führten zu Nahrungsmittelunsicherheit und düsteren sozioökonomischen Bedingungen, wodurch die Region anfällig für extremistische politische Bewegungen wurde. Boko Haram, eine religiöse militante Gruppe, die für Massenentführungen von Gymnasiastinnen berüchtigt ist, hat im Nordosten von Nigeria, wo die Schrumpfung des Tschadsees eine wahrhaft verzweifelte Situation geschaffen hat, eine Hochburg für Aufstände eingerichtet. Obwohl die vorgeschlagene Umleitung des Wassers aus dem Kongo den Tschadsee nicht wiederherstellen würde, könnte sie seine Oberfläche bei etwa 7500 Quadratkilometern stabilisieren, während bis zu 70 000 Quadratkilometer Ackerland in Kamerun, Tschad, Niger und Nigeria bewässert werden könnten.

Die Rettung eines Stücks des Tschadsees ist nur eines der Ziele von Transaqua. Die Unterstützer des Projekts verweisen auf seine Wasserkraftstaudämme, die der Region dringend benötigten Strom brächten. Sie begrüßen seine voll schiffbare Wasserstraße, die dazu beitragen würde, dass zehn größtenteils von Land umschlossene afrikanische Länder einen besseren Zugang zueinander gewännen. Sie sehen einen großen Korridor der Neuerschließung entlang dieser Flussumleitung vor mit zusätzlichen Vorteilen für den Verkehr, die Landwirtschaft, die Energieversorgung und die Industrie.

Im Jahr 2018 war Transaqua Brennpunkt eines wichtigen Gipfeltreffens in Abuja, Nigeria, an dem internationale Unterstützer und begeisterte Präsidenten aus dem Tschad, der Zentralafrikanischen

Republik, Gabun, Niger und Nigeria teilnahmen. Das Projekt scheint besonders den nigerianischen Präsidenten Muhammadu Buhari inspiriert zu haben, der Gastgeber des Gipfeltreffens war. Man verabschiedete eine Reihe von Empfehlungen und nächsten Schritten, einschließlich der Einrichtung eines 50 Milliarden Dollar schweren internationalen Investmentfonds, der von der Afrikanischen Entwicklungsbank geleitet werden soll. Untersuchungen zur Durchführbarkeit von Transaqua werden bereits durch Chinas Belt and Road Initiative (Neue-Seidenstraße-Initiative) finanziert. Die gesellschaftlichen und ökologischen Kosten Transaquas bleiben zwar fragwürdig, werden aber untersucht. Nach Jahren des Dahinvegetierens könnte die Unterstützung für diesen großen Plan zur Flussumleitung in Afrika an Fahrt gewinnen.

Die Mutter aller Megaprojekte zur Umleitung ganzer Flussbecken ist das National River Linking Project (NRLP), das jetzt in Indien voranschreitet. Bei seiner vollständigen Umsetzung würde es Dutzende von Flussoberläufen im Himalayagebirge neu konfigurieren und außerdem Dutzende Tieflandflüsse miteinander verbinden. Seine umfassende Zielsetzung hat nichts weniger als die Neugestaltung der Flussrichtung von Flüssen auf dem gesamten indischen Subkontinent im Blick.

Wie die anderen großen bisher geschilderten Umleitungsprojekte zielt das NRLP darauf ab, Wasser aus Flüssen, die sich an feuchten Orten befinden – insbesondere im Nordosten Indiens, der bis zu 50-mal mehr Regen empfängt als die trockenen Landesteile –, in Flüsse umzuleiten, die sich an trockenen Orten befinden. Nach jahrzehntelangen Diskussionen und Untersuchungen haben die Projektplaner Indiens Flüsse in solche eingeteilt, die typischerweise einen »Überschuss« an Wasser haben, und solche, die ein »Defizit«

aufweisen. Lange künstliche Kanäle und Tunnel würden Wasser aus Überschussflüssen an Defizitflüsse weitergeben.

In hydrologischer Hinsicht stellt diese binäre Unterscheidung eine grobe Vereinfachung der realen Saisonbedingtheit der Flussbewegung und der tatsächlichen Nutzung des Wassers dar. Becken, die von Monsunregen überschwemmt werden, produzieren zwar einen hohen Abfluss, aber leiden beispielsweise in der Trockensaison immer noch an Wasserknappheit, und ein besseres Wassermanagement würde Engpässe sogar in trockenen Gebieten lindern. Aber die öffentliche Zustimmung zum NRLP ist dank der nachhaltigen Unterstützung durch Indiens Premierminister Narendra Modi und einer vor Kurzem erfolgten Entscheidung des Obersten Gerichtshofs Indiens angewachsen, derzufolge das Projekt in Indiens nationalem Interesse liege.

Die Gesamtkonzeption des NRLP besteht aus zwei umfassenden Strategien. Die erste besteht in der Aufstauung und Umleitung des Abflusses zwischen benachbarten Oberläufen der mächtigen Flüsse Ganges und Brahmaputra. Dieser Teil des Plans, der als Erschließungskomponente der Himalayaflüsse bezeichnet wird, würde sowohl Wasser zur späteren Nutzung aufstauen als auch die Fließrichtung von einem Wassereinzugsgebiet in das andere umleiten. Dies würde durch den Bau zahlreicher großer Staubecken und bis zu 14 »Verbindungen« (Aquädukte und Tunnel) erreicht werden, die durch topografische Oberlaufwasserscheiden im zerklüfteten Himalayagebirge Nordindiens, Nepals und Bhutans hindurchschnitten.

Die zweite Strategie besteht darin, die vielen großen Tieflandflüsse, die über den indischen Subkontinent fließen, miteinander zu verbinden. Bei diesem Teil des Gesamtkonzepts, der als Peninsular Rivers Development Component (Erschließungskomponente der Flüsse der Halbinsel) bezeichnet wird, sollen 16 lange Kanäle gegraben werden, die in alle Richtungen im ganzen Land ausstrahlen. Es wird erwartet, dass schon bald mit einer Umleitung begonnen wird, die als Ken-Betwa-Verbindungsprojekt bezeichnet wird und die, wenn sie den Widerstand der Umweltschutzvertreter übersteht, aus einer Menge von Staubecken, Staudämmen und einem 219 Kilometer langen Kanal bestehen wird, der die Bundesstaaten Uttar Pradesh und Madhya Pradesh miteinander verbindet.

Die schiere Größenordnung von Indiens vorgeschlagenem National River Linking Project ist beispiellos und geht in seiner Zielsetzung sogar weit über Chinas Süd-Nord-Wasserumleitungsprojekt hinaus. Seine Erdaushubarbeiten allein würden es zum größten einzelnen Bauprojekt machen, das je auf der Oberfläche der Erde durchgeführt wurde. Bei seiner vollständigen Umsetzung würden bei dem 168 Milliarden Dollar umfassenden Projekt mehr als 15 000 Kilometer Kanäle und Tunnel gegraben und 174 Milliarden Kubikmeter Wasser pro Jahr überführt werden. Es würde 34 000 Megawatt installierter Wasserkraftleistung generieren und die Fläche von bewässertem Land in Indien um mehr als ein Drittel erhöhen. Premierminister Modi nennt das NRLP einen nationalen Traum und hat es seit dem Beginn seiner Amtszeit konsequent unterstützt.

Bei seiner Fertigstellung würde die Umlenkung von Flüssen in ganz Indien tiefgreifende Auswirkungen auf Uferökosysteme und das Leben von Hunderten Millionen Menschen haben. Sie würde wirtschaftliche Entwicklungsmuster und Existenzgrundlagen ändern. Sie würde die Fischgründe auf den Kopf stellen und die Ausbreitung von invasiven Arten, Wasserverschmutzung und Krankheiten begünstigen. Da in Indien Flüsse eine zutiefst mystische Bedeutung haben, würden auch einige seit Langem bestehende religiöse und kulturelle Praktiken durcheinandergebracht werden. Selbst glühende Verfechter des National River Linking Project geben zu, dass es die Umwelt schädigen und Menschen vertreiben wird, aber sie machen geltend, dass diese Schäden von den Vorteilen des Projekts für das menschliche Wohl und das Wirtschaftswachstum überwogen werden. Zu diesen gehören eine bessere Nahrungssicherheit und Schutz vor Überschwemmungen sowie neue Erschließungsmöglichkeiten für Energie, Schifffahrt und die städtische Wasserversorgung in dem schon bald bevölkerungsreichsten Land der Erde.

Große Gelegenheiten

Die gesellschaftlichen Vorteile von Megaprojekten zur technischen Manipulation von Flüssen – zuverlässige Wasserversorgung, Elektrizität, Schutz vor Überschwemmungen und Wirtschaftswachstum – sind mit hohen Kosten verbunden. Dazu gehören vertriebene Kommunen, Schäden an Fischgründen und Uferökosystemen, verlorener Schiffszugang und intensive Subventionen durch die Steuerzahler. Die zunehmende wissenschaftliche und öffentliche Einsicht in diese Kosten hat den Widerstand gegen neue Fluss-Megaprojekte in der entwickelten Welt verhärtet. In den Vereinigten Staaten und Europa ist die Boomphase gewaltiger Staudämme vorbei, wobei es ein größeres Interesse an der Stilllegung und der Abtragung veralteter Bauwerke gibt als am Bau von neuen (darauf werden wir in Kapitel 7 zurückkommen). Aber in den Entwicklungsländern werden die Vorteile häufig so betrachtet, dass sie die Kosten wert sind. Ein immer wiederkehrendes Argument lautet, dass die umfassenderen gesellschaftlichen und wirtschaftlichen Vorteile von Fluss-Megaprojekten die lokalen Beeinträchtigungen von Mensch und Umwelt überwiegen. Dieses Argument wird heute in Brasilien mit Bezug auf den Belo-Monte-Staudamm vorgebracht, genauso wie es vor einem Jahrhundert in Kalifornien mit Bezug auf den O'Shaughnessy-Staudamm geschah, der das Hetch Hetchy Valley in einen Wasserversorgungsspeicher für San Francisco verwandelte. Wenn der anschließende Erfolg beispielhaft ist, könnte sich das Argument durchaus als wahr erweisen. Aber es lässt sich nicht leugnen, dass ein enormer Tribut zu entrichten ist.

Das gilt besonders für die gewaltigen Staudämme, die Jahreswassermengen eines Flusses zurückhalten und ganze Täler unter Wasser setzen können. Ganze Städte verschwinden unter den Wellen, und die Ökologie des Flusses wird durchtrennt. Verwirrte Fische stapeln sich unterhalb des Staudamms, das Wasser steht, wärmt sich auf und verliert an Sauerstoff. Schadstoffe und Ablagerungen werden in das Staubecken gespült und setzen sich am Boden ab, begraben die überschwemmten Baumstumpfflächen und Kulturen aus früherer Zeit. Die Durchflussmenge des Flusses wird gesteuert, wobei die zeitlichen Charakteristika und das Volumen seines Flusses von Staudammbetreibern und Preiszyklen der Nachfrage nach Elektrizität reguliert werden. Gereinigt von Sedimenten, stößt das klare Wasser, das schließlich freigesetzt wird, zu seinem eigenen Kanal vor und durchfließt die Flussufer und Überschwemmungsebenen kilometerweit flussabwärts.

Chinas Drei-Schluchten-Staudamm erzeugt fast 20-mal mehr Strom als Kaliforniens Hoover-Talsperre und schützt 15 Millionen Menschen vor den tödlichen Überschwemmungen des Jangtse. Das sind gewaltige gesellschaftliche Vorteile für eine Region, die sie verdient. Aber zur Füllung des Staubeckens wurden über eine Million Menschen vertrieben und ihre Gemeinden überschwemmt. Der Staudamm hat die Wasserverschmutzung und wasserbürtige Krankheiten gesteigert und neue geologische Risiken in Form von kleinen Erdbeben und Erdrutschen ausgelöst. Jida Wang, Professor an der Kansas State University, hat entdeckt, dass der Mangel an Sedimenten im Wasser, das vom Drei-Schluchten-Staudamm freigesetzt wird, das Flussbett des Jangtse über Hunderte von Kilometern flussabwärts auswäscht. Diese Kanalvertiefung hat den umgebenden Feuchtgebieten und Seen Wasser entzogen und sie zum Vertrocknen gebracht. Ganze Fischarten sind verschwunden. Vom indischen Schweinswal, einem seltenen Süßwasserwal, der im Jangtse heimisch ist, sind nur noch etwa 1000 Exemplare übrig.

Die sozioökonomischen Vorteile von Fluss-Megaprojekten erweisen sich außerdem in der Regel anders, als ihre Verfechter vorhersagen. Eine Ironie großer Wasserkraftprojekte in Entwicklungsländern besteht darin, dass die neue Elektrizität, die sie erzeugen, nur selten die arme Landbevölkerung erreicht, die sie am meisten braucht. Ein immer wiederkehrendes Argument, das von jedem äthiopischen Beamten geäußert wird, mit dem ich über den Grand Ethiopian Renaissance Dam gesprochen habe, lautet, dass drei von vier Äthiopiern keinen Strom haben. Nicht thematisiert wird die Implikation, dass dies genau dieselben Menschen sind, die nach dem Bau des Staudamms Elektrizität erhalten werden. Vielleicht werden sie das, aber nicht, wenn sie weiterhin dort leben, wo sie jetzt sind. Äthiopiens Mangel an nationaler Stromnetzinfrastruktur und die abgelegene Lage von GERD lassen es weitaus vernünftiger erscheinen, den Strom an Nachbarstaaten zu verkaufen. Das soll nicht heißen, dass die Einkünfte den armen Äthiopiern nicht helfen werden, aber die Verbindung zwischen diesem riesigen Fluss-Megaprojekt und besseren Lebensbedingungen für die arme Landbevölkerung besteht nur indirekt. Wenn überhaupt irgendetwas, dann haben große Staubecken einen Urbanisierungseffekt – indem sie Bauern aus den überschwemmten Flusstälern in Städte und Anlagen der Rohstoffindustrie treiben, die wahre Bestimmung des erzeugten Gelds und Stroms.

Aus den Schäden, die die großen flusstechnischen Megaprojekte des 20. und 21. Jahrhunderts hervorgebracht haben, können wir lernen. Es gibt hoffnungsvolle Anzeichen dafür, dass die nächste Generation großer Staudämme, die über die letzten frei fließenden Flüsse der Welt in China, Südostasien, Lateinamerika und Afrika gebaut werden, möglicherweise etwas andere Technologien verwenden als vergangene Projekte. Dazu gehören die sogenannten Laufwasserstaudamm-Entwürfe, die Elektrizität erzeugen, ohne riesige Wasserspeicher aufzustauen, sowie Strategien, die es einem gewissen Teil der Ablagerungen gestatten, sich flussabwärts zu bewegen. Moderne Staudämme beinhalten auch bessere Fischtreppen, Siebe und andere Innovationen, um die verheerenden Auswirkungen auf das Laichen und die Wanderung der Fische zu mildern.

Wie in Kapitel 2 beschrieben, haben sich internationale Flusskonventionen etabliert. Im Jahr 2014 trat die Gewässer-Konvention der Vereinten Nationen in Kraft. Kooperative Vereinbarungen zum Umgang mit Flüssen beginnen nun damit, nicht nur die Zuteilung von Wasser, sondern auch Probleme der Umweltverschmutzung und Ökologie anzugehen.

Keine dieser Innovationen kann jedoch die Beeinträchtigungen für Umwelt und Menschen eliminieren, die mit flusstechnischen Megaprojekten verbunden sind. Aber wie wir gleich sehen werden, lernen wir manchmal aus unseren Fehlern.

Kapitel 6

Schweinefleischsuppe

Am 22. März 2017 lief eine Extremläuferin namens Mina Guli einen Marathon entlang des Colorado River in der Nähe von Las Vegas, Nevada. Am nächsten Tag machte sie es noch einmal. Und dann wieder und wieder.

Nach fünf Marathons in fünf Tagen flog sie nach Brasilien und lief sechs Marathons in sechs Tagen am Amazonas entlang. Dann flog sie geradewegs nach Melbourne, Shanghai, Kairo und London, um Marathons entlang von Murray und Darling River, Jangtse, Nil und Themse zu laufen. Bis zum ersten Mai war sie 40 Marathons in 40 Tagen an sechs großen Flüssen in sechs Ländern gelaufen.

Mina Guli ist eine Wasseranwältin. Das Ziel ihres 1678 Kilometer langen »Sechs-Flüsse-Laufs« bestand darin, das Bewusstsein für den verschlechterten Umweltzustand dieser und anderer Flüsse zu schärfen, der eine Folge der Umweltverschmutzung und der Wasserentnahme ist. Ihre Begeisterung regte andere dazu an, neben ihr her zu laufen, und erzeugte beträchtliche Aufmerksamkeit in den Medien. »Sauberes, risikofreies, verfügbares Wasser für alle ist das dringlichste Problem, mit dem unsere Welt heute konfrontiert ist«, bloggte sie nach ihrer Marathontournee. Für ihre nächste Aufklärungskampagne namens #RunningDry (austrocknen) lief sie 100 Marathons in 100 Tagen, alles im Namen der Anwaltschaft für das Wasser.

Mina Guli ist nicht die erste Person, die die persönliche Sportlichkeit in Wasseraktivismus umwandelt. Im Vereinigten Königreich schwamm der verstorbene Roger Deakin, Umweltschützer,

Schriftsteller und Filmemacher, durch das ganze Land und richtete die Aufmerksamkeit auf die Notlage von Großbritanniens verschmutzten Flüssen. In den Vereinigten Staaten schwimmt der Umweltschützer Christopher Swain seit 1996 in verschmutzten Flüssen, unter anderem im Columbia, Hudson, Mohawk und Charles River. Er schwimmt durch Abwasser, Pestizide und industrielle Schadstoffe an manchen wirklich schrecklichen Orten wie Newtown Creek in Brooklyn, New York, der einen mit giftigen Stoffen verseuchten Boden entwässert. Während er schwimmt, sammelt Swain Daten zur Wasserqualität und seiner eigenen Physiologie und teilt sie dann Forschern mit. Wie Guli und Deakin hat er die Hoffnung, dass seine Aktionen die öffentliche Aufmerksamkeit auf die drängenden Umweltprobleme lenken, die viele Flüsse der Welt heute plagen.

Die Abfälle von Menschen, Giftstoffe aus der Industrie und massive Wasserentnahmen verderben Flüsse auf der ganzen Erde. Der Ganges, der am meisten verehrte heilige Fluss, ist mit fäkalen Kolibakterien und chemischen Abwässern so stark verschmutzt, dass er für die Millionen Hindupilger, die in ihm ein Bad im Sinne eines spirituellen Übergangsritus nehmen, ein Gesundheitsrisiko darstellt. Der Bau von Wasserkraftstaudämmen über die oberen Nebenläufe des Ganges hat seine Durchflussmenge in einigen Gebieten halbiert. Im Jahr 2019 stiegen etwa 150 Millionen Menschen in der Nähe von Prayagraj (ehemals Allahabad) zum Fluss hinab, um zum Kumbh-Mela-Fest in seinen heiligen Wassern zu baden. Doch trotz ständiger Zusagen von Premierminister Modi, den Ganges zu säubern, werden auch weiterhin unbehandelte Abwässer und Chemiemüll aus Fabriken in den Fluss gepumpt.

Als Wissenschaftler bin ich ebenfalls widerwärtigem Wasser begegnet. Die unangenehmste Feldforschung, die ich jemals leistete, bestand in der Sammlung von Wasserproben für meine Magisterarbeit. Der Zuspruch meiner Professoren an der Indiana University hatte mich dazu gebracht, während heftiger Gewitter in einem aus-

Die Extremläuferin und Wasseraktivistin Mina Guli lief im Jahr 2017 40 Marathons an 40 Tagen entlang sechs großer Flüsse – Colorado, Amazonas, Murray-Darling, Jangtse, Nil und Themse –, um die Aufmerksamkeit auf die Umweltprobleme durch übermäßige Umleitung und Verschmutzung von Flüssen zu lenken. *(Kelvin Trautman)*

getrockneten Bachbett zu stehen, um Proben zur Wasserqualität der Sturzfluten zu entnehmen, die von den umliegenden Berghängen heruntergespült wurden. Immer wenn der nationale Wetterdienst eine Warnung vor einem heftigen Gewitter herausgab, ließ ich alles stehen und liegen und eilte in einem großen Ford Bronco, der dem Staat Indiana gehörte und mit Probefläschchen und Sedimentnetzen beladen war, zu meiner Außenstelle. Ich schlief auf dem Dach des Wagens, sodass die ersten dicken Regentropfen auf mein Gesicht fallen und mich aufwecken würden.

Die unbändigsten Gewitter kamen immer mitten in der Nacht. Nachdem ich Wathosen und Gummihandschuhe angezogen hatte, sprang ich mit meinen Netzen und Flaschen in das Bachbett, blickte stromaufwärts, halb geblendet von den grellen Scheinwerfern des Bronco und schillernden Regenschwaden, und wartete auf eine Sturzflut. Ich erinnere mich lebhaft an eine längere Serie von Blitzen, die die verschlungene, höllenartige Landschaft erleuchteten und meinem Gedächtnis den Anblick einer Flutwelle einbrannten, die auf mich zustürzte. Einen Augenblick später fuhr sie zwischen meinen Beinen hindurch, das Wasser stieg, und meine lange Nacht des Eintauchens von Probefläschchen und Sedimentnetzen begann.

Die Arbeit war widerwärtig, weil dies keine gewöhnlichen Berge und kein gewöhnlicher Bach waren. Die umliegende Landschaft sah aus wie Tolkiens Mordor, überhäuft mit brütenden Massen eines schwarzen, bröckeligen Materials, das als Klumpen (engl. *gob*) bezeichnet wurde – mit Kohlestaub versetzter Schiefer, der zu Splittern zerkleinert war, die die Größe eines Daumennagels hatten. Kein Halm von irgendetwas Grünem wuchs auf diesem Zeug, das verbrannt aussah, es aber nicht war; die schwarze, rußige Erscheinung gehörte wesentlich zu dem Material selbst. Es war der abgeworfene Aushub aus einem alten, verlassenen Bergwerk, das vor einem Vierteljahrhundert Kohle aus dem Boden geräumt hatte.

Der Bergbau produziert eine Menge Steinabfall. Wenn dieser Abfall (Aushub) auf dem Boden angehäuft wird, oxidieren Luft und Regenwasser sein frisch entblößtes Pyrit und andere Materialien, wodurch ein giftiges, hell gefärbtes Sickerwasser entsteht, das als saures Grubenwasser bezeichnet wird. Es sickert in die nahe gelegenen Bäche, färbt sie gelb oder orange und senkt deutlich den pH-Wert des Wassers, wodurch alles abstirbt. Mein spezielles Forschungsprojekt war bei einem alten Kohlebergbaukomplex namens Friar Tuck angesiedelt, einem von vielen solcher verlassener Bergbaukomplexe, die die zauberhaften Hügel des Südwestens von Indiana entkernen und ihr Grundwasser, ihre Flussläufe und den Wabash River verschmutzen.

Die Haufen aus Klumpen waren dreckig und sauer, und manchmal gingen sie spontan in Flammen auf. Ihr Bodenwasser war so sauer, dass eine neue Lebensform, eine Wärme und Säure liebende Mikrobe namens *Thermoplasma acidophila* entdeckt wurde, die auf dem Gelände in der Nähe eines schwelenden Feuers unter der Erde lebte. Während intensiver Regengüsse glitten die lockeren Schiefersplitter massenhaft die Berghänge hinab und erstickten den Bach. Sogar der Abfluss des Gewitters wurde augenblicklich sauer, ließ meine Haut aufspringen und hinterließ Flecken auf ihr. Die Forschung war zwar aufregend, aber noch heute mag ich keinen Regen.

Dieser alte Bergbaukomplex in Indiana ist nur eine von vielen Tausend verlassenen Minen, die die Wasserqualität auf der ganzen Welt ruinieren. Saure Minenabwässer sickern aus Schächten, Aushubleitungen und Bergeteichen. Das Sickerwasser verbreitet toxische Mengen von Elementen wie Blei, Chrom, Mangan, Aluminium und Arsen im umliegenden Grundwasser und in den Bächen. Schätzungsweise 20 000 Kilometer Wasserstraßen auf der ganzen Welt werden durch die sauren Abwässer von Minen nachweislich schwer geschädigt, und die tatsächliche weltweite Zahl liegt sicher noch viel höher.

Superfund

Allein in den Vereinigten Staaten vergiften immer noch Tausende verlassener Minen, Industriestandorte, Militäranlagen und alter Halden für Giftmüll Bäche, Flüsse und das Grundwasser. Die allerschlimmsten werden als Bundes-Superfund-Sanierungsstandorte bezeichnet – Landplagen, die Jahrzehnte brauchen, um entgiftet zu werden. Einer der ersten Superfund-Standorte war der Love Canal, eine kurze Wasserstraße, die in das Ostufer des Niagara River in der Grenzstadt Niagara Falls, New York, eingeschnitten ist.

Etwa acht Kilometer von Niagara Falls stromaufwärts war der Kanal ursprünglich als Teil eines Wasserkraftkonzepts entworfen worden. Dieses Projekt wurde 1910 aufgegeben, und die teilweise gegrabene Rinne wurde in eine Giftmüllhalde umgewandelt. Die Hooker Electrochemical Company warf mehr als 21 000 Tonnen Chemieabfall in das Loch, verschloss es 1953 mit Lehm und verkaufte das Land für einen Dollar an den örtlichen Schulbezirk. Danach errichtete man dort eine Wohnanlage und eine Schule.

In den späten 1970er Jahren ragten verrostete Fässer aus Hinterhöfen heraus, und schädliche Chemikalien sickerten in die Keller. Die Anwohner litten ungewöhnlich häufig an Fehlgeburten, Geburtsfehlern, Leukämie und anderen ernsten Beschwerden. Im Jahr 1978 wurde über die medizinischen Probleme am Love Canal auf dem Titelblatt der *New York Times* berichtet. Präsident Jimmy Carter rief den Notstand aus, und über 200 Familien wurden evakuiert. Eine zweite Notstandserklärung im Jahr 1980 führte zur Evakuierung von 750 weiteren Familien.

1983 wurde der Love Canal als einer der anfänglichen 406 Superfund-Sanierungsstandorte bestimmt. Über zwei Jahrzehnte sollten vergehen, bis er entgiftet war. Wenn man heute nach Toronto fliegt, kann man aus 10 000 Metern Höhe immer noch die rechteckige Spalte des Kanals sehen, aber dank des Superfund-Programms ist er nicht mehr so kontaminiert.

Das Superfund-Programm wurde 1980 ins Leben gerufen, als der US-Kongress ein bedeutungsschweres Gesetz verabschiedete, das als Comprehensive Environmental Response, Compensation, and Liability Act (Umfassendes Gesetz zur Reaktion auf, Entschädigung von und Haftung für Umweltschäden) oder CERCLA bezeichnet wird. Es sicherte die Autorität des Bundes zu, um die gefährliche Freisetzung von Schadstoffen in die Umwelt zu stoppen oder zu verhindern und erhob eine Steuer auf die Chemie- und Erdölindustrie für einen Treuhandfonds (den Superfund), um für die Sanierung der am schlimmsten verseuchten Standorte aufzukommen. Die Ergänzung eines früheren Gesetzesentwurfs namens Resource Conservation and Recovery Act (RCRA, Gesetz zur Erhaltung und Wiederherstellung von Ressourcen) wurde 1976 parlamentarisch verabschiedet und vom republikanischen Präsidenten Gerald Ford unterzeichnet. Dieses Gesetz bildete einen Rahmen für den Umgang mit risikoreichen und ungefährlichen Feststoffabfällen in Amerika (und ist das wichtigste Bundesgesetz, das heute die Entsorgung von Feststoffabfällen im Land regelt). RCRA, CERCLA und der Einkommensstrom des Superfunds waren entscheidende erste Schritte in einer Reihe progressiver Umweltgesetze, die von republikanischen wie demokratischen Regierungen während der gesamten 1970er und 1980er Jahre verabschiedet wurden.

Ein Katalysator für diese Haltung war die mit Erdöl bedeckte Oberfläche des Cuyahoga River in Ohio, der 1969 spontan in Flammen ausbrach. Ein Foto des leblosen, lodernden Flusses wurde in der Zeitschrift *Time* abgebildet, führte zu einem Aufschrei der Öffentlichkeit und regte für jene Generation typische Lieder wie »Burn On« (Randy Newman) und »Cuyahoga!« (R. E. M.) an. Es war zwar nicht das erste Mal, dass der Fluss brannte, aber die öffentliche Stimmung hatte sich geändert. Zusammen mit dem Fiasko um den Love Canal und der Veröffentlichung von Rachel Carsons *Der stumme Frühling* (1962) trug dieser brennende Fluss zu einer Periode starken politischen Widerstands gegen die Umweltverschmutzung in Amerika bei.

Damals nahm die Republikanische Partei eine ganz andere Haltung gegenüber Umweltfragen ein als heute. Im Januar 1970 entfaltete Präsident Richard Nixon in seiner ersten Rede zur Lage der Nation seine Vision für ein neues Jahrzehnt des Umweltschutzes. »Gelegentlich kommt eine Zeit, wo tiefgreifende und weitreichende Ereignisse einen Bruch mit der Tradition verlangen«, sagte Nixon zu Beginn. »Jetzt ist so eine Zeit.« In der Folge skizzierte er einen ehrgeizigen Plan zur Regulierung und Verminderung der Umweltverschmutzung in Amerika, unter anderem ein zehn Milliarden Dollar umfassendes landesweites Wassersanierungsprogramm zu einem

Zeitpunkt, als das Bruttoinlandsprodukt des Landes nur eine Billion Dollar pro Jahr betrug (heute würde der äquivalente prozentuale Anteil auf fast 700 Milliarden Dollar kommen). »Saubere Luft, sauberes Wasser, offene Räume – diese Dinge sollten wieder das Geburtsrecht jedes Amerikaners sein.... Das Programm, das ich dem Kongress vorschlagen werde, wird das umfassendste und teuerste Programm auf diesem Gebiet in der Geschichte Amerikas sein«, so Nixon.

Eine solche Rede wäre für ein Mitglied von Nixons Partei heute unvorstellbar. Als ich archivierte Fotos von Nixon aus der Präsidentenbibliothek eingehend betrachtete, fiel mir auf, dass John W. McCormack, der demokratische Sprecher des Repräsentantenhauses, der auf dem Podium hinter ihm saß, entsetzt zu sein schien (siehe Farbtafel). Aber Nixon forderte weiterhin Milliarden Dollar für Wasseraufbereitungsanlagen, um die verschmutzten Flüsse des Landes zu sanieren. Er schlug landesweite Standards für die Luftqualität und niedrigere Auspuffemissionen von Autos vor. Er unterbreitete eine Steuer für verbleites Benzin, Schutzvorkehrungen gegen Ölkatastrophen und verbot das Abladen von Abwässern in die Großen Seen.

Die höchste Priorität seiner Regierung bestand in der Schaffung einer mächtigen neuen Bundesbehörde, um zu einem sichereren, saubereren Land beizutragen. Sie sollte landesweite Standards für Umweltverschmutzung etablieren und durchsetzen. Sie sollte Grundlagenforschung zur Frage betreiben, wie Schadstoffe die öffentliche Gesundheit und die Umwelt beeinflussen, und neue Möglichkeiten zu ihrer Verminderung entwickeln. Sie sollte die Wissenschaft und Fakten und Zahlen nutzen, um vernünftige Empfehlungen politischer Maßnahmen zu entwickeln, auf deren Grundlage der Präsident und der Kongress handeln könnten. Der Name dieser neuen Behörde sollte Environmental Protection Agency (Umweltschutzbehörde) sein, und Nixon rief am 2. Dezember 1970 die EPA mit seiner Unterschrift durch Präsidentenverfügung ins Leben.

Innerhalb eines Jahrzehnts setzte die EPA den Clean Water Act (Gesetz zur Reinhaltung des Wassers), den Clean Air Act (Gesetz zur Reinhaltung der Luft), den Toxic Substances Control Act (Gesetz zur Überwachung von Gefahrstoffen) und die zuvor erwähnten RCRA, CERCLA und den Superfund um. Dank dieser Gesetze hat das vergangene halbe Jahrhundert weitreichende Verbesserungen in einem einst furchtbar umweltverschmutzten Land gebracht. Der Cuyahoga River ist die Heimat von Bibern, Weißkopfadlern, Blaureihern und mehr als 60 Fischarten. Im Jahr 2004 wurde ein symbolischer Meilenstein erreicht, als der Love Canal nach 21-jähriger Sanierung von der Liste genommen wurde. Er ist eines der 413 Superfund-Gelände, die nachweislich saniert wurden. Zur Zeit der Niederschrift gibt es 1337, die noch übrig sind.

Dieser Gesamttrend zur Verschärfung der Kontrolle von Umweltverschmutzung in Amerika kehrte sich 2017 deutlich um, als der eben ins Amt eingeführte Präsident Donald J. Trump Scott Pruitt, einen erklärten Kritiker der EPA, zum Leiter der Behörde ernannte. Als Generalstaatsanwalt von Oklahoma hatte Pruitt die EPA 14-mal verklagt. Im Verlauf seiner 16-monatigen Amtszeit arbeitete er daran, viele Normen und Regelungen der EPA zurückzunehmen, unter anderem die Aufhebung einer Regelung, die sich auf die Gewässer der Vereinigten Staaten bezieht und Feuchtgebiete und Wasserstraßen schützt. Er reduzierte energisch das Personal der Behörde, indem er Karrierebeamten finanzielle Anreize bot, um frühzeitig in Rente zu gehen, und dann deren Stellen unbesetzt ließ. Innerhalb eines Jahres hatten mehr als 700 Angestellte die EPA verlassen, und Pruitt machte den Vorschlag, die Belegschaft seiner Behörde von fast 15 000 auf weniger als 8000 Angestellte weiter zu verringern.

Bevor Pruitt alle seine Ziele erreichen konnte, sah er sich zum Rücktritt gezwungen, da er von einer Welle von Korruptionsvorwürfen überschwemmt wurde. Sein Nachfolger, Andrew Wheeler, führte viele seiner politischen Maßnahmen noch effektiver fort, indem er die Skandale seines Vorgängers vermied. Diese beinhalteten die Weigerung, die vom Superfund unterstützte Ausbaggerung im Hudson River wieder aufzunehmen, obwohl dessen Sedimente und Fische immer noch gefährliche Schadstoffe mit polychlorierten Biphenylen (PCB) enthalten, und die Aufhebung des vom Bund geleisteten Schutzes für nahezu 20 Prozent aller Flüsse und Bäche und die Hälfte aller Feuchtgebiete im Land.

Diese kürzlich erfolgte Schwächung der US-Umweltschutzbehörde droht ein halbes Jahrhundert Fortschritte bei Problemen der Wasserverschmutzung zu untergraben. Vor 50 Jahren war das Abpumpen von Abwässern und Industrieschlamm in einen Fluss ein verbreiteter Anblick im Land. Die Gründung der EPA und die Unterstützung durch die beiden Parteien und die Öffentlichkeit, die sie in der Folge erhielt, setzten einen Trend zur Verbesserung der Wasserqualität in Gang, der Regierungen beider politischer Parteien überdauerte, zum Wohl von Millionen Amerikanern.

Der 2. Dezember 2020 sollte den 50. Jahrestag von Präsident Nixons EPA und den 40. des Superfund-Programms markieren. Wird im nächsten halben Jahrhundert in Amerika das vergangene halbe Jahrhundert an Errungenschaften noch ausgeweitet? Das hoffe ich zwar, aber im Jahr 2019 erwarteten nur wenige einen umfassenden, landesweiten Plan beispielsweise zur Reduktion von Treibhausgasverschmutzung, der so visionär wie der Clean Water Act, der Clean Air Act oder CERCLA ist. Um ein Land mit Umweltschutzbestrebungen wie im Amerika der 1970er Jahre zu finden, müssen wir uns nun China zuwenden.

Chinas Flusshäuptlinge

Nach drei Jahrzehnten halsbrecherischer Industrialisierung gibt es in China eine Menge Geschichten wie das Feuer auf dem Cuyahoga River. »Schweinefleischsuppe«, die Überschrift dieses Kapitels, leitet sich von einem zynischen chinesischen Witz über das Leitungswasser in Shanghai ab, nachdem Tausende verwesender Schweinekadaver entdeckt wurden, die 2013 den Huangpu-Fluss hinuntertrieben, der die Hauptwasserversorgung der Stadt darstellt. Einige Jahre zuvor tauchte ein 80 Kilometer langer Teppich giftiger Chemikalien, darunter Benzol und Nitrobenzol, auf dem Songhua-Fluss auf, dem Wasserlieferanten der Hauptstadt Harbin in der Provinz Heilongjiang.

Die in China im Entstehen begriffenen Love Canals finden sich an Orten wie Guiyu in der Provinz Guangdong, wo jahrelanges Recycling von »Elektroschrott« – alte Computer, Drucker, Handys und andere entsorgte Elektronikprodukte, die hauptsächlich aus westlichen Staaten stammen – das Wasser und den Boden schwer verseucht hat. Verbreitete Praktiken auf chinesischen Schrottplätzen beinhalteten die Verbrennung von Leiterplatinen oder ihre Hocherhitzung über einem Grill, um die elektrischen Bestandteile herauszulösen, und die Auflösung von Bauteilen in Säurebädern in offenen Gruben, um Metalle zu extrahieren.

Diese Elektroschrott-Recyclingzentren und Mülldeponien sind jetzt schlimm verseucht mit PCB (polychlorierte Biphenyle), PAK (polyzyklische aromatische Kohlenwasserstoffe), Flammschutzmitteln und giftigen Schwermetallen wie Blei, Cadmium, Kupfer und Chrom. Diese Standorte kommen zu den Tausenden von Müllhalden und Wasserstraßen hinzu, die auf herkömmlichere Weise durch Zechen, Fabriken und petrochemische Betriebe verseucht sind.

Wie Amerika in den 1970er Jahren werden Chinas Führung und

Bürgerschaft immer unduldsamer gegenüber verschmutztem Wasser und verunreinigter Luft. Das Land hat die Annahme von Elektroschrott aus dem Ausland weitgehend gestoppt, und der Betrieb in Guiyu, wie auch weitere etwa 3000 ungeregelte Recyclingstandorte, wurde zum größten Teil stillgelegt. Am 18. Oktober 2017 hielt Xi Jinping, der Präsident Chinas und Generalsekretär der Kommunistischen Partei Chinas, eine wichtige Rede an den 19. Nationalkongress der KPCh, die verblüffende Ähnlichkeit mit Nixons Rede zur Lage der Nation von 1970 hatte: »Wir müssen uns darüber klar werden, dass klares Wasser und üppig begrünte Berge unschätzbare Vermögenswerte sind, … und die Umwelt hegen, wie wir unser eigenes Leben hegen«, sagte er vor gespannten Zuhörern. »Wir werden einen ganzheitlichen Ansatz verfolgen, um unsere Berge, Flüsse, Wälder, Ackerflächen, Seen und Wiesen zu erhalten, und die strengstmöglichen Verfahren zum Umweltschutz umsetzen.« Er schlug strengere Standards für Umweltverschmutzung vor, neue Regulierungsbehörden und die Schaffung eines neuen »Umweltschutzkontrollsystems, bei dem die Regierung die Leitung übernimmt«. Die neuen Organisationen werden mit der Überwachung des Ausmaßes der Wasser- und Luftverschmutzung und mit der zentralisierten Durchsetzung neuer, verschärfter Umweltstandards und Gesetze beauftragt.

Kommt Ihnen das bekannt vor? Das sind so ziemlich dieselben Ziele, die Nixon 47 Jahre früher festlegte, als er neue, umfassende Umweltschutzmaßnahmen, landesweite Standards für Umweltverschmutzung und die Gründung der Umweltschutzbehörde vorschlug. In den kommenden Jahren wird China unter Xi Jinping – dessen Legislative im Jahr 2018 die Amtszeitbeschränkung für das Präsidentenamt aufhob – eine zentralisierte und schlagkräftige Politik der Umweltverschmutzungskontrolle unter einer chinesischen Variante der EPA erleben. Die Umsetzung wird zwar anders aussehen, aber das Land biegt auf einen neuen Pfad zu einer saubereren Zukunft ein.

Die Rede Xi Jinpings war nur eine Salve in Chinas zunehmend massivem Kampf gegen die Wasserverschmutzung. Mithilfe eines einzigartig chinesischen Gemischs von Verordnungen und politischen Nominierungen hat die Zentralregierung stetig die Vorstellung einer chinesischen »ökologischen Kultur« gefördert, ein Begriff, dem zufolge der materielle Wohlstand gemeinsam mit einem harmonischen Zusammenleben mit der Natur ansteigt.

Die Verbesserung des Zustands der verschmutzten chinesischen Flüsse, Bäche, Seen und Kanäle ist ein entscheidender Schritt auf dieses Ziel hin. Betrachten wir beispielsweise die jüngste Schaffung einer neuen Art von öffentlich Bedienstetem durch die Regierung. Er wird als Flusshäuptling bezeichnet und soll die Einhaltung der Umweltgesetze entlang der natürlichen Wasserstraßen kontrollieren und durchsetzen. Eine enorme Anzahl von Flusshäuptlingen wurde im ganzen Land eingestellt, allein für 2017 schätzungsweise 200 000. Die Stellen sind über verschiedene Regierungsebenen hinweg vertikal integriert, und wenn die Wasserstraße eines bestimmten Flusshäuptlings zu Schaden kommt, wird er persönlich haftbar gemacht. Wenn diese mehr als 200 000 Personen starke Armee von Inspekteuren ihre erklärte Absicht verwirklicht, wird sie die Flussverschmutzung des Landes drastisch zum Besseren wenden. Die meisten Probleme mit der Wasserqualität in China gehen nicht auf einen Mangel an Gesetzen und Regelungen zurück, sondern darauf, dass lokale Beamte und Hersteller sie ignorieren.

Die Pläne von Präsident Xi Jinping für den mächtigen Jangtse sind ein anderes Beispiel für Chinas facettenreiche Bemühung, seine Wasserstraßen zu sanieren. Wie wir in Kapitel 5 sahen, ist dieser Fluss stark umgeleitet, vom Drei-Schluchten-Staudamm aufgestaut und auf einem Großteil seiner Länge verschmutzt. Aber 2016 und 2017 erklärte Xi Jinping, dass der Jangtse zu einer besonderen Wirtschaftszone werde, in der Ökologie und eine »grüne Entwicklung« Priorität gegenüber der traditionellen Industrieproduktion hätten.

Schwerindustrie und Chemiewerke, die weniger als einen Kilometer vom Jangtse entfernt sind, wurden verboten. Innerhalb dieser »ökologischen roten Linien« werden keine neuen Projekte gestattet und viele bestehende Anlagen entfernt werden.

Diese neuen Regeln stellen eine radikale Abkehr von der chinesischen Entwicklungspolitik in der Vergangenheit dar und erhielten sogar großes Lob von International Rivers, einer scharfsichtigen internationalen Nichtregierungsorganisation, die in Kalifornien ansässig ist und sich dem Schutz von Flüssen und an Flüssen lebenden Gemeinschaften auf der ganzen Welt verschrieben hat. Wenn China Erfolg hat, könnten sich manche seiner neuen Praktiken und Technologien auf andere Länder innerhalb seiner Sphäre internationaler Entwicklungsbestrebungen ausbreiten. Insbesondere Chinas Neue-Seidenstraße-Initiative wird viele neue Infrastrukturprojekte in Zentralasien finanzieren, unter anderem Staudämme und Wasseraufbereitungsanlagen. Chinas potenzieller Wandel von einem der größten Umweltverschmutzer zu einem Fackelträger für den Schutz von Wasserstraßen wäre wunderbar für die Welt und ist weit weniger abwegig, als es klingen mag.

Krankheitsströme

Wenn Sie guten Wein, Renaissanceschlösser und die französische Küche schätzen, empfehle ich einen Abstecher in die hügeligen Weinberge und bezaubernden historischen Städte des Loiretals in Zentralfrankreich. Die köstlichen Weiß- und Roséweine der Region schmecken noch besser, wenn man in einem der vielen kühlen, modrigen Weinkeller des Tals, in denen die Fässer gelagert werden, eine Weinprobe macht. Durch diese anmutige Region winden sich die Loire und ihre vielen Nebenflüsse hindurch, die einen Großteil des Talgrunds und seine fruchtbaren Weinbergböden hervorbrachten.

Diese Flüsse sind hier und dort mit kleinen Weilern und Dörfern gesprenkelt. Vor einigen Jahren verbrachten meine Frau und ich eine angenehme Woche in einem davon namens Trôo. Bevor wir uns an ein dreistündiges Abendessen machten, bestand unser Frühabendprogramm darin, am rechten Ufer des Loir, eines Nebenflusses der Loire, spazieren zu gehen, wo er sich träge zum Dorf hin krümmt. Eine steinerne Anlegestelle ragt dort ins Wasser hinaus, und einige Fische gewöhnten sich an unser abendliches Geschenk von Baguettestückchen. Alles fühlte sich so zeitlos an, während der smaragdgrüne Fluss an wogenden Feldern, summenden Bienen und malerischen Schlössern vorbeiglitt.

Es war zwar angenehm, aber der Eindruck der Zeitlosigkeit entsprang einer Täuschung. Die Fische, die unsere Brotkrumen hinabschlürften, waren Karpfen, eine invasive Art, die sich die gravierende Verschlechterung der Wasserqualität im ganzen Loiretal zunutze machte. Die smaragdgrüne Farbe des Loir rührte vom explosiven Wachstum chlorophyllreicher Algen her, das durch nitrathaltigen Dünger angeheizt wird, welcher aus einer der am intensivsten kultivierten Landschaften Frankreichs in den Fluss sickert.

Stickstoff und Phosphor sind Nährstoffe für Pflanzen, und sie lösen das Wachstum von Algen im Wasser ebenso schnell aus wie das Wachstum von Feldfrüchten auf dem Land. Das sich daraus ergebende Aufblühen macht Flüsse und Seen hellgrün und vermindert ihren gelösten Sauerstoffgehalt, ein Prozess, der als Eutrophierung bezeichnet wird. Wenn die Algen sterben, setzen sie sich am Boden ab, wo sie von Mikroben verschlungen werden, die dabei noch mehr Sauerstoff aufbrauchen. Sauerstoff liebende Fische, wie beispielsweise Bachforellen und Barben, verschwinden und werden durch weniger erwünschte Arten ersetzt, die muffiges Wasser vertragen, wie Schwarzer Zwergwels, Schleie und Karpfen. Mit Spitzenkonzentrationen von Chlorophyll a, die 150 Milligramm pro Liter überschreiten, ist die majestätische Loire einer der eutrophischsten Flüsse der Welt.

Durch Algen erstickt und des Sauerstoffs beraubt, schädigen solche mit Dünger angereicherten Flüsse auch die Küstenregionen der Meere, in die sie fließen. »Totzonen« im Meer breiten sich im Ausgang von Flussmündungen und Mündungsgebieten auf der ganzen Welt aus. Die Bodengewässer dieser Totzonen leiden an Hypoxie, einem Zustand akuten Sauerstoffmangels (der gewöhnlich mit weniger als zwei Milligramm Sauerstoff pro Liter definiert wird). Das Meeresleben erstickt zum größten Teil und löst Verwirrung und Tod bei benthischen Lebensformen* aus – Organismen, die auf oder in der Nähe des Meeresbodens leben. Zu diesen zählen Arten, die in kommerzieller Hinsicht von Bedeutung sind, wie beispielsweise Blaukrabben und Flundern, sowie Weich- und Schalentiere, die die Hochseefische fressen.

Über 400 Totzonen, die mehr als 245 000 Quadratkilometer abdecken, wurden bisher identifiziert, und ihre Zahl und Größe nehmen zu. Die meisten begannen sich in den 1960er und 70er Jahren zu bilden, und zwar im Gefolge der Einführung von Stickstoffdünger in den späten 1940er Jahren. Eine der größten Totzonen bildet sich jeden Sommer im Golf von Mexiko, in der Nähe der Küsten von Louisiana und Osttexas. Sie wird gespeist vom Abfluss des Mississippi, der jetzt Nitratkonzentrationen aufweist, die das Achtfache des vorindustriellen Niveaus betragen. Ein Großteil dieses Nitrats kommt aus Iowa, wo es aus Ackerfeldern in den Missouri und den oberen Mississippi gespült wird. Im Jahr 2017 wuchs diese beson-

* Das Benthos ist die Gesamtheit aller in der Bodenzone eines Gewässers, dem Benthal, vorkommenden Lebewesen. Das zugehörige Adjektiv für »im Bereich des Gewässergrundes lebend« lautet benthisch oder benthonisch. (A. d. Ü.)

dere Totzone auf eine Rekordfläche von nahezu 23 000 Quadratkilometern an, was etwa der Größe von New Jersey entspricht.

Andere zunehmende Totzonen umfassen die Chesapeake Bay und den Long Island Sound in den Vereinigten Staaten, die Elbmündung und Kieler Bucht in Deutschland, die Mündungsgebiete der Loire und der Seine in Frankreich, die Mündungen von Themse und Forth in Großbritannien, die Mündungsgebiete des Jangtse und Perlflusses in China und den Finnischen Meerbusen. Da Industriedünger ein entscheidender Bestandteil des gegenwärtigen globalen Nahrungsproduktionssystems sind, stellen Totzonen an den Küsten, die sich von den Flussmündungen ausbreiten, ein ernsthaftes Problem der Meeresverschmutzung dar, von dem zu erwarten ist, dass es sich künftig verschlimmert.

Eine andere gemeinhin übersehene Art der Flussverschmutzung rührt von Arzneimitteln her. Medikamentenverbindungen gehen durch unseren Körper hindurch und werden mit unserem Urin ausgeschieden. Menschen haben auch die schlechte (wenn auch von einer guten Absicht geleitete) Angewohnheit, alte verschriebene Medikamente die Toilette hinabzuspülen. Die heutigen Abwasseraufbereitungsanlagen machen weder Tests auf Arzneimittel, noch sind sie in der Lage, sie zu beseitigen. Das bedeutet, dass Umwelthormone, Antibiotika, Antidepressiva und andere nur beschränkt zugelassene Substanzen geradewegs durch unsere Körper und Abwasseraufbereitungsanlagen in Flüsse hineinfließen und von dort aus in unsere globale Umwelt.

Dadurch entstehen einige alarmierende Hormonstörungen bei Flusslebewesen. Im Jahr 2005 wurde entdeckt, dass die meisten männlichen Schwarzbarsche im Potomac River stromabwärts von einer zu Washington, D. C., gehörenden Abwasseraufbereitungsanlage weibliche Eizellen (Oozyten) aufwiesen, eine Mutation, die östrogenhaltigen Arzneimitteln zugeschrieben wurde, welche die Toiletten von Washington hinabgespült worden waren. Ebenso wurde das weitverbreitete Vorkommen von Zwitterfischen in Flüssen des Vereinigten Königreichs auf steroidale Östrogenverbindungen zurückgeführt, die durch Abwasseraufbereitungsanlagen hindurchgeflossen waren. Erstaunliche zwei Drittel aller Flüsse im Einzugsgebiet der Themse gelten als durch wasservermittelte Hormonstörungen gefährdet.

Antibiotika wie beispielsweise Sulfamethoxazol, das zur Behandlung von Infektionen der Harnwege verwendet wird, tauchen ebenfalls in Flüssen auf. Antibakterielle Stoffe, wie zum Beispiel Triclosan, werden unnötigerweise Handseifen, Duschgels und dergleichen zugesetzt. Im Allgemeinen werden Antibiotika von Menschen zu unbedacht eingenommen und zu großzügig an Nutztiere verfüttert. In dem Maße, in dem sie unsere Abwasseraufbereitungsanlagen durchlaufen und in natürliche Wasserstraßen fließen, fördern sie die Entwicklung neuer Stämme antibiotikaresistenter Bakterien mit unvorhersagbaren Auswirkungen auf Ökosysteme und die öffentliche Gesundheit.

Eine dritte häufig übersehene Quelle der Flussverschmutzung könnte sich in diesem Augenblick in Ihrer Dusche oder Ihrem Arzneimittelschrank befinden. Viele Peelingcremes oder Gel-Hautreinigungsmittel verwenden Mikrokügelchen aus Plastik als Schleifmittel, um tote Hautzellen wegzuschrubben. Aus synthetischen Polymeren hergestellt, sind diese winzigen Kügelchen so gut wie unzerstörbar und zu fein, um durch Wasseraufbereitungsanlagen herausgefiltert zu werden. Nachdem sie Ihre toten Hautzellen pflichtschuldig weggeschrubbt haben, fließen sie fröhlich durch den Wasseraufbereitungsprozess hinaus in unsere Flüsse und Seen. Kleine Fische, die die Partikel mit Futter verwechseln, verschlingen sie und bringen diese Stoffe dadurch in unsere Nahrungskette. Obwohl sie immer mehr verboten werden, werden Hautcremes, die Mikrokügelchen aus Plastik enthalten, in einem Großteil der Welt nach wie vor verkauft.

Mikrokügelchen sind eine besonders schädliche Form einer umfassenderen Epidemie der weltweiten Verschmutzung der Flüsse, Meere und durchaus auch unseres aufbereiteten Trinkwassers durch Mikroplastik. Die langfristigen Folgen der Verdauung mikroskopischer Plastikpartikel für die öffentliche Gesundheit sind gegenwärtig nicht bekannt, aber man vermutet, dass sie karzinogene und hormonstörende Eigenschaften haben. Im Allgemeinen enthält in Flaschen abgefülltes Wasser etwa zehnmal mehr von diesen Stoffen als Leitungswasser.

Es gibt ein paar einfache persönliche Entscheidungen, die man treffen kann, um dazu beizutragen, den Strom von Pharmazeutika und Plastik in die Flüsse und die weitere Umwelt hinein zu reduzieren. Verwenden Sie Hautcremes, die natürliche Peelingstoffe enthalten – wie beispielsweise Haferflocken, Walnussschalen und Bimsstein – anstatt Mikrokügelchen aus Plastik. Nehmen Sie Antibiotika nur dann, wenn es wirklich notwendig ist, und brauchen Sie die gesamte Menge dabei auf. Die meisten Apotheken nehmen alte Tabletten zur Entsorgung an. Lassen Sie zumindest nicht aufgebrauchte Medikamente verschlossen in ihren Flaschen und werfen Sie sie in den Müll, der auf einer Mülldeponie landet, anstatt unverpackte Tabletten die Toilette hinunterzuspülen. Trinken Sie Leitungswasser. All diese Vorsichtsmaßnahmen tragen dazu bei, die wachsende Flut synthetischer Verbindungen, die in unsere Flüsse, Meere und die Körper von Lebewesen eindringen, zu verringern.

Grönlands Riviera

Da ich mich vorhin über die widerwärtigste Feldforschung, die ich je durchgeführt habe, beklagte, scheint es nur angemessen zu sein, auch die tollste zu schildern.

Stellen Sie sich den weltgrößten Wasserrutschenpark vor. Überall gibt es rauschende Rutschen, auf denen türkisblaues Wasser schäumt. Die Rutschen münden in größere ein, bis es nur noch eine einzige gigantische Wasserrutschbahn gibt. Etwa 20 Meter breit, schäumt sie an Ihnen vorbei und rast unbekümmert auf ein tosendes Loch zu, das sich irgendwo zu Ihrer Linken befindet. Eine weiße Gischtwolke steigt wie Rauch aus dem fernen Loch auf. Sie hören und spüren, wie sie unter Ihren Füßen donnert.

Stellen Sie sich jetzt vor, dass die Wasserrutschen nicht aus hochgezogenen Glasfasern gemacht, sondern in die Oberfläche des Bodens eingraviert sind. Stellen Sie sich vor, dass der Boden nicht aus Erde, sondern aus knirschendem weißen Eis besteht, und das tosende Loch führt auch nicht zu einem Schwimmbecken, sondern auf den Grund der Eisdecke Grönlands. Ganz sicher gibt es kein glückliches Kreischen von Kindern. Die einzigen Geräusche, die Sie hören, sind das Keuchen Ihres eigenen Atems, die Schleppbewegung eines Seils, das an Ihrem Körper befestigt ist, und das entfernte Grollen der Gletschermühle.

Diese Fantasieszene beschreibt die Schmelzzone der Eisdecke Grönlands, die ich bei Feldforschungsexpeditionen und mit Fernerkundungssatelliten seit 2012 untersucht habe. Im Unterschied zur Eisdecke der Antarktis schmelzen große Gebiete von Grönlands Eisoberfläche in den Sommermonaten. Diese Schmelze ist besonders im Südwesten Grönlands weitverbreitet, und zwar in der Nähe einer kleinen Stadt namens Kangerlussuaq (für die man auch ihren ehemaligen dänischen Namen Søndre Strømfjord benutzt).

Kangerlussuaq begann als amerikanischer Luftwaffenstützpunkt, der im Zweiten Weltkrieg errichtet wurde. Im Jahr 1992 wurden der Flughafen und der Stützpunkt stillgelegt und an Grönland übergeben. Grönland ist ein zunehmend autonomes Gebiet von Dänemark, das sich allmählich von seinem ehemaligen Kolonialherrn löst. Heute ist der Flughafen von Kangerlussuaq (SFJ) Grönlands einziger internationaler Flughafen und ein Luftfahrtdrehkreuz des Landes. Sollten Sie je Grönland von Kopenhagen aus besuchen (was ich nur empfehlen kann), werden Sie direkt über die Schmelzzone fliegen, die ich beschrieben habe. Reservieren Sie sich einen Fensterplatz, und nehmen Sie eine gute Kamera mit, weil Sie in Ihrem Leben nie etwas Vergleichbares gesehen haben.

Dieses unter dem Spitznamen »Grönlands Riviera« bekannte Gebiet ist sonniger und trockener als die meisten anderen in Grönland. Im Juni und Juli strömt das Sonnenlicht wie warmer Honig fast 24 Stunden am Tag herab, schmilzt den Winterschnee weg und legt das dunklere blanke Gletschereis frei, das darunterliegt. Diese blanke Eisoberfläche schmilzt um mehrere Zentimeter pro Tag ab und wird löchrig, schmutzig und durchweicht von Schmelzwasser. Millionen kleiner Rinnsale schließen sich wie Zweige, dann Äste und schließlich wie ein rauschender Stamm zusammen – ein supraglazialer Fluss –, der sich zuerst über das Eis windet und dann darübertobt, wobei er mit einigen der schnellsten auf der Erde gemessenen Geschwindigkeiten fließt.

Anhand von Satellitenkartierung haben meine Studenten und ich herausgefunden, dass fast alle von den Hunderten supraglazialen Flüssen in dieser Region in Gletschermühlen (Schmelzwassertunnel im Eis) hineinfließen. Von dort entkommt das Wasser unter der Eisdecke und bewegt sich zu ihrem Rand – und zum Meer. Der Eisverlust Grönlands erhöht gegenwärtig die weltweiten Meeresspiegel um etwa einen Millimeter pro Jahr – etwa ein Drittel der Gesamtrate des weltweiten Meeresspiegelanstiegs. Man erwartet, dass er in

Zukunft noch weiter zunimmt. Die supraglazialen Flüsse, die wir untersuchen, sind der Nullpunkt für einen Großteil dieses Wassers.

Das Schmelzwasser vereinigt sich auch in Hunderten leuchtend blauer supraglazialer Seen, die die riesige weiße Oberfläche wie Juwelen sprenkeln (siehe die Farbtafel unseres Feldforschungslagers in Grönland). Obwohl sie schön anzusehen sind, bergen sie Gefahren: Jedes Jahr eröffnen viele dieser Seen plötzlich eine Gletschermühle auf ihrem Boden. Innerhalb von Stunden leert sich der See, und sein aufgestautes Schmelzwasser sinkt in die Eisdecke hinab und strebt dem Meer zu.

Die verblüffende visuelle Wirkung von Grönlands supraglazialen Flüssen und Seen war einer der Gründe, warum die *New York Times* ihren mit dem Pulitzer-Preis ausgezeichneten Fotografen Josh Haner und den Reporter Coral Davenport 2015 in eine meiner Feldforschungsexpeditionen einbezog. Unser wissenschaftliches Ziel bestand darin, die Präzision der Klimamodelle zu testen, die man zur Vorhersage der zukünftigen Schmelze und des Anstiegs des Meeresspiegels, der von der Eisschmelze in Grönland verursacht wird, verwendet. Wir erreichten dies durch die Messung der Durchflussmenge in einem großen supraglazialen Fluss, wobei wir gleichzeitig Drohnen und Satelliten nutzten, um sein stromaufwärts gelegenes Wassereinzugsgebiet zu kartieren. Durch den Vergleich unserer Durchflussmengenmessung mit den Simulationen von Klimamodellen können wir erfahren, wie vertrauenswürdig deren Vorhersagen sind.

Als mein Team Kabelkanäle über den Fluss spannte und datenübertragende Schwimmer in die blaue Sturzflut einbrachte, führte Haner eine der ersten Erfassungen originaler, drohnengestützter Videoaufnahmen aus der Luft für die *New York Times* durch. Sein Filmmaterial war spektakulär. Die Zeitung sollte es später in einen Multimediabeitrag mit dem Titel »Grönland schmilzt dahin« (»Greenland Is Melting Away«) einbeziehen, der 2016 einen Webby

Award* gewann. Im folgenden Sommer schickte die Zeitschrift *The New Yorker* Elizabeth Kolbert, eine mit dem Pulitzer-Preis ausgezeichnete Schriftstellerin, in unser Feldforschungslager. Kolbert beeindruckte uns alle durch ihre begeisterte Hilfe beim Entladen des Hubschraubers und beim Aufschlagen von Zelten auf dem schmelzenden Eis. Sie verbrachte eine Nacht bei uns und flog dann nach Hause, um den gedankentiefen Artikel »Grönland schmilzt« zu schreiben, über Wissenschaftler und fremde Eindringlinge in Grönland und den andauernden Machtkampf der Insel mit Dänemark. Als unsere wissenschaftlichen Ergebnisse 2017 veröffentlicht wurden, verwendete die *New York Times* einen Teil unseres Drohnenfilmmaterials, um einen neuen Multimediabeitrag zu erstellen mit dem Titel »Wo geht das Wasser bei Grönlands Schmelze hin?« (»As Greenland Melts, Where's the Water Going?«). Zusammen lieferten die drei hochkarätigen Artikel der allgemeinen Öffentlichkeit verblüffende Bilder und Erkenntnisse zu dieser bedeutenden schmelzenden Eisdecke und ihrem bizarren System aus supraglazialen Flüssen, von dessen Existenz nur wenige Leute überhaupt wussten.

Wenn diese blauen Flüsse über die Oberfläche der Eisdecke rauschen, führt ihre Wärme dazu, dass sie nach unten in das Eis hinein schmelzen und einen steiler werdenden Pfad zu ihrem eigenen Untergang schneiden. Dieses Verhalten ist das Gegenteil des Verhaltens von Flüssen auf dem Land, die in der Regel ihre steilsten Gefälle in ihren Oberläufen haben und dann flacher werden, wenn sie sich der Küste nähern. In diesem Gebiet Grönlands stoßen fast alle supraglazialen Flüsse irgendwann einmal auf eine Spalte im Eis, die anfängt, die Strömung des Flusses wegzunehmen und eine Glet-

* Die Webby Awards werden einmal im Jahr von der International Academy of the Digital Arts and Sciences vergeben. Ausgezeichnet werden die besten Arbeiten in vier Haupt- und über 100 Unterkategorien – von interaktiver Werbung über Websites bis hin zu Onlinefilmen und Videos. (A. d. Ü.)

schermühle aufzuschmelzen. Nachdem er das Loch hinabgestürzt ist, bildet der Fluss einen Tunnel zwischen dem Grundgestein und dem darüberliegenden Eis, wobei das Druckgefälle ihn an den Rand der Eisdecke drückt, wo das darüberliegende Gewicht (und damit der Druck) des Eises niedriger ist. Wenn es den Rand erreicht hat, bricht das Schmelzwasser in gewaltigen schlammigen Flüssen hervor, die zum Meer fließen.

Einer davon, der Watson River, tost an der Stadt Kangerlussuaq vorbei durch eine tiefe Schlucht aus Grundgestein. Sein Wildwasser ist so ungestüm, dass meine zehn Jahre währenden Bemühungen, die Durchflussmenge des Flusses zu messen, indem ich Messungen von einer Stahlbrücke aus durchführte, die die Schlucht überspannt, vergeblich waren. Und das gilt nur für die normale Strömung im Sommer. Im Juli 2012 zerstörte eine außergewöhnliche Schmelzwasserflutwelle die Brücke, als die gesamte Oberfläche der Eisdecke für vier Tage kurz auftaute.

Eine Schmelze von solcher Größenordnung wurde im modernen Zeitalter von Messinstrumenten und Satelliten noch nie beobachtet. Oben auf dem Gipfel der Eisdecke in einem Lager für Eiskernbohrungen, wo die Temperaturen nie über den Gefrierpunkt steigen sollten, taute der lockere, trockene Schnee und verharschte. Auf geringeren Höhen zeigten sich neue supraglaziale Flüsse und begannen über das Eis zu donnern. Die Schmelze übertraf vor Kurzem das Abbrechen von Eisbergen als Leitprozess, durch den die Eisdecke Grönlands – ein Überbleibsel aus dem Pleistozän, dessen Wasser auf dem Land über 100 000 Jahre lang eingefroren war – zum Meer zurückkehrt.

Scheitelwasserstand

Durch den Wasserkreislauf sind die Meeresspiegel als Reaktion auf Änderungen der Erdtemperatur Millionen Jahre lang gestiegen und gefallen. In den kalten Eiszeiten sammelt sich mehr Wasser in Form von Schnee und Eis auf Bergen und Kontinenten an, als durch die Schmelze und den Abfluss von Flüssen an die Ozeane zurückgegeben wird. Das Ergebnis ist ein Nettotransfer von Wasser von den Ozeanen zum Land, was dazu führt, dass Eisdecken und Berggletscher größer und die Meeresspiegel niedriger werden. Während der zwischeneiszeitlichen Abschnitte überholt das Schmelzen von Berggletschern und Eisdecken ihre Ansammlung von neuem Schnee, wodurch die Eisvolumina schrumpfen und die Meeresspiegel steigen. Verdunstung und Niederschläge sind die beiden Hauptmöglichkeiten, wie Wasser vom Meer auf das Land verlagert wird, und die Schmelze und Flüsse sind die Hauptkanäle, durch die das Wasser zum Meer zurückkehrt.

Wenn sich das globale Klima abkühlt, wächst das Eis auf dem Land, und die Meeresspiegel fallen. Wenn sich das globale Klima erwärmt, schrumpft das Eis auf dem Land, und die Meeresspiegel steigen. Die Ozeane und das Eis führten diesen Tanz das gesamte Quartär hindurch auf, über zwei Millionen Jahre lang. Diese Abkühlungs- und Aufwärmzyklen dauern etwa 100 000 Jahre, ein Tempo, das durch ein Wackeln der Kreiselbewegung und der Achsneigung unserer Erde und der Exzentrizität ihrer Umlaufbahn um die Sonne (Milanković-Zyklen) festgelegt wird. Ein einziger Zyklus aus Eiszeit und Zwischeneiszeit dauert somit mehr als zehnmal länger als die Zeit, die seit der Entstehung unserer ersten landwirtschaftlichen Kulturen vergangen ist.

Heute erwärmt sich das Klima der Erde von Neuem, aber mit einem Tempo, das in Jahren und nicht in Zehntausenden von Jahren gemessen wird. Jedes Jahr werden Temperaturrekorde gebrochen und wieder gebrochen. Gletscher schrumpfen schnell. Der globale Meeresspiegel steigt um mehr als drei Millimeter im Jahr. Das biologische Leben wandert in höhere Breiten und Höhen. Die Fläche von Meereis, das im Nordpolarmeer schwimmt, hat seit den späten 1970er Jahren, als die NASA erstmals damit begann, Mikrowellensatelliten zu seiner Kartierung zu nutzen, um 40 Prozent abgenommen.

Die Hauptursache dieser beobachteten Veränderungen und vieler anderer ist die Zufügung von Kohlendioxid-, Methan- und Stickstoffoxidgasen zur Atmosphäre durch die Industrietätigkeit. Obwohl andere Prozesse das globale Klima ebenfalls erwärmen – zum Beispiel das Hellerwerden der Sonne und Perioden untätiger Vulkane –, wurden alle sorgfältig gemessen, und keiner kann die Größe der Temperaturzunahme erklären, die gegenwärtig geschieht. Die Milanković-Zyklen der Erde, die sich über enorme Zeitspannen erstrecken, haben keinerlei Einfluss auf die dramatische Erwärmung der letzten Jahre. Nur der steigende Treibhausgasgehalt der Atmosphäre, der sorgfältig gemessen wird und eindeutig ist, kann den Anstieg der Temperatur erklären, den wir erleben.

Die Rolle, die Treibhausgase bei der Regulierung der Oberflächentemperatur der Erde spielen, ist unstrittig und wurde vor langer Zeit erkannt: Sie erwärmen die Troposphäre. In den 1820er Jahren fiel dem französischen Mathematiker Joseph Fourier auf, dass die Erde weitaus wärmer war, als sie aufgrund ihrer Entfernung von der Sonne sein sollte. Die Physik der *Ursache* – Wiederabstrahlung von thermischer Infrarotenergie durch Treibhausgasmoleküle in die Atmosphäre – ist seit 1896 bekannt, als sie ein schwedischer Chemiker namens Svante Arrhenius mit Papier und Feder berechnete. Wenn es den Treibhauseffekt nicht gäbe, würden Sie dieses Buch nicht lesen, weil die Erde eine leblose Kugel aus Eis wäre.

Nach mehr als vier Jahrzehnten Forschung stimmen seriöse

Klimaforscher darin überein, dass der gegenwärtige Erwärmungstrend der Erde in erster Linie von anthropogenen Treibhausgasemissionen verursacht wird, und zwar hauptsächlich durch die Verbrennung fossilen Kohlenstoffs und die Herstellung von Beton. Das ist ein beispielloser Konsens für eine Gruppe von skeptischen, miteinander konkurrierenden Individuen, deren berufliche Laufbahn verlangt, dass sie einander ausstechen. Ironischerweise wurden die geläufigsten Ausflüchte zur Leugnung dieses mühsam errungenen Konsenses – Veränderungen des natürlichen Klimas durch andere geophysikalische Ursachen, die sich in der geologischen Vergangenheit ereigneten – von derselben wissenschaftlichen Gemeinschaft entdeckt.

Diese Forscher sind schon seit Langem von der Debatte, ob der anthropogene Klimawandel eine Tatsache ist oder nicht, zu etwas anderem übergegangen. Ihre Untersuchungen konzentrieren sich jetzt auf das Tempo und die wahrscheinlichen Folgen der schnellen Veränderungen des Klimas und der Umwelt, deren Ursache wir sind.

Das schließt viele Untersuchungen darüber ein, welchen Einfluss der Klimawandel auf Flüsse hat. Aus der Analyse historischer Aufzeichnungen über Durchflussmengen wissen wir, dass seit Mitte des 20. Jahrhunderts die jährlichen Gesamtfluten sich um 30 Prozent oder mehr in etwa einem Drittel der beobachteten Flüsse der Welt verändert haben. Aus diesen Aufzeichnungen geht ein deutliches geografisches Muster hervor: Die Durchflussmengen in kalten Flüssen hoher Breiten nehmen im Allgemeinen zu, während die Durchflussmengen in warmen Flüssen mittlerer Breiten im Allgemeinen abnehmen, manchmal um 60 Prozent oder mehr. Diese Rückgänge sind besonders augenfällig in historischen Aufzeichnungen aus China, Afrika, dem europäischen Mittelmeerraum, dem Nahen Osten, Mexiko und Australien, wobei der Gelbe Fluss in China ein außergewöhnliches Beispiel ist. Die meisten dieser Rückgänge in mittleren Breiten gehen auf die Entnahme von Wasser durch den Menschen, Staudämme und Flussumleitungen zurück, wobei der Klimawandel eine sekundäre Rolle spielt.

Die zunehmenden Durchflussmengen in hohen Breiten spiegeln jedoch eine ausgeprägte Klimareaktion wider. Ein Großteil dieser Zunahme wird von der Clausius-Clapeyron-Beziehung verursacht, einer grundlegenden Gleichung der Atmosphärenphysik, die beschreibt, wie wärmere Luft mehr Wasserdampf halten (und daher auch mehr Regen abgeben) kann. Die Flussmengen im Winter nehmen im Allgemeinen ebenso zu, und zwar aufgrund milderer Winter und möglicherweise auch durch größere Zuflüsse von Grundwasser, insbesondere in ganzjährig gefrorenen arktischen und subarktischen Landschaften.

Flüsse, die von Gebirgsgletschern gespeist werden, schwellen ebenfalls an, da das alte Eis schmilzt und zum Meer zurückkehrt. Etwa die Hälfte der bedeutenden von Gletschern gespeisten Flüsse der Welt hat diesen vorübergehenden Anstieg der Durchflussmenge, der als Scheitelwasserstand bezeichnet wird, bereits durchlaufen. Der Effekt ist temporär. Die schrumpfenden Gletscher in Asiens Wassertürmen werden vermutlich die Flussmengen in den Oberläufen von Indus, Ganges, Brahmaputra und Jangtse bis zur Mitte dieses Jahrhunderts um 5 bis 20 Prozent reduzieren.

Das ist besonders beunruhigend für den Indus und den Brahmaputra, die etwa 40 Prozent ihrer Durchflussmenge von Gletschern des Himalayas beziehen. Der Scheitelwasserstand in den Oberläufen des Brahmaputra ist bereits vorbei, und man erwartet, dass er 2050 im Ganges und um 2070 im Indus auftritt. Dann werden die Flussmengen in diesen lebenswichtigen Flüssen im Sommer zurückgehen und die Zahl der Menschen, die sie am Leben erhalten können, um mindestens 60 Millionen reduzieren. Die prognostizierten Rückgänge der Durchflussmengen könnten sich sogar als noch schlimmer erweisen, wenn leichte Zunahmen an Regenfällen, die von den meisten Klimamodellen vorhergesagt werden, sich nicht einstellen.

Es gibt auch einige jahreszeitliche Änderungen der Flussmenge von Flüssen, die dann auftreten, wenn das Eis auf dem Land schrumpft. Große Gletscher erhalten die Flüsse selbst in heißen, trockenen Jahren, weil zusätzliches Wasser freigesetzt wird, wenn mehr Eis schmilzt. Während der kalten, feuchten Jahre bauen sich die Gletscher wieder auf. Aber wenn Gletscher ganz verschwinden, dann verschwindet auch dieser nützliche Puffereffekt mit ihnen. Die heutigen Verbraucher von Gletscherschmelzwasser stehen daher vor einer Zukunft zurückgehender Durchflussmengen im Sommer und während Dürreperioden, wenn das Wasser für die Landwirtschaft am dringendsten gebraucht wird. Ein anderer unangenehmer Nebeneffekt zurückgehender Durchflussmengen von Flüssen ist die Reduktion der Wassermenge, die zur Verdünnung von Abwasserabflüssen und Schadstoffen zur Verfügung steht. Das bedeutet, dass selbst dann, wenn der Verschmutzungsgrad konstant gehalten wird, die *Konzentration* von Schadstoffen zunehmen wird, was die Wasserqualität der Flüsse verschlechtert.

Auf einer kürzeren, jahreszeitlichen Zeitskala spielen Schneedecken im Gebirge eine ähnliche Rolle, indem sie die winterlichen Niederschläge bis zum späten Frühling und Frühsommer festhalten. Wenn der Schnee den ganzen Winter über gefroren bleibt, werden die Flussmengen der flussabwärts gelegenen Flüsse bis zu einem späteren Zeitpunkt verzögert, wenn sie für die Landwirtschaft am nützlichsten sind. Dort, wo es zu warm ist, um eine kontinuierliche Schneedecke im Winter aufrechtzuerhalten, fließt dieser Niederschlag lange vor der Anpflanzzeit zum Meer. Um dieses Problem zu entschärfen, bauen China, Indien, die Vereinigten Staaten und andere Länder, deren Landwirtschaft von der Schneedeckenspeicherung abhängt, Staudämme, um einen Teil dieser winterlichen Flussmengen aufzustauen, aber es ist physisch unmöglich, die enorme Speicherkapazität von Gebirgsschneedecken jemals durch Staubecken zu ersetzen.

Steigende Temperaturen entziehen auch Wasser aus dem Boden, und zwar durch die zunehmende Verdunstung und den Wasserkonsum von Pflanzen. Dadurch wird die Wassermenge reduziert, die es bis zu den Flüssen schafft. Das ist ein ernsthaftes Problem für den Südwesten Amerikas, der im Hinblick auf einen Großteil seiner Wasserversorgung entscheidend vom Colorado River abhängt. 40 Millionen Menschen und so gut wie alle Städte in dieser Region sind auf diesen Fluss angewiesen – am bekanntesten ist das bei Los Angeles und Phoenix, es gilt aber auch für kleinere Städte wie Albuquerque und Santa Fe. Die Kombination aus rückläufigen Niederschlägen und steigenden Temperaturen hat die jährlichen Durchflussmengen des Colorado River weit unter ihren langfristigen Durchschnitt getrieben, wodurch für sieben US-Staaten ein struktureller Mangel bei seinen per Gesetz zugemessenen Wasserzuteilungen entsteht.

Zwischen 2000 und 2014 lagen die jährlichen Durchflussmengen des Colorado im Mittel fast 20 Prozent niedriger als ihr langfristiger Durchschnitt im 20. Jahrhundert (1906 –1999). Etwa ein Drittel bis die Hälfte dieses Rückgangs wird durch den beispiellosen Temperaturanstieg um 0,9 °C in seinem gesamten Becken erklärt, der die Schneedecke verringert und die Nutzung von Wasser für Pflanzen sowie die Bodenverdunstung erhöht hat. In dem Maße, wie die Temperaturen steigen, werden die jährlichen Durchflussmengen im Colorado River auch weiterhin zurückgehen. Klimamodellprognosen sagen konservativ weitere Verluste von mindestens 20 Prozent und möglicherweise 30 Prozent bis zur Mitte dieses Jahrhunderts voraus. Bis zum Jahr 2100 könnten die jährlichen Flussmengen des Colorado River auf weniger als die Hälfte ihres heutigen Stands fallen.

Die Erwärmung unseres Klimas wird Flüsse auch in anderen Hinsichten beeinflussen, außer dass sie ihre Durchflussmengen und zeitlichen Charakteristika ändert. Während die Wassertemperaturen steigen, ergeht es Warmwasserarten wie Karpfen gut, aber Kaltwasserarten wie Forellen nicht. Im Winter wird es zunehmend gefährlicher, Flusseis zu überqueren, und Überschwemmungen, die durch das Aufbrechen des Eises entstehen, werden im Frühling weniger heftig. Obwohl solche Überschwemmungen die errichtete Infrastruktur beschädigen können, profitieren die Ökosysteme der Überschwemmungsebenen von den großen Zuflüssen an Sedimenten und Wasser. In den gefrorenen arktischen und subarktischen Landschaften ermöglicht der tauende Boden, dass mehr Grundwasser in Flüsse sickert, wodurch ihre Chemie verändert und uralter, gelöster Bodenkohlenstoff zugefügt wird, der dann in die Atmosphäre gelangt.

Eine der am meisten gefürchteten Auswirkungen des Klimawandels auf Flüsse ist die zunehmende Häufigkeit extremer Überschwemmungen (abgesehen von solchen, die auf das Aufbrechen des Eises zurückgehen). Aufgrund der Clausius-Clapeyron-Gleichung wissen wir, dass eine wärmere Atmosphäre im Allgemeinen mehr Regen hervorbringen wird und so die Wahrscheinlichkeit von Hitzewellen und Dürren erhöht. Zukünftige Niederschlagsmuster sind jedoch schwieriger zu modellieren als Temperaturänderungen, wodurch ihre Vorhersage zu einem anspruchsvollen und aktiven Forschungsgebiet der Atmosphärenwissenschaft wird. Obwohl historische Aufzeichnungen eindeutige, stabile Trends bei der jährlichen Durchflussmenge von Flüssen dokumentieren, ist die Bestätigung von Trends bei extremen Überschwemmungen eine Herausforderung, auch weil sehr lange Aufzeichnungen notwendig sind, um statistische Trends bei seltenen Ereignissen sicher nachzuweisen. Eine Ausnahme findet sich im Zentrum der Vereinigten Staaten, wo statistische Untersuchungen in der jüngsten Vergangenheit starke Zunahmen der Häufigkeit von Flussüberschwemmungen bestätigen.

In einem allgemeineren Sinne ist das Bild, das sich aus Klimamodellen ergibt, dass die Häufigkeit von Flussüberschwemmungen nicht linear mit der globalen Durchschnittstemperatur zunimmt. Eine Zunahme der globalen Durchschnittstemperatur um 1,5 °C wird der Prognose zufolge die weltweite Zahl menschlicher Todesopfer aufgrund von Überschwemmungen fast verdoppeln und den direkten wirtschaftlichen Schaden fast verdreifachen. Ein Anstieg um 2 °C erhöht die Zahl der Todesopfer um weitere 50 Prozent und verdoppelt noch einmal den direkten wirtschaftlichen Schaden.

Diese Zusammenfassungen anhand globaler Durchschnitte verdecken jedoch einige wichtige geografische Gegensätze auf der Erde. Beispielsweise wird vorhergesagt, dass Hochwasserspiegel, die gegenwärtig in Intervallen von 100 Jahren wiederkehren (was eine Wahrscheinlichkeit von einem Prozent für jedes beliebige Jahr bedeutet), im Mittelmeerraum Europas, in Zentralasien und im Südwesten Amerikas seltener, aber in Südostasien, auf der indischen Halbinsel, in Ostafrika und in einem Großteil Südamerikas häufiger werden. Die Überschwemmungsrisiken werden daher an vielen Orten zunehmen, während einige andere Regionen sicherer werden.

Obwohl der Klimawandel für die Auswirkungen von Umleitungen, von großen Staudämmen und der Wasserverschmutzung sekundär ist, setzt er die Flusssysteme der Welt doch unter Druck. Langfristige Rückgänge von Flussmengen im Sommer, sich ändernde Wahrscheinlichkeiten der Häufigkeit von Überschwemmungen und wärmere Wassertemperaturen stellen die Ökosysteme des Menschen und der Natur gleichermaßen vor Herausforderungen. Durch diese gemeinsamen Belastungen wird es wichtiger denn je, die Flüsse der Welt zu überwachen und zu verstehen und ihre Ressourcen klug zu nutzen. In den nächsten beiden Kapiteln werden wir erforschen, wie neue Technologien, Sensoren und Modelle einen Beitrag dazu leisten können.

Kapitel 7

Mit dem Strom schwimmen

Der Carmel ist ein entzückender Fluss. Sein Lauf ist nicht lang, doch weist er alles auf, was man von einem Fluss füglich verlangen kann. Er entspringt in den Bergen, sprudelt und tollt eine Weile, stürzt durch Felsenschluchten, bildet Wasserfälle und Seen, bis er gemächlich zwischen Sykomoren und Weiden einherwallt, lässt Auen, Inselchen, Seitenarme und Sandbänke auftauchen, Aufenthaltsorte für allerhand Flusskrebse, und speist obendrein einen Forellenteich. ... Reiche Bauernhöfe leiten sein Wasser in ihre Obst- und Gemüsegärten. Wenn der Abend hereinbricht, schlägt die Wachtel, und die Wildtauben gurren. Waschbären spähen nach Fröschen – kurz, es ist ein Flüsschen, das keine Behaglichkeit dieser Erde entbehrt.

John Steinbeck, *Die Straße der Ölsardinen*

Der Nobelpreisträger John Steinbeck wuchs im kalifornischen Salinas Valley auf, einem Ort mit einer reichhaltigen Geschichte von Einwanderern, Landwirtschaft und Konflikten um Wasser. Heute ist es am bekanntesten für den Anbau von Kopfsalat. Viele von Steinbecks Romanen wurden von den Sonderlingen und Landschaften des Tals angeregt, unter anderem vom nahe gelegenen Carmel River, einem Juwel von Strom, der im Santa-Lucia-Gebirge an der Central Coast entspringt und unmittelbar südlich von Carmel-bythe-Sea in den Pazifik fließt. In seinem Roman *Die Straße der Ölsardinen* (*Cannery Row*) schrieb Steinbeck über die üppigen Farne und Krebse des Flusses und über wilde Füchse und Berglöwen, die an seinen Ufern entlangschlichen. Zu jener Zeit funkelten und drängten sich im Carmel River Stahlkopfforellen, ein widerstandsfähiger Stamm seetüchtiger Regenbogenforellen.

Steinbeck verortet seine Stahlkopfforellen flussabwärts von einem Staudamm, bei dem es sich sehr wahrscheinlich um den San-Clemente-Staudamm handelt, der 1921 gebaut wurde, als der künftige Nobelpreisträger 19 Jahre alt war. Der gewaltige 32 Meter hohe Staudamm stellte eine wichtige Wasserversorgung für die Sardinenkonservenfabriken und die wachsende Bevölkerung der Stadt Monterey dar. Außerdem riegelte er den oberen Carmel River von seinen Stahlkopfforellen ab.

Wie Lachse kehren erwachsene Stahlkopfforellen aus dem Meer zum Laichen zurück und legen ihre Eier in die aus grobem Kies bestehenden Böden kalter, sauerstoffreicher Binnenflüsse. Eine Fischleiter (eine schmale Treppe stufenförmig angeordneter Becken), die gebaut wurde, damit sich die Fische nach oben und über den San-Clemente-Staudamm hinwegkämpfen konnten, erwies sich als zu steil, um erfolgreich zu sein. Vier Jahre nach der Veröffentlichung von *Die Straße der Ölsardinen* 1945 wurde ein zweiter Staudamm ohne Fischleiter zehn Kilometer weiter stromaufwärts gebaut. Der spektakuläre Andrang von Stahlkopfforellen, der, historisch gesehen, um 20 000 erwachsene Fische pro Jahr umfasste, begann zurückzugehen. In den 1960er Jahren waren die Fischzahlen um über 90 Prozent zurückgegangen und fielen immer noch. 1997 wurde die Stahlkopfforelle im U.S. Endangered Species Act (Gesetz zu gefährdeten Arten) als bedrohte Art aufgeführt. 2015 wurden am San-Clemente-Staudamm nur sieben Fische gezählt.

Bevor diese Staudämme gebaut wurden, tat der Carmel River das, was alle Flüsse tun – er trug seine Sedimentfracht trudelnd stromabwärts zum Meer. Aber beim Erreichen der Stauwasserbecken verlangsamte sich der Fluss und lud seine Last ab. Hinter den Dämmen begannen sich Ablagerungen anzusammeln, und 2008 hatte das San-Clemente-Staubecken über 90 Prozent seiner Speicherkapazität eingebüßt. Es konnte seinem ursprünglichen Zweck der Wasserspeicherung nicht mehr dienen, und, schlimmer noch, der Staudamm selbst war zu einem Sicherheitsrisiko geworden: Die California Division of Safety of Dams (Kalifornische Behörde für Staudammsicherheit) stellte fest, dass er ein größeres Erdbeben oder eine größere Überschwemmung nicht überstehen würde. Sein Eigentümer, California American Water, ein Versorgungsunternehmen, sah einer teuren Nachrüstung entgegen, um ein alterndes Bauwerk zu retten, das seinen Zweck überlebt hatte.

Fischereibiologen hatten schon lange die Blockade des Flusses durch den Staudamm angeprangert. Anstatt das weitgehend nutzlose Bauwerk nachzurüsten, schloss das Unternehmen eine Partnerschaft mit der California State Coastal Conservancy (Kalifornische Küstenaufsichtsbehörde) und dem National Marine Fisheries Service (Nationale Behörde für Meeresfischgründe), der zur National Oceanic and Atmospheric Administration (Nationale Ozean- und Atmosphärenbehörde) gehört, um einen Plan zur sicheren Entfernung des Staudamms und zur Rückführung des Carmel River zu einem natürlicheren, frei fließenden Zustand zu entwerfen.

Die Idee war kühn und stellte eine technische Herausforderung dar. Der Abbruch des Bauwerks wäre zwar ziemlich unkompliziert, aber die plötzliche Freisetzung von Ablagerungen, die sich fast 100 Jahre lang angesammelt hatten, würde den Fluss im Schlamm ersticken und sein Flussbett erhöhen, wodurch flussabwärts neue Überschwemmungsrisiken entstünden. Die Ausbaggerung und Verladung der Ablagerungen auf Lastwagen war undurchführbar teuer. Um kosteneffektiv zu sein, mussten über zwei Drittel der Sedimentablagerungen – ungefähr 1,9 Millionen Kubikmeter – an Ort und Stelle stabilisiert werden.

Es wurde eine geniale bautechnische Lösung entworfen. Der Fluss würde stromaufwärts des Staudammes umgeleitet werden und sein altes Bett mit dem Staubecken sowie den größten Teil der angesammelten Ablagerungen umgehen. Ein neuer Kanal würde durch einen benachbarten Bergrücken gesprengt werden, um den Fluss in einen sich nähernden Nebenlaufsbach umzuleiten. Der Nebenlauf würde erweitert und in einen 760 Meter langen Bypass-Kanal eingeleitet werden, der in der Lage wäre, die gesamte Flussmenge des Carmel River und seine eigene aufzunehmen. Mit Felsen, die vor Ort behauen wurden, wurde der Bypass zu einer stufenförmigen Reihe von Wasserfällen und Ruhebecken geformt, die sorgfältig so gestaltet wurden, dass sie die Stahlkopfforellen dazu ermuntern sollten, sich stromaufwärts zu bewegen.

Nach der Fertigstellung dieser Arbeit im Jahr 2015 wurde der San-Clemente-Staudamm abgerissen. Fast unmittelbar danach begannen die Stahlkopfforellen den Bypass zu besiedeln. Zum ersten Mal seit John Steinbecks Teenagerjahren konnte dieser gefährdete Fisch wieder ungehindert stromaufwärts zum Laichen schwimmen.

Die Neuauflage der Staudammzerstörer

Der Abriss des San-Clemente-Staudamms spiegelt eine breitere Entwicklung wider, die in den Vereinigten Staaten und Europa im Gange ist. Bis zum Jahr 2019 wurden allein in den Vereinigten Staaten fast 1600 Staudämme abgerissen. Obwohl diese Zahl im Vergleich zu den etwa 80 000 (darunter viele kleinere Bauten), die immer noch stehen, klein ist, gewinnt der Trend an Fahrt. Etwa 70 Prozent dieser Abtragungen sind seit 1999 erfolgt, und alte Staudämme werden jetzt gewöhnlich in den Staaten des oberen Mittleren Westens, des Nordostens und der Westküste abgerissen. Kalifornien, Oregon und Michigan haben alle über fünf Prozent ihrer Staudämme entfernt, Wisconsin über zehn Prozent.

Die meisten Staudammabrisse sind ursprünglich von wirtschaftlichen Bedenken motiviert, nicht aber von solchen, welche die Umwelt im Blick haben. Das Anfüllen von Sedimenten und der alternde Beton haben viele der Bauwerke aus dem frühen 20. Jahrhundert ans Ende ihrer nützlichen Existenz gebracht. In der Regel sind sie in schlechtem Zustand und dienen nicht mehr dem ursprünglichen Zweck, für den sie gebaut wurden. Bedenkliche Bauwerke belasten ihre Eigentümer mit einem Haftungsrisiko, und in den Vereinigten Staaten erfordern Wasserkraftstaudämme auch regelmäßige Neugenehmigungen durch die Federal Energy Regulatory Commission (FERC, Bundesausschuss zur Energieregulierung), welche häufig kostspielige Verbesserungen erfordern. Im pazifischen Nordwesten werden durch die schnell zunehmenden Kapazitäten der Sonnen- und Windkraft die Preise für erneuerbare Elektrizität gesenkt, was die Wirtschaftlichkeit von Wasserkraftstaudämmen noch weiter untergräbt. Allein aus wirtschaftlichen Gründen ist daher der Abriss eine zunehmend attraktive Option für Staudammeigentümer, insbesondere dann, wenn ihre Partner bereit sind, einen Beitrag zu den Zahlungen zu leisten. Einfach ausgedrückt: Das Niederreißen eines alten Staudamms ist für den Nettoprofit des Eigentümers häufig positiv.

Außerdem wird das Tempo der Staudammabrisse durch immer mehr wissenschaftliche Arbeiten beschleunigt, die nachweisen, wie effektiv diese Abrisse für die Wiederherstellung der Flüsse sind. Wenn die Ablagerungen richtig gehandhabt werden, ist die Entfernung alter Staudämme für die Umwelt kurzfristig weniger traumatisch, als man ursprünglich befürchtet hatte. Der schrittweise Abbau von Staudämmen über mehrere Jahre hinweg dämpft die Flut angestauter Sedimente und die damit verbundenen Überschwemmungsgefahren flussabwärts. Innerhalb weniger Jahre, in denen der flussabwärts gelegene Kanal sich mit seinen alten, weit stromaufwärts gelegenen Sedimentquellen neu verbindet, übernimmt der Fluss wieder seine alte Aufgabe, seine Sedimente ins Meer zu transportieren.

Fast alle Staudämme, die bisher abgetragen wurden, waren relativ klein und meistens unter zehn Meter hoch. Aber das ändert sich in dem Maße, wie Ingenieure und Wissenschaftler an Zutrauen gewinnen. Im Jahr 2014 wurden zwei ganz große Staudämme, die jahrzehntelang die Durchreise von Chinook-Lachsen (der größten pazifischen Lachsart) versperrt hatten, am Elwha River im Bundesstaat Washington abgerissen. Nach drei Jahren allmählichen Abbaus wurden die letzten Stücke des 64 Meter hohen Glines Canyon Dam (siehe Farbtafel) und des 33 Meter hohen Elwha River Dam entfernt.

Die Erholung ging rasch vor sich. Innerhalb weniger Jahre hatte der Elwha River seine alte Kanalform wiederhergestellt und spülte über zehn Millionen Kubikmeter angesammelter Sedimente hinaus, wodurch der Meeresboden in der Nähe seiner Mündung um zehn Meter angehoben wurde. Da diese Staudämme in Küstennähe lagen, stellte ihre Entfernung zum Meer den Zugang zu riesigen Gebieten von hochwertigen, flussaufwärts gelegenen Lebensräumen für Wanderfischarten wieder her. Innerhalb von Tagen nach der letzten Sprengung sah man Chinook-Lachse stromaufwärts an den alten Stützpfeilern vorbeischwimmen und auf den Olympic National Park und ihre angestammten Laichgründe zusteuern.

Ein noch beeindruckenderer Plan ist zurzeit in Vorbereitung, um vier große Wasserkraftstaudämme am Klamath River zu entfernen. Der Klamath ist eine schwer strapazierte Wasserstraße, die sich kraftvoll durch Oregon und Nordkalifornien hindurchschneidet, bevor sie in den Pazifik eintritt. Stämme amerikanischer Ureinwohner haben gegen diese blockierenden Staudämme protestiert, seitdem der erste im Jahr 1918 gebaut wurde. Ein großes Lachssterben im Jahr 2002 im Verein mit dem drohenden Ablauf der 50-Jahres-Frist für die Neugenehmigung durch die FERC brachte Fischer und Ureinwohner in der Frage um die Zukunft dieser alternden Bauwerke gegen Farmer und Politiker auf. Doch unter den grundverschiedenen Interessengruppen entwickelte sich eine bemerkenswert positive und nachhaltige Koalition, die schließlich drei große Kompromissvereinbarungen hervorbrachte, welche Dutzende von Regierungsbehörden, Stammesregierungen, landwirtschaftlichen Organisationen und Umweltschutz-NGOs einbezogen.

Die mühsam errungenen Vereinbarungen gewannen auch die Unterstützung von PacifiCorp, dem Eigentümer der Staudämme und einer Tochtergesellschaft von Warren Buffetts Holdinggesellschaft Berkshire Hathaway (ein weiterer Anreiz ging möglicherweise von regelmäßigen Pilgerfahrten seitens der Protestierenden zu den jährlichen Aktionärsversammlungen in Omaha aus, wo sie den Abriss der Staudämme forderten). Nach mehrjährigen Verhandlungen wurde eine Vereinbarung getroffen. Nach Presseberichten von Ende 2021 soll der Abriss im Jahr 2023 beginnen.

Dieser Trend der Abtragung alter Staudämme ist auch in Westeuropa im Gange, wo Hunderttausende kleiner Staudämme, Wehre und Abzugskanäle Wohnräume an Flüssen fragmentiert haben, und zwar manchmal jahrhundertelang. Mindestens 5000 dieser kleinen Bauwerke wurden nun in Frankreich, Schweden, Finnland, Spanien und Großbritannien abgetragen, wobei auch ein paar größere anvisiert werden. Im Jahr 2018 wurde ein 22 Meter hoher Staudamm über den Huebra in Spanien abgerissen, um Populationen von Sardas (einem kleinen Meeresfisch), Ottern und Schwarzstörchen an diesem wichtigen Nebenfluss des Duero, eines der größten Flüsse auf der Iberischen Halbinsel, wieder aufzufrischen. Frankreich bereitet den Abriss zweier großer Wasserkraftstaudämme an der Sélune in der Normandie sowie des großen Vogelgrun-Staudamms vor, der am Rheinseitenkanal über die Grenze zu Deutschland hinweg gebaut wurde.

Dam Removal Europe zufolge – einer Vereinigung von NGOs, die das European Rivers Networks, die World Fish Migration Foundation, den Rivers Trust, den World Wildlife Fund und Rewilding Europe umfasst – wurden weitere Tausende mögliche Kandidaten für einen Abriss in den kommenden Jahren bestimmt. Wirtschaftliche Überlegungen, Haftungsbedenken und ein EU-Gesetz unter dem Namen Wasserrahmenrichtlinie, das bis 2027 einen »zuträglichen Umweltstatus« und eine »zuträgliche chemische Verfassung« der europäischen Wasserstraßen anordnet, spornen diesen aufregenden Umweltschutztrend an.

Der Abriss von Staudämmen birgt einige Gefahren. Selbst die am besten durchdachten Pläne für den allmählichen Abbau angehäufter Sedimentablagerungen können durch eine extreme Überschwemmung vereitelt werden.

Falls die Sedimente toxische Schadstoffe enthalten, können sie die Ökologie eines Flusses zerstören, wenn sie flussabwärts freigesetzt werden. Frisch bloßgelegte Stauseeböden scheinen invasive Pflanzenarten anzuziehen, und obwohl Fische ihre ehemaligen Lebensräume schnell neu besiedeln können, brauchen an den Flüssen liegende Wälder Jahrzehnte, um nachzuwachsen. Aber alles in allem hat uns das letzte Jahrzehnt gelehrt, dass Flüsse ihre alten physischen Charakteristika schnell wiederherstellen können, nachdem ihre Fesseln entfernt worden sind. Weniger als ein Jahr nach der Wiedereröffnung des Carmel River hatte er über einen Meter angehäufter Ablagerungen weggeschafft. Innerhalb von zwei Jahren hatte der Fluss sein Bett bis zum Pazifischen Ozean mit frisch abgelagerten Kieseln ausgekleidet.

Reiche, entwickelte Länder, die im frühen und mittleren 20. Jahrhundert fieberhaft Staudämme über ihre Flüsse bauten, beginnen nun, sie wieder loszuwerden. Unterdessen bauen und planen, wie in Kapitel 5 geschildert, die sich entwickelnden Wirtschaften der Welt Tausende neuer Staudämme. Auch sie werden in 100 Jahren mit alterndem Beton, mit Sedimenten angefüllten Staubecken und verlorenen Fischgründen ringen. Die Aufstauung von Flüssen liefert viele kurzfristige wirtschaftliche und gesellschaftliche Vorteile, aber sie hat einen langfristigen Preis.

Hunger nach Sedimenten

Ein anderer Nachteil der Zurückhaltung der Sedimentfracht eines Flusses hinter einem Staudamm ist der sich daraus ergebende Mangel an Sedimenten unterhalb des Damms. Ein verbreitetes Problem, das durch große Staubecken entsteht, ist das klare, sedimentarme Wasser, das sie freisetzen.

Mein Vater, ein Geologe, der über 50 Jahre lang die Sedimentierung in Flüssen erforscht hat, wurde vor Kurzem in einen Rechtsstreit über schrumpfende Feuchtgebiete am Flussdelta des Saskatchewan River verwickelt. Es handelt sich um einen sehr großen, ökologisch pulsierenden Komplex von Binnenwasserstraßen und Sümpfen in der Nähe des Dorfes Cumberland House in Nordkanada. Im Jahr 1962 baute das Stromversorgungsunternehmen SaskPower der Provinz Saskatchewan das E.-B.-Campbell-Wasserkraftwerk, einen großen Staudamm und Stausee etwa 60 Kilometer stromaufwärts des Dorfes, über den Saskatchewan River. Der Staudamm wurde für die Provinz zwar zu einer bedeutenden Quelle von Wasserkraft, aber er richtete auch eine ökologische Katastrophe an, und zwar teilweise deshalb, weil er Flutwellen aufstaute, die zuvor regelmäßig über die Überschwemmungsebene und das Delta des Saskatchewan River gelaufen waren und dessen zahlreiche Sümpfe mit Wasser auffüllten.

Seit dem Bau des Staudamms sind die Feuchtgebiete ausgetrocknet, zur Verwirrung von Zugvögeln, die nach Standorten für ihre Nester suchen, und zum Entsetzen der einheimischen Völker der Cree und Métis, die jahrhundertelang die zahlreichen Wildtiere gejagt und Fallen gestellt haben. Rückläufige Populationen von Enten, Elchen und Bisamratten stellen eine ernsthafte Notlage für Menschen dar, die für ihre Nahrung, zusätzliches Einkommen und als Motivation für ihren Nachwuchs, nach draußen zu gehen, anstatt drinnen und online zu bleiben, auf sie angewiesen sind.

Die ortsansässigen Bewohner schreiben das fortlaufende Verschwinden von Feuchtgebieten recht verständlicherweise dem Auffangen der Fluten des Flusses durch den Staudamm zu. Das Problem könnte entschärft werden, so lautet ihr Argument, und zwar einfach dadurch, dass man SaskPower zwingt, von Zeit zu Zeit künstliche Überschwemmungen freizusetzen. Aber die Jahrzehnte von Felduntersuchungen meines Vaters zeigen, dass das Problem schlimmer ist, als es scheint, und geradezu irreversibel, weil das Wasser, das vom E.-B.-Campbell-Staudamm freigesetzt wird, so wenig Sedimente enthält.

Wenn ein Fluss in das stehende Gewässer eines Staubeckens eintritt, lädt er den größten Teil seiner Sedimente ab, die sich dann am Boden des Staubeckens absetzen. Infolgedessen ist das Wasser, das in den Fluss unterhalb eines Staudamms freigesetzt wird, gereinigt. Der Fluss schlachtet dann Sedimente aus seinem eigenen Kanal aus, wodurch dieser tiefer und breiter wird. Es ist dann weniger wahrscheinlich, dass der ausgehöhlte, verbreiterte Kanal seine Ufer bei Hochwasserperioden überspült, wodurch die ihn umgebenden Sümpfe auch dann trocken bleiben, wenn es Durchflussmengen gibt, bei denen es zuvor zu Überschwemmungen gekommen wäre.

Ich habe das Delta des Saskatchewan River vor über 30 Jahren erstmals besucht, als kostengünstiger Feldforschungsassistent beim Forschungsteam meines Vaters. Wir bohrten Sand- und Schlammkerne aus der sumpfigen Überschwemmungsebene des Flusses aus, um besser zu verstehen, wie seine lange Überschwemmungsgeschichte eine der reichhaltigsten Konzentrationen von Wildtieren in Kanada entstehen ließ. Ich erinnere mich an Wolken fürchterlicher Stechmücken, die sich auf mich stürzten, als ich bis zu den Oberschenkeln im Wasser und unter Weiden stand und Mühe hatte, ein schweres Kernrohr in die dunkle Brühe hinabzulassen. Heute ist dieser Ort trocken. Die Bisamratten und Enten sind verschwunden, genau wie die Flussboote der Cree und Métis, die Jagd auf sie machten. Der Saskatchewan River, der in seinem immer breiter werdenden Graben gefangen ist, tost gedankenlos weiter als Eigentum von SaskPower und bestimmt durch die Physik von Sedimenten und Wasser.

Den Schaden verringern

Die Belastungen und die Umweltschäden durch Flussstaudämme rufen zunehmend deutlicher werdende Forderungen nach ihrer Entfernung hervor, aber nur in einem kleinen Klub reicher, entwickelter Länder, die mit einer Reihe alternder Bauwerke konfrontiert sind, welche zu Beginn und in der Mitte des 20. Jahrhunderts gebaut wurden. Inzwischen ist wie gesagt weltweit ein neuer Bauboom im Gange, wobei mindestens 3700 größere neue Staudämme in der Planungsphase oder im Bau sind. Wie in den Kapiteln 2 und 5 geschildert, befinden sich die meisten dieser neuen Projekte in China, Südostasien, Zentralasien und Afrika, wo der inländische Widerstand gegen sie schwach ist.

Global betrachtet, wiegen die Umweltvorteile aus der relativ kleinen Zahl von Staudammabrissen die Schäden von Hunderten neuer Staudämme nicht auf, die jedes Jahr gebaut werden. Wie wir gesehen haben, verursachte das letzte Jahrhundert flusstechnischer Megaprojekte ernsthafte ökologische und gesellschaftliche Schäden. Können die Schöpfer neuer großer Staudammprojekte in diesem Jahrhundert ähnliche Fehler vermeiden?

Die Antwort liegt irgendwo zwischen Nein und Vielleicht. Wenn es sich um riesige Wasserspeicher-Staubecken handelt wie jene, die vom Drei-Schluchten-Staudamm und dem Grand Ethiopian Renaissance Dam aufgestaut werden, ist der zu entrichtende Tribut in Form der Vertreibung von Menschen, veränderter Flussmengen, des versperrten Durchgangs für Fische, verschlechterter Wasserqualität, der Anhäufung von Sedimenten und Erosion flussabwärts unvermeidlich. Doch mindestens drei umfassende Ideen stellen das alte Paradigma turmhoher Staudämme mit riesigen Staubecken, die Jahre der Flussmenge eines Flusses und das meiste von seinen Sedimenten verschlucken, infrage: Designerströme, Technologien für den Durchlauf von Sedimenten und Laufwasserstaudämme.

Sogenannte Designerströme streben an, dass die Freisetzungen von Wasser durch ein Staubecken sowohl Umweltschutz- als auch wirtschaftlichen Zielen dienen. Große Staubecken speichern die natürliche Flussmenge eines Flusses und zerstören dadurch seine Uferökologie. Könnte dieses Problem durch das strategische Timing von Wasserfreisetzungen gemildert werden, um beispielsweise natürliche Überschwemmungszyklen nachzuahmen oder invasive Arten wegzuspülen? Eine jüngere Modelluntersuchung eines Staudamms, der den San Juan River (einen Nebenfluss des Colorado) aufstaut, kam zu dem Schluss, dass gesteigerte Freisetzungen von Wasser im Winter einheimische Fischarten begünstigen und invasive Arten unterdrücken könnten, ohne die grundlegenden wirtschaftlichen Ziele des Staubeckens zu beeinträchtigen. Was sollte man daran nicht mögen?

Tatsächlich sind Designerströme eine umstrittene Idee, die Menschen aufstachelt. Betrachten wir beispielsweise eine jüngere Untersuchung, die das Titelblatt der Zeitschrift *Science* zierte. Sie untersuchte, ob Designerströme die Auswirkungen geplanter Staudammprojekte auf Kambodschas lebenswichtige Tonle-Sap-Fischerei – eine Industrie, die zwei Milliarden Dollar pro Jahr einbringt und mehr als 60 Millionen Menschen in Kambodscha, China, Laos, Myanmar, Thailand und Vietnam ernährt – mildern könnten. Mittels mathematischer Modellierung behaupteten die Autoren, dass sorgfältig getaktete Designerströme nicht nur diese lebenswichtige Fischerei erhalten, sondern auch die Fischernte fast vervierfachen könnten. Der Artikel wurde in einer außergewöhnlichen Anzahl schriftlicher Widerlegungen zerrissen, die sich seine Methodologie und Schlussfolgerungen vornahmen. Die Autoren erwiderten das Feuer und wiesen die Argumente ihrer Gegner als »unrichtig« und »irrelevant« (hitzige Beiwörter für Wissenschaftler) zurück.

In einem allgemeineren Sinne machen die Gegner von Designerströmen geltend, dass der Versuch, die überaus negativen Auswirkungen großer Staudämme auf die Umwelt durch die Staudämme selbst zu bekämpfen, vergebliche Mühe sei. Sie bemerken, dass das Herumspielen mit den Zeitpunkten für die Freisetzung mitnichten die Probleme der versperrten Fischpassage, des wärmeren Wassers, der verschlechterten Wasserqualität und der Anstauung von Sedimenten angehe, die für große Staudämme so bezeichnend sind. Das sind zwar vernünftige Argumente, aber sie widerlegen nicht den Sachverhalt, dass optimal getaktete Freisetzungen von Wasser – bei bereits existierenden großen Staudämmen – einige Umweltvorteile flussabwärts liefern könnten. Zur Zeit der Niederschrift lässt sich schwer sagen, wer recht hat. Designerströme sind eine relativ neue Idee, und das Korpus veröffentlichter wissenschaftlicher Befunde ist immer noch klein. Viel mehr Untersuchungen werden benötigt, bevor wir Designerströme getrost einsetzen können, um einen Beitrag zur Linderung der Umweltschäden großer Flussstaudämme zu leisten.

Eine zweite vielversprechendere Idee dreht sich um den Entwurf und das Management neuer Staudämme in einer solchen Weise, dass die Sedimente sie durchdringen können. Man hofft, dass »Technologien des Sedimentdurchlaufs« die Kanalerosion unterhalb der Staudämme und die damit verbundenen ökologischen und wirtschaftlichen Probleme dämpfen können. Matt Kondolf, Professor an der University of California in Berkeley und Experte für die Sanierung von Flüssen, hat die Risiken eingeschätzt, die durch die Aufstauung von Sedimenten hinter den mehr als 130 Staudämmen entstehen, welche gegenwärtig für den unteren Mekong und seine Nebenflüsse in Planung sind. In erster Linie verwendete er Computermodelle, um das Zurückhalten und die Reduktion von Sedimenten flussabwärts zu berechnen, die mit diesen beabsichtigten Staudämmen verbunden wären.

Ihr Bau (wie er gegenwärtig geplant ist) würde unglaubliche 96 Prozent der Sedimentfracht für das Mekongdelta zurückhalten, wodurch tiefgreifende Probleme des Sedimentmangels und der Erosion entstünden, die gravierend genug seien, um die Existenz des Deltas selbst zu bedrohen. In einer zweiten Studie identifizierte er eine Reihe technischer Lösungen, die zumindest einem Teil der zurückgehaltenen Sedimente gestatten würde, sich durch oder um diese Staudämme herum zu bewegen. Diese Lösungen umfassen Bypass-Kanäle, Schleusen, das Ausspülen und Ablassen von Trübeströmen (eine dichte, sich schnell bewegende Lawine aus Wasser und Sedimenten) durch die Staudammkonstruktion. An bestimmten Flussnebenläufen, die große Sandladungen mit sich führen, würden keine Staudämme gebaut. Die Einbeziehung dieser Ideen in die Planung der Region würde einem größeren Teil der Sedimente des Mekong gestatten, sein Delta zu erreichen, und eine Menge schwerwiegender Probleme, die mit dem Fehlen von Sedimenten zu tun haben, abmildern (aber nicht beseitigen).

Die dritte Technik, die einen Teil der schlimmsten ökologischen

Auswirkungen großer Staudämme verringern könnte, wird als Laufwasserdesign bezeichnet. Die allgemeine Konzeption eines Laufwasserstaudamms besteht darin, das Staubecken zu verkleinern oder es ganz wegzulassen. In seiner reinsten Form gestattet ein Laufwasserstaudamm dem Wasser einfach, durch Turbinen in einem niedrigen Staudamm zu laufen, ohne dass überhaupt Wasser gestaut wird. Häufiger werden die Flussmengen vorübergehend in einem kleinen Staubecken verzögert, aber nur für Stunden oder Tage, und nicht für Monate oder Jahre. Diese Strategie funktioniert jedoch nicht in Gebieten, die für Dürren anfällig sind, oder zum Zweck der Wasserspeicherung, ist jedoch attraktiv für die Erzeugung von Strom durch Wasserkraft in Flüssen, deren Strömung zuverlässig ist.

Laufwasserstaudämme vermeiden negative Umwelteinflüsse nicht gänzlich, etwa veränderte Flussmengen, Blockierung von Fischpassagen und die Zurückhaltung von Sedimenten. Sie richten jedoch weniger Schäden an als herkömmliche Staudämme mit großen Staubecken. Da der untere Mekong das ganze Jahr über zuverlässig fließt, sind alle großen Konstruktionen, die dort in Planung sind, Variationen eines Laufwasserstaudamms. Wenn bei ihnen auch Strategien des Sedimentdurchlaufs angewendet werden, wird der untere Mekong der Zukunft wenig Ähnlichkeit mit dem Colorado River, dem Jangtse und anderen massiv aufgestauten Flüssen von heute haben.

Räder der Zukunft

Das Laufwasserkonzept ist schon alt und geht zurück auf die frühesten einfachen Wasserräder (siehe Kapitel 1), die einen Mühlstein in Drehung versetzten, um Mehl zu mahlen. Die niedrigen Staudämme, die sich über den Strömen und Flüssen Europas und Neuenglands während der industriellen Revolution vermehrten, waren Laufwasserdämme, die so entworfen waren, dass eine stetige Flussmenge auf ein Wasserrad geschleust wurde. Diese alte Idee genießt heute wieder neues Interesse, und zwar zum Zweck der Erzeugung bescheidener Beträge kohlenstofffreier Elektrizität aus frei fließenden Strömen und Flüssen mit nur geringer oder gar keiner Aufstauung von Wasser.

Kleinstwasserkraft oder Anlagen mit einer Stromerzeugungskapazität von mindestens zehn Kilowatt und bis zu entweder 100 oder 200 Kilowatt (je nach Land) sind eine altehrwürdige technologische Nische, die jahrzehntelang isolierte Kommunen mit Strom versorgt hat. Zehntausende Kleinwasserkraftanlagen sind gegenwärtig in abgelegenen Gebieten Chinas, Nepals, Pakistans, Perus, Sri Lankas und Vietnams in Betrieb. Eine typische Anlage leitet Wasser aus einem Gebirgsstrom in einen Tunnel oder eine Röhre, die als Druckrohrleitung bezeichnet wird und das Wasser zu einer kleinen, weiter unten gelegenen Turbine rutschen lässt, wodurch genügend Elektrizität erzeugt wird, um eines oder mehrere Häuser zu versorgen. Andere Varianten dieser Idee verwenden ein oberschlächtiges Wasserrad oder eine archimedische Schraube. Dort, wo es zuverlässige Durchflussmengen gibt und das Einfrieren kein Problem darstellt, liefern Kleinstwasserkraftanlagen eine stabile örtliche Stromquelle mit nur geringen Umweltschäden, wenn die umgeleitete Wassermenge klein ist.

Eine Reihe von Unternehmen verkauft jetzt moderne Verkörperungen dieser alten Techniken zur Anwendung in der Stadt sowie auf dem Land. Sie werden zwar aus leichtem Blech anstatt aus Holz hergestellt, aber die Grundidee ist dieselbe. Im Vereinigten Königreich hat eine Firma namens MannPower Consulting über 60 Anlagen installiert, von denen die meisten modernisierte Varianten der archimedischen Schraube sind. Viele der bebauten Flüsse und alten Mühlenstandorte in Großbritannien haben das Potenzial, als be-

Die alten Techniken archimedischer Schrauben und Wasserräder erleben bei der heutigen Energierevolution mit niedrigem Kohlenstoffanteil eine Renaissance. Richtig konzipierte Systeme haben nur geringe ökologische Nachteile und können häufig an älteren historischen Standorten nachgerüstet werden, wie dieses hier im Vereinigten Königreich. *(MannPower Hydro Ltd.)*

scheidene Lieferanten erneuerbarer Energie zu dienen, und archimedische Schrauben eignen sich besonders gut zur Nachrüstung bestehender Wehre. Wasserräder lassen sich in alte Mühlgräben einsetzen, manchmal sogar in derselben Radgrube, in der sich einst ein historisches hölzernes Wasserrad drehte.

In Northumberland, England, war ein Landhaus aus viktorianischer Zeit namens Cragside einst das erste Haus der Welt, das durch Wasserkraft beleuchtet wurde. Fast 140 Jahre später wurde dieses Erbe erneuert, als seine Besitzer eine 17 Meter lange Kleinstwasserkraftturbine in Form einer archimedischen Schraube installierten, durch die das Wasser aus dem aufgestauten See des Landhauses in seinen Ablauf umgeleitet wird. Die dadurch entstehende kohlenstofffreie Elektrizität hilft Cragside beim Erreichen seines Zieles, die Hälfte seiner Energie aus erneuerbaren Quellen zu erzeugen. Im norditalienischen Turin wurde bei einem größeren Projekt eine Reihe von 80 modernen Wasserrädern in einem alten Kanal installiert, wodurch genügend Elektrizität erzeugt wird, um mehr als 2000 Wohnungen zu versorgen.

Obwohl sie im Prinzip zeitlos sind, entwickeln sich moderne archimedische Schrauben und Wasserräder immer weiter. Eine britische Firma namens Smith Engineering verkauft hocheffiziente oberschlächtige Wasserräder, die aus lasergeschnittenem Stahl hergestellt sind. Sie erzeugen fünf Kilowatt aus Bachdurchflussmengen, die geringe 100 Liter pro Sekunde betragen, und amortisieren sich in etwa sieben Jahren. Die Wasserräder werden in einem flachen Paket geliefert, das an IKEA-Möbel erinnert, und erfordern keine Spezialwerkzeuge zum Zusammenbau. New Energy Corporation, eine kanadische Firma, verkauft eine vertikal ausgerichtete Turbine, die direkt in einen Bach oder Fluss abgesenkt wird, und erzeugt zwischen fünf und 25 Kilowatt. Das Unternehmen liefert auch verschiedene Montageaufbauten (unter anderem ein verankertes Floß, das die Turbine in der Strömung eines Flusses halten kann, ohne dass die Flussmenge aufgestaut wird) und Umbausätze, um den erzeugten Strom in gewöhnliche Haushaltselektrizität umzuwandeln.

Kleinwasserkraft im großen China

Etwas größere Laufwasseranlagen werden als Kleinwasserkraftanlagen oder KWA bezeichnet und so definiert, dass sie Kapazitäten von bis zu entweder zehn oder 50 Megawatt (wieder je nach Land) aufweisen. Insbesondere China hat KWA mehr als irgendein anderes Land angenommen und begann schon vor Jahrzehnten mit der Elektrifizierung abgelegener Dörfer auf dem Land. In den 1990er Jahren erweiterte China KWA als Teil seiner landesweiten Umweltpolitik noch mehr, um Bauern davon abzuhalten, Bäume zur Gewinnung von Brennholz zu fällen.

In den 2000er Jahren, nachdem der elektrische Strom fast jeden Haushalt in China erreicht hatte, entwickelte sich dort die Nut-

In den letzten beiden Jahrzehnten hat China seine Nutzung der Technik von Kleinwasserkraftanlagen (KWA) stark ausgebaut. Im Jahr 2015 gab es in China über 40 000 KWA mit einer installierten Gesamtkapazität von annähernd 80 Gigawatt, fast dem Vierfachen der Kapazität des Drei-Schluchten-Staudamms. Das abgebildete Beispiel am Nu-Fluss illustriert, wie der Ablauf eines Nebenstroms durch eine Druckrohrleitung und ein kleines Kraftwerk umgeleitet wird, um kohlenstoffarme Elektrizität zu erzeugen. *(Tyler Harlan)*

zung der Kleinwasserkrafttechnologie abermals. Die Verbindung von KWA mit Stromübertragungsnetzen wurde zu einem bedeutenden Bestandteil von Chinas Strategie zur Erfüllung nationaler Ziele bei der Stromerzeugung und bei der Reduktion von Treibhausgasemissionen. Um Anreize für den Bau neuer KWA-Projekte zu schaffen, trat Beijing an die Lokalverwaltungen die Berechtigung ab, jegliches Wasserkraftwerk in Privatbesitz zu genehmigen, das eine Erzeugungskapazität von 50 Megawatt oder weniger hat. Die Betreiber von Stromübertragungsnetzen wurden gezwungen, Elektrizität von diesen Kraftwerken zu kaufen.

Ein kleiner Wasserkraftbauboom folgte, als die Technologie von einer pragmatischen Lösung zur Elektrifizierung abgelegener Dörfer in ein Werkzeug zum Umweltschutz und dann in einen landesweiten Lieferanten von kohlenstoffarmer Energie für China umgewandelt wurde. Im Jahr 2015 gab es über 40 000 KWA in China, die hauptsächlich aus Laufwasserdruckrohrleitungen und Kraftwerksanlagen bestanden. Ihre installierte Gesamtkapazität betrug annähernd 80 Gigawatt, fast viermal so viel wie die des Drei-Schluchten-Staudamms.

Chinas KWA-Boom wurde zwar dafür gelobt, dass durch ihn die Gesamtproduktion erneuerbarer Energie im Land gesteigert wird, er ist aber auch mit Kosten verbunden. Da die Lokalverwaltungen KWA jetzt als Einkommensquelle ansehen, haben sie einen starken finanziellen Anreiz, kleine Wasserwege mit aufeinanderfolgenden Kaskaden von Druckrohrleitungen und Kraftwerken im Übermaß zu entwickeln. Manche Bäche werden buchstäblich auf einem Großteil ihrer Länge trocken umgeleitet, wodurch ihre Ökologie zerstört und die Lebensgrundlage der ortsansässigen Bauern, die ihre Felder nicht mehr bewässern können, gefährdet wird.

Chinas Erfahrung unterstreicht einen wichtigen Punkt. Kleinwasserkraftanlagen können zwar Treibhausgasemissionen reduzieren und sozial und ökologisch weniger schädlich sein als ein riesiger Staudamm, aber sie richten immer noch Schäden an, wenn sie nicht klug entworfen und verwaltet werden. Um dieses Problem in Angriff zu nehmen, hofft das gemeinnützige Low Impact Hydropower Institute (LIHI, Institut für Wasserkraft mit geringen Auswirkungen), Anreize für nachhaltige Anlagen zu schaffen, indem geeigneten Kleinst- und Kleinwasserkraftprojekten bescheinigt wird, dass sie »geringe Auswirkungen« auf Menschen und Ökosysteme haben. Damit ein Projekt eine LIHI-Bescheinigung erhält, muss es minimale Auswirkungen auf die Fischpassage, Erholungssuchende, ökologische Lebensräume, bedrohte oder gefährdete Arten und kulturelle und historische Stätten haben, und es muss ungehinderten kostenlosen öffentlichen Zugang gestatten. »Der Kampf gegen den Klimawandel sollte nicht die Opferung von Ökosystemen bedeuten«, bemerkte Shannon Ames, die Geschäftsführerin von LIHI. »Projekte, denen geringe Auswirkungen bescheinigt werden, zeigen, dass es möglich ist, Elektrizität zu erzeugen, während die Lebensräume zugleich geschützt und häufig auch verbessert werden.« Die Idee könnte sich durchsetzen. Zur Zeit der Niederschrift erhielten fast 150 Projekte in den gesamten Vereinigten Staaten eine Zertifizierung durch LIHI, wobei Dutzende neuer Projekte noch begutachtet werden.

Innovative Firmen wie MannPower Consulting und Zertifizierungsprogramme wie LIHI hoffen, das Potenzial des im Werden begriffenen Markts für nachhaltige Kleinst- und Kleinwasserkraft ausschöpfen zu können. Der European Small Hydropower Association (Europäischer Verband für Kleinwasserkraft) zufolge sind über eine Drittelmillion möglicher Installationsstandorte allein über ganz Europa verstreut. Obwohl es sich gegenwärtig um einen Nischenmarkt handelt, sind richtig konzipierte Anlagen effizient und zuverlässig und haben nur wenige ökologische Nachteile. Sie bieten sowohl in ländlichen als auch in städtischen Gebieten lokale Stromquellen an und leisten einen Beitrag zu umfassenderen Zielen für erneuerbare Energien. Sie fördern das Interesse und die Bildung im Hinblick auf Techniken erneuerbarer Energien und können zu einem Brennpunkt öffentlicher Neugier werden, wenn sie in geschichtlich bedeutsamen Mühlen und Staudämmen installiert werden. Isolierte Gebirgsdörfer und Leute, die sich auf den Weltuntergang vorbereiten, fallen einem vielleicht zuerst ein, wenn man an Kleinst- und Kleinwasserkraft denkt, aber Großstädter, die ihre Portfolios grüner Energie diversifizieren wollen, können ebenfalls von dieser charismatischen Technik mit geringen Auswirkungen profitieren.

Schlangenkopfeintopf

Eine Suppenterrine und zwei duftende Servierteller mit nicht identifizierbarem Essen dampften auf dem Tisch vor mir. Meine Begleiter plauderten fröhlich auf Khmer und begannen ihre Teller zu beladen. Ich schaute genauer hin und erkannte allmählich Formen. Auf einem Servierteller gab es ein paar winzige Süßwasserkrebse, die in Würfel geschnitten, gebraten und mit Gewürzen geschmort worden waren. Auf einem anderen sah ich den kahlen Kopf und Schnabel eines Huhns, die unter einem zerkleinerten Haufen seiner eigenen Organe und Körperteile hervorlugten. Auf der Seite stand eine gummiartige braune Scheibe. In der Terrine dümpelten Stücke eines schuppigen Weißfisches und ein vollständiger Satz gekochter Fischinnereien. Die Gerüche waren verlockend – Chili, Knoblauch, Zitronengras und *Prahok*, eine vergorene Fischpaste. Ich riss mich zusammen und probierte von allem.

Es war köstlich, sogar die gummiartige Scheibe aus gekochtem Hühnerblut. Die einzige Enttäuschung war das Hühnerfleisch, das sehnig und zäh war. Die Hennen, die nervös um uns herumpickten, sahen feingliedrig und gut trainiert aus. Während des Essens sauste eine vorbei, die um ihr Leben rannte und energisch vom Koch verfolgt wurde, der gerade eine weitere Mittagessensbestellung erhalten hatte.

Es war ein schönes Lokal und wie fast alles in Kambodscha im Freien. Wir saßen im Schneidersitz auf dem gefegten hölzernen Boden eines erhöhten Freiluftpodests, das ein Quadrat von drei Metern Seitenlänge bildete und von einem strohgedeckten Dach beschattet wurde. Um uns herum gab es weitere schattige Podeste und Gäste. Vor uns glitzerte ein smaragdgrüner Teich, der von einer üppigen Vegetation umgeben war. Über ihn führte eine wacklige Bambusfußbrücke, an der vier handbehauene Einbäume befestigt waren. Die gläserne Wasseroberfläche wurde von Fischen gekräuselt und verwirbelt.

Die zarten Stücke weißes Fleisch stammten von einem grimmig aussehenden Wesen namens Schlangenkopf. Schlangenköpfe sind eine Klasse von Süßwasserfischen, die in Asien, Malaysia, Indonesien und in den Tropen Afrikas heimisch sind. Stunden zuvor war dieses bestimmte Exemplar aus dem Schlamm eines trockengelegten Bauernhofteichs gezogen und uns als Geschenk übergeben worden. Es hatte einen muskulösen, aalartigen Körper mit Flecken wie ein Leopard, einen massiven Kopf und ein auseinanderklaffendes Maul, das vor Zähnen strotzte. Sein Anblick war furchterregend, doch mir wurde versichert, dass es köstlich sei. Wir gaben es beim Restaurant ab, damit man es für uns zum Mittagessen koche, während es sich in einer Plastiktüte wand.

Schlangenköpfe sind angriffslustige Jäger von Fischen, Schlangen, Fröschen, Vögeln, anderen Schlangenköpfen und so ziemlich allem Weiteren, was sie erwischen können. Dürreperioden überleben sie, indem sie sich wie Frösche in den Schlamm einbuddeln. Wenn sie außerhalb des Wassers sind, können sie atmen und sich über Land winden, um einen anderen Bach, Fluss oder Teich zu finden. Ich kannte Horrorgeschichten über diese Fische aus Nordamerika, wo sie eine sich rasch ausbreitende invasive Art sind, die illegal in die Wildnis eingebracht wurde. Die Aufseher von Fischgründen und wild lebenden Tieren sind wie versteinert angesichts ihrer Gefräßigkeit und Widerstandskraft. Angler bezeichnen sie als »Frankenfish« und fürchten sich vor ihrer Ankunft in einem bevorzugten Fischrevier. Ich hatte ernste Vorlesungen über Schlangenköpfe – und andere invasive Arten wie Zebramuscheln, die Braune Nachtbaumnatter, Wasserhyazinthen und Wanderratten – für Studenten meiner Umweltwissenschaftskurse an der University of California in Los Angeles gehalten.

Im Jahr 2002 zog ein verwunderter Angler den ersten dokumentierten Schlangenkopf in den Vereinigten Staaten aus einem Teich hinter einer Einkaufsstraße in Maryland. Die Entdeckung löste ein Mediengedränge und die Trockenlegung des Teichs aus, wobei Dutzende von Schlangenkopfjungtieren zum Vorschein kamen. Sie wurden auf ein Paar lebende Exemplare zurückgeführt, die jemand auf einem asiatischen Fischmarkt gekauft und in den Teich gesetzt hatte. Zwei Jahre später wurde ein weiterer Schlangenkopf im Potomac River gefangen, einem wichtigen Nebenfluss des Wassereinzugsgebiets der Chesapeake Bay. Bis 2018 hatte sich der Fisch stromaufwärts durch ganz Maryland ausgebreitet und kolonisierte nahezu drei neue Unterwassereinzugsgebiete pro Jahr. Bei diesem Tempo werden die Schlangenköpfe innerhalb von 50 Jahren das gesamte Wassereinzugsgebiet bevölkern, unter anderem von Susquehanna, Rappahannock, James und York River.

Es war verwirrend, dasselbe Wesen, das in meinem eigenen Land so verschmäht ist, als eine hochwertige Delikatesse in einem anderen zu sehen. Auf den Straßenmärkten von Phnom Penh sah ich Metallkübel voller lebender Schlangenköpfe, über die leidenschaftlich verhandelt wurde und die für viel Geld an städtische Konsumenten verkauft wurden. Ich hatte zwar alles über die ökologischen Schrecken des Fisches als einer invasiven Art gewusst, aber keine Ahnung davon, dass er zu Hause so positiv gesehen wurde.

Der Schlangenkopf, den wir aßen, war besonders schmackhaft und wertvoll aufgrund seiner Herkunft. Er wurde lebend auf dem Grund des absichtlich trockengelegten Teiches gefangen, war jedoch in den weiten Reisfeldern aufgewachsen, die den Teich umgaben und in denen er umherschwamm und sich ernährte. Als ich im Dezember zu Besuch kam, waren die Felder trocken, aber von Mai bis Juli während der Monsunregenfälle füllen sie sich mit steigendem Flutgewässer aus den umliegenden Bächen, Flüssen und dem Tonle-Sap-See. Während dieses jährlichen Untertauchens liegt der künstlich ausgehobene Teich am Grund eines weiten, flachen Feuchtgebiets, das weniger als einen Meter tief ist. Erwachsene Laichfische, die während der Trockenzeit in dem Teich gefangen sind, kommen frei, schwimmen lange Strecken durch die umliegenden Reisfelder, um sich den Bauch vollzuschlagen und zu laichen. Wild lebende Fische, die aus den nahe gelegenen Bächen entkommen, tun dasselbe. In den überschwemmten Reisfeldern gibt es eine Planktonexplosion, die eine reichhaltige Ernährungsgrundlage für eine kurzlebige, hochwertige Süßwasserfischerei bietet.

Fische, die auf Reisfeldern leben, wachsen schnell und erreichen in wenigen Wochen ihre Verzehrgröße. Ihre Ausscheidungen setzen sich am Boden ab und liefern den Reisfeldern kostenlosen Dünger. Wenn der Monsunregen aufhört, ziehen sich die Flutgewässer in die Bäche, Flüsse und künstlich vertieften Fangteiche zurück, die in die Felder gegraben wurden. Die Fische haben keine andere Wahl, als zu folgen, und viele gehen in den Teichen in die Falle. Im Herbst sind die Felder trocken, der Reis steht hoch, und die Teiche sind voll von Welsen, Schlangenköpfen und anderen vermarktbaren Fischen, die auf natürliche Weise aus den umliegenden Gebieten herbeiströmen.

Durch die Verbindung von natürlichen jahreszeitlichen Überschwemmungen mit einer wenig intensiven Aquakultur können Reisfelder zu äußerst produktiven Fischgründen werden. Das Haupterfordernis ist die Ausgrabung einiger tiefer, strategisch platzierter Teiche, um die Fische während der Trockenperiode einzufangen und festzuhalten. Flache Gräben, die in die Felder ausstrahlen, maximieren die Fähigkeit der Fische, sich zu verteilen, wenn die Wasserstände steigen, und die Möglichkeit, die Tiere zu fangen, wenn sie fallen. Manche Teiche werden trockengelegt, oder man wirft Netze in ihnen aus, was den Bauern Essen und Bargeld liefert. Andere werden vor dem Fischfang geschützt, um einen gewissen Zuchtbestand aufrechtzuerhalten. Diese Schutzgebiete, die als gemeindeeigene Fischzufluchtsorte bezeichnet werden, dienen im nächsten Jahr zur Wiederbevölkerung der Felder mit einer neuen Fischgeneration.

Wäre unser großer Schlangenkopf in den malerischen grünen gemeindeeigenen Fischzufluchtsort neben dem Restaurant geschwommen, hätte er noch ein Jahr gelebt. Stattdessen wurde er in dem Ernteteich gefangen, der trockengelegt worden war. Das Wasser wurde in die ihn umgebenden trockenen Reisfelder gepumpt, um sie zu bewässern, und 200 Kilo Fisch wurden aus dem Schlamm gezupft (siehe Farbtafel des trockengelegten Fangteichs), in von Fischen wimmelnde Brunnen gekippt und zum Markt geschleppt, um für 1,50 bis 2 Dollar pro Kilogramm verkauft zu werden. Aufgrund seines Lebens auf einem Reisfeld mit seinem ungewöhnlich reinen Geschmack und einer minimalen Belastung durch chemische Substanzen hätte unser großer Schlangenkopf in Phnom Penh zehn Dollar eingebracht, etwa zweimal so viel wie einer, der auf einer herkömmlichen Fischfarm großgezogen wurde.

Diese hybride Form der Aquakultur, bei der natürliche und künstliche Prozesse kooperieren, wird als Reisfeld-Fischerei (RFF) bezeichnet. RFF ist eine zunehmend beliebte Form nachhaltiger Fischerei, die von Regierungs- und Nichtregierungsorganisationen in Südostasien gefördert wird. Ich besuchte Kambodscha, um mir einige RFF-Projekte von WorldFish anzusehen, einer internationalen, gemeinnützigen, Forschung betreibenden NGO, die bestrebt ist, den Hunger und die Armut in den Entwicklungsländern durch nachhaltige Fischerei zu verringern.

Die Organisatoren von WorldFish reisen in ländliche Dörfer, um den Bauern beizubringen, wie sie auf ihren Feldern neben dem Reis Protein anbauen können. Da es den meisten Dörfern an finanziellen Ressourcen mangelt, um ein RFF-System zu entwerfen und aufzubauen, wendet sich die NGO an Spender und Regierungen, um Zuschüsse zu ihrer Finanzierung zu erhalten. Die Kosten sind recht niedrig – wobei die notwendigen Ausgrabungen typischerweise nur wenige Zehntausend Dollar kosten – und entstehen hauptsächlich im Vorfeld, was sie für Stiftungen und Spender attraktiv macht.

Ein RFF-Projekt, das ich besuchte, wurde 2015 für das Dorf Korn Thnot in der Nähe des Tonle-Sap-Sees durchgeführt. Ich war beeindruckt davon, wie viel der einzelne, 60 mal 150 Meter große, gemeindeeigene Fischzufluchtsteich zusammen mit den Fangteichen ringsum den Dorfbewohnern half. Als man für das Abendessen Netze in die Fangteiche warf (siehe Farbtafel), erklärte ein älterer Mann aus Cham, wie nicht nur sein eigenes Dorf, sondern auch die umliegenden Dörfer von der jährlichen Ausbreitung der Fische in ihre Reisfelder profitierten.

Diese Idee der Kombination von Aquakultur und Reisanbau ist schon alt. In China war es einst verbreitet, Karpfen auf überschwemmte Reisfelder zu leiten, und andere Varianten der Reisfeld-Aquakultur sind im Wandel der Zeiten entwickelt und wieder vergessen worden. Heute zieht das Konzept neues Interesse auf sich, weil es eine unkomplizierte Methode zur Verbesserung der Widerstandsfähigkeit im Hinblick auf Nahrung und Finanzen der armen Landbevölkerung bietet. Über eine Milliarde Menschen in den Entwicklungsländern beziehen den größten Teil ihres tierischen Proteins von Fischen, und eine Viertelmillion hängen zu ihrem Lebensunterhalt von der Fischerei und Aquakultur ab. Mittels Bildung, Geldbeschaffung und schwerer Erdbewegungsmaschinen kombinieren WorldFish und andere NGOs für nachhaltige Aquakultur jahreszeitliche Überschwemmungszyklen geschickt mit der Landwirtschaft, um einigen der ärmsten Menschen der Welt zu helfen.

Modernster Lachs

Neun Monate vor meinem Besuch in Kambodscha stand ich an Deck einer hoch mechanisierten, computergesteuerten Lachsfarm in einem Fjord im Norden Norwegens.

Es handelte sich um ein in sich geschlossenes Ökosystem aus Stahl. Aus einer zentralen Plattform strahlten lange, schwimmende schwarze Zufuhrrohre zu zehn riesigen schwimmenden Ringen aus, die akkurat in zwei Reihen angeordnet waren. Unter jedem Ring war ein tiefes Netzgehäuse aufgehängt, in dessen Innerem bis zu 200 000 fette, silbrige Lachse ständig kreisten und fraßen. Sie waren hierher transportiert worden, nachdem sie auf dem Land ausgebrütet worden waren, und zwar in einer speziellen Anlage, die den natürlichen Fluss und die Kiesel eines kalten Süßwasserflusses simuliert, wodurch der Kreis der künstlichen Reproduktion des Lebenszyklus Atlantischer Lachse in Norwegen geschlossen wird. Die Schläuche klapperten und zitterten mit öligen Kügelchen aus braunem Fischfutter, das automatisch durch Algorithmen aus riesigen, hygienisch gereinigten Stahltrichtern ausgegeben wurde, welche an der zentralen Plattform befestigt waren. Oben überblickte eine komfortable Kapitänsbrücke die ringförmigen Gehege. Ein rundum laufendes Steuerpult wurde von LCD-Bildschirmen erhellt und überwachte die Nahrungsaufnahme, die Temperatur, den pH-Wert und andere Variablen der Wasserqualität in jedem Gehege. Eine gut gelaunte

Die Lachs-Aquakultur blüht in Norwegen, wo Junglachse an Land ausgebrütet und dann an Zuchtfarmen in Küstennähe weitergeleitet werden, wie beispielsweise an diese hochmoderne Anlage in der Nähe von Bodø. Eine mechanisierte zentrale Plattform (im Vordergrund) verteilt Futterkügelchen an schwimmende ringförmige Gehege, von denen jedes computergestützte Sensoren für die Wasserqualität und bis zu 200 000 Lachse enthält. *(Laurence C. Smith)*

norwegische Fischzüchterin mit einer Tasse frischen, dampfenden Kaffees in der Hand drehte sich in einem gepolsterten Bürosessel herum und erklärte die ganze Software. Der Technologieunterschied zu den schlammigen Aquakulturteichen in Kambodscha könnte zwar nicht größer sein, aber an beiden Orten war das Ziel des Züchters dasselbe: so viel Fischfleisch zu züchten wie möglich.

Die Lachszucht hat eine wechselhafte ökologische Geschichte aufgrund des Befalls der Fische mit parasitischen Seeläusen, der exzessiven Verwendung von Antibiotika, Pestiziden und Futter sowie der Ausscheidungen, die den Meeresboden verschmutzen. Gezüchtete Lachse entkommen oft und konkurrieren mit Wildlachsen, denen sie manchmal zahlenmäßig überlegen sind. Die Futterkügelchen werden in erster Linie aus gemahlenem Fischmehl und Öl hergestellt, was bedeutet, dass andere Fische verbraucht werden, um Lachs zu züchten. Aber in den letzten Jahren hat Norwegen bei diesen Problemen bedeutende Fortschritte erzielt, unter anderem eine deutliche Verringerung der Verwendung von Antibiotika, strengere Überwachung und Quarantänisierung des Ausbruchs von Seelausbefall und die Entwicklung alternativer Futterquellen. Die Lachszucht ist eine schnell wachsende Industrie, deren Umsatz jetzt allein in Norwegen acht Milliarden Dollar pro Jahr übersteigt, wodurch das kleine skandinavische Land zum weltweit größten Produzenten von gezüchtetem Atlantischem Lachs wird. Diese Fische werden auf der ganzen Welt verkauft und haben Wildlachs als eines von Norwegens wichtigsten Exportgütern an Meeresfrüchten ersetzt.

Der Trend zur Fischzucht ist global. Schon heute ist die Aquakultur eine mehr als 200 Milliarden Dollar schwere Industrie, die jedes Jahr über 100 Millionen Tonnen Nahrung produziert und schneller wächst als jeder andere Sektor der Nahrungsmittelproduktion. Im Jahr 2016 züchtete die Welt Fisch im Wert von 139 Milliarden Dollar, Krebse im Wert von 57 Milliarden und Weichtiere im Wert von 29 Milliarden. Die fünf größten Produzenten sind China, Indien, Bangladesch, Myanmar und Kambodscha. Die am häufigsten aufgezogenen Fische sind verschiedene Karpfenarten, Buntbarsche, Welse und Lachse; bei den Krebsen sind es Krabben und Garnelen.

Zwischen 2000 und 2019 verdreifachte sich fast die Produktion von gezüchtetem Fisch von weniger als 20 Millionen Tonnen im Jahr auf nahezu 60 Millionen. Das ist zwar eine große Zahl, aber sie macht im Durchschnitt doch nur sieben Kilo von gezüchtetem Fisch pro Mensch und Jahr aus, was kaum der Nahrung von einer Woche entspricht. Bei so viel Wachstumspotenzial ist das schnelle Wachstum von Aquakulturen in den letzten Jahren wahrscheinlich erst der Anfang.

In einer Welt, in der bis 2050 fast zehn Milliarden Menschen leben werden, scheint dieser globale Trend sowohl unvermeidlich als auch wünschenswert zu sein. Die Nachfrage nach Protein beschleunigt sich, und wir besitzen die gnadenlose Fähigkeit, Meeresfrüchte zu überfischen, was das letzte Wildfleisch ist, das auf der Erde noch im kommerziellen Maßstab verfolgt wird. Bei richtiger Durchführung können gezüchtete Fische, Krebse, Weichtiere und vielleicht sogar Algen eines Tages einen zunehmenden Anteil unserer Nahrung bilden.

Unabsichtliche Aquakultur

Einer von Deutschlands größten und beliebtesten innerstädtischen Parks ist der Tiergarten, eine 210 Hektar große Oase von Gärten, Teichen und Bächen, die nicht weit vom Checkpoint Charlie im Herzen Berlins entfernt ist. Im Sommer strömen die Berliner zum Tiergarten, um sich zu entspannen und ein wenig Natur zu genießen. Aber vor Kurzem wurden viele durch den Anblick von glubschäugigen Krebsen erschreckt, die aus dem Wasser herauskrochen und ihre grimmigen Zangen an den Spazierwegen schwenkten. Der Park erlebt eine Populationsexplosion von *Procambarus clarkii*, einer invasiven Krebsart, die in den Bächen und Sümpfen von Louisiana einheimisch ist. Die Population im Tiergarten geht höchstwahrscheinlich auf den Tierhandel zurück, als ein gelangweilter Aquariumsbesitzer einige davon in eines der vielen Gewässer des Parks kippte. *Procambarus clarkii*, verschiedentlich auch als Louisiana-Krebs, Sumpfkrebs, Flusskrebs oder Roter Sumpfkrebs bezeichnet, ist Träger einer Krankheit, die für Europas einheimische Flusskrebsarten tödlich ist, und richtet im Allgemeinen aufgrund seines räuberischen Verhaltens, seiner hohen Populationsdichte und seiner energischen Grabtätigkeit verheerende Schäden an Wasserökosystemen an. Im Unterschied zu den meisten Flusskrebsen gräbt er sich unter die Erde, um Trockenperioden zu überleben, und kriecht lange Strecken über Land, um neue Lebensräume zu finden.

Anderswo ist dieser unerwünschte Eindringling ein geschätztes Nahrungsmittel. Rote Sumpfkrebse sehen aus und schmecken wie Minihummer und sind köstlich, wenn sie gekocht, einem scharfen Jambalaya zugegeben oder auf eine Vielzahl anderer Weisen zubereitet werden. Der Bundesstaat Louisiana weist mehr als 1600 Krebszüchter auf, die sie in Aquakulturteichen aufziehen, und fast 1000 gewerbliche Fischer, die sie am Atchafalaya River fangen. Insgesamt trägt Louisianas Flusskrebsindustrie etwa 150 Millionen Pfund Nahrung und über 300 Millionen Dollar zur Wirtschaft des Bundesstaats bei.

In Deutschland gewähren die Beamten besondere gewerbliche Angelscheine und bewerben die Genießbarkeit der Flusskrebse gegenüber örtlichen Restaurants in der Hoffnung, dass die Berliner ihr Problem wegessen. Das Schälen von Krebsen ist jedoch zeitaufwendig, und es gibt dort keine Tradition des Verzehrs von Flusskrebsen. Die Strategie hat noch keinen großen Erfolg, und es ist wahrscheinlich, dass diese invasive Art fortbestehen und ihren Aktionsradius erweitern wird.

Dennoch besitzt die Idee des Essens von invasiven Flusskrebsen ein Vorbild. Vor einem Jahrhundert kam jemand in Nanjing auf den Gedanken, *Procambarus clarkii* als Futter für Frösche zu importieren. Bald schon drang die Art in die Reisfelder der Region ein und galt jahrzehntelang als üble Plage. Aber in den 1990er Jahren begannen die dortigen Köche, sie mit Gewürzen zuzubereiten, und aus der Plage wurde eine begehrte Delikatesse. Heute ist die Flusskrebsaquakultur in China eine Industrie, die zwei Milliarden Dollar pro Jahr einbringt, und die chinesischen Exporte billiger, tiefgefrorener Flusskrebsschwänze bedeutet für die Produzenten aus Louisiana einen erheblichen Wettbewerbsnachteil.

Anhand solcher Präzedenzfälle ist es eine faszinierende Frage, ob die Entwicklung neuer Nahrungsmittelmärkte einen Beitrag zur Bekämpfung invasiver Arten, die die Ökosysteme von Flüssen auf der ganzen Welt bedrohen, leisten könnte. Nehmen wir beispielsweise das massive Problem asiatischer Karpfen, die sich ins Einzugsgebiet des Mississippi ausbreiten und im Begriff stehen, in die Großen Seen einzudringen. Nachdem sie ursprünglich in den 1960er und 1970er Jahren aus China zur Eindämmung von Algen in Teichen eingeführt wurden, entkamen sie bei großen Überschwemmungen in den Mississippi und haben sich seitdem auch in die Systeme des Missouri und des Illinois River ausgebreitet.

Der Begriff *asiatischer Karpfen* umfasst in Wirklichkeit mehrere Arten, die in Asien jahrhundertelang domestiziert wurden, insbesondere Großkopfkarpfen, Silberkarpfen, Schwarzer Amur und Graskarpfen. Ihr Wachstum sowohl im Hinblick auf ihre Größe als auch auf ihre Zahl ist ungeheuer, weshalb sie den einheimischen Fischen beträchtlich überlegen sind, die Wasserqualität verändern und Bootsfahrer verletzen – wenn sie in Panik geraten, springen die Karpfen hoch in die Luft. Mehrere Todesfälle wurden springenden asiatischen Karpfen zugeschrieben, die bis zu 100 Pfund oder auch schwerer werden können. Ihre phänomenale Sprungfähigkeit gestattet ihnen auch, über Wehre, Schleusen und andere Konstruktionen zu segeln, die ihnen ansonsten die Passage versperren würden.

Zur Zeit der Niederschrift ist eine Reihe elektrischer Batterien, die vom Ingenieurkorps der US-Armee in den Kanälen von Chicago installiert wurden, das letzte verbleibende Abschreckungsmittel, das die asiatischen Karpfen daran hindert, in den Lake Michigan durchzubrechen. Wenn das geschieht, könnten sie für die sieben Milliarden Dollar pro Jahr umsetzende Fischereiindustrie und die einheimische Ökologie der Großen Seen unvorstellbaren Schaden anrichten und mit der Kolonisierung der vielen Flüsse beginnen, die in die Seen hineinfließen. Die Bedrohung ist so schwerwiegend, dass das Michigan Department of Natural Resources vor Kurzem einen Preis im Wert von einer Million Dollar für jeden auslobte, der einen realistischen Plan zur Verhinderung des Eintritts asiatischer Karpfen in die Großen Seen entwerfen kann.

Könnte die Entwicklung einer gewerblichen Fischerei für asiatische Karpfen dabei helfen, dieses Eindringen in das amerikanische Kernland zu bekämpfen? Sie sind zwar grätige Fische, haben aber ein mildes, weißes Fleisch, das ziemlich schmackhaft ist, wenn es zu Frikadellen zermahlen oder gebraten wird. Gegrillt ist es fest wie Schwertfisch. Die Southern Illinois University in Carbondale untersucht die Verwendung asiatischer Karpfen für Dünger und Vieh und als Futtermittel für Aquakulturen. Die University of Illinois experimentiert mit dem Angebot asiatischer Karpfen in ihren Mensen. In Kentucky ließ sich ein junges Unternehmen namens FIn Gourmet Foods ein Verfahren zur Entfernung der Gräten aus asiatischen Karpfen patentieren und verarbeitet sie zu grätenlosen Filets, Fischfrikadellen, Fischburgern und Surimi (eine Fischpaste, die in den Vereinigten Staaten gemeinhin als Krabbenfleischimitat oder *krab* bezeichnet wird). Für nur 71 Dollar konnte ich tiefgefrorene Burger, Fischfrikadellen und mit Sesam und Ingwer marinierte Filets asiatischer Karpfen direkt auf der Website des Unternehmens bestellen. Ich fand die

Frikadellen zwar etwas gummiartig, aber die Filets waren köstlich und hatten eine feste, blättrige Textur wie die von Weißfischen.

Die Silverfin Group, ein Privatunternehmen, glaubt, dass sich ein ziemlich großer Binnenmarkt entwickeln lässt. Wie ihr Name nahelegt, schlägt die Gruppe vor, asiatische Karpfen in »Silberflossen« umzufirmieren, und im Jahr 2018 schloss sie eine Partnerschaft mit Sysco Food Services, um Silberflossenerzeugnisse im ganzen Land zu vertreiben. »Durch die Förderung der gewerblichen Verarbeitung asiatischer Karpfen«, so lautet die Firmenphilosophie der Gruppe, »werden wir ihre Population verringern, um ihre Bedrohung zu minimieren, sodass sie mit einheimischen Arten koexistieren können, um Wassersportunfälle zu minimieren, die von springenden Karpfen verursacht werden, um dringend notwendige Arbeitsplätze zu schaffen, um die gewerblichen Fischereien zu revitalisieren, die lokale Wirtschaft zu stimulieren und ein reines und gesundes Fischerzeugnis für die Verbraucher anzubieten.« Doch selbst mit einer gründlichen Erneuerung des Images ist die Schaffung eines zweckdienlichen inländischen Verbrauchermarkts für diesen Fisch eine gewaltige Herausforderung. Die meisten Amerikaner finden Karpfen unattraktiv, und man braucht einen riesigen Markt. Ein erwachsenes Weibchen kann mehr als eine Million Eier pro Jahr ablaichen, wobei die meisten ausschlüpfen und überleben. Mit Fischerträgen, die auf 35 Tonnen Karpfen pro Flussmeile geschätzt werden, und Fangraten, die sich in der Nähe von 3000 Pfund pro Stunde bewegen, würden Millionen Amerikaner einen Geschmack an Silberflossen entdecken müssen, damit das Land sich aus diesem Problem einer invasiven Art herausessen könnte.

Ein realistischerer Markt ist China, wo asiatische Karpfen bereits beliebt sind und Verbraucher meinen, dass der wild gefangene amerikanische Fisch gefahrloser zu essen sei als der im Inland gezüchtete Fisch. Die Haupthindernisse für die Entwicklung dieses internationalen Markts sind der niedrige Preis von Zuchtkarpfen und die Verbraucherpräferenz für lebenden Fisch. Aber trotz dieser Herausforderungen könnte in Amerikas Kernland schon eine neue Exportfischerei begonnen haben.

Der Bundesstaat Illinois hat mehrere Unternehmensinitiativen auf den Weg gebracht, die eine tragfähige Fischerei asiatischer Karpfen anspornen sollen, darunter ein Zuschuss von zwei Millionen Dollar an die Big River Fish Corporation, ein Unternehmen, das sich bemüht, amerikanische asiatische Karpfen nach China zu exportieren. In Kentucky gründete eine von Los Angeles hergezogene Unternehmerin namens Angie Yu Two Rivers Fisheries, ein Unternehmen, das ebenfalls ein Auge auf diesen Exportmarkt geworfen hat. Ihre Firma stellt gewerbliche Fischer an, um die Karpfen zu fangen, die dann zu Frikadellen, Schwänzen, Würsten, Rippchen und Knödeln verarbeitet und für den Transport eingefroren werden. Two Rivers Fisheries verwertete 2014 eine halbe Million Pfund und 2018 zwei Millionen Pfund. Seine Produktion wächst rasant mit einem Ziel von zehn Millionen Pfund bis 2021 und enormen 20 Millionen bis 2024. 90 Prozent des asiatischen Karpfens, den dieses Unternehmen produziert, wird nach Übersee exportiert.

Die unbeabsichtigte Aquakultur ist bestenfalls eine Teillösung für das Problem invasiver Arten, die sich in den Wasserstraßen der Welt ausbreiten. Zuverlässige Handelsmärkte mag es zwar für Flusskrebse aus Louisiana und asiatische Karpfen geben, aber nicht für die Zebramuscheln der Großen Seen oder für Schlangenköpfe aus dem Potomac River. Im Falle des asiatischen Karpfens muss eine zuverlässige Lieferkette von Grund auf neu aufgebaut werden, mit Kühlhäusern, Verarbeitungsfabriken und einer großen Anzahl gewerblicher Fischer, die für den Fang einer unvertrauten Art ausgebildet werden müssen. Wenn die Menschen sich mit dem Verzehr asiatischer Karpfen anfreunden und deren kommerzieller Wert sich etabliert, nimmt die Wahrscheinlichkeit weiterer illegaler Verpflanzung nur zu.

Außerdem ist die Entwicklung einer neuen Industrie um eine invasive Art herum keine Methode zu ihrer Ausrottung, da ein erfolgreiches Geschäftsmodell erfordert, dass das Angebot aufrechterhalten oder gar gesteigert wird. Sollte die aufkeimende Industrie asiatischer Karpfen im Tal des Mississippi in die Gänge kommen, erwarte ich, dass sie eine Handelsgruppe bilden und Lobbyisten anstellen wird, um ihr Geschäft zu schützen, genauso wie jede andere Industrie. Die gewerbliche Verarbeitung könnte dabei helfen, die Populationen asiatischer Karpfen in Amerika oder von Flusskrebsen aus Louisiana in Deutschland einzudämmen, wird sie aber äußerst unwahrscheinlich ausmerzen können.

Neue Rollen für alte Flüsse

Bislang haben wir in diesem Kapitel einige vielversprechende neue Ideen erforscht, von denen Flüsse profitieren könnten, indem sie in einen natürlicheren Zustand versetzt werden – durch die Entfernung von Staudämmen, neue Staudammentwürfe, bei denen weniger Wasser und Sedimente aufgestaut werden, Kleinst- und Kleinwasserkraftwerke, nachhaltige Aquakultur und den Verzehr invasiver Arten. Die physische Sanierung von Flüssen (beispielsweise durch die Beseitigung von Betonauskleidungen und Konstruktionen zur Überschwemmungssteuerung) ist ein rasch wachsendes Untergebiet des Bauingenieurwesens, das wir im Hinblick auf den Los Angeles River in Kapitel 9 besprechen werden. Im Verein mit Umweltschutz (siehe Kapitel 6) haben all diese Dinge das Potenzial, die lange Menschheitsgeschichte der Verschlechterung der Ökogesundheit von Flüssen umzukehren.

Diese Ideen liefern reelle gesellschaftliche Vorteile, unter anderem Erholungsgebiete, nachhaltige Wasserkraft und Fischprotein.

Aber ihre Größe ist bescheiden, und sie konzentrieren sich weitgehend auf die Milderung von Fehlern der Vergangenheit. Könnte es künftig auch irgendwelche neuen großen Innovationen im Hinblick auf Flüsse geben?

Oder sind beträchtliche gesellschaftliche und wirtschaftliche Gewinne bloß auf riesige Staudämme beschränkt, eine Idee des frühen 20. Jahrhunderts, die auf die Hoover-Talsperre, den Grand-Coulee-Staudamm und die Tennessee Valley Authority zurückgeht?

Die 3-Milliarden-Dollar-Batterie

Eine der herausfordernden großen neuen Ideen, die gegenwärtig erörtert werden, ist die Möglichkeit der Verwandlung des Colorado River in eine riesige Vorrichtung zur Speicherung erneuerbarer Energie.

In dem Maße, wie die Kosten für die Erzeugung erneuerbarer Wind- und Sonnenenergie auch weiterhin fallen, wird das, was Versorgungsunternehmen davor abschreckt, diese Technologien zu übernehmen, ihr diskontinuierlicher Charakter sein und nicht der Preis. Wenn die Sonne untergeht und Winde ins Stocken geraten, dann erzeugen diese Quellen zu wenig Elektrizität. Wenn Orkane brausen und der Himmel wolkenlos ist, erzeugen sie zu viel. Wenn die Überschüsse nicht verkauft oder abgegeben werden können, müssen sie abgeschaltet werden, oder sie laufen Gefahr, das Netz zu überlasten. Weder Versorgungsunternehmen noch die Verbraucher können eine solche Unbeständigkeit dulden. Das ist ein wichtiger Grund dafür, dass Kraftwerke, die mit Kohle und Erdgas betrieben werden, einen wesentlichen Teil unseres heutigen Energiemixes darstellen.

Ein landesweit verteiltes Hochspannungsübertragungsnetz würde einen großen Beitrag zur Glättung von Diskontinuitätsproblemen leisten, aber in den Vereinigten Staaten wäre es teuer und seine Schaffung politisch schwierig. Außerdem geht Energie verloren, wenn sie über lange Strecken übertragen wird. Daher erfordert ein Teil der Lösung, dass man lokale, kostengünstige Möglichkeiten zur Speicherung von überschüssiger Elektrizität findet, damit sie bei Bedarf später an das Netz abgegeben werden kann. Viele Studien und Pilotprojekte erforschen ein Spektrum aufregender Technologien, die von riesigen Batterielagerhäusern bis zum Pumpen komprimierter Luft in unter der Erde liegende Höhlen reichen. Bei einer Idee geht es um das Anheben von Betonblocks, wenn Elektrizität im Überfluss vorhanden ist, und ihr anschließendes Fallenlassen, um zu einem späteren Zeitpunkt Strom zu erzeugen. Bislang sind die meisten Systeme zur Energiespeicherung entweder zu teuer oder müssen erst noch im größeren Maßstab Erfolge nachweisen. Eine deutliche Ausnahme stellt die Wasserspeicherung durch Pumpen dar, eine altehrwürdige Technik, die jahrzehntelang genutzt wurde, um Angebotsschwankungen der Wasserkraft auszugleichen.

Pumpwasserspeicherung ist von der Konzeption her unkompliziert und nutzt typischerweise schon bestehende Wasserkraftstaudämme. Wenn überschüssige Elektrizität verfügbar ist, wird Wasser von unterhalb des Kraftwerks des Staudamms wieder hinauf in das Staubecken gepumpt, wo das Wasser gespeichert ist. Wenn Strom benötigt wird, wird das Wasser wieder durch die Turbinen des Staudamms freigesetzt und Strom erzeugt. Obwohl ein Teil der Energie verloren geht, liegt die Rückgewinnungsleistung bei 70 bis 80 Prozent. Pumpwasserspeicherung ist zwar keine umfassende Lösung, weil sie auf dieselben Typen physischer Standorte beschränkt ist, die zum Bau von Staubecken benötigt werden, aber sie ist eine beliebte und effektive Technik, wo es die Gegebenheiten gestatten. Sie ist bereits weitverbreitet in China, Kanada, den Vereinigten Staaten, der Russischen Föderation und bei anderen Großproduzenten von Wasserkraft aus Flüssen.

Die Hoover-Talsperre staut den Colorado River im Lake Mead auf, einem riesigen künstlichen Staubecken in der Nähe von Las Vegas. Wie in Kapitel 6 geschildert, haben fallende Durchflussraten des Flusses und ein struktureller Mangel an Wasserentnahmen die Wasserstände des Lake Mead auf ein außergewöhnlich niedriges Niveau gebracht; zur Zeit der Niederschrift wird die Talsperre nur mit 20 Prozent ihrer Stromerzeugungskapazität betrieben. Doch im Jahr 2018 kündigte das Los Angeles Department of Water and Power (LADWP) an, dass eine große ingenieurwissenschaftliche Untersuchung im Gang sei, um die Möglichkeit zu erforschen, das Staubecken zu einem integralen Bestandteil eines neuen, drei Milliarden Dollar kostenden Pumpwasserspeichersystems zu machen.

Was das Projekt, abgesehen von seinem Preis, so ungewöhnlich macht, ist die Tatsache, dass die Energie nicht aus herkömmlichen Energiequellen kommen soll. Stattdessen lautet der Vorschlag, Energie zu speichern, die ausschließlich von Wind- und Solarparks erzeugt wird, und zwar an einem noch unbestimmten Ort etwa 30 Kilometer flussabwärts der Hoover-Talsperre. Zu Zeiten der Erzeugung von überschüssiger erneuerbarer Elektrizität würde Wasser durch eine neu gebaute Pipeline wieder hinauf hinter die Talsperre gepumpt werden. Würde Elektrizität benötigt werden, würde das Wasser durch die Turbinen der Talsperre freigesetzt.

Die Idee ist richtungweisend aufgrund der schieren Größenordnung der Pumpwasserspeicherung, die dadurch bereitgestellt würde, und weil die gesamte Energie aus kohlenstofffreien, erneuerbaren Quellen käme. Gemäß dem Entwurf würde die Bereitstellung eines so großen Energiespeichers das Diskontinuitätsproblem hinreichend mildern, um Kalifornien zu ermöglichen, sein Ziel zu erreichen, seinen Bedarf bis zum Jahr 2030 mit 50 Prozent erneuerbarer Energie zu decken.

Nominell hat der Zeitplan für diesen großartigen Vorschlag, den Colorado River in eine 3-Milliarden-Dollar-Batterie zu verwandeln, zwar das Jahr 2028 vorgesehen, aber viele technische, wirtschaftliche und politische Hürden bleiben. Da die Hoover-Talsperre sich auf bundeseigenem Land befindet, würde das US-Innenministerium unterzeichnen müssen. Der National Park Service würde Gutachten und Anhörungen durchführen, um die Auswirkungen des Plans auf Umwelt und Kultur zu bestimmen. Flussabwärts sorgen sich die Einwohner von Bullhead City, Arizona, um Störungen der Freizeitschifffahrt im Lake Mohave, einem anderen künstlichen Staubecken am Colorado River, das schon jetzt bedeutende Schwankungen seiner Wasserstände verzeichnet.

Obwohl die Pumpwasserspeicherung nicht neu ist, ist es die gewaltige Größenordnung und die einzigartige Konzentration auf die Speicherung erneuerbarer Wind- und Sonnenenergie höchstwahrscheinlich doch. Sollte das Projekt realisiert werden, wird es eine der ungewöhnlichsten neuen Ideen für die menschliche Nutzung von Flüssen im frühen 21. Jahrhundert sein.

Mach deine Schüssel leer

Eine zweite große Idee ist so offensichtlich, dass man sie leicht übersieht. Wie in Kapitel 4 ausgeführt, stellen Überschwemmungen durch Flüsse eine allgegenwärtige Bedrohung der Menschheit dar. Unsere wachsenden Städte haben diese Bedrohung durch die Entwicklung gefährdeter, tief liegender Gebiete verstärkt, die frühere Generationen sorgsam vermieden. In Flussdeltas wird diese Bedrohung noch weiter verschlimmert durch steigende globale Meeresspiegel (verursacht durch den Klimawandel), sich absenkendes Land (verursacht durch das Abpumpen von Grundwasser) und erhöhte Erosion der Küsten (verursacht durch die Zurückhaltung von Flusssedimenten hinter Staudämmen). Angesichts dieser Belastungen stellt jede neue Technik, die Überschwemmungen reduziert, einen direkten und unmittelbaren Nutzen für die Gesellschaft dar.

Eine der am meisten gefährdeten Großstädte der Welt geht dieses Problem frontal durch neue Hochwasserschutzmaßnahmen und Pumpentechnologie an.

New Orleans, Louisiana, liegt in einer Schüssel. Über eine Million Menschen – fast ein Drittel der Bevölkerung des Bundesstaats – leben auf einem verschnörkelten Streifen (und um diesen Streifen herum) tief gelegenen Geländes, das im Süden vom Mississippi und im Norden vom Lake Pontchartrain begrenzt wird. Der größte Teil der Stadt liegt tiefer als diese beiden Gewässer. Flussfrachtschiffe gleiten vorbei, und zwar häufig höher als die Fundamente der Gebäude. Der Erdboden ist so durchnässt, dass die Toten nicht unter der Erde begraben werden können. Sie werden in Mausoleen beigesetzt, die oberhalb der Wasseroberfläche gebaut wurden.

Die begehrten höher gelegenen Gebiete folgen den Flussufern selbst, und zwar auf natürlichen Deichen, die über die Jahrhunderte hinweg entstanden, als der Mississippi bei Überschwemmungen noch ungehindert über seine Ufer hinaustreten konnte. Wenn schnell fließendes Flutwasser ein Flussufer überspült, verlangsamt es sich, setzt seine schwersten Sedimentpartikel ab und häuft einen gewundenen Grat am Ufer entlang an, der als natürlicher Deich bezeichnet wird. Jahrtausendelang haben die Siedler in flachen, sumpfigen Mündungsgebieten und Tieflandflusstälern dieses höher gelegene Terrain geschätzt. Die Gründer von New Orleans bauten das historische Französische Viertel auf einen solchen Deich. Im Hinblick auf die Hochwassergefahr ist einer der lärmendsten Stadtbezirke tatsächlich auch einer der sichersten.

Einfach ausgedrückt, gibt es in New Orleans keine natürliche Drainage. Fast alles Wasser, das in die Stadt herabkommt – ob von einer Überschwemmung des Mississippi, einer Orkanwelle vom Lake Pontchartrain oder auch nur von einem kleinen Regen-

Ein wichtiger Bestandteil von Louisianas ehrgeizigem neuem Southeast Louisiana Urban Flood Control Project (SELA) ist eine »Pumpe zum Fluss«, die den Abfluss von den Straßen im Großraum New Orleans zum Mississippi emporhebt. Abgebildet sind hier einige der Ausflussröhren des Systems, die sich über den Deich erheben und in den Fluss hineinführen – siehe den Menschen auf der Brücke, um einen Eindruck von den Größenverhältnissen zu gewinnen. *(Laurence C. Smith)*

schauer –, muss ausgepumpt werden. Und genau das tut die Stadt auch, um zu überleben.

»Die Pumpenbetreiber sind unsere Ersthelfer«, erklärte Angela DeSoto, eine Projektleiterin des Southeast Louisiana Urban Flood Control Project (SELA, städtisches Projekt zur Hochwasserbekämpfung in Südost-Louisiana). »Ohne sie werden wir überschwemmt.« Mit ihr und drei anderen schaute ich mir den »Sicherheitsraum« einer neuen SELA-Pumpstation in Jefferson Parish an, etwa 20 Minuten vom Stadtzentrum von New Orleans entfernt. Die Station ist stabil genug gebaut, um einen Hurrikan der Kategorie 5 auszuhalten. In ihr gibt es Hochbetten aus Stahl, netzunabhängige Stromgeneratoren, Nahrungs- und Wasservorräte und eine Ausstiegsluke in der Decke. Im Falle einer Hochwasserkatastrophe ist es den Pumpenbetreibern verboten wegzugehen.

SELA ist ein ehrgeiziges neues Partnerschaftsunternehmen zwischen dem Ingenieurkorps der US-Armee, dem Bundesstaat Louisiana und örtlichen Pfarrbehörden. Bislang hat es sich 2,7 Milliarden Dollar gesichert, um leistungsfähige Pumpstationen, Kastenkanäle unter den Straßen und eine »Pumpe zum Fluss« zu bauen, die das Wasser von den Straßen der Stadt weg- und in den Mississippi hineintransportiert. Ihre drei gewaltigen Röhren tauchen aus dem Boden auf und erheben sich dann über den Deich. Durch dieses Design hat SELA den Mississippi praktisch in eine gigantische Regenwasserkanalisation verwandelt, die bei der Entwässerung der Stadt hilft.

SELA wird eine dritte Schiene von Hochwasserschutzmaßnahmen für den Großraum New Orleans darstellen. Die ersten beiden sind das Hurricane & Storm Damage Risk Reduction System (HSDRRS, System zur Verringerung der Gefahren durch Orkan- und Unwetterschäden) und das Mississippi River & Tributaries Project (MR&T, Mississippi- und Nebenflüsse-Projekt). Das HSDRRS ist ein 213 Kilometer langer Schutzumkreis aus Hochwassermauern, Deichen, Gattern und Pumpstationen, der im Jahr 2005 nach den Hurrikans Katrina und Rita begonnen wurde. Das MR&T geht auf das landesweite Hochwasserschutzgesetz von 1928 (ein weiteres Ergebnis der gewaltigen Überschwemmung des Mississippi, die in Kapitel 4 beschrieben wurde) zurück. Dieser weitreichende Gesetzesentwurf beauftragte das Ingenieurkorps der US-Armee mit dem ewigen Kampf gegen den Mississippi. Heute besteht das MR&T aus über 6400 Kilometern künstlicher Deiche, 809 000 Hektar Hochwasserentlastungskanäle und Stauwässer, Staubecken und Pumpstationen und zahlreichen Veränderungen am Kanal des Mississippi selbst.

Der Kampf zur Rettung von New Orleans geht weiter, einer großartigen amerikanischen Stadt, die 2018 ihren 300. Geburtstag feierte. Zur Zeit der Niederschrift waren in Jefferson Parish 30 SELA-Projekte fertiggestellt, und 20 weitere sind in Orleans Parish entweder abgeschlossen oder in Bearbeitung. Nach ihrer Fertigstellung hoffen die Partner von SELA, sich zusätzliche 2,3 Milliarden Dollar zu sichern, um in den umgebenden Pfarrsprengeln eine ähnliche Infrastruktur aufzubauen. Wenn alles klappt, werden etwa fünf Milliarden Dollar in das Southeast Louisiana Urban Flood Control Project investiert werden, um eine der am meisten hochwassergefährdeten Metropolen der Welt zu schützen.

Eine dunkle Autobahn in der Wüste

Dreitausendzweihundert Kilometer westlich von New Orleans bemüht sich eine andere großartige amerikanische Großstadt um technische Lösungen für seine Flussprobleme.

Wie Sie sich vielleicht aus Kapitel 5 erinnern, ist Los Angeles nur deshalb in der Lage, in seiner modernen Form zu existieren, weil es weit entfernte Flüsse angezapft hat. Zur Bestürzung der Bevölkerung aus Nordkalifornien und Bewohnern sechs anderer westlicher Bundesstaaten werden ihre Flüsse Sacramento, Owens und Colorado alle für das Wohl von Einwohnern Südkaliforniens genutzt. Das Wasser wird nach Süden und Westen durch die Aquädukte des California, Los Angeles und Colorado River umgeleitet. Zusammen mit kleineren Flüssen vor Ort (insbesondere dem Santa Ana und San Gabriel River) und Grundwasserleitern liefern diese drei künstlichen Flüsse Wasser für 19 Millionen Bewohner der Landkreise Los Angeles, Orange, Riverside, San Bernardino, San Diego und Ventura.

Ob es ihnen bewusst ist oder nicht, sie sind jedenfalls Kunden des Metropolitan Water District, des Großhändlers und der Aufsichtsinstanz für den größten Teil der Wasserversorgung Südkaliforniens. Diese gigantische Kooperative von Städten und kommunalen Wasserbezirken, die ich erstmals in Kapitel 5 vorgestellt habe, wurde 1928 gebildet (im selben Jahr, in dem der US-Kongress das Hochwasserschutzgesetz verabschiedete). Unter den ursprünglichen Gründungsmitgliedern von Metropolitan waren die Städte Anaheim, Beverly Hills, Burbank, Colton, Glendale, San Bernardino, San Marino, Santa Ana und Santa Monica. Heute umfassen seine 26 Mitglieder 15 Städte und die zentralen Wasserbehörden der Landkreise von Inland Empire, Orange und San Diego. Seine physischen Anlagen beinhalten neun Staubecken, 16 Wasserkraftwerke, fünf Wasseraufbereitungsanlagen und nahezu 1600 Kilometer Rohrleitungen, Tunnel und Kanäle.

Ich begegnete Jeff Kightlinger, dem Leiter und Geschäftsführer von Metropolitan, in der Vorstandsetage der prachtvollen Zentrale des Unternehmens im Zentrum von Los Angeles. Der Eingang des Gebäudes wird von zwei riesigen Wandgemälden auf Keramikfliesen überspannt. Das eine stellt ein Aquädukt aus Beton dar, das durch eine Wüste zu Hochhäusern in der Ferne gleitet, wobei unterwegs eine Fülle von Gemüsen gesät werden; das andere zeigt einen hochragenden Staudamm, der fünf schäumende Strahlen aus blauem Wasser ausspuckt. Im Innern, auf der ersten Etage, erscheint ein Motiv, das einen Adler, einen goldenen Bären und zwei stämmige Arbeiter mit nacktem Oberkörper zeigt, die eine sprudelnde Rohrleitung auf den Betrachter richten. Der Metropolitan Water District steht zu dem, was er tut.

Im Verlauf einer Stunde schilderte Kightlinger viele Herausforderungen, die Metropolitan im letzten Jahrhundert überwunden hat, und diejenigen, die das Unternehmen in den nächsten 100 Jahren wird überwinden müssen. Metropolitan war eine treibende Kraft des State Water Project, Kaliforniens großartiger Flussumleitung von Norden nach Süden, die in Kapitel 5 beschrieben wurde. Es baute das Colorado-River-Aquädukt, das Wasser aus den Rocky Mountains von der Grenze Arizonas über 390 Kilometer hinweg transportiert. Es besitzt die Befugnis, direkt mit anderen Bundesstaaten und Mexiko zu verhandeln und verfasste vor Kurzem ein Übereinkommen zur gemeinsamen Wassernutzung mit Arizona und Nevada für den Colorado River. Jedes Jahr führen seine Chemielabors fast 250 000 Wasserqualitätstests auf Inhaltsstoffe in seinem gesamten Wasservertriebssystem durch. Mit fast 2000 festen Angestellten und einem Jahresbudget, das bei etwa zwei Milliarden Dollar liegt, ist es ein wirtschaftlicher ebenso wie ein lebensnotwendiger Faktor in der Region. Würde der deutsche Historiker Karl Wittfogel (siehe Kapitel 1) heute noch leben, glaube ich, dass er Los Angeles zu einer modernen hydraulischen Gesellschaft erklären könnte und den Metropolitan Water District zu ihrer bedeutendsten und unerbittlichsten Bürokratie.

Wenn wir in die Zukunft blicken, steuert Kightlinger Metropolitan jetzt in eine grundlegend neue Richtung: Das importierte Wasser soll endlos recycelt werden. Im Jahr 2015 hatte er bei einer der schlimmsten Wasserverknappungen in der Geschichte Südkaliforniens eine persönliche Erleuchtung. »Wenn das State Water Project nicht gewesen wäre«, sagte er finster, »wäre L.A. von diesen Dürreperioden erdrückt worden.« Die Krise schärfte sein Augenmerk auf etwas, das er und andere bereits eine gewisse Zeit bemerkt hatten – nämlich dass Metropolitan noch einmal mehr Wasser für die wachsende Region würde finden müssen. Und da es keine weit entfernten natürlichen Flüsse mehr gab, die man anzapfen konnte, müssten eben ein paar nicht natürliche gefunden werden.

Historisch gesehen, hatte sich Metropolitan ausschließlich auf die Infrastruktur der Wasserversorgung konzentriert und nicht auf die regionale Wasserplanung. Aber nach einer früheren Dürreperiode im Jahr 1991 begann Metropolitan alle fünf Jahre mit der Veröffentlichung zukunftsorientierter Dokumente. Im Innern dieser

Dokumente mit der farblosen Bezeichnung Integrated Water Resources Plans (Integrierte Wasserressourcenpläne) befindet sich eine Chronik neuer Ideen, die der gigantischen Unternehmensgruppe eine neue Rolle als führendem Wasserplaner der Region zuweisen.

Zuerst verfestigte Metropolitan seine Macht über seine widerspenstigen Mitglieder, indem es standardisierte Messungen, Metriken und Wassererhaltungsprogramme durchsetzte. Zur Finanzierung der Programme erhob das Unternehmen bei seinen Mitgliedern eine universelle Steuer (die als Wasserverwaltungsgebühr bezeichnet wird) von etwa 80 Dollar pro *acre-foot* (= 1233 Kubikmeter). Die Einkünfte aus dieser Steuer werden verwendet, um neue, lokal nachhaltige Wasserressourcen zu erschließen. Die Bereitstellung dieser neuen lokalen Vorräte ist ein Teil von Metropolitans umfassenderer Strategie zur Befriedigung der steigenden Wassernachfrage in der Region.

Zu diesem Zweck wendet sich Metropolitan jetzt aufbereitetem Abwasser als neuer Quelle der Wasserversorgung zu. Im Jahr 2017 kündigte das Unternehmen eine neue Partnerschaft mit den Sanitation Districts of Los Angeles County (LACSD, Abwasserverbände des Landkreises von Los Angeles) an, um das Regional Recycled Water Program (Regionalprogramm für recyceltes Wasser) zu begründen, ein Plan zur Wiederverwendung aufbereiteter Kanalisationsabflüsse durch deren Reinigung, wobei sie anschließend unter die Erde gepumpt werden. Als Abwasserquelle hat Metropolitan eine riesige LACSD-Anlage in Carson, Kalifornien, anvisiert, eine der größten Kläranlagen des Landes, die ihr aufbereitetes Abwasser gegenwärtig ins Meer leitet.

Im Jahr 2018 wurde innerhalb des Carson-Geländes eine Pilot- und Demonstrationsanlage gebaut. Nachdem man etwa ein Jahr lang Daten gesammelt hatte, wird die dabei gemachte Erfahrung den Bau einer Großanlage auf dem Gelände leiten. Nach dem gegenwärtigen Plan wird das Regional Recycled Water Program bis zu 570 Millionen Liter gereinigten Trinkwassers am Tag produzieren und es durch 100 Kilometer neuer Rohrleitungen transportieren, die von Carson zu vier Grundwasserleitern ausstrahlen, welche 7,2 Millionen Menschen im Landkreis von Los Angeles und Orange bedienen.

Um diese 570 Millionen Liter pro Tag ins rechte Licht zu rücken: Die Wasseraufbereitungsanlage in Carson erhält etwa 1500 Millionen Liter ungeklärtes Abwasser am Tag, den Abwasserstrom von fünf Millionen Menschen. Dieses Recyclingprogramm versucht daher, mehr als ein Drittel davon in Form von sauberem, trinkbarem Grundwasser zurückzugeben. Das ist äquivalent zur Rückgabe von etwa der Hälfte der Flussmenge des unterirdischen Los-Angeles-Aquädukts.

Ich war bei Metropolitans Grundsteinlegungsfeier für die Pilotdemonstrationsanlage des Regional Recycled Water Program in Carson anwesend. Das Ereignis fand auf dem Gelände statt mit einem großen, Schatten spendenden Zelt und einer Bühne, die sich vor einem ausgedehnten Hintergrund aus Röhren, Tanks und Faulbehältern der LACSD-Abwasseraufbereitungsanlage abhob. Es gab Feigen-Sandwiches, Obst aus Kalifornien und gekühlte Flaschen mit gereinigtem Abwasser zum Trinken. Politiker liefen umher; viele Reden wurden gehalten.

Eine der besten war die von Kightlinger, der an seine erste Stelle zurückdachte, als er für einen Abwasserverband gearbeitet hatte, und wie er sich immerzu die Frage stellte, warum Wasserversorgungs- und Wasseraufbereitungsunternehmen nie miteinander sprachen. »Wir bemühen uns wirklich sehr, Wasser nach Südkalifornien zu bringen« dröhnte er, »was für eine Verschwendung, es nur einmal zu verwenden und es dann von hier wegzuleiten!« Die Zuhörer jubelten und klatschten und tranken noch mehr gereinigtes Abwasser. Zwei Würdenträger gingen zu zwei vergoldeten zeremoniellen Wasserhähnen hinüber und öffneten sie, um den Beginn des Anzapfens einer bedeutenden neuen Wasserquelle für Menschen in Südkalifornien zu symbolisieren (siehe Farbtafel). Ich musste unwillkürlich daran denken, wie William Mulholland vor über einem Jahrhundert bei einer ähnlichen Zeremonie das Los-Angeles-Aquädukt in Betrieb genommen hatte.

Die Grundwasserverteilung, so lautet die technische Bezeichnung dieser Methode, hat in Südkalifornien eine lange Geschichte. Doch in der Vergangenheit wurde sie dadurch realisiert, dass man Wasser aus Flüssen entnahm, nicht aus Wasseraufbereitungsanlagen. Wie mir Michael Wehner, der stellvertretende Geschäftsführer des Orange County Water District Groundwater Replenishment System (GWRS, Grundwasserregenerationssystem) erklärte, betreibt der Landkreis Orange bereits das größte Grundwasserergänzungsprogramm der Welt und wird einer von Metropolitans Hauptkunden für das gereinigte Wasser aus der Anlage in Carson werden.

Entlang des gesamten Verlaufs des normalerweise trockenen Kieselflussbetts des Santa Ana River hat das GWRS eine Reihe von rechteckigen Auffangbecken gegraben. Die Becken füllen sich bei Überschwemmungen, und anschließend versickert das aufgefangene Wasser langsam in den Boden. Außerdem wird das Überschwemmungswasser in einige nahe gelegene verlassene Kiesgruben umgeleitet, und wieder wird ihm so ermöglicht, in den Boden zu sickern. Auf ziemlich geschickte Weise hat der Landkreis Orange diese Gruben geschaffen, indem er das unerschlossene Gelände gekauft und dann Kies verkauft hat, bis man die Löcher hatte, die man haben wollte. Der Erlös aus den Kiesverkäufen hat sogar die Kosten für das Gelände beglichen.

Heute ist das Orange County Water District Groundwater Replenishment System eine beeindruckende und preisgekrönte Anlage, die unterhalb ihrer Produktionskapazität betrieben wird. Die Flussmengen des Santa Ana River haben abgenommen, weil andere Wasserbezirke, die weiter stromaufwärts liegen, die Sache begriffen haben und das Flusswasser ebenfalls auffangen und versickern lassen. Der Landkreis Orange brennt darauf, Metropolitans recyceltes Abwasser zu kaufen, und hat die notwendigen Sickerbecken bereits vor Ort. Da das Wasser in bestehende Grundwasserleiter versickern soll, die bereits für die Verbraucher verwendet werden, anstatt es direkt in die städtische Wasserversorgung einzuspeisen, wird dadurch der psychologische Ekelfaktor gemildert, der andere Recyclingbemühungen »von der Toilette zum Wasserhahn« bisher vereitelt hat.

Aufbereitetes Abwasser ist die letzte noch unangezapfte Quelle von Flusswasser, die Südkalifornien zur Verfügung steht. Gegenwärtig fließt es ins Meer. Aber nicht mehr lange. Mit geschätzten Baukosten von 2,7 Milliarden Dollar wetteifert Metropolitans Regional Recycled Water Program mit dem Pumpwasserspeicherungsvorschlag des LADWP für den Lake Mead in Nevada. Bei seiner Realisierung werden die ursprünglichen Quellen eines Großteils dieses neuen Wassers die Flüsse Owens, Sacramento und Colorado sein. Dann wird es Los Angeles nie mehr verlassen – genau wie »du« im klassischen Song »Hotel California« von den Eagles.

Kapitel 8

Durst nach Daten

Ich bin kein religiöser Mensch. Ich bin angewiesen auf Dinge, die ich sehen und berühren kann. Ich glaube, dass die Naturwissenschaft unser bestes Werkzeug zur Erforschung unserer Welt und unseres Universums ist, auch wenn wir dazu verurteilt sind, keines von beiden völlig zu verstehen. Messungen, Beobachtungen und Zahlen bieten Trost und Stabilität für Menschen mit meiner Weltauffassung.

Aus diesem Grund bin ich immer noch so verstört über etwas Merkwürdiges, das ich mit meinen eigenen ungläubigen Augen am 19. Juli 2015 oben auf Grönlands Eisschild gesehen habe. Hätten meine Kollegen und Studenten nicht geschrien und gestikuliert, hätte ich gedacht, dass ich halluzinierte. Aber die zwei Gegenstände, die rasch in mein Gesichtsfeld schwammen, waren genauso wirklich wie das Eis unter meinen Füßen, die Ausrüstungskisten, die sich um mich herum stapelten, und der hellrote Hubschrauber von Air Greenland, der abgeschaltet in der Nähe auf der Eisdecke stand.

Trotz ihrer zunehmenden Geschwindigkeit und der Tatsache, dass sie sich nur wenig gegen den tosenden supraglazialen Fluss abzeichneten, wusste ich sofort, worum es sich handelte. Jeder hatte einen weißen Rettungsring von der Art, wie man sie an den Wänden von Schwimmbädern und Kreuzfahrtschiffen hängen sieht, und einen hellorangenen Koffer, der in den Ring eingepasst war. Ich wusste, dass sich unter dem Ring starre Flossen aus Polycarbonat befanden, die ein paar Zentimeter ins Wasser vorstanden, um die Strömung zu erfassen und dann mit ihr zu gleiten. Ich wusste, dass sich im Innern jedes Koffers ein GPS-Empfänger befand, ein Echolot, eine Temperatursonde und ein Iridium-Modem, um die wertvollen Messungen des Geräts zu Telekommunikationssatelliten in der Erdumlaufbahn hinaufzubeamen, bevor es in die Vertiefungen der Eisdecke stürzte.

Einer der schwimmenden Ringe holte rasch gegenüber dem anderen auf, und zwar unter den Jauchzern und Schreien meines Feldforschungsteams. Irgendwie holte das nachfolgende Gerät das führende genau in dem Augenblick ein, als beide unter einer langen Seilbahn, die wir mit großer Mühe über den blauen Sturzbach geschleudert hatten, hindurchschwammen. Wie sich reckende Rennpferde glitten sie gemeinsam unter dem Seil hindurch und waren kurz vereint, bevor sie ein paar Hundert Meter flussabwärts in die tosende Gletschermühle gespült und zerschmettert wurden.

Meine Nackenhaare kribbelten, und ein sonderbares, fremdartiges Gefühl überkam mich. Ein paar Stunden zuvor hatte ich dieselben Geräte in zwei getrennte Nebenläufe flussaufwärts geworfen, die über zwei Kilometer auseinanderlagen, wobei etwa 30 Minuten zwischen jedem Start verstrichen. Wie geplant, war jedes seinen gewundenen Nebenlauf herabgetollt, um am Ende in dem Fluss vor meinen Augen zu landen und von dort in die Gletschermühle gespült zu werden. Aber die beiden Geräte hätten einander nie begegnen sollen. Die Wahrscheinlichkeit dafür, dass sie sich unter unserer Seilbahn vereinten, nachdem sie auf zwei völlig getrennten Wildwasserwegen geschwommen waren, in unterschiedlichen Flusskanälen, mit unterschiedlichen Geschwindigkeiten, nachdem sie in Wasserwirbeln festgehalten worden und einer Menge von anderen zeitlichen Zwischenfällen ausgesetzt gewesen waren, war etwa so hoch wie die, dass ich mit fünf Cent in eine Spielbank gehe und als Millionär wieder herauskomme.

Ein paar Stunden zuvor hatten sich meine Kollegen und ich in einem Halbkreis nur einige Meter entfernt von dem Ort, an dem ich jetzt stand, um dieselben Geräte versammelt, um Dr. Alberto Behar zu ehren, den Robotikingenieur der NASA, der sie entworfen und gebaut hatte. Alberto sollte eigentlich mit uns hier auf dem Eisschild stehen, aber er lebte nicht mehr. Sechs Monate zuvor war sein einmotoriges Experimentalflugzeug vom Himmel herab auf eine belebte Straße im San Fernando Valley gefallen, nur wenige Augenblicke nach seinem Abflug vom Van Nuys Airport in Los Angeles. Anstelle von Alberto packte ich seine bahnbrechenden Geräte in den roten Hubschrauber von Air Greenland und flog mit ihnen davon, um sie in zwei verschiedene, weit voneinander entfernte Oberläufe des supraglazialen Flusses zu werfen, der vor uns herabtoste.

Alberto war für viele von uns, die an jenem Tag anwesend waren, ein guter Freund, und sein Tod war für uns ein schwerer Schlag. Während unserer Ehrung drückte ein vom Schmerz geplagter Kollege die Überzeugung aus, dass er mit uns auf dem Eisschild anwesend war, an einem Ort, den er öfter als jeder von uns besucht hatte. Ich erinnere mich daran, dass ich mir wünschte, ebenso zu empfinden, doch das war nicht der Fall. Aber jetzt, nach dem, was ich gerade mit meinen eigenen ungläubigen Augen gesehen hatte, war ich mir nicht mehr so sicher.

Später, als wir im Tiefflug über das Eis nach Kangerlussuaq flogen, bestand ich meinem Hubschrauberpiloten gegenüber auf der Unmöglichkeit dessen, was geschehen war. Er zuckte mit den Achseln. »Vielleicht hat Ihren Schwimmkörpern jemand geholfen.« Vielleicht, antwortete ich beklommen. Und eines Tages, wenn ich den Mut dazu aufbringe, werde ich die wertvollen Daten aufschließen, die diese Sensoren übermittelten, und sie durch ein Wasserscheidenmodell laufen lassen. Dann werde ich erfahren, ob das, was ich sah, von der Naturwissenschaft erklärt werden kann – oder doch nicht.

Alberto Behars große Leidenschaft galt neben seiner wundervollen Frau und drei kleinen Kindern dem Bau autonomer Sensoren und Fernerkundungssysteme, um außergewöhnliche wissenschaftliche Daten in Extremumgebungen zu sammeln. Die mit Instrumenten ausgerüsteten Flussschwimmkörper und ein autonomes Boot (siehe Farbtafel), das er für meine Arbeit in Grönland gebaut hatte, waren nur zwei seiner vielen Erfindungen. Als Robotikingenieur am Jet Propulsion Laboratory (Düsenantriebslabor) der NASA in Pasadena, Kalifornien, entwarf er Instrumente für den Mars-Curiosity-Rover und das sich auf der Umlaufbahn bewegende Mars-Odyssey-Raumschiff. Als Professor an der Arizona State University leitete er das Extreme Environments Robotics and Instrumentation Laboratory (Labor für Robotik in Extremumgebungen und Instrumentenausrüstung), wo er und seine Studenten raffinierte Sensoren und bildgebende Geräte entwarfen, um die Tiefsee, eisige Polarseen, rauchende Vulkankrater und andere unglaublich schwierige Umgebungen zu erforschen.

Er stand an der Spitze einer leisen Revolution, die eine Änderung in der Weise bewirkt, wie Wissenschaftler die Welt der Natur untersuchen und beobachten. Ein schwindelerregendes Spektrum kleiner, billiger Sensoren ist betriebsbereit und wird insbesondere von dem aufstrebenden Markt für autonome Fahrzeuge angetrieben. Wenn sie für den wissenschaftlichen Gebrauch angepasst sind, können diese Komponenten Monate oder Jahre im Freien bleiben, auf Drohnen montiert werden, drahtlos mit Mobilfunknetzen verbunden oder einfach auf ein Himmelfahrtskommando geschickt werden wie unsere Schwimmgeräte in Grönland. Bilder und Daten, die aus neuen, satellitengestützten Fernerkundungstechnologien hervorgehen, werden unter anderem von der NASA und zunehmend auch von Privatunternehmen kostenlos online verbreitet. Zusammen erweitern diese Technologien unser Verständnis dessen, was auf der Erdoberfläche vor sich geht. Neben zahlreichen anderen praktischen Verwendungen beobachten sie die Meere, das Land, das Eis, die Vegetation, die Tätigkeiten der Menschen – und die Flüsse.

Diese Datenexplosion hätte zu keinem besseren Zeitpunkt kommen können. Unsere wissenschaftliche Erkenntnis von Flüssen hat viele Lücken und entwickelt sich immer noch. Wenn Sie bis hier gelesen haben, dann wissen Sie wohl, dass die Wasserstraßen der Welt unter Druck stehen und in Zukunft noch stärker strapaziert werden. Aber wie waren wir überhaupt in der Lage, alle diese Geschichten bis zu diesem Punkt zu erzählen? Weil irgendjemand irgendwo hinreichend viele Informationen aufzeichnete, damit sie erzählt werden konnten. Und weil Flüsse so gewaltig, so wichtig und so stark mit dem menschlichen und biologischen Leben verflochten sind, wurden zahllose andere Erzählungen verpasst und sind jetzt für die Geschichte verloren. In einer Welt von acht Milliarden Menschen und fast 200 Ländern mit unzähligen, auf Flüsse bezogenen Herausforderungen für Menschen und Ökosysteme können wir uns das nicht leisten. Wir brauchen Maschinen, um die wissenschaftlichen Daten zu erlangen und die Informationslücken zu füllen. Wir brauchen Sensoren, Satelliten und Modelle.

Der Zweck des Flusses

Milliarden Jahre lang hat fließendes Wasser gegen die Plattentektonik um die Herrschaft über die Kontinente gekämpft. Wenn Zusammenstöße der Platten die Erdkruste verdicken und anheben, greifen die Flüsse an und beginnen, die Anhebung wieder einzuebnen. Unter Verwendung des Wassers, das vom Klima bereitgestellt wird, befördern sie das ausgewaschene Material zum Meer. Die Einzelheiten dieses Prozesses bestimmen einen Großteil dessen, wie Landschaften aussehen und wie sich die Flüsse verhalten.

Wenn Sie je mit einem Auto hoch hinauf in schroffe Gebirge gefahren sind, folgte Ihre Straße wahrscheinlich einem Flusstal. In dem Maße, wie Ihr Fahrzeug an Höhe gewann, wurde das Tal unten wahrscheinlich enger, und sein Fluss geriet in den Blick. Wahrscheinlich haben Sie auf eine steinige, mit Felsen übersäte Kiesebene und einen malerischen, tosenden Wasserfall hinabgeblickt. An diesen Ufern gibt es keine landwirtschaftlichen Felder – der Pflastersteinkorridor sah mit Geröll bedeckt und rau aus und eignete sich eher für Murmeltiere als für Pflüge.

Als Ihr Auto weiter hochkletterte, begann das mit Kieseln angefüllte Tal unter Ihnen steil abzufallen. Es schnitt nach unten in den Berg hinein, fast als ob es den sich erhebenden Gipfeln trotzte. Der Fluss nötigte dem Gebirgsgelände sein eigenes, sanfteres Gefälle auf.

Schließlich verengte sich das mit Geröll übersäte Tal wahrscheinlich und verschwand dann. Ihre Straße reckte sich höher um hochdramatische Haarnadelkurven herum, führte wahrscheinlich an ein paar schönen Wasserfällen und edelsteinartigen Seen vorbei, wo einst Gebirgsgletscher lagen. Als Sie schließlich den Pass erreichten, nahmen Sie vielleicht ein paar eilige Fotos im kalten Wind auf, bevor Sie weiterfuhren. Dann begann die Straße wieder abzufallen, und ein neues mit Felsen übersätes Tal kam vor Ihnen in den Blick. Spiegelverkehrt wiederholte sich der Anblick, als Sie auf der anderen Seite des Berges in ein anderes mit Kieseln gefülltes Flusstal hinabfuhren.

Der Pass, an dem Sie vielleicht ein paar Fotos gemacht haben, ist die topografische Wasserscheide, die Frontlinie im Kampf der beiden Flüsse um die Vorherrschaft gegenüber den Bergen und gegeneinander. Mithilfe von Regen, Schnee und Schwerkraft meißelt jeder eine Gebirgsflanke hinunter. Ihre auswaschenden Oberläufe schneiden bergauf wie Messer gegeneinander. Die Flüsse zerreiben die Berge und tragen sie weg zum Meer. Eines Tages, wenn die zugrunde liegenden tektonischen Kräfte es müde sind, die Gebirgskette weiter zu erheben, werden die Flüsse gewinnen. Es wird zwar zig oder Hunderte Millionen Jahre dauern, aber sie werden gewinnen.

Unterhalb der Seen und Wasserfälle, wo die Täler breiter und mit Kieseln zugeschüttet wurden, behaupteten sich die Flüsse. Das ist typischerweise der Ort, an dem Gebirgspassstraßen mit Flusstälern verschmelzen und ihren sanfteren Gefällen dankbar zu den flachen Ebenen nach unten folgen. Natürlich sind alle Flüsse durch ihre topografischen Umgebungen und ihre zugrunde liegende Geologie beschränkt. Aber innerhalb dieser Beschränkungen betätigen sich Flüsse durch das Arrangement ihrer örtlichen Umgebung. Der Grund scheint fast zielorientiert zu sein: um die erodierenden Berge Teilchen für Teilchen und so energieeffizient wie möglich vor dem Hintergrund der Menge des verfügbaren Sediments und Wassers abzutragen.

Der Fluss erreicht das durch die Anpassung des Gefälles seines eigenen Bettes. Wasser, das über Wasserfälle und sauberes, hartes Grundgestein fließt, schneidet sich langsam einen Weg nach unten. Doch sobald ein Bach oder Fluss genügend Material aufnimmt, um außerdem Sedimente *abzulagern*, beginnt er die Verantwortung über seine unmittelbare Umgebung zu übernehmen. Hier legt der Fluss Material ab; dort nimmt er welches weg – alles mit dem Ziel, gerade das richtige Gefälle zu erreichen, das für den Transport seines Sortiments aus Feldsteinen, Kieseln und Sand nach unten notwendig ist.

Wo die Steinfragmente, die in den Fluss gleiten, groß sind – zum Beispiel entlang unseres mit Geröll übersäten Bergtals –, macht der Fluss sein Gefälle steiler, sodass sich seine Flussgeschwindigkeit und Zugkraft erhöhen, um diese großen Steine weiterzurollen. In dem Maße, wie sie flussabwärts hüpfen, zerbrechen sie immer mehr in kleinere Feldsteine, dann Kiesel, dann Sand und dann Schluff. Übereinstimmend mit dieser Reihenfolge verringert der Fluss allmählich sein Gefälle, um sanfter zu werden, und zwar in gerade dem richtigen Winkel, um diese immer kleinere, leichtere und leichter zu bewegende Sedimentmischung flussabwärts zu bewegen. Zugleich mit der Ablagerung von Sedimenten beginnt der Fluss sich zu winden und erzeugt jene großen, trägen, Schleifen bildenden hufeisenförmigen Kurven, die in Flusstälern des Tieflands so verbreitet sind. Die Windungen erhöhen die Länge des Flusses über denselben Abfall der Talhöhe, wodurch sein Gefälle verringert wird.

Die Physik all dieser Prozesse ist kompliziert und hochmathematisch. Sie bleibt auch nach Jahrzehnten von Studien ein aktives Forschungsgebiet. Das ist ein Gegenstand, der einen gewissen nobelpreisgekrönten theoretischen Physiker namens Albert Einstein faszinierte, aber er entschied, dass der Gegenstand zu schwierig sei, und wandte sich stattdessen der Astronomie zu. Sein Sohn, Hans Albert Einstein, sollte seine gesamte Laufbahn an der University of California in Berkeley verbringen, um das zu verfolgen, was sein Vater nicht getan hatte, ein verbessertes mathematisches Verständnis dessen, wie Flüsse ihre Sedimente flussabwärts transportieren.

Der idealisierte Fall, dem sich viele Flüsse zwar annähern, den aber nur wenige erreichen, ist eine Art von Gleichgewichtszustand, der als gradierter Fluss bezeichnet wird. Ein gradierter Fluss, schrieb der amerikanische Geologe J. Hoover Mackin in einem bahnbrechenden Aufsatz, ist einer, »in welchem sich über eine Anzahl von Jahren das Gefälle feineingestellt hat, um bei der verfügbaren Abflussmenge und den vorherrschenden Eigenschaften des Flussbetts genau diejenige Fließgeschwindigkeit zu erreichen, die für den Transport der gesamten, von oben kommenden Fracht notwendig ist«. Der Ursprung dieser Idee geht noch weiter zurück, nämlich auf die Arbeiten von G. K. Gilbert und William Morris Davis aus dem späten 19. Jahrhundert. Die beiden sind die Gründerväter der modernen Geomorphologie (der Untersuchung von Landformen und ihrer Entstehung).

Gradierte Flüsse weisen ein sogenanntes klassisches, in der Höhe konkaves, longitudinales Höhenprofil auf, was bedeutet, dass das Gefälle des Flussbetts von seinen Oberläufen bis zur Mündung allmählich flach wird, so wie der lange Griff eines sanft geschwungenen Hockeyschlägers. Die oberen Bereiche eines gradierten Flusses haben ein steiles Gefälle mit groben Sedimenten, die sein Flussbett auskleiden. Weiter flussabwärts werden das Gefälle des Flusses immer sanfter und seine Sedimente feiner. Die Gründe dafür laufen auf ein Kräftegleichgewicht zwischen der Gravitationsenergie eines Flusses und dem Energiebetrag hinaus, der für den Transport der Sedimente und die Überwindung des Reibungswiderstands seines Flussbetts notwendig ist.

Vieles kann Flüsse daran hindern (und tut es auch de facto), diesen idealisierten Gleichgewichtszustand zu erreichen, u. a. tektonische Hebungen, Nebenflüsse, Anstieg des Meeresspiegels und Tätigkeiten des Menschen. Aber selbst bei solchen Störungen stimmen alle Flüsse kontinuierlich ihre Form ab, um ihre Sedimentfrachten auf energieeffiziente Weise flussabwärts zu transportieren. Es ist zwar alles nur Physik, in der der Geist keine Rolle spielt, aber die Vorstellung, dass ein Fluss einem höheren Zweck *zustrebt*, indem er sich selbst und seine lokale Umgebung verändert, erinnert mich schon beinahe an einen menschlichen Zug und ist eine Offenbarung der inneren Funktionsweise der Welt der Natur.

Unermüdliche Plackerei versus Feuer und Eis

In unbekümmerter Unkenntnis von Mackins Arbeit war es die Fernerkundungstechnik, die diese Prinzipien mir gegenüber bekräftigte, und zwar bei einem meiner ersten Forschungsprojekte als junger Professor der physischen Geografie an der University of California in Los Angeles. Zwei schreckliche Wochen lang brach Anfang Oktober 1996 eine Vulkanspalte unter Vatnajökull auf, der großen Eiskappe, die den größten Teil des Südostens von Island bedeckt. Die Eruption schmolz durch einen halben Kilometer Eis und sprengte Dampf und Asche durch eine klaffende Spalte, die sich auf der Eisoberfläche öffnete. Fast vier Kubikkilometer Schmelzwasser flossen in eine schüsselförmige topografische Vertiefung unter dem Eis. Das einströmende Wasser drückte gegen die darüberliegende Masse nach oben und hob sie schließlich genügend an, um den Verschluss zwischen Eis und Grundgestein zu zerbrechen, wodurch der eben angefüllte subglaziale See plötzlich auslief. Das Schmelzwasser untertunnelte 50 Kilometer Gletschereis in Form eines Eskers (eines subglazialen Flusses), bevor es am 5. und 6. November auf Skeiðarársandur, der größten aktiven glazialen Sanderebene* der Welt, hervorbrach.

Es war ein gewaltiger *Jökulhlaup*, das isländische Wort für eine Gletscherabbruchflutwelle. Sie brach im Ausgang vom Gletscherrüssel aus und raste die Läufe zweier kleiner, verzweigter Flüsse hinab, die diese große, 40 Kilometer breite Sandebene zum Meer durchqueren. Innerhalb von 15 Stunden stieg ihre gemeinsame Ab-

* Sander sind breite, schwach geneigte Schwemmkegel, die im Vorfeld des skandinavischen Inlandeises oder der alpinen Vorlandgletscher während des Eiszeitalters gebildet wurden. (A. d. Ü.)

flussmenge von ein paar Kubikmetern pro Sekunde auf annähernd 53 000. Die kleinen Flüsse, die gewohnt waren, Rinnsale von Wasser und Sedimenten zu befördern, tosten mit fast dem *Vierfachen* der Flussmenge des gewaltigen Mississippi.

Glücklicherweise ging der Jökulhlaup auf ein unbewohntes Gebiet nieder, da die Zerstörung enorm war. Eisbrocken von der Größe kleiner Häuser brachen vom Gletscher ab und rollten wie Spielzeug in der Flutwelle. Manche Bereiche der Sanderebene waren bis zu 12 Meter hoch von Felsen und Kieseln begraben. Andere waren mehr als 20 Meter heruntergescheuert. Zwei Brücken und lange Strecken von Islands Ring- oder Nationalstraße 1, der einzigen Straße, die um die gesamte Insel herumführt, waren einfach weggespült worden.

Es war eine große Sache, und James Garvin, ein bekannter NASA-Planetenforscher, lud mich freundlich zu einer Exkursion ein, um uns den Schaden anzusehen. Durch reinen Zufall hatte die NASA gerade fünf Monate vor dem Ausbruch des Jökulhlaup eine neue flugzeuggestützte Laserfernerkundungstechnik, den luftgestützten topografischen Kartografen (Airborne Topographic Mapper), genau im Zentrum der Sanderebene getestet. Diese Technik richtet einen spiralförmig abtastenden Laserstrahl aus einem Flugzeug nach unten, um Oberflächenerhöhungen über große Gebiete hinweg sehr genau zu kartieren.

Als wir in einem lächerlich teuren Mietwagen mit Allradantrieb auf Skeiðarársandur umherholperten, waren wir verblüfft vom Ausmaß der Zerstörung. Riesige Krater überzogen wie Pockennarben die Landschaft, in der jetzt gestrandete, hausgroße Eisblöcke dahinschmolzen. Felsen waren zu Hügeln aufgeschichtet oder rollten kilometerweit flussabwärts. Die Autobahn war einfach verschwunden und endete plötzlich mitten in der Luft über der tief abgescheuerten Ebene.

Garvin interessierte sich für die surreale Landschaft als mögliches

Gegenstück zur Oberfläche des Mars. Ich interessierte mich für ihre Flüsse. Die zufälligen luftgestützten Lasermessungen der NASA aus der Zeit vor der Flutwelle boten eine seltene Gelegenheit, um einzuschätzen, wie Flüsse Landschaften formen: Was ist wichtiger – die seltene, katastrophale Flutwelle oder die konstante, alltägliche Tätigkeit des fließenden Wassers? Angesichts des Ausmaßes der Verwüstung war ich mir sicher, dass es Ersteres war. Nachdem ich mit Garvin einige Fotos und Feldmessungen gesammelt hatte, kehrte ich nach Hause zurück und schrieb einen Forschungsprojektantrag, um den luftgestützten topografischen Kartografen nach Island zurückzubringen und die Schäden des Flusses und die nachfolgende Erholung vom Jökulhlaup zu erforschen. Meine große Vermutung war, dass die monumentale Flutwelle die beiden kleinen Flüsse, die über die Sanderebene fließen, unwiderruflich verändert hatte.

Fünf Jahre später, nach zwei NASA-Flugeinsätzen, einer Menge schmutziger Feldforschungsarbeit und der Teilhabe an regionalen isländischen Delikatessen, wie beispielsweise gekochtem Schafskopf und fauligem Haifleisch, war meine Vermutung widerlegt. Die luftgestützten Lasermessungen in Kombination mit einer weiteren neuen Fernerkundungstechnik namens satellitengestützte Radar-Interferometrie hatten bewiesen, dass der größte Jökulhlaup in der neuzeitlichen Geschichte Islands zwar tatsächlich die Flussverläufe zerstört hatte, aber die Auswirkungen waren von kurzer Dauer. Dort, wo die Flutwelle tiefe Löcher in ihre Flussbette gescheuert hatte, füllten die Flüsse sie wieder auf. Dort, wo sie Kieselsteine aufgehäuft hatte, trugen die Flüsse die Kiesel Stück für Stück zum Meer hinab. Nur vier Jahre nach der Flutwelle war etwa die Hälfte der topografischen Auswirkung des Jökulhlaup auf die Landschaft bereits wieder ausgelöscht.

Was diesen Flüssen *wirklich* am Herzen lag, war die Rückkehr zur Arbeit. Wie Ameisen, die Sand bewegen, reparierten die Flüsse ihre eigenen Flussbettgefälle auf solche Weise, dass sie zur Aufgabe ihres

1996 löste ein Vulkanausbruch unter Islands Vatnajökull-Eiskappe eine katastrophale Gletscherabbruchflutwelle mit einer Spitzenabflussmenge aus, die etwa das Vierfache der Flussmenge des Mississippi betrug. Die Flutwelle raste über die benachbarte Ebene, scheuerte die Landschaft in einigen Gebieten tief ab (Foto) und begrub sie in anderen Gebieten unter Sedimenten. In den folgenden Jahren wurden diese spektakulären Wirkungen durch die weitaus kleineren Flussmengen gewöhnlicher Flüsse weitgehend ausgelöscht. *(Laurence C. Smith)*

Sedimentfrachttransports auf die energieeffizienteste Weise zurückkehren konnten. Die Laserfernerkundungstechnik der NASA hatte zentimetergenau dokumentiert, wie zwei beschädigte Flüsse danach strebten, einen gradierten Zustand zu erreichen. Obwohl die Auswirkungen der Katastrophe kurzfristig tiefgreifend waren, wurden sie innerhalb weniger Jahre weggewischt. Von solcher Art ist die Willensmacht eines Schwemmflusses.

Dokumentaristen der Erde

Am 4. Oktober 1957 startete die Sowjetunion erfolgreich den Sputnik 1, den ersten Satelliten der Welt, und trat ins Raumzeitalter ein. Amerika reagierte mit der Schaffung der National Aeronautics and Space Administration, einer Bundesbehörde mit dem Auftrag, den ersten Menschen zum Mond zu schicken. In seinem Buch *One Giant Leap* zeichnet der Journalist Charles Fishman nach, wie die späteren berühmten Apollo-Mondmissionen der NASA technische Durchbrüche bei Satelliten, Computern und in der Telekommunikation hervorbrachten, die auch heute noch Fortschritte machen.

Weniger bekannt ist die Tatsache, dass die Vereinigten Staaten nur zwei Jahre nach dem Start von Sputnik 1 eine Reihe geheimer Spionagesatelliten als Bestandteil des Corona-Programms starteten, um Fotos von unserer Erde aus dem Weltraum aufzunehmen. Sie hatten hochwertige Filmkameras an Bord und stießen ihre wertvolle Fracht mit an Fallschirmen hängenden Wiedereintrittskapseln ab, die in der Luft von Flugzeugen aufgefangen oder aus dem Meer von Schiffen aufgenommen wurden. Die Kapseln hatten einen Salzpfropfen, der sich auflösen würde, wenn sie nicht rechtzeitig geborgen würden, wodurch der Film auf den Meeresboden geschickt werden würde. Die Corona-Bilder sind jetzt freigegeben und online kostenlos zugänglich beim U.S. Geological Survey Earth Resources Observation and Science (EROS) Center (US-amerikanisches Zentrum für die geologische Untersuchung, Beobachtung und wissenschaftliche Erforschung von Erdressourcen) in der Nähe von Sioux Falls in South Dakota.

Ein verbreitetes Missverständnis hinsichtlich der NASA besteht darin, dass ihre einzige Aufgabe die Erforschung des Weltraums sei. Tatsächlich schloss der Zuständigkeitsbereich der Behörde die Erde immer ein. Die Astronauten der ersten Mondmissionen fotografierten sie mit Hasselblad-Kameras, die aus den Fenstern ihrer Raumfähren auf sie gerichtet waren. Im Unterschied zu den geheimen Corona-Bildern wurden diese Fotos publik gemacht und riefen in der Öffentlichkeit und bei den Wissenschaftlern große Begeisterung hervor. Ende der 1960er Jahre begann die NASA mit begeisterter Unterstützung von William T. Pecora, dem Leiter des U.S. Geological Survey, ein epochemachendes Erdbeobachtungsprogramm neben seinen bekannteren Mondmissionen. Pecora starb nur wenige Tage bevor die NASA den ersten Earth Resources Technology Satellite, der später in Landsat 1 umbenannt wurde, startete.

Die Kernnutzlast von Landsat 1 war ein Sensor mit der Bezeichnung Multispectral Scanner System (MSS). Im Unterschied zu Filmkameras sammelte MSS digitale Bilder, die an Satellitenschüssel-Empfangsstationen ausgestrahlt werden konnten. Dadurch vergrößerte sich die Anzahl der Bilder, die gesammelt werden konnten, exponentiell. Außerdem erfasste die MSS-Technik nicht nur eines, sondern vier Bilder von der Erdoberfläche, wobei jedes einen anderen Abschnitt des elektromagnetischen Spektrums abdeckte (grünes Licht, rotes Licht und zwei verschiedene Bereiche von Infrarotlicht). Dadurch wurde die Verwendung digitaler Bildverarbeitungssoftware zur unterschiedlichen Kombination dieser vier voneinander unabhängigen Bilder ermöglicht, was zu farbigen, aufschlussreichen digitalen Landkarten der Erdoberfläche führte.

Landsat 1 überdauerte sechs Jahre lang und war ein Riesenerfolg. Ihm folgten dann nacheinander Landsat 2, Landsat 3, Landsat 4, Landsat 5, Landsat 7 und Landsat 8 (Landsat 6 stürzte nach dem Start in den Indischen Ozean ab). Der Start von Landsat 9 fand im September 2021 statt. Mit über sieben Millionen Bildern, die über fünf Jahrzehnte gesammelt wurden, hat das Landsat-Programm der NASA stillschweigend die Rolle des am längsten dienenden Dokumentaristen der Erde angenommen.

Ein gutes Beispiel für die Leistungsfähigkeit ununterbrochener Satellitenbeobachtungen war ein Aufsatz in *Nature* aus dem Jahr 2016, der von Jean-François Pekel, Andrew Cottam und Alan Belward vom European Commission Joint Research Center (gemeinsames Forschungszentrum der Europäischen Kommission) und Noel Gorelick von Google Schweiz geschrieben wurde. Sie benutzten Google Earth Engine, eine cloudbasierte Plattform zur digitalen Bildverarbeitung, um das *gesamte globale Archiv* von Landsat-Bildern zu analysieren mit dem Ziel, Veränderungen der Flüsse, Seen und Feuchtgebiete der Welt von 1984 bis 2015 zu verfolgen. Andere Wissenschaftler, mich eingeschlossen, hatten Landsat-Satellitenbilder verwendet, um den Zustand des Wassers auf der Oberfläche über ein paar zeitliche Schnappschüsse hinweg zu untersuchen, aber die Untersuchung von 2016 war ganz anders. Anhand von Cloud-Computing nahmen die Autoren jedes Bild auf, das die Landsat-Satelliten 32 Jahre lang auf der ganzen Erde erfasst hatten. Das reine Datenvolumen war beispiellos.

Der Aufsatz in *Nature* wurde während der Jahrestagung der American Geophysical Union in San Francisco vorgetragen. Mit mehr als 25 000 Teilnehmern war (und ist) es die größte Zusammenkunft von Geowissenschaftlern und Weltraumforschern der Welt. Pekel war anwesend, um die Arbeit vorzuführen, und die Zuhörer schnappten hörbar nach Luft, als seine farbigen Weltkarten eine nach der anderen über die gigantische Projektionsfläche jagten. Etwa 90 000 Quadratkilometer Oberflächenwasser waren verschwunden, fast das Dreifache der Fläche des Baikalsees. Über 162 000 Quadratkilometer, die einst dauerhafte, stabile Gewässer gewesen waren, waren nicht mehr stabil. Besonders betroffen waren der Nahe Osten und Zentralasien aufgrund umfangreicher Flussumleitungen, Wasserentnahmen und Dürren. Die Satellitenkarten zeigten auch das Erscheinen vieler neuer Gewässer an Orten, an denen es zuvor kein Wasser gegeben hatte. Auf insgesamt 184 000 Quadratkilometern –

ungefähr der halben Fläche Deutschlands – waren die meisten künstlich, Schöpfungen der Staubecken frisch aufgestauter Flüsse. Im Saal wurde gemurmelt. Niemand hatte je zuvor so viele Informationen in einer einzelnen Untersuchung gesehen.

Schon bald danach begannen weitere globale Untersuchungen von Oberflächengewässern veröffentlicht zu werden. An der University of North Carolina verschmolzen George Allen und Tamlin Pavelsky das Landsat-Satellitenbildarchiv mit sorgfältigen Feldmessungen. Nachdem sie flussaufwärts zu den höchsten Oberläufen sieben unterschiedlicher Flüsse gewandert waren und deren Flussbettbreiten unterwegs gemessen hatten, entdeckte das Duo etwas Merkwürdiges: Die Durchschnittsgröße des erstmals erscheinenden Oberlaufstroms eines Flusses ist 32 Zentimeter breit (plus oder minus acht Zentimeter), und zwar unabhängig von der Lage, vom Gelände, vom Klima oder von der Vegetation. Es scheint, dass alle Flussbecken ihre Zuflussströme flussaufwärts wie Tentakel ausweiten, bis sie zur Breite eines Esstellers schrumpfen.

Die physikalischen Gründe dafür werden zwar immer noch erforscht, aber die Entdeckung birgt wichtige Implikationen für eine Menge biogeochemischer und sedimentärer Prozesse, die an den Messerschneiden von Flussoberlaufbecken auftreten. Insbesondere ist offenes Gewässer eine bedeutende natürliche Quelle von Kohlendioxid- und Methan-Treibhausgasen, weshalb die Entdeckung von Milliarden winziger Zuflüsse bedeutete, dass das Ausmaß dieser Gasemissionen höher sein muss, als man zuvor gedacht hatte.

Diese winzigen Oberlaufströme sind zu klein und zu zahlreich, um vom Weltraum aus kartiert werden zu können. Um ihre gesamte weltweite Oberfläche zu schätzen, zapften Allen und Pavelsky noch einmal das weltweite Landsat-Archiv an, und zwar dieses Mal, um die Breiten jedes Flusses auf der Welt zu kartieren, der vom Weltraum aus sichtbar ist. Dann schätzten sie unter Verwendung von Statistiken und der 32-Zentimeter-Grenze, die aus ihrer vorherigen Untersuchung hervorging, die weltweite Oberfläche von Flüssen ab, indem sie die Oberlaufzuflüsse berücksichtigten. Sie fanden heraus, dass Flusswasser etwa 773 000 Quadratkilometer bedeckt (0,58 Prozent der nicht vereisten Landoberfläche der Erde), eine Zahl, die um 44 Prozent größer ist als frühere Schätzungen. Daher spielen Flüsse eine größere Rolle bei Treibhausgasemissionen, als man früher dachte, ein Befund, der durch die Kombination detaillierter Felduntersuchungen, raffinierter Datenverarbeitung und des weltweiten Archivs für Satellitenbilder ermöglicht wurde.

Das Landsat-Satellitenprogramm der NASA ist nicht das einzige. Frankreichs SPOT-Satellitenreihe datiert von 1986. Die beiden riesigen NASA-Satelliten Terra und Aqua, die mit Sensoren vollgepackt waren, stammen aus den Jahren 1999 und 2002. Seit 2014 hat das Copernicus-Programm der Europäischen Union Satelliten (die als Sentinels, Wächter, bezeichnet werden) genutzt, um Bilder aus dem Weltraum zu sammeln, und In-situ-Netze (zum Beispiel Wetterstationen, Luftqualitätssensoren, Meeresbojen, Informationen über die Nachfrage nach Wasser zur Bewässerung), um gleichzeitig Messdaten auf der Erde zu sammeln. Dieses EU-Programm hat bereits sechs Satelliten gestartet, wobei bis 2030 fast 20 weitere geplant sind.

Neben diesen langfristigen Regierungsprogrammen werden jetzt Satellitenbilder mit sehr hoher Auflösung von Privatunternehmen wie Maxar (ehemals DigitalGlobe) und Planet gesammelt. Maxar, ein internationales Unternehmen mit Hauptsitz in Colorado, besitzt und betreibt eine Reihe kommerzieller Satelliten, die die Oberfläche der Erde mit räumlichen Auflösungen bis zu 30 Zentimetern kartieren, was eine deutliche Erkennung von Autos und sogar Menschen gestattet. Das in San Francisco ansässige Unternehmen Planet startet Hunderte von CubeSats – kostengünstige winzige Satelliten, die etwa so groß wie ein Brotkasten sind und nur wenig mehr als eine Kamera enthalten –, um atemberaubende Datenmengen anzuhäufen. Das Unternehmen malt sich eine nahe Zukunft aus, in der hochauflösende Satellitenbilder überall und jeden Tag zugänglich werden. 2018 eröffnete das Unternehmen eine neue Fabrik, die in der Lage ist, 40 neue CubeSats pro Woche herzustellen. Für ihre Doktorarbeit hat Sarah Cooley, eine Studentin, die ich betreute, einer Methode den Weg bereitet, Algorithmen des maschinellen Lernens zu nutzen, um diese Flut hochauflösender Satellitenbilder aufzufangen mit dem Ziel, Veränderungen der Oberflächengewässer auf der gesamten Erdoberfläche zu verfolgen.

Diese wachsenden globalen Archive enthalten Petabytes – und schon bald Exabytes – an Satellitenbildern. Bis vor Kurzem war es unmöglich, solche Datenmengen in ihrer Gesamtheit zu analysieren. Wenn beispielsweise die gesamten Druckbestände der Library of Congress gescannt werden würden, käme man auf eine Datenmenge von etwa 0,01 Petabytes. Mit über acht Millionen Bildern, die sich über mehr als vier Jahrzehnte erstrecken, enthält allein schon das Landsat-Bildarchiv ein Petabyte. Aber die cloudgestützte Datenverarbeitung ermöglicht es, diese riesigen, wachsenden Archive großer Datenmengen mit einer Geschwindigkeit und in einem geografischen Maßstab zu analysieren, die selbst noch vor wenigen Jahren undenkbar gewesen wären. Heute hat jeder hinreichend erfahrene Mensch mit einer schnellen Internetverbindung die Möglichkeit, sich über Satellitenbilder in eine Zeitmaschine zu versetzen, um die Vergangenheit oder Gegenwart an jedem beliebigen Ort der Erde zu betrachten.

Der Wert dieser Explosion großer Datenmengen für die Untersuchung von Flüssen ist grenzenlos. Satellitenbilder von überschwemmten Gebieten werden jetzt verwendet, um Versicherungsansprüche zu beurteilen und Modelle von Überschwemmungsgefahren zu verbessern. Die Beobachtung von Flüssen stromaufwärts von Ballungsgebieten ermöglicht eine Frühwarnung vor Überschwemmungen, und zwar schon Tage bevor sie hereinbrechen. Kleine Veränderungen der Flussfarbe werden genutzt, um schwebende Sedimente, Algen und andere farbige Indikatoren der Wasserqualität zu verfolgen. Wärmebildtechniken werden genutzt, um beispielsweise kleine Unterschiede der Wassertemperatur zu kartieren und industrielle Abwässer und Orte zu entdecken, an denen Grundwasserquellen in Flüsse eintreten. Colin Gleason, Professor für Bauingenieurwesen und Umwelttechnik an der University of Massachusetts, verwendete archivierte Satellitenbilder, um eine wesentliche Eigenschaft von Flüssen festzustellen, die als hydraulische Geometrie an einer Station bezeichnet wird und eine hinreichend gute Schätzung der Abflussmenge aus dem Weltraum ohne irgendwelche Messungen auf der Erde ermöglicht. Diese und andere spannende Fernerkundungstechnologien bieten jetzt beispiellose Möglichkeiten der Untersuchung und Beobachtung von Flüssen auf der Erde, und zwar unabhängig von ihrer Abgeschiedenheit oder Zugehörigkeit zu einem politischen Hoheitsgebiet.

Setzen Sie Ihre 3-D-Brille auf

Schon sehr bald werden diese globalen, rasch wachsenden Archive großer Datenmengen nicht nur aus zweidimensionalen, sondern auch aus dreidimensionalen Bildern bestehen.

Bis vor relativ kurzer Zeit waren hochauflösende digitale topografische Daten begehrt und schwer aufzutreiben. Sie wurden hauptsächlich vom Militär für vertrauliche Zwecke produziert, wie beispielsweise die Steuerung tieffliegender Marschflugkörper durch ein bestimmtes Gelände oder die Überschneidung mit der Aufzeichnung seismischer Wellen, um geheime Atombombentests zu erkennen. Ich erinnere mich, dass ich einmal im Aufbaustudium eine Heimfahrt zu Thanksgiving verpasst habe, weil ich per Hand all die kleinen braunen Umrisslinien auf einer topografischen Karte aus Papier umständlich digitalisieren musste. Als ein Mitstudent insgeheim eine zugangsbeschränkte digitale topografische Datenmenge, die von der National Geospatial-Intelligence Agency (die damals noch National Imagery and Mapping Agency hieß, landesweite Behörde für Bilder und Landkarten) an unsere Universität ausgeliehen wurde, kopierte und zu verkaufen versuchte, wurde er verhaftet und zu einer Gefängnisstrafe verurteilt.

Wenn wir in die Zukunft vorspulen, werden weitaus bessere hochauflösende topografische Daten kostenlos online zur Verfügung stehen. Dieser Trend lässt sich auf das Jahr 2000 zurückverfolgen, als die NASA-Raumfähre *Endeavour* einen besonderen Kartierungsauftrag flog, der als Shuttle Radar Topography Mission (SRTM, Radartopografie-Mission) bezeichnet wurde. Die Radartechnik (eine Abkürzung für *ra*dio *d*etecting *a*nd *r*anging, Erkennung und Entfernungsmessung durch Radiowellen) nutzt eine oder mehrere Antennen zur Aussendung und zum Empfang von Mikrowellen, ein Bereich von Wellenlängen des elektromagnetischen Spektrums, die viel länger sind als sichtbares und Infrarotlicht. SRTM setzte eine verblüffende Technik namens Radar-Interferometrie ein, bei der zwei Radarstrahlen zugleich abgefeuert und ihre jeweiligen Echos miteinander trianguliert werden, um topografische Erhebungen auf der Erdoberfläche zu kartieren. Um das zu erreichen, drehte sich *Endeavour* von oben nach unten und öffnete seinen Laderaum, wobei eine Antenne auf die Erde gerichtet war. Eine zweite Antenne, die an das Ende eines 60 Meter langen zusammenklappbaren Auslegers montiert war, wurde vorsichtig von der Seite der Raumfähre ausgefahren. Zum Glück klappte alles, und die nächsten zehn Tage zeichneten die Astronauten der Raumfähre fieberhaft die Radardaten auf Magnetbänder auf (wie altmodisch!), während das Paar aus triangulierenden Radarstrahlen immer wieder um unsere Erde kreiste. Am Ende der zehntätigen Mission waren genügend Radardaten gesammelt, um die umfassendste hochauflösende topografische Karte zu erstellen, die je von der Oberfläche der Erde gemacht wurde und den Bereich zwischen 54 Grad südlicher und 60 Grad nördlicher Breite abdeckte.

Heute ist die *Endeavour* im Museum des California Science Center in Los Angeles ausgestellt, und der zusammenklappbare Ausleger hängt im Steven F. Udvar-Hazy Center des Smithsonian National Air and Space Museum in Virginia. Doch die Radardaten von SRTM werden weiterhin genutzt und wiederverarbeitet, wobei es über die Jahre hinweg viele Verfeinerungen und Neuveröffentlichungen gegeben hat. Die 3-D-Bilder der Mission sind ein standardmäßiger Hintergrund bei der Kartierungssoftware von Google Earth und werden für alles Mögliche benutzt, von wissenschaftlichen Studien bis zur Standortauswahl von Mobilfunkmasten und zur Grafik von Videospielen.

Die Radar-Interferometrie, die Technologie hinter der Shuttle Radar Topography Mission, lässt sich ebenfalls mithilfe einer einzelnen Antenne durchführen, wenn die Raumfähre mindestens einmal an denselben Ort zurückkehrt, um dasselbe Gebiet auf der Erde abzubilden. Jedes beliebige Zeitfenster zwischen den beiden Besuchen eröffnet somit die Möglichkeit der Kartierung subtiler *Veränderungen* der Topografie, zusätzlich zur Topografie selbst. Mein ehemaliger Zimmergenosse während des Aufbaustudiums, Doug Alsdorf, der jetzt Professor an der Ohio State University ist, war Wegbereiter dieser Technik für Flüsse, indem er Radardaten aus einer anderen Raumfahrtmission namens SIR-C/X-SAR verwendete.

Mittels der Triangulation von Radarechos, die vom überschwemmten Amazonas zurückkehrten und die im Abstand von 24 Stunden von der Raumfähre gesammelt wurden, kartierte Alsdorf Verringerungen des Flusswasserstands im Maßstab von Zentimetern, welche während der 24-stündigen Dauer zwischen den zwei Umläufen auftraten. Als Reaktion auf einen Rückgang des Amazonas um zwölf Zentimeter stellte er fest, dass die ihn umgebenden Flutgewässer sieben bis elf Zentimeter fielen, wenn sie sich nahe beim Fluss befanden, aber nur zwei bis fünf Zentimeter, wenn sie weiter entfernt waren.

Diese Entdeckung zeigte, dass die von Hochwasser überzogenen Überschwemmungsebenen von Flüssen nicht gleichförmig ansteigen und fallen wie das Wasser in einer Badewanne. Stattdessen folgen die Überschwemmungsstände (und auch die Fließrichtungen, wie sich herausstellt) verwickelten räumlichen Mustern, die von Rückstaus, der Vegetation und sekundären Kanälen verursacht werden. Unter Verwendung des Japanese Earth Resources Satellite (JERS-1, japanischer Erdressourcen-Satellit) und anderer Radarsatelliten zeigten Folgestudien, dass die Überschwemmungsebenen von Flüssen überraschend komplex sind und typischerweise in manchen Gebieten mehr Wasser anhäufen und in anderen weniger. Die Kartierung dieser 3-D-Muster aus dem Weltraum liefert wertvolle Informationen für die Erhaltung von Feuchtgebieten und für die genaue Bestimmung von Überschwemmungsgefahren auf großen Überschwemmungsebenen.

Diese Art der Radartechnik steht im Begriff, populär zu werden. Im Jahr 2017 entsandte die NASA neun verschiedene Flugkörper über einige der abgelegensten Gebiete Nordamerikas als Bestandteil ihres Arctic-Boreal Vulnerability Experiment (ABoVE, Experiment zur Gefährdung des arktischen Nordens), ein zehn Jahre dauerndes Programm, mit dem neue Sensortechniken aus der Luft, am Boden und aus dem Weltraum getestet werden, um eine Menge wissenschaftlicher Fragen über die sich verändernde Arktis und Subarktis zu beantworten. Als Flugprojektleiter bei einer dieser neuen Techniken bestand meine Aufgabe darin, AirSWOT einzusetzen, einen luftgestützten experimentellen Radar-Interferometriesensor, der vom Jet Propulsion Laboratory (Düsenantriebslabor) der NASA gebaut wurde – und zwar über etwa 28 000 Kilometer des arktischen und subarktischen Nordamerikas hinweg. Das Instrumentenpaket an Bord des AirSWOT-Flugzeugs umfasste mehrere Radarantennen, die speziell zur Nutzung von Radar-Interferometrie entworfen waren, um die Wasserstände in Flüssen und Seen zu messen.

Jenen ganzen Sommer hindurch machte AirSWOT Bilder von über 40 000 Seen und Flüssen, während ich gleichzeitig am Boden Feldforschungsteams organisierte. Fast drei Dutzend Menschen aus vier Ländern und fünfzehn Institutionen schwärmten unter den AirSWOT-Flügen über ihnen in Booten, Wasserflugzeugen und Hubschraubern durch abgelegene Gebiete von Saskatchewan, den Nordwest-Territorien und Nordalaska. Unser Hauptziel bestand darin, präzise Landvermessungsgeräte zu nutzen, um zu prüfen, ob die Radar-Interferometrie Wasserstände wirklich so empfindlich messen kann, wie man hoffte. Durch den Vergleich unserer Landvermessungen mit den von oben gesammelten AirSWOT-Bildern bestätigten wir, dass diese neue Technik tatsächlich präzise und zweckdienlich Wasserstände über sehr große Gebiete hinweg kartieren kann. Beispielsweise verwendete Lincoln Pitcher, ein Doktorand, den ich betreute, AirSWOT-Bilder, um die Auswirkungen des Permafrosts unter der Erdoberfläche auf die Wasserstände in den Yukon Flats zu enthüllen, einem ausgedehnten und ökologisch bedeutenden Feuchtgebietsystem entlang des Yukon River in Nordalaska. Zwei andere, Jessica Fayne und Ethan Kyzivat, führten damit zusammenhängende Untersuchungen durch, indem sie AirSwot-Bilder verwendeten, die über ganz Kanada und Alaska hinweg gesammelt wurden.

Das Arctic-Boreal Vulnerability Experiment der NASA ist erst der Anfang. Gegenwärtig werden weniger als ein Prozent der Wasserstände in den Millionen Süßwasserseen der Welt beobachtet. Die

Stände von Flüssen und Staubecken werden entweder nicht gemessen oder sind in einem Großteil der Welt gehütete Staatsgeheimnisse. Die NASA hat AirSWOT nicht als Zweck an sich gebaut, sondern vielmehr als eine Pilotdemonstration einer neuen Art von Satelliten, der in den Weltraum entsandt werden soll. Es ist ein Prototyp eines noch großartigeren technischen Fortschritts, der kurz bevorsteht.

Große Datenmengen treffen auf weltweite Gewässer

Der neue Satellit, der als Surface Water and Ocean Topography (SWOT, Topografie von Oberflächengewässern und Meeren) bezeichnet wird, wird Radar-Interferometrie zur Kartierung sich verändernder Wasserstände und Gefälle der Meere, Flüsse, Staubecken und Seen nutzen (siehe Farbtafel). Seine Technik baut auf einem langen und erfolgreichen Erbe ozeanografischer Radarsatelliten auf, die Höhenmesser genannt werden. Aber weil SWOT Interferometrie nutzt, werden die entstehenden Bilder eine viel feinere räumliche Auflösung als herkömmliche Radarhöhenmesser haben und dadurch die Kartierung kleiner Binnengewässer sowie von Meeren ermöglichen. Die Mission ist eine Partnerschaft zwischen der NASA und den Raumfahrtbehörden Frankreichs (CNES), Kanadas (CSA) und Großbritanniens (UKSA) sowie zwischen Wissenschaftlern aus zwei Disziplinen (Hydrologie und Ozeanografie) und vielen Staaten. SWOTs Entwicklung von der Idee zur Wirklichkeit umfasst zwei Jahrzehnte, Dutzende internationaler Konferenzen, Tausende Stellen und eine Investition von über einer Milliarde an öffentlichen Mitteln.

Bald nach SWOTs Start im Jahr 2022 wird er mit der dreidimensionalen Kartierung der Erdoberfläche mindestens einmal alle 21 Tage beginnen. Auf dem Land werden die Messungen der Höhe der Wasseroberfläche und des Gefälles bei Flüssen gesammelt, die mindestens 100 Meter breit sind, und bei Seen, die nicht größer sind als 250 mal 250 Meter. Die vorläufigen Messungen des Satelliten werden sofort online gestellt, und mindestens jährlich folgt ein wiederaufbereiteter, qualitätsgesicherter globaler Datensatz. Alle diese Daten werden für wissenschaftliche und kommerzielle Zwecke kostenlos online zur Verfügung stehen.

Außerdem wird SWOT fernerfasste Schätzungen der Abflussmenge von Flüssen liefern. In Amerika unterhält das U.S. Geological Survey über 8000 Flussmessstationen und stellt deren Daten online, aber eine solche Transparenz ist relativ selten. Außerhalb der Vereinigten Staaten, Kanadas, Brasiliens und Europas sind Flussmessungsdaten typischerweise spärlich oder geheim. Messungen der Wasserstände von Staubecken sind noch seltener. Dadurch werden die Überwachung von Flussmengen und die Einhaltung von grenzüberschreitenden Vereinbarungen zur gemeinsamen Wassernutzung (siehe Kapitel 2) für einen Großteil der Welt schwierig oder gar unmöglich. Dadurch, dass SWOT Echtzeitmessungen online zur Verfügung stellt, wird er die Fähigkeit von Wasserplanern, Regierungen, NGOs und des Privatsektors zur Überwachung des Zustands von besonders wichtigen Süßwasserressourcenbeständen grundlegend verändern.

Da SWOT eine Experimentaltechnik ist, lassen sich alle Möglichkeiten der Datennutzung nur schwer vorhersagen. Gegenwärtig liegen für die Wasserstände von Seen und Feuchtgebieten auf der ganzen Welt zum größten Teil keine Messungen vor. Einsatzplaner sehen Vorteile für den Handelsverkehr auf und an Flüssen voraus, indem die spärlichen Daten der Messstationen ergänzt und die in den Überschwemmungsgebieten lebenden Bevölkerungsgruppen und dort ansässigen Unternehmen dabei unterstützt werden, sich besser vor Überschwemmungen zu schützen. Ferner vorgesehen sind die Nachverfolgung der Wasserspeicherung in Staubecken und die Konstruktion besserer Computermodelle für die Vorhersage von Ernteerträgen, Überschwemmungen und Dürren. Wenn auch nur einige dieser Ziele verwirklicht werden, wird SWOT der Menschheit materiellen Nutzen bringen, und der Einsatz wird ein durchschlagender Erfolg.

Wenn er im Jahr 2022 gestartet wird, wird SWOT mein Leben zwei Jahrzehnte lang beschäftigt haben. Ich war von Anfang an am Entwurf und der Planung dieser Mission beteiligt, und einige ihrer wichtigsten Ziele gehen auf meine Doktorarbeit Mitte der 1990er Jahre zurück. Meine allererste Präsentation auf einer Tagung der American Geophysical Union als zarter Doktorand war ein Vortrag mit dem Titel »Können wir die Abflussmenge von Flüssen aus dem Weltraum messen?« Ich erinnere mich, dass ich mich überwältigt gefühlt habe, als die Rolltreppe mich in ein Menschengewühl im höhlenartigen Moscone Center von San Francisco hinabsenkte und ich dann einer skeptischen Hörerschaft nervös meine Ideen präsentierte. Schließlich war 1994 die bloße Vorstellung, Satelliten zur Messung der Flussmenge von Flüssen zu verwenden, absurd.

Aber wenn diese spannende neue Technik wie geplant funktioniert, wird SWOT einfach nur der erste von vielen solcher Satelliten sein, die uns dabei unterstützen, mit den Süßwasserressourcen der Welt verantwortlich umzugehen. Er wird sich unter die vielen anderen erfolgreichen Satellitenmissionen einreihen, die andere Bestandteile des weltweiten Wasserkreislaufs überwachen – zum Beispiel die Satelliten Global Precipitation Measurement (GPM) und CloudSat, die Niederschläge messen, der Satellit Soil Moisture Active Passive (SMAP), der den Wassergehalt des Erdbodens misst, und die Satelliten Gravity Recovery and Climate Experiment (GRACE) und bald NASA-ISRO Synthetic Aperture Radar (NISAR), die (neben vielem anderen) Gebiete der Grundwassererschöpfung erkennen. Diese sensibel auf Wasser reagierenden Techniken liefern wichtige Beobachtungen und werden auch für hydrologische Modelle verwendet, wodurch ihr Vorhersagewert für alles Mögliche, von der Wasserressourcenplanung bis zur Bestimmung von Hochwasserrisiken, verbessert wird.

Im Verein mit Beobachtungsdaten aus kostengünstigen bodengestützten Sensornetzen werden die globalen Daten, die von Satelliten gestreamt werden, anhand von Algorithmen der Künstlichen Intelligenz gefiltert, um das Getöse des Wasserkreislaufs der Erde zu überwachen. Sensoren, Satelliten und Modelle bringen die Menschheit immer näher an das Unmögliche heran: ein kontinuierliches Echtzeitinventar der Gewässer der Welt und ihrer Veränderungen über Raum und Zeit hinweg.

Die wahrheitsgemäße Erkenntnis des Wasserkreislaufs der Erde ist ein Problem, das uns schon seit biblischer Zeit irritiert hat. Wie ich in Kapitel 1 dargelegt habe, zerbrachen sich Thales von Milet und nachfolgende Legionen von Naturphilosophen den Kopf über die jährlichen Überschwemmungen des Nils, die durch die Wüste verlaufen. Der Autor von Kohelet 1,7 (als der üblicherweise König Salomon gilt) schrieb: »Alle Flüsse fließen ins Meer, das Meer wird nicht voll. Zu dem Ort, wo die Flüsse entspringen, kehren sie zurück, um wieder zu entspringen.« Aber wie? Das war ein Rätsel.

Aristoteles glaubte, dass Flüsse durch die Umwandlung von Luft in Wasser im Innern von unterirdischen Höhlen entsprängen. Im Mittelalter glaubte man gemeinhin, dass die Abflussmenge von Flüssen zu den Meeren durch ein verborgenes Tunnelsystem ausgeglichen werde, das das Meereswasser wieder ans Land zurückbringe. Diese Vorstellung dauerte bis weit in die Renaissance hinein fort, als sie von keinem anderen als Leonardo da Vinci vertreten wurde.

Er überlegte sich, dass ebenso, wie die Arterien des Menschen Blut vom Herzen wegpumpen und die Venen es wieder dorthin zurückbringen, die Erde unterirdische Venen besitzen müsse, die das Meereswasser erneut zu binnenländischen Quellen, Bächen und Flüssen leiteten. Die vielen Schwachstellen an dieser Logik (Wie wurde das Meereswasser zu einer höheren Erhebung an Land gepumpt? Wie änderte es sich von Salz- zu Süßwasser?) schienen Leonardo oder die vielen anderen, die diese Ansicht teilten, nicht zu stören. Bemerkenswerterweise wurde die richtige Antwort erst 1674 erkannt, als ein Franzose namens Pierre Perrault endgültig bewies, dass Niederschläge die Hauptquelle der Durchflussmenge eines Flusses sind.

Als Spross einer gebildeten Familie wurde Perrault von seinen beiden jüngeren Brüdern, Claude und Charles, überschattet. Claude Perrault war ein erfolgreicher Anatom und Architekt, der außerdem Mitbegründer der französischen Akademie der Wissenschaften war, Vitruvs wegweisendes Werk *De architectura* (siehe Kapitel 1) übersetzte und einen Teil des Louvre entwarf. Charles Perrault gelangte zu Ruhm durch die Abfassung eines Buchs mit Kindermärchen mit dem Titel *Histoires ou contes du temps passé, avec des moralités* (Geschichten oder Erzählungen aus vergangener Zeit, mit moralischen Lehren).

Nachdem Pierre Perrault eine Zeit lang als Steuereintreiber gearbeitet hatte, was ihn in den Bankrott trieb, entwickelte er ein Interesse an der Seine. Durch die Messung der Niederschlagsmenge, die auf das Land fiel, und den anschließenden Vergleich mit Abflussmessungen, die an dem Fluss gesammelt wurden, bewies er, dass Regen und Schnee alleine für den größten Teil, wenn nicht gar für die gesamte Flussmenge der Seine aufkommen könnten. Sein quantitativer Ansatz für das Problem, der Messungen und Mathematik gegenüber Anekdoten und künstlerischen Darstellungen bevorzugte, war Teil einer breiteren Entwicklung der Naturwissenschaft in jener Zeit. Sein Buch *De l'origine des fontaines* (Über den Ursprung der Quellen) legte eine Streitfrage bei, über die sich die Naturphilosophen über 2000 Jahre lang entzweit hatten – und begründete das Gebiet der quantitativen Hydrologie.

Im Vergleich zu Louvre, »Rotkäppchen« und »Aschenputtel« ist Pierre Perraults Vermächtnis heute weitgehend vergessen. Dennoch bereitete es den Weg für große Fortschritte in unserem Verständnis und unserer Kontrolle nicht nur von Flüssen, sondern auch des Wasserkreislaufs im Ganzen. Er begründete eine neue Art empirischer, auf Messungen beruhender Wissenschaft, die heute durch Sensoren, Satelliten und Modelle weitere Fortschritte macht.

Natürlich hat sich die quantitative Hydrologie seit der Zeit von Perrault stark weiterentwickelt. Wissenschaftler haben alle Hauptbestandteile des Wasserkreislaufs identifiziert, nämlich Niederschläge, Untergrundfluss, Abflussmengen, Verdunstung, Transpiration von Pflanzen, Kondensierung und (über Schnee und Eis) Sublimierung. Wir wissen, dass Niederschläge zum größten Teil im Meer enden, aber es gibt auch große Stauschränke – insbesondere Gletschereis und Grundwasserleiter –, die einen Teil des Wassers signifikant daran hindern, dorthin zu gelangen. Aus den Meeren und vom Land verdunstet das Wasser in die Luft und wird ein paar Tage lang in der Höhe weiterbefördert, bevor es wieder als Regen oder Schnee fällt, um den Kreis zu schließen.

Während das Wasser durch dieses globale System zirkuliert, wird es weder geschaffen noch zerstört, sondern vielmehr in seinem Aggregatzustand verändert und von einem Ort zum anderen transportiert. Wie ein Raum mit sich drehenden Schwungrädern verschiedener Größen und Geschwindigkeiten zirkuliert manches Wasser sehr schnell (zum Beispiel in der Atmosphäre, indem es durch Flüsse fließt), manches langsam (im Grundwasser, in Seen und im Schnee) und manches wirklich sehr langsam (in tiefen fossilen Grundwasserleitern, in der Tiefsee, in Gletschern und Eisschilden). Auf den Kontinenten sind es die kleinen, aber schnellen Schwungräder – Wasserdampf, Regen und Oberflächenwasser –, die das Land und das meiste Leben darauf beherrschen. In jedem Augenblick enthalten diese Abteilungen nur winzige Wasservolumina, aber sie zirkulieren schnell und gestatten ihre ständige Verwendung und Wiederverwendung durch lebende Organismen.

Die Umwandlungen zwischen den Aggregatzuständen von Wasser werden von großen Freisetzungen und Aufnahmen von Energie begleitet. Während flüssiges Wasser zu gasförmigem Wasserdampf verdunstet, nimmt es Wärme aus der lokalen Umgebung auf (auf diese Weise kühlt trocknender Schweiß die Haut). Wenn der Wasserdampf in eine kühlere Höhe aufsteigt und zu Regentropfen kondensiert, wird die latente (gespeicherte) Wärme wieder an die Luft abgegeben und versorgt Stürme, Drucksysteme und das Wetter mit Energie. Wenn ein Hurrikan an Land geht, wird er von seiner Hauptenergiequelle abgeschnitten – Wärme, die aus dem verdunsteten Meereswasser freigesetzt wird, während es aufsteigt und kondensiert – und beginnt, sich abzuschwächen und zu erlöschen.

Durch diesen Zyklus rasen die Flüsse wie aufgeladene Kraftstoffleitungen. Im Hinblick auf ihre absolute Speicherkapazität sind sie verschwindend klein und enthalten zu jedem gegebenen Zeitpunkt vielleicht 2000 Kubikkilometer Wasser. Zum Vergleich: Das Gesamtvolumen von Süßwasser, das auf der Erde gespeichert ist – hauptsächlich in Gletschern, Eisschilden und Grundwasserleitungen –, beträgt etwa 1,4 Milliarden Kubikkilometer. Aber solche Vergleiche nehmen sich tatsächlich aus wie der des Volumens einer Kraftstoffleitung mit dem Volumen eines Benzintanks. Es ist der schnelle, konzentrierte Durchsatz von Wasser und Energie, der die Flüsse so besonders macht und der Hauptgrund dafür ist, dass Menschen dazu tendieren, sich in der Nähe von Flüssen anstatt von Seen niederzulassen.

Außerdem transportieren Flüsse *Süß*wasser auf einem Planeten, auf dem 98 Prozent von allem Wasser salzig ist und nicht getrunken oder für die Bewässerung von Feldfrüchten verwendet werden kann. Der Regen ist zu diffus, um leicht genutzt werden zu können. Daher sind Flüsse gewaltige physische Konzentratoren der Masse und Energie von Süßwasser, wodurch sie zu wichtigen Unterstützern menschlicher Kultur und des biologischen Lebens werden.

Die Macht von Modellen

Mit Sensoren und Satelliten, die weltweite Beobachtungen der verschiedenen Komponenten des globalen Wasserkreislaufs liefern, wird es auch praktisch möglich, Computermodelle zu programmieren, um diesen Kreislauf zu untersuchen und vorherzusagen.

Hydrologische Modelle sind leistungsfähige Werkzeuge, die der Gesellschaft täglich nützen. Sie werden verwendet, um Wasserwerke zu leiten, Zeitpläne für die Freisetzung von Wasser bei Staudämmen zu erstellen und Überschwemmungen vorherzusagen. Sie informieren Bauern und Hilfsorganisationen über Dürren und helfen Wasserplanern dabei, sich an die kurzfristigen Wetter- und langfristigen Klimaveränderungen anzupassen.

Hydrologische Modelle sind Wettervorhersagemodellen ähnlich, die die Bewegungen von Wasser und Energie durch die Atmosphäre simulieren, unterscheiden sich jedoch darin, dass sie die Bewegungen von Wasser (und Energie) auf dem Land simulieren, nachdem es als Regen oder Schnee vom Himmel gefallen ist. Die beiden werden häufig miteinander kombiniert, wobei der Output der Wettermodelle als Input für die hydrologischen Modelle verwendet wird.

Hydrologische Modelle reichen von ganz einfachen bis zu sehr komplexen. Sie nutzen unterschiedliche Ansätze und operieren über eine Bandbreite geografischer Maßstäbe. »Physikalisch basierte«

Modelle versuchen, Prozesse (wie die Verdunstung und Versickerung des Wassers in den Erdboden) anhand von Grundprinzipien explizit zu simulieren. Einfachere, erfahrungsgestützte Modelle nutzen Messungen aus der wirklichen Welt, um solche Prozesse zu erklären, während sie ihre Physik und Details umgehen. Beide Ansätze weisen Stärken und Begrenzungen auf, und in der Praxis sind die meisten hydrologischen Modelle eine Mischform aus beiden.

Wie jede Software sind hydrologische Modelle sich entwickelnde Werkzeuge, die nie wirklich zum Abschluss kommen. In dem Maße, wie Wissenschaftler reale Phänomene entdecken (zum Beispiel anhand von Feldforschungen), beziehen sie sie in die Modelle ein. Häufig sind es die *Abweichungen* zwischen den Modellen und den wirklichen Beobachtungen, die zu neuen Entdeckungen Anlass geben. Wenn beispielsweise Messungen ein Absinken der Abflussmenge eines Flusses feststellen, aber ein hydrologisches Modell nicht in der Lage ist, dieses Absinken zu reproduzieren, dann könnte in dem Modell etwas Wichtiges fehlen. Frustriert beginnen seine Entwickler, Ideen auszutesten. Vielleicht könnte die Wiederaufforstung – weil Bäume Wasser in die Luft verdunsten – die Abflussmenge reduzieren? Vielleicht führt das Pumpen von Grundwasser dazu, dass die Oberlaufquellen austrocknen? Die Ideen werden in die Modelle gefüttert. Schließlich wird ein fehlender wirklicher Prozess entdeckt und programmiert und eine neue Version der Software veröffentlicht. Es werden Feldexperimente durchgeführt, um zu bestätigen, dass das Modell tatsächlich verbessert wurde. Das Ergebnis von alledem ist nicht nur ein besseres Modell, sondern auch ein besseres wissenschaftliches Verständnis dessen, wie die Welt der Natur wirklich funktioniert.

Auf diese Weise haben Modellierer und Feldforscher sich jahrzehntelang gegenseitig vorwärtsgedrängt. Unser wissenschaftliches Verständnis der Erde hat sich infolgedessen gewaltig verbessert. Und alle Modelle brauchen wirkliche Beobachtungen – zur Entwicklung und Überprüfung, zur Justierung, zur Speisung von Simulationen, zur Entdeckung fehlender Prozesse, zum Test von neu aktualisierten Codes.

Aufgrund dessen ist der neue Datenfeuerwehrschlauch aus autonomen Sensoren, Drohnen, Flugzeugen und Satelliten so aufregend. Wie ihre Verwandten, die das Wetter vorhersagen, brauchen hydrologische Modelle wirkliche Beobachtungen, um gut zu funktionieren. Auf der Grundlage von Beobachtungen werden die Modelle geschickter, nützlicher und leistungsfähiger. Auf der Grundlage von Beobachtungen lassen sich Algorithmen des maschinellen Lernens trainieren. Dieser Trend ist in der Informatik schon seit Langem im Gange und dringt nun auch in die Geowissenschaften vor. Man kann sich nur fragen, wie Thales, Leonardo und Perrault über die heutige Ausbreitung von Sensoren, Satelliten und Modellen und das kommende goldene Zeitalter der Hydrologie staunen würden.

Zum letzten Mal sah ich Alberto Behar zwei Tage bevor er starb. Er kam zu meinem Haus gefahren, um mir seine neueste Idee für unsere bevorstehende Grönland-Expedition vorzustellen: eine Drohne mit starren Flügeln und großer Reichweite, die so gut wie unbeaufsichtigt stundenlang große Gebiete der Eisdecke kartieren würde.

Er schilderte, wie sie autonom in der Luft patrouillieren würde, während er und ich unten auf dem Eis wären und seine schwimmenden ringförmigen Sensoren in die tosenden blauen Flüsse würfen. Während die Schwimmer ihre Messungen an Iridium-Kommunikationssatelliten übermittelten, würde seine Drohne anhand von GPS-Navigation und einer Kamera ihre Reise verfolgen, während sie zugleich Tausende kleinerer Schmelzwasserabflüsse kartierte, die sich um uns herum über das Eis ergössen. Indem wir die Drohne zweimal über dasselbe Gebiet fliegen ließen, aber aus zwei verschiedenen Blickwinkeln, würden wir durch digitale Stereo-Fotogrammetrie dreidimensionale topografische Karten mit extrem hoher Auflösung erstellen, um das Abschmelzen der Eisdeckenoberfläche zu quantifizieren.

Ich war begeistert. All diese Dinge würden die wissenschaftliche Interpretation der übermittelten Daten aus den schwimmenden Sensoren erheblich unterstützen und dazu beitragen, dass ihre Befunde auf ein größeres Gebiet der Eisdecke ausgedehnt werden könnten. Und bei nur 5000 Dollar für die Komponenten und Teile war Albertos Drohne damals ein Schnäppchen. Allein mein Feldforschungsteam auf die Eisdecke und wieder wegzubringen, würde schon zehnmal so viel für die Hubschrauberflüge kosten.

Wir besiegelten die Sache per Handschlag. Sichtlich erregt, sprang Alberto in seinen schwarzen Porsche und fuhr meine geräuscharme Straße hoch, zuerst zum Flughafen und dann nach Hause.

Innerhalb von nur drei Jahren gehörten die radikalen Ideen dieses ausgezeichneten NASA-Ingenieurs, der Instrumente für die Marserkundung konstruierte, bereits zum Alltag. Heute bestellen alle meine Graduiertenstudenten eifrig Komponenten und bauen ihre eigenen autonomen Sensorpakete und Drohnen. Die Einstiegskosten fallen kontinuierlich, und die Fähigkeiten der Sensoren nehmen ständig zu. Raumfahrtbehörden und Privatunternehmen bevölkern den Himmel mit neuen Technologien, die die Welt noch nie gesehen hat, und teilen kostenlos ihre Daten mit. Langfristige Satellitenprogramme machen still Aufnahmen von oben für einen Film mit einer Länge von einem halben Jahrhundert. Neue Behars, junge und alte, treiben die Naturwissenschaften mit Sensoren, Satelliten und Modellen voran, die vor 20 Jahren noch undenkbar gewesen wären.

Unsere laufenden Revolutionen der Technik und Informationsverarbeitung sind außergewöhnlich. Sie werden zu einem immens verbesserten Verständnis von Flüssen und aller anderen Süßwasserressourcen auf der Erde führen.

Kapitel 9

Die Wiederentdeckung der Flüsse

Man kann nie mit Sicherheit sagen, was da unten vor sich geht!
Dieses Becken könnte größer sein, als du oder ich denken…

Dr. Seuss, *McElligot's Pool*

Ich habe ein geheimes Angelloch und bin im Begriff, etwas Unvorstellbares zu tun: Ihnen seine Lage mitzuteilen.

Es ist ganz buchstäblich ein Loch. Niemand weiß, wie tief es ist, oder zumindest weiß ich es sicher nicht. Sein klares, mit Gerbstoffen getöntes Wasser sieht wie Schwarztee aus, während es in einer bewaldeten Senke, die von blattreichen Hartholzbäumen umringt ist, aus der Erde sprudelt. Strudel brodeln geräuschlos an seine Oberfläche, ein Beweis für eine senkrechte Strömung, die aus den Tiefen emporsteigt. Urzeitliche Felsmauern gleiten in das Wasser hinab und verschwinden. Ein waagrechter Felsvorsprung liegt in perfekter Position wie eine Bühne in der Nähe der Strudel. Mit einem Durchmesser von kaum zwölf Metern vermittelt das dunkle Becken ein Gefühl von Heiligkeit und Zeitlosigkeit. Man stellt sich vor, dass einst Mohawks hierherkamen, um zu heilen, oder dass Hexen sein Wasser für ihren Zauber raubten.

Es handelt sich um den Kamin einer Höhle, durch den etwa ein Drittel der Flussmenge des Indian River entweicht, eines eher kleinen Flusses in den Ausläufern der Adirondack-Berge im Norden des

Bundesstaats New York. Eine größere Höhlenöffnung liegt ein paar Hundert Meter entfernt; an dieser Stelle gleitet ein Teil des Flusses unter die Erde. Einst war das der Eingang zu einer an der Straße gelegenen Touristenattraktion namens Natural Bridge Caverns, einem Ort, an dem Autofahrer, die auf der Route 3 nach Lake Placid fuhren, anhalten und sich die Beine vertreten konnten. Sie konnten mit einem kleinen Boot in die Höhlen fahren und Einzelheiten über ihre Naturgeschichte hören sowie über das Gerücht, dass sie ein geheimer Fluchttunnel für Joseph Bonaparte waren, den älteren Bruder Napoleons und ehemaligen König von Neapel und Spanien. Verliebt in die natürliche Schönheit der Gegend, baute Bonaparte einst ein Sommerhaus in der Nähe, im Dorf Natural Bridge, das wegen des Marmorfundaments so genannt wurde, welches die Höhlen und den fließenden Indian River darunter überspannte.

Mein eigenes Interesse an dem Loch bezog sich aufs Angeln. Als jemand, der im Zentrum von Chicago aufgewachsen war und in den späten 1970er und frühen 1980er Jahren zu seiner Großmutter in die Sommerferien geschickt wurde, hatte ich nie zuvor etwas Ähnliches gesehen. Außer seinem geheimnisvollen Aussehen war das »Senkloch«, wie es hier in der Gegend genannt wurde, eine regelrechte Fischfabrik. Jeden Morgen fuhr ich mit einem geliehenen Fahrrad zur Fabrik und fing ganz bestimmt zwei Schwarzbarsche. Meine Großmutter und ich aßen sie, daher schätze ich, dass ich in jeden Sommerferien wenigstens 50 Fische aus dem Senkloch zog. Und ich war nur einer aus einem Haufen von Kindern, die an demselben Ort angelten. Der Fußweg, der zum Becken hinunterführte, war eine tiefe Furche voller Schmutz. Der Felsvorsprung war übersät mit leeren Köderdosen, einem Gewirr aus Angelschnur und anderem Müll, der von einer achtloseren Generation hinterlassen wurde. Wir angelten jeden Tag, und das Senkloch war immerzu freigiebig. Zu meinem größten Neid holte ein anderer Junge aus seinen Tiefen die größte Bachforelle, die ich je mit eigenen Augen gesehen habe –

ein schönes Männchen mit blauen Kiefern und einem feuerroten Bauch, getüpfelt mit mondfarbenen Punkten, über 40 Zentimeter lang. Mein Konkurrent hatte eine schwere Stahlschraube an das Ende seiner Schnur gefädelt, um seinen Köder tief in den Schlund der Unterwasserhöhle hinabzulassen.

Heute ist der Pfad mit Büschen bewachsen, und die Anzeichen für Angeltätigkeit sind verschwunden. Es gibt nur wenige Zeichen von Menschen um die Lichtung herum, und kaum jemand scheint zu wissen, dass das Senkloch überhaupt existiert. Vor Kurzem habe ich Natural Bridge besucht und sah eine Menge Kinder in der Stadt, aber sie saßen auf ihrer Veranda und konzentrierten sich auf Tablets und Handys. Ich brannte zwar darauf, zum Senkloch zurückzukehren, hatte aber nicht daran gedacht, eine Angel mitzubringen. Etwas hat sich selbst bei mir verändert, sodass ich jetzt bereit bin, die Lage des besten Angelplatzes auf der Erde mitzuteilen. Seine Koordinaten sind 44 ° 4′ 16.29″ N, 75 ° 29′ 38.77″ W.

Eine unnatürliche Trennung

Ich war von der Feststellung überrascht, dass ein so beliebter Fleck nicht mehr genutzt wurde. Meine Überraschung war jedoch fehl am Platz – es handelt sich um ein umfassenderes Muster.

Ich beschaffte mir historische Aufzeichnungen über den Verkauf von Angelscheinen im Bundesstaat New York vom U.S. Fish and Wildlife Service (US-Behörde für Fisch- und Tierwelt), der die Zahl der Angel- und Jagdscheine verfolgt hat, die im ganzen Land seit 1958 verkauft wurden. Außerdem beschaffte ich mir Aufzeichnungen über die Verkäufe von Fallenstellerscheinen für Pelztiere aus dem Bundesstaat New York. Aufgrund dieser Daten erfuhr ich, dass jene denkwürdigen Sommer meiner Jugendzeit in den frühen

1980er Jahren, die ich in den Adirondack-Bergen verbrachte, tatsächlich ein Höhepunkt des öffentlichen Interesses an den Outdoor- und Freizeitsportarten Angeln, Jagen und Fallenstellen in Amerika waren.

Zu jener Zeit gab es etwa 900 000 konzessionierte Angler im Staat New York. Die Gesamtzahl ist zwar heute ähnlich, aber nachdem man das Bevölkerungswachstum mitberücksichtigt hat, ist der Anteil der Angler von einem auf 18 Einwohner damals auf einen auf 22 heute gefallen. Die Jagd ist sowohl in absoluten als auch Pro-Kopf-Zahlen zurückgegangen, wobei die Anzahl konzessionierter Jäger von fast 800 000 in den frühen 1980er Jahren auf etwa 550 000 heute gesunken ist. Wenn man das Bevölkerungswachstum mit einberechnet, ist der Anteil der Jäger von einem auf 22 Einwohner, als ich ein Junge war, auf einen auf 35 heute gefallen.

Die Anzahl der Fallensteller, die immer ein seltener und einzelgängerischer Haufen waren, hat sich in absoluten Zahlen in etwa halbiert und ist von rund 20 000 im Jahr 1980 auf 15 000 heute gefallen. In den letzten Jahren hat weniger als eine Person von 1000 eine Fallenstellerlizenz im Staat New York erworben.

Diese Zahlen auf Bundesstaatsebene spiegeln einen landesweiten und globalen Trend. Etwa 29,8 Millionen Angelscheine wurden 2018 in Amerika verkauft. In absoluten Zahlen ist das ähnlich wie in den frühen 1980er Jahren, aber wenn man das Bevölkerungswachstum mitberücksichtigt, ist der Pro-Kopf-Anteil von Anglern von einem auf acht Amerikaner auf einen auf elf gefallen. Die absolute Zahl von Jägern ist leicht zurückgegangen, und zwar von 16,3 Millionen im Jahr 1980 auf 15,8 Millionen im Jahr 2018, wobei der Pro-Kopf-Anteil von einem auf 14 zu einem auf 21 einbrach.

Ähnliche Trends spiegeln sich in der Anzahl von Tagen wider, die die Menschen campen, Rucksacktouren unternehmen, wandern oder öffentliches Gelände in den USA besuchen, und in der Anzahl von Tagen, die Menschen beim Besuch von Nationalparks in Japan

Dieser Biberfallensteller im Norden des Bundesstaats New York zählt zu einer immer seltener werdenden Anzahl von Menschen, die sich an jener Tätigkeit beteiligen, die Nordamerika einst für den Handel mit Europa öffnete. Aufzeichnungen der Verkaufszahlen von Jagd-, Angel- und Fallenstellerscheinen, der Besuche von Nationalparks und andere Zahlendaten zeigen, dass die Outdoor-Aktivitäten der Menschen in den 1980er Jahren einen Höhepunkt erreichten und seitdem stark zurückgegangen sind. *(Laurence C. Smith)*

und Spanien verbringen. Statistische Untersuchungen dieser und anderer historischer Aufzeichnungen deuten darauf hin, dass die Pro-Kopf-Beteiligung bei einem breiten Spektrum von Outdoor- und Freizeitaktivitäten zwischen 1981 und 1992 einen Höhepunkt erreichte und seither stetig zurückgegangen ist.

Pro-Kopf-Rückgänge sind leicht zu übersehen, weil die Bevölkerung der meisten Länder immer noch wächst. Die absolute Zahl der Besuche von US-Nationalparks bricht beispielsweise laufend Allzeitrekorde. Ihre Anlagen und ihr Personal werden von der Belastung stark beansprucht. Aber wenn wir das Bevölkerungswachstum mit einberechnen, sehen wir, dass die Beliebtheit der meisten Nationalparks ihren Höhepunkt 1987 erreichte und seither zurückgegangen ist.

Die zugrunde liegenden Gründe hinter diesem Trend werden erörtert und bilden sich sehr wahrscheinlich immer noch heraus. Zahlreiche Untersuchungen verweisen auf unsere wachsende Beschäftigung mit Indoor-Unterhaltung. Das begann mit dem Fernsehen und Videos und ist seither zur Nutzung des Internets, zu Aktivitäten auf sozialen Medien und Onlinespielen fortgeschritten. Abgesehen von den Gründen, bestätigen mehrere Stränge unabhängiger Belege, dass sich ein massiver globaler Rückzug von *Homo sapiens* aus der Welt der Natur vollzieht.

Dazu gehört ein faszinierender Trend, wie die Natur im Film, in der Sprache und in der Kunst dargestellt wird. Beispielsweise stellte eine Analyse von abendfüllenden Zeichentrickfilmen von Disney und Pixar über 70 Jahre hinweg einen starken Rückgang von natürlichen Umgebungen im Freien in den beliebtesten Kinderfilmen der Welt fest. Als Walt Disney 1937 *Schneewittchen und die sieben Zwerge* herausbrachte, wurde für fast alle Szenen im Freien eine Kulisse mit einer reichhaltigen Natur verwendet, eine Gepflogenheit, die ungefähr die nächsten 40 Jahre in Disneyfilmen anhielt. Aber seit den frühen 1980er Jahren hat die Hälfte aller Zeichentrickfilme von Disney/Pixar in ihren Szenen, die im Freien spielen, so gut wie keine Spur von Natur gezeigt. Darüber hinaus enthalten natürliche Umgebungen, wenn sie überhaupt dargestellt werden, weniger wilde Tiere, sehen weniger wild aus und stellen immer mehr Landschaften dar, die von Menschen verändert wurden.

Eine andere faszinierende Studie benutzte einen Algorithmus zur Datenauswertung, um die Häufigkeit von Wörtern zu verfolgen, die sich auf die Natur beziehen (z. B. *Sonne, Blume, Regen* und so weiter), und zwar in *allen* englischsprachigen belletristischen Büchern, Filmhandlungen und den 100 besten Liedtexten, die im letzten Jahrhundert produziert wurden. Sie stellte einen drastischen Rückgang der Verwendung solcher Wörter in der gesamten Volkskultur fest. »Über drei Gattungen von Kulturproduktionen hinweg«, schrieben die Autoren der Studie, »haben wir übereinstimmende Belege dafür gefunden, dass der Raum, den die Natur einnimmt, nach den 1950er Jahren in der Kollektivvorstellung und im kulturellen Austausch zurückgegangen ist.« Das bedeutet nicht unbedingt, dass den Menschen *weniger* an der Natur liegt, aber es wirft einige Fragen auf, die zum Nachdenken anregen. »Fassen die Menschen die Natur heute utilitaristischer auf als zuvor und weniger ästhetisch oder spirituell?«, fragen sich die Autoren. »Sehen sie die Natur weniger als etwas zu Erfahrendes und mehr als etwas zu Konsumierendes oder zu Steuerndes? Und was implizieren diese verschiedenen Einstellungen gegenüber der Natur für Erhaltungsbemühungen und allgemein das menschliche Wohlergehen?«

Das sind alles großartige Kaffeehaus-Fragen, die im Augenblick unbeantwortet bleiben. Aber was die zugrunde liegende Ursache dieses Trends betrifft, äußern sich die Autoren eindeutig: Das Muster stimmt mit der globalen Wendung der Menschheit zu Indoor-Freizeitaktivitäten überein. Dieser Trend bietet zahlreiche Vorteile für Unterhaltung, Bildung und soziale Interaktion, hat aber auch seinen Preis, wie wir gleich sehen werden.

Die Natur und das Gehirn

Richard Louv, ein Journalist und Anwalt von Kindern, veröffentlichte 2005 einen Bestseller mit dem Titel *Last Child in the Woods* (dt. *Das letzte Kind im Wald*). Es verband einen wachsenden Bestand psychiatrischer und physiologischer Forschungen miteinander, die zeigen, dass der Aufenthalt im Freien ein entscheidender Bestandteil für die Gesundheit von Kindern während ihrer Entwicklung ist. Indem er zahlreiche wissenschaftliche Studien zitierte, führte Louv den Mangel an Interaktion mit der Natur bei Kindern auf eine verwirrende Palette von Problemen zurück, darunter Aufmerksamkeitsstörungen, Fettleibigkeit, Depression und andere Krankheiten. Er prägte dafür den Begriff des »Naturdefizit-Syndroms«. Das Buch setzte eine internationale Bewegung namens Leave No Child Inside (Lassen Sie kein Kind drinnen) in Gang, und eine neue Organisation namens Children & Nature Network (Kinder- und Naturnetzwerk) mit Louv als Mitbegründer entstand, wobei beide versuchen, Kinder wieder mit Outdoor-Aktivitäten vertraut zu machen. Deren Ideen sind so überzeugend, dass meine Frau und ich sie bei unserer jüngsten Entscheidung berücksichtigten, von Los Angeles ins weniger städtische Neuengland umzuziehen, als wir uns fragten, warum wir unseren drei kleinen Kindern sagen mussten, dass es in L.A. keine Blumen zu pflücken gebe.

Louvs Fortsetzungsbuch, *The Nature Principle* (dt. *Das Prinzip Natur*), trug weiter zunehmendes Beweismaterial dafür zusammen, dass das Naturdefizit-Syndrom sich auch auf Erwachsene erstreckt.

Ein flüchtiger Blick auf diese Forschungsliteratur ist recht interessant. Drei Jahre nach der Veröffentlichung von *Das letzte Kind im Wald* wies ein Team von der University of Michigan nach, wie die Tatsache, dass erwachsene Versuchsteilnehmer für einen 50-minütigen Spaziergang allein durch einen Park in Ann Arbor geschickt wurden, ihre kognitive Kompetenz wiederherstellte, während ein Spaziergang durch das Zentrum der geschäftigen Stadt sie verminderte. Die Verbesserung der Gehirnfunktion von Erwachsenen wurde unabhängig von der Stimmung der Person, den Wetterbedingungen oder anderen äußeren Faktoren beobachtet. Die Forscher gelangten zu dem Schluss, dass »die Natur, die voller faszinierender Reize ist, die Aufmerksamkeit behutsam in aufsteigender Richtung anzieht, was dem abwärts gerichteten Aufmerksamkeitslevel ermöglicht, sich zu regenerieren«. Schrillere Stimuli wie Autohupen, Läden und Verkehr nehmen unsere Aufmerksamkeit stärker gefangen, und es erfordert gerichtete Aufmerksamkeit, sie zu bewältigen oder zu ignorieren. Durch diesen Effekt sind Stadtumgebungen anscheinend weniger erholsam für die Kognition des Gehirns von Erwachsenen als natürliche Umgebungen.

Bezeichnenderweise konnte friedliche Stille allein, wie z. B. das Sitzen in einem geräuscharmen Zimmer, den beobachteten Nutzen für die Kognition nicht reproduzieren. Notwendig ist etwas, das mit der *Art* der Reize in natürlichen Umgebungen zu tun hat. An der Neurologie dieses Phänomens ist wahrscheinlich der visuelle Kortex beteiligt, da Versuchsteilnehmer einige derselben Vorteile auch einfach durch das Anschauen von Bildern natürlicher Umgebungen im Freien erreichten. Was auch immer der Grund sein mag, so ist eindeutig etwas Besonderes an den unaufdringlich interessanten Reizen der Natur – selbst bei denjenigen, die man in einem Stadtpark findet –, das die kognitiven Fähigkeiten unseres Gehirns regeneriert.

Dieser Nutzen erstreckt sich auch auf individuelle Gefühle der Stimmungslage und der Selbstachtung. Zwei metaanalytische Studien (die statistische Methoden auf die Datensätze mehrerer anderer Untersuchungen anwenden), die von Jo Barton von der University of Essex geleitet wurden, stellten deutliche Vorteile von »Sport im Grünen« – körperliche Aktivität in der Natur – für die psychische Gesundheit fest. Ihre Forschung analysierte zehn Studien aus dem

Vereinigten Königreich, an der sich über 1200 Personen beteiligten, und stellte fest, dass alle grünen Umgebungen sowohl das Selbstwertgefühl als auch die Stimmung verbesserten – und dass das Vorhandensein von *Wasser* diese Vorteile noch mehr steigert.

In einem Buch mit dem Titel *Blue Mind* entwickelt der Meeresforscher Wallace Nichols diese Idee weiter und macht geltend, dass das menschliche Nervensystem nicht nur auf die Natur an sich positiv reagiert, sondern insbesondere auf Wasser. Seine Darstellung schlängelt sich durch die zahlreichen physiologischen und gesellschaftlichen Vorteile von Wasser und konzentriert sich insbesondere auf die kognitiven, emotionalen und psychologischen. Das bloße Geräusch von fließendem Wasser reduziert beispielsweise messbar Stress. Geräuschmaschinen, die rauschende Bäche und brandende Wellen nachahmen, helfen Menschen beim Einschlafen. Krebspatienten, denen Videos von gurgelnden Bächen und Wasserfällen gezeigt wurden, verzeichnen einen deutlichen Rückgang der Stresshormone Adrenalin und Cortisol und so weiter. Im Jahr 2011 begann Wallace damit, regelmäßige Konferenzen zu veranstalten, die Neurowissenschaftler, Psychologen, Künstler und Hydrologen zusammenbrachten, um die Idee zu erforschen, dass die menschliche Psyche im tiefsten Innern grundlegend von Gewässern angezogen wird.

Ich bin kein Neurologe und werde daher die Synthesen, die Louv, Barton und Wallace zusammengefügt haben, für bare Münze nehmen. Aus eigener Erfahrung, nachdem ich mehr als 40 Jahre auf Flüssen verbracht habe, gestehe ich, dass ihre Behauptungen einen Widerhall in mir finden. Sowohl als Kind wie als Erwachsener habe ich regelmäßig eine Ausbreitung von ruhigen, klaren Gedanken in meinem Geist innerhalb von etwa 30 Minuten erlebt, wenn ich auf einem Fluss zugange bin.

Es waren nicht die Fische, die mich jeden Tag zu dem Senkloch und meiner Handvoll anderer Lieblingsangelplätze am Indian River lockten. Es war die Gelegenheit, eine längere Zeit an einem Ort zu verbringen, der zugleich vorhersehbar ruhig, aber doch auch leicht stimulierend war. Meine Angel lag in der Regel vergessen am Boden, als ich eine gemächliche Stunde damit verbrachte, Flusssteine umzudrehen, um nach Krebsen und Schlammfliegenlarven zu suchen. Ich sah, wie Strudel brodelten und Libellen jagten, und beobachtete, wie Sand sich pulsartig einen Fluss hinabbewegte. Diese Stunden haben mir mehr gegeben, als nur einen angenehmen Sommer außerhalb der Stadt zu verbringen. Sie lehrten mich Konzentration und Zufriedenheit, während ich allein war, und die Wahrnehmung von Schönheit in einfachen Dingen. Ob Sie ein Kind oder ein Erwachsener sind, ich glaube, dass jeder Fluss, Teich oder Flecken einer Parklandschaft dies bieten kann.

Sogar in der Stadt.

Drei Erlebnisse in Manhattan

Meine Frau wurde kürzlich zu einer Hochzeit in Manhattan eingeladen. Daher beschlossen wir, die Kinder zu ihren Großeltern zu bringen und ein langes Wochenende daraus zu machen. Im Verlauf dieser drei herrlichen Tage verdichteten drei Erlebnisse für mich einige Trends im Hinblick auf Flüsse in den Städten, über die ich schon einige Zeit nachgedacht hatte.

Das erste ereignete sich, als wir auf unserem Weg zum Veranstaltungsort der Hochzeit waren. Unsere U-Bahn-Haltestelle war eine strahlend neue Metrostation (34. Straße–Hudson Yards) in Chelsea, gleich neben dem Hudson River. Die meisten New Yorker U-Bahn-Stationen sind beengt und schmutzig, aber diese war luftig, modern und hell. Als wir nach oben ins Freie kamen, befanden wir uns inmitten einer riesigen Baustelle, auf der gläserne Hochhäuser um ein gigantisches, wabenförmiges künstlerisches Gebilde, das aus

Treppenschächten und -absätzen bestand, herum angeordnet waren. (Später erfuhr ich, dass es *The Vessel* genannt und von dem in England lebenden Designer Thomas Heatherwick entworfen wurde). Als wir uns durch zeitgenössische Sperrholzwände und die dröhnenden Geräusche schwerer Maschinen hindurchbewegten, war ich verblüfft über die Tatsache, wie die neuen Gebäude strategisch so entworfen wurden, dass sie die Sichtlinie zum Hudson River maximierten, der an der Westgrenze der Baustelle entlangfließt.

Die Baustelle war riesig, begrenzt durch den Fluss im Westen, durch die 10th Avenue im Osten und die 34. und die 30. Straße im Norden und Süden. Die gläsernen neuen Gebäude wurden *über* das elf Hektar einnehmende Hudson-Gleisgelände erhoben, das sich neben dem Fluss befindet. Das Gleisgelände wurde nicht abgerissen, sondern vielmehr überdeckt und in ein unterirdisches Gelände verwandelt. Über ihm erhebt sich auf Pfahlkonstruktionen, die zwischen die Bahngleise gesetzt wurden, das neue Skelett der Hudson Yards (siehe Farbtafel), das größte Bauprojekt, das Manhattan erlebt hat, seit das neun Hektar umfassende Rockefeller Center in den 1930er Jahren gebaut wurde.

Seinen Bauunternehmern zufolge ist Hudson Yards das teuerste Neugestaltungsprojekt in der US-Geschichte mit einem voraussichtlichen Gesamtpreis von 25 Milliarden Dollar. Wie die meisten großen Stadtentwicklungsprojekte des 21. Jahrhunderts betont es Mischnutzungszonen, was eine Mischung aus Wohnraum mit hoher Dichte, Gewerbeflächen und Außenräumen bedeutet. Ein neuer Komplex aus Wohntürmen, Läden, Restaurants, Büros und Gemeinschaftsbereichen im Freien wird gebaut werden sowie ein Zentrum für darstellende Künste, ein Hotel und eine öffentliche Schule. Zusammen mit seinen eigenen fünfeinhalb Hektar an Grünflächen im Freien wird Hudson Yards sich mit der High Line verbinden (einer verlassenen Hochbahn, die vor Kurzem in einen äußerst beliebten bepflanzten öffentlichen Gehweg umgewandelt wurde) und mit dem Hudson River Park, einer ziemlich neuen Grünfläche, die den Hudson River auf vier Meilen von Lower Manhattan begleitet. Das Projekt wird 1,7 Millionen Quadratmeter Grundfläche schaffen, etwa 4000 Wohnungen und mehr als 100 Läden. Bei seiner Fertigstellung im Jahr 2022 soll Hudson Yards etwa 55 000 Arbeitsplätze und jährlich 19 Milliarden Dollar in einem neu geschaffenen, am Flussufer liegenden Viertel generieren. Es ist zweifellos das beeindruckendste städtische Neugestaltungsprojekt, das ich je gesehen habe.

Mein zweites Erlebnis war die Hochzeit selbst. Die Zeremonie und der Empfang wurden im Innern von Pier 61 veranstaltet, einem umfunktionierten ehemaligen Speditionsterminal an den geschichtlich bedeutenden Chelsea Piers.

Pier 61 ragt in den Arm des Hudson River hinein. Sein umschlossener, länglicher Raum eignet sich ideal für besondere Ereignisse, wobei man von allen Seiten das Wasser sehen kann und reichlich natürliches Licht hereinströmt. Der Leuchtturm, wie der Veranstaltungsraum genannt wird, befindet sich ganz am Ende. Eine mit Blumen verzierte *Chuppa* stand in einer Ecke, in der zwei vom Boden bis zur Decke reichende gläserne Wände aufeinanderstießen, was dem Hochzeitspaar und seinen Gästen gestattete, auf das Wasser zu blicken. Wie in einem Bilderbuchgemälde war das Paar daher von einer spektakulären Panoramaansicht des Hudson River, der Freiheitsstatue und der Uferviertel von New Jersey und Lower Manhattan eingerahmt.

Die Feier fand bei Sonnenuntergang statt. Der Himmel loderte orange und purpurrot, und das Paar bildete eine Silhouette im ersterbenden Licht. Wie gerufen, begannen die Uferviertel von New Jersey und New York mit Lichtern zu funkeln. Der Hudson färbte sich schwarz in einem Abgrund, der die beiden funkelnden Uferlinien voneinander trennte. Die Rabbis psalmodierten die Gesetze Mose und murmelten Passagen auf Aramäisch. Zwischen dem

Sonnenuntergang, dem altehrwürdigen Ritual und dem zeitlosen Strom, der vorbeiglitt, war es unmöglich, nicht über den Kreislauf des Lebens nachzudenken, der sich in dem jungen Paar und in den Menschen aller Altersstufen verkörperte, die sich darum versammelt hatten. Die Feier wäre sogar in einer Kelleretage großartig gewesen, aber die physische Umgebung – hinausragend über das schwarze Wasser und umgeben von den Lichtern der Stadt – machte den Augenblick zu etwas Prachtvollem (siehe Farbtafel).

Das dritte Erlebnis geschah am nächsten Tag. Ein alter Freund lud uns zu einer Besichtigung und Cocktails in der Kings County Distillery in Brooklyn ein. Obwohl sie erst 2010 gegründet wurde, ist sie irgendwie New Yorks älteste Brennerei und die erste, die seit dem Ende der Prohibition im Jahr 1933 eröffnet wurde. Ihre Spezialität sind Moonshine-Whisky auf Maisbasis und Bourbon, die vor Ort mit aus der Nähe bezogenen Zutaten gebrannt werden. Die Spirituosen füllt man in angekohlte Eichenfässer und lässt sie auf dem Dielenboden eines renovierten zweistöckigen roten Ziegelgebäudes reifen. Die angekohlten Fässer und der Reifungsprozess verleihen dem farblosen Maisschnaps eine dunkle Farbe und ein Aroma und verwandeln ihn in einen ganz ausgezeichneten bernsteinfarbenen Whisky. Die Besichtigung war faszinierend, und wir blieben danach noch für einen Trunk in den Gatehouses, dem öffentlichen Probierraum und der Kneipe.

Wie der Produktionsbereich der Brennerei war die Kneipe im Retrostil gestaltet. Sie war auf einfühlsame Weise in das ursprüngliche, aus Ziegeln bestehende Wachhaus eingepasst worden, das einst den Eingang zur Brooklyn Navy Yard beschützte, einer von Amerikas am längsten genutzten Werftkomplexen für Militärschiffe. Sie erstreckt sich um eine große Einbuchtung des Mündungsgebiets des East River in New York City herum.

Als Werft wurde die Brooklyn Navy Yard durchgehend von 1801 bis 1966 betrieben, wodurch sie zur am längsten kontinuierlich betriebenen Fabrik im Bundesstaat New York wurde. Sie brachte viele berühmte Kriegsschiffe hervor, u. a. die USS *Monitor* (das Panzerschiff, das gegen die CSS *Virginia* in der Schlacht von Hampton Roads mit unentschiedenem Ergebnis kämpfte, siehe Kapitel 3), die USS *Arizona* (das erste Schiff, das beim Angriff der Japaner auf Pearl Harbor versenkt wurde) und die USS *Missouri* (auf deren Deck Japan förmlich kapitulierte, um den Zweiten Weltkrieg zu beenden, siehe Kapitel 4).

Nach 165-jährigem Betrieb legte man die Brooklyn Navy Yard 1966 still. Zehntausende Arbeiter wurden entlassen, und die rostende, verfallende Marinewerft wurde zu einem nationalen Symbol für den Verlust von Industriefertigungsstellen in Amerika. Das 121 Hektar große Grundstück wurde an die City von New York verkauft, die es anschließend als Gewerbepark wieder eröffnete. Jahrelang waren die Hauptpächter des Grundstücks auch weiterhin Schiffsbauer, aber in den späten 1980er Jahren stellten auch sie den Betrieb ein, und die baufällige Anlage wurde geschlossen.

Danach bildete die Stadt eine Bauentwicklungsgesellschaft, um neue Nutzungsmöglichkeiten für das Grundstück zu finden. Im Lauf der nächsten zehn Jahre wurden seine vielen großen Lagerhallen und Gebäude unterteilt und umgestaltet, um eine vielfältige Auswahl an Kleinunternehmen anzuziehen. In den frühen 2000er Jahren war die Zahl der Pächter, die in der Brooklyn Navy Yard engagiert waren, auf 275 angewachsen, worunter sich eine rasch zunehmende Anzahl ökologischer Hersteller befand. Die Steiner Studios, ein Gelände für Film- und Fernsehproduktion, öffneten im Jahr 2004 und erweiterten sich nochmals 2010 und 2017. Die Kings County Distillery verlegte ihre Whiskyproduktion in das alte Zahlmeistergebäude, das erwähnte alte Ziegelgebäude, das einst die Bank der Marinewerft war. Im Jahr 2018 gab es ein 23 000 Quadratmeter großes Zentrum für ökologische Produktion, ein 3250 Quadratmeter großes Gewächshaus und einen 6000 Quadratmeter großen Landwirtschaftsbetrieb auf der Dachterrasse. Die Brooklyn Navy Yard war von einem Friedhof verlorener Fabrikarbeitsplätze zu einem blühenden Knotenpunkt vielfältiger, zukunftsgerichteter städtischer Unternehmen umgestaltet worden.

Diese drei scheinbar nicht miteinander verbundenen Geschichten illustrieren einige umfassende wirtschaftliche und ökologische Trends, urbane flussnahe Gebiete in der gesamten industrialisierten Welt umzugestalten. Erinnern wir uns aus früheren Kapiteln an die uralte Beziehung zwischen Städten und Flüssen, die auf unsere frühesten landwirtschaftlichen Kulturen zurückgeht. Das Wesen dieser Beziehung hat sich im Lauf der Jahrtausende immer wieder verändert. Heute ändert sich die Art und Weise, wie sich Städte zu Flüssen verhalten, noch einmal. Stoßweise bewegen sich unsere Städte von einem pragmatischen, industriellen Verhältnis zu Flüssen zu einem solchen, das sie uns immer mehr als Quelle menschlichen Wohlbefindens erkennen lässt.

Eine jahrzehntelange Abwanderung von Schwerindustrie, Schiffsbau und verarbeitender Industrie in die Entwicklungsländer führte zur Schließung und zum Verfall vieler am Wasser gelegener Industriegelände. Dieses Verschwinden industrieller Tätigkeit führt zusammen mit Gesetzen zur Kontrolle der Umweltverschmutzung (siehe Kapitel 6) dazu, dass die städtischen flussnahen Gebiete zu leidlich sauberen und ästhetisch attraktiven Orten zum Leben und Arbeiten werden. Da fast alle größeren Städte ursprünglich an Flüssen gegründet (siehe Kapitel 2) und viele städtische Kerngebiete revitalisiert wurden, sind verfallene flussnahe Grundstücke in wohlhabenden Städten zu Zielen geworden, die reif für die Neugestaltung sind.

Grundstückseigentümer und Stadtplaner haben jahrzehntelang

dafür gekämpft, diese ehemaligen Industriestandorte umzufunktionieren, wobei die Ergebnisse gemischt waren. Aber heute betrachtet sie eine neue Generation von Stadtentwicklern und -planern in neuem Licht. Wie Liz Pulver, eine preisgekrönte New Yorker Landschaftsarchitektin, die ganz kleine grüne Oasen in vereinzelte Parzellen städtischen Geländes einfügt, mir gegenüber recht wehmütig deutlich machte, sind industrielle Grundstücke in Flussnähe typischerweise riesig im Vergleich zu anderen verfügbaren Parzellen. Ihre Größe zieht ehrgeizige Neugestaltungsprojekte an, die gemischt genutzte Wohn- und Gewerbeflächen, erschwingliche Wohnungsprogramme, ökologisch nachhaltige Materialien und eine Menge öffentlicher Grünflächen im Freien beinhalten.

Bei der modernen Stadtplanung geht es vor allem um öffentliche Gemeinschaftsgüter und Grünflächen, und große, an Flüssen gelegene Grundstücke bieten ungewöhnlich gute Möglichkeiten, um solche zu schaffen. Das hat seinen Grund sowohl in schon lange bestehenden Rechtsnormen, die den öffentlichen Zugang zu Flüssen schützen (und die bis auf die Zeit der Römer zurückgehen, wie in Kapitel 1 geschildert), als auch in der physischen Bedrohung durch die Flüsse selbst. Ihrem Wesen nach neigen Überschwemmungsgebiete natürlicherweise zu Überschwemmungen und zur Erosion, wodurch sie zu riskanten Orten für dauerhafte Gebäude werden. Ein solches Land eignet sich gut zur Verwendung als Erholungsraum im Freien. Darüber hinaus erlassen die meisten Kommunen strenge Auflagen mit dem Ziel, Gebäude an Flüssen zurückzuversetzen, was rechtlich gültige Möglichkeiten für öffentliche Gehwege und Dienstbarkeiten entlang ihrer Ufer schafft.

In Küstengebieten stellen steigende Meeresspiegel eine weitere langfristige existenzielle Bedrohung für Gebäude am Wasser dar und schärfen den prüfenden Blick von Stadtplanern, die für neue Bauprojekte zunehmend einen noch größeren Abstand vom Wasser verlangen. Obwohl all diese Dinge die Kosten und Probleme von Bauprojekten in Flussnähe steigern, schaffen die breiten Pufferzonen für große Parzellen ehemaliger Industriegelände auch aufregende neue Möglichkeiten für Grünflächen entlang des Wassers.

Die Bauunternehmer stellen sich diesen Herausforderungen. Allein im Großraum New York werden derzeit Dutzende größerer am Fluss gelegener Neubauprojekte geplant oder verwirklicht. Zu nahezu allen gehören öffentliche Parkanlagen in einer überfüllten Stadt, die sie unbedingt benötigt. Da die meisten versuchen, ehemalige Industriegelände zu erschließen, die jahrzehntelang abgezäunt waren, haben Vorschläge zur Umfunktionierung eine realistische Chance auf die Unterstützung von Anwohnern und Politikern, insbesondere wenn ein neuer öffentlicher, am Wasser gelegener Park angeboten wird. Bei der richtigen Durchführung schaffen solche Projekte neue Möglichkeiten, um Stadtviertel an Flüsse anzuschließen.

Nehmen wir zum Beispiel das Gelände der ehemaligen Domino Sugar Refinery (Zuckerraffinerie), die sich am Ufer des East River im Brooklyner Stadtviertel Williamsburg befindet. Die Fabrik schloss 2004 nach einer langen und bewegten 132-jährigen Geschichte in der Zuckerherstellung. Das Gelände wird jetzt als Domino-Sugar-Factory-Projekt bezeichnet, eine 4,5 Hektar große Mischung aus Wohnungen und Grünflächen. Das neue Viertel wird 2800 Wohnungseinheiten – wobei 700 für erschwinglichen Wohnraum vorgesehen sind – und einen 2,4 Hektar großen Park am Wasser umfassen. Einige historische Bestandteile der alten Zuckerfabrik werden erhalten bleiben, beispielsweise Säulen der Lagerhallen, Hochbahnen für Kräne und Siruptanks. Der Domino Park wird also einen öffentlichen Raum für alle Bewohner Williamsburgs schaffen, damit sie Zugang zu Wiesen, Sportgeländen und zum Wasser auf einem zuvor unzugänglichen Abschnitt des East River erhalten.

Drei Kilometer weiter nördlich am selben Ufer des East River ist ein noch größeres Neubauprojekt im Brooklyner Stadtviertel

Zahlreiche Wasserfront-Neubauprojekte sind in Brooklyn, New York, im Gange, unter anderem dieses Großprojekt Greenpoint Landing, ein ehemaliges Leichtindustriegelände am East River. *(Laurence C. Smith)*

Greenpoint im Gange. Es trägt den Namen Greenpoint Landing und strebt an, zehn vielgeschossige Türme und Gebäude auf einem neun Hektar großen ehemaligen Leichtindustriegelände in der Nähe des Zusammenflusses von East River und Newtown Creek zu bauen. Geplant sind 5500 Wohnungen, darunter 1400 Einheiten für erschwingliches Wohnen. Es wird eine öffentliche Schule und 1,6 Hektar öffentlicher Parkanlagen geben, die am Fluss entlang geschaffen werden.

Ich besuchte das Baugelände von Greenpoint Landing erstmals 2018 und wurde von Karen Tamir, der leitenden Landschaftsarchitektin des Projekts, und Jovana Rizzo, einer Publizistin, herumgeführt. Tamir ist Architektin und Designerin bei James Corner Field Operations, einer Firma für Landschaftsarchitektur und Stadtgestaltung, die sich auf die Umfunktionierung alter Industriegelände zu Stadtparks spezialisiert hat. Field Operations (wie die Firma heißt) entwarf Manhattans äußerst populären High-Line-Hochbahn-Gehweg, der 2009 eröffnet wurde. Zu einigen ihrer anderen Wasserfront-Projekte gehören die Navy Pier in Chicago, die Presidio Parklands in San Francisco, die Central Waterfront in Seattle, die Knight Plaza in Miami, die Race Street Pier in Philadelphia, die South Park Plaza beim Queen Elizabeth Olympic Park in London und die Qianhai Water City in Shenzhen. Allein am East River umfassen die Firmenprojekte Greenpoint Landing, den Domino Park und den neuen Technologie-Campus der Cornell University, der auf Roosevelt Island genau in der Mitte des Flusses gebaut wurde.

Wie die meisten New Yorker war Tamir voll auf Business konzentriert, rasselte Geländeerhöhungen herunter und fegte durch ein Bündel von Bauzeichnungen, zu schnell für mich, um mithalten zu können. Ich musste sie bitten, das Tempo zu drosseln, damit ich einige Aufzeichnungen machen konnte. »Sandy hat die Art und Weise, wie wir Ufergegenden gestalten, stark verändert«, sagte mir Tamir rundweg. »Alle unsere Projekte werden jetzt nachhaltiger vorangetrieben.« Als wir später mit unseren Helmen herumstanden und darauf warteten, in einen zum Teil schon fertiggestellten Turm geführt zu werden, starrte sie auf die umliegenden Grabungen und Steinhaufen und murmelte, der Bau der Terrasse sei in Verzug. Vermutlich bekam das jemand in dem Augenblick von ihr zu hören, sowie ich weggegangen war.

Als der Hurrikan Sandy 2012 die Ostküste heimsuchte, war ein Großteil des Grundstücks überschwemmt. Die Bauunternehmer George und Marian Klein von Park Tower Group Ltd. beauftragten dann Field Operations damit, eine Gesamtkonzeption für eine Grünfläche zu entwerfen, die künftigen Sturmfluten und Anstiegen des Meeresspiegels widerstehen könnte. Damals lag der größte Teil des Grundstücks nur 1,5 bis 1,7 Meter über dem Meeresspiegel. Aber durch das Auffüllen mit Erde in einer Reihe stufenförmiger Terrassen wurde das Gelände um weitere 0,9 bis 1,5 Meter erhöht. Die neuen Terrassen werden auch zum Schutz des umliegenden Stadtviertels vor Überschwemmungen beitragen. Wie das Domino-Sugar-Factory-Projekt sind die neuen Gebäude vom Wasser weg nach hinten versetzt, wobei die Erdgeschosse mindestens fünf Meter über dem Meeresspiegel liegen.

Aufgrund des großen Grundstücksumfangs ist die künstliche Geländeerhöhung kaum bemerkbar. Die im Bau befindlichen Terrassen, die ich am Flussufer sah, werden einen langen, stufenförmigen öffentlichen Park schaffen, der sich fast 800 Meter am Wasser entlang erstreckt. Wie der Domino Park wird er historische Bestandteile der Industrievergangenheit des Grundstücks beibehalten, unter anderem eine riesige Stahlboje, die halb vergraben im Sand liegt. Die gezackten hölzernen Pfahlkonstruktionen des ursprünglichen Landungsstegs bleiben erhalten, wobei ein neuer öffentlicher Landungssteg daneben gebaut wird, der in den East River hinausragt.

Greenpoint Landing hat eine Menge Gegner. Viele Anwohner leisten Widerstand gegen ein aus zehn Gebäuden bestehendes Megaprojekt, das hoch über ihrem ruhigen Stadtviertel niedriger Ziegelsteinhäuser emporragt. Obwohl es zwar schön ist, einen neuen am Fluss gelegenen Park zu bekommen, fürchten sie den erhöhten Lärm und Verkehr, der die 5000 neu hinzukommenden Wohnungen begleiten wird. Sie verknüpfen das Projekt gedanklich mit dem Anstieg des Meeresspiegels und mit Newtown Creek, dem gifthaltigen Zufluss des East River, der ein Superfund-Gelände entwässert, in welchem der Umweltaktivist Christopher Swain geschwommen war (siehe Kapitel 6).

Weltweite Stadtsanierungen

Wie so viele andere Stadtviertelgruppen, die sich zum Kampf gegen riesige Bauprojekte organisiert haben, waren die Gegner von Greenpoint Landing nicht in der Lage, es zu stoppen. Tatsächlich fördern die revidierten Bauvorschriften von New York City jetzt eine dichte

Uferbebauung. Die Ursprünge dieser neuen Bauvorschriftspolitik gehen auf das Jahr 1980 zurück, als 36 Hektar von baufälligen Landungsstegen und Lagerhallen in Lower Manhattan sich in das zu verwandeln begannen, was heute Battery Park City ist. Der überwältigende Erfolg dieses Projekts veranlasste die Stadt, 1992 einen umfassenden Uferbebauungsplan zu veröffentlichen, der New Yorks industrielle Ufergebiete neu einzuteilen und sie für den öffentlichen Zugang, die Erholung und den Wohnungsneubau zu öffnen vorsah. Eine erste Welle von Veränderungen der Flächennutzung wurde im folgenden Jahr verabschiedet. 2005 wurden die Brooklyner Uferbezirke Greenpoint und Williamsburg auf ähnliche Weise neu eingeteilt.

2011 veröffentlichte die Stadt New York *Vision 2020*, einen aktualisierten Plan für ufernahe Viertel, der noch mehr Änderungen von Flächennutzungen und zahlreiche konkrete Neubauprojekte in Ufernähe in der gesamten Stadt festlegte. Im Vorwort des Dokuments lobte der Bürgermeister der Stadt, Michael Bloomberg, die Tatsache, dass der Plan kilometerlange Abschnitte von Wasserfront-Gelände eröffnete, das für die Öffentlichkeit jahrzehntelang geschlossen war. Er versprach dafür zu sorgen, »dass jedes Stadtviertel Zugang zum Erholungsraum hat, der so wichtig für die Lebensqualität unserer Bewohner ist«. Zusammen mit einem begleitenden Umsetzungsdokument mit dem Titel *Waterfront Action Agenda* (Agenda für die Gestaltung von Wasserfronten) setzte der Plan Prioritäten für über 130 neue ufernahe Neubauprojekte in allen fünf Stadtbezirken von New York City.

Eines davon ist Brooklyn Bridge Park. Ein offener Platz unter der Brooklyn Bridge verbindet einen am Ufer gelegenen bestehenden Park im Norden mit jüngst umfunktionierten Landungsstegen und mit einem größeren am Wasser gelegenen Park im Süden. Eine 93 000 Quadratmeter große Lagerhalle wurde in Wohnungen und Läden umgewandelt, ebenso wie sieben in den 1960er Jahren weitgehend verlassene Lagerhallen (die im späten 19. Jahrhundert als Kaffeelager dienten). Es gibt Restaurants, ein Hotel und Veranstaltungsräume. Es handelt sich um einen spektakulären und pulsierenden Wasserfront-Standort, der viel Raum im Freien und Ansichten von Brooklyn Bridge, der Mündung des East River und Manhattan bietet.

Wenn man nach Norden auf den Zusammenfluss des Harlem und des East River in der Bronx blickt, so wird dort der Mott Haven-Port Morris Waterfront Plan die Harlem River Yards umfunktionieren, ein 39 Hektar großes ehemaliges Gleisgelände, das viele Jahre für die Öffentlichkeit geschlossen war. Es ist zwar öffentliches Eigentum, aber an eine Immobilien-Holdinggesellschaft verpachtet, die es wiederum an eine Müllumschlagstation, ein Kraftwerk, einen Paketzustellungsknotenpunkt und ein Druck- und Vertriebszentrum einer Zeitung unterverpachtet. Nach der Neueinteilung wird der neue Ufergeländeplan öffentlich zugängliche Flussfront-Parks schaffen, die mit etwa 1300 Wohneinheiten kombiniert werden, viele davon aus alten Fabrik- und Lagerhallen umgewandelt. Die neuen öffentlichen Räume im Freien werden drei verschiedene Wasserfront-Parks, einen Verbindungsweg zwischen ihnen, eine Bootsanlegestelle und einen Angelsteg umfassen.

Der größte Uferbebauungsplan, den der Ex-Gouverneur des Staats New York, Andrew Cuomo, in seiner Rede zur »Lage des Bundesstaats« lobend hervorhob, konzipiert das Brooklyner Gebiet Red Hook in der Nähe von Governors Island neu. Es sollen über 52 Hektar von ufernahem Gebiet neu bebaut werden, und zwar auf einem Gelände, das gegenwärtig von einem Schiffscontainerterminal, einem Kreuzfahrtterminal und dem Abschlepphof der New Yorker Polizei belegt ist. Der Plan sieht 45 000 Wohnungen und eine Vielfalt an Gewerbeflächen und Freizeitparks vor. Das am Wasser gelegene neue Stadtviertel würde an Lower Manhattan durch eine neue U-Bahn-Station angebunden sein, die unter dem East

River hindurchführt. Wenn das Red-Hook-Projekt voranschreitet, wird sein Größenmaßstab gewaltig sein – etwa sechsmal größer als das 25 Milliarden Dollar kostende Hudson-Yards-Projekt, das mich auf dem Weg zu jener Hochzeit in Manhattan so sehr beeindruckte.

Diese Uferbebauungsrevolution, die jetzt in New York City im Gange ist, ist Teil eines umfassenderen globalen Phänomens. Andere Bemühungen, städtische Flüsse aus verfallenen Industriekorridoren in attraktive öffentliche und Wohnräume umzuwandeln, sind jetzt in Großstädten auf der ganzen Welt im Gange. Betrachten wir bloß fünf Beispiele: London, Shanghai, Hamburg, Kairo und Los Angeles.

Im 19. und frühen 20. Jahrhundert erforderte die Bedeutung Londons als Handelszentrum den Bau vieler Landungsstege, Werften und Lagerhallen in den London Dockyards entlang der Themse im East End der Stadt. Weitere Schiffsinfrastruktur wurde am Clyde in Glasgow, am Mersey in Liverpool und am Tyne in Newcastle gebaut. Diese arbeitsintensiven Werften überlebten im Lauf der Jahre zahlreiche Rezessionen, aber der Aufstieg standardisierter Containerschifffahrt in den 1970er und 1980er Jahren wurde ihnen zum Verhängnis, und die meisten wurden baufällig und aufgegeben.

London trug seinen Teil dazu bei, das Drehbuch für die Umfunktionierung solcher Grundstücke zu verfassen. Die Stadt gründete eine Neubaugesellschaft für die London Dockyards, eine Idee, die seither viele Male nachgeahmt wurde (u. a. bei der Brooklyn Navy Yard). Ein Meilenstein der langen Revitalisierung der Dockyards war die Fertigstellung des emblematischen Canary Wharf Tower im Jahr 1991, der zusammen mit dem nahe gelegenen Millennium Dome, der 1999 gebaut wurde, die Skyline des East End festlegte, während neue Neubauprojekte sich in diesem ehemaligen Industriegebiet ausbreiteten. Andere neue Projekte sind jetzt östlich von Canary Wharf in Arbeit, darunter das neue Flussfront-Stadtviertel Royal Wharf in der Nähe des London City Airport. Diese 16 Hektar umfassende Neubebauung an der Themse wandelt einen ehemaligen Industriekomplex in Restaurants, Läden, eine Schule, Freizeitparks und über 3000 Wohnungen und Apartments um.

Flussaufwärts werden im Zentrum und Westen Londons ebenfalls einige gewaltige Flussfront-Projekte an der Themse realisiert. Ein gigantisches, 17 Milliarden Dollar kostendes Megabauprojekt im Stadtviertel Nine Elms wird seinen Ankerpunkt am Battersea-Kraftwerk haben, einem ehemaligen Kohlekraftwerk und Londons größtem Ziegelsteingebäude, das 1983 völlig stillgelegt wurde. Tausende neuer Wohneinheiten, Verkaufsflächen und Parks wurden auf diesem 17 Hektar großen Wasserfront-Gelände bereits gebaut, während weitere Tausende geplant sind. Es wird Hotels, Bürogebäude, zwei U-Bahn-Stationen und – natürlich – öffentliche Räume direkt am Wasser geben.

Das ehemalige Kraftwerk selbst (das übrigens in Monty Pythons *Der Sinn des Lebens*, Christopher Nolans *The Dark Knight* und auf dem Albumcover von Pink Floyds *Animals* erscheint) wird eine völlig neue Funktion erhalten, wobei ein Großteil des Mauerwerks und Außenskeletts des berühmten Gebäudes erhalten bleibt. Apple plant, seinen englischen Hauptsitz 2021 in die ehemaligen Heizungskeller zu verlegen, und die Fertigstellung des gesamten Komplexes von Nine Elms ist auf 2025 angesetzt.

Von großer Bedeutung ist die Tatsache, dass die neuen Flussanwohner in London bald eine sauberere Themse genießen können. Die Stadt hat ein 150 Jahre altes Mischwasser-Kanalnetz, was bedeutet, dass der Regenwasserabfluss in dieselben Entwässerungstunnel wie das ungeklärte Abwasser geleitet wird. Wenn Regengüsse das System über seine Aufnahmefähigkeit hinaus fluten, wird die überschüssige Mischung aus Regen- und ungeklärtem Abwasser in die

Themse gekippt. Obwohl sie verdünnt ist, wird der Fluss dadurch verunreinigt und ist für Wasserlebewesen und Menschen ungesund. Dieses seit Langem bestehende Problem wird durch den Thames Tideway Tunnel, eine 25 Kilometer lange Röhre, die unter dem Fluss vergraben wird, entschärft werden. Dabei kommen speziell entworfene Sammelschächte zur Anwendung, um das verunreinigte Wasser aufzufangen.

Ein interessanter nützlicher Nebeneffekt besteht darin, dass die Sammelschächte am oberen Ende Plattformen haben werden, wodurch eine Reihe kleiner öffentlicher Parks entstehen, die in einigen der namhaftesten Bezirke von London wie Minihalbinseln in die Themse hinausragen. Der Zweck dieser Parks besteht dem leitenden Architekten zufolge darin, die Menschen zu ermuntern, den Fluss zu besuchen. Manche sind sogar so entworfen, dass sie den Londonern gestatten, ihre müden Städterfüße in das frisch gesäuberte Wasser zu strecken. Mit geschätzten Kosten von mehr als fünf Milliarden Dollar und einer geplanten Fertigstellung im Jahr 2024 ist das Projekt eines der größten Wasserinfrastrukturprojekte im Vereinigten Königreich.

Ich besuchte Shanghai erstmals 2017. Kang Yang, ein Freund und Professor an der Nanjing-Universität, bot mir an, mich durch die Stadt zu führen. Als ich ihn nach seiner Meinung über den Ort fragte, den Besucher unbedingt gesehen haben müssen, antwortete er, ohne zu zögern: den Bund.

Der Bund ist eine Promenade entlang des historischen Westufers des Huangpu-Flusses im Zentrum von Shanghai (siehe Farbtafel). Über dem Fluss erheben sich der schimmernde Oriental Pearl Tower, der Jin Mao Tower und der vor Kurzem fertiggestellte Shanghai Tower, gegenwärtig das höchste Gebäude Chinas. Während der Zeit der Kanonenboote auf dem Jangtse war Shanghai ein wichtiger Vertragshafen Asiens (siehe Kapitel 3), und der Bund war sein internationales Finanzzentrum. Ausländisches Kapital säumte das Ufer mit großartigen, im Beaux-Arts-Stil gebauten Zollhäusern und Banken, von denen auch heute noch viele erhalten sind.

In den 1990er Jahren fiel die Wasserfront der Vernachlässigung anheim und wurde von der Innenstadt durch eine zehnspurige Autobahn geradezu gewaltsam abgetrennt. Das änderte sich in den 2000er Jahren, als Shanghai den Bund in Vorbereitung auf die Weltausstellung von 2010 neu erfand. Sechs Fahrspuren wurden unter die Erde verlegt, und man errichtete eine breite, erhöhte Fußgängerpromenade entlang des Huangpu. Neue Fußgängerwege verbanden sie sicher mit der übrigen Stadt. Plätze im Freien und Pavillons wurden angelegt und neue Grünflächen mit Gärten und Bäumen bepflanzt.

Als Ort, an dem Menschen zusammenkommen, war das Projekt ein Riesenerfolg. Bei meinem Besuch drängten sich auf der Promenade Menschen, die spazieren gingen, sich miteinander unterhielten oder einfach nur auf den Fluss hinausschauten.

Shanghais Wiederbelebung des Bund wurde zu einem Teil eines größeren Plans zur Neueinteilung und Neubebauung beider Ufer des Huangpu durch die gesamte Stadt. Mindestens 45 Kilometer von begehbarem, ufernahem Gelände wurden eröffnet. Auf dem Hongkou-Ufergelände (das auch als Nord-Bund bezeichnet wird) wird es einen Park am Fluss geben, und auf dem Xuhui-Ufergelände (West-Bund) finden sich Kunstgalerien, Museen, ein Theater, eine Konzerthalle und noch mehr Parks. Im Pudong-Bezirk der Stadt (auf der Ostseite des Flusses) wird es ebenfalls zahlreiche Wasserfront-Parks geben. Nachdem Shanghai einst ein wichtiger Knotenpunkt für die Handelsschifffahrt war, werden die alten Landungsstege, Werften und Lagerhallen jetzt von Wohntürmen, Läden, Restaurants und Grünflächen im Freien abgelöst. Wie in New York funktionieren die Stadtplaner Shanghais diese ehemaligen Industriegelände um mit dem Ziel, eine neue Art von städtischem Lebensstil den Fluss entlang zu schaffen.

In Deutschland entsteht ein völlig neuer Stadtteil an der Elbe in der Nähe des Zentrums von Hamburg, der zweitgrößten Stadt des Landes mit einem von Europas betriebsamsten Häfen. Unter dem Namen HafenCity ist dieser 157 Hektar große Hafen- und Lagerhallenkomplex das größte städtische Neubauprojekt, das gegenwärtig in Europa realisiert wird. Um das Projekt zu ermöglichen, trat der Hafen das Gelände und die Wasserstraßen der HafenCity ab. Zum Schutz vor Überschwemmungen und dem Anstieg des Meeresspiegels wurde sie auf künstlichen Aufschüttungen oder *Warften* errichtet, einer komprimierten Füllung, die den Boden praktisch mindestens acht Meter über den Meeresspiegel anhebt.

Die ersten Gebäude der HafenCity wurden 2009 fertiggestellt, ihre erste U-Bahn 2012 und eine neue Hochschule 2014. Die Elbphilharmonie, ein spektakuläres neues Konzertgebäude, das nach dem Fluss benannt ist, wurde 2017 eröffnet. Als Entwurf einer Schweizer Architekturfirma kostete ihr Bau fast 900 Millionen Dollar und hat die kulturelle und architektonische Landschaft Hamburgs umgewandelt. Bei ihrer Fertigstellung um das Jahr 2030 herum wird die HafenCity das bestehende Gebiet des Stadtzentrums um etwa 40 Prozent erweitern mit über 2,3 Millionen Quadratmetern Bodenfläche, Läden, Restaurants und über 7000 Wohnungen. Mit 14 Kilometern Promenaden am Wasser und Parks am Elbdamm und ehemaligen Hafen entlang wird nahezu die gesamte HafenCity einen Blick auf oder Zugang zum Wasser haben.

Nur wenige am Fluss gelegene Grundstücke gibt es im Zentrum von Kairo, einer der ältesten, aber dennoch am schnellsten wachsenden Städte der Welt. Ein Großteil des Wachstums der Stadt vollzieht sich an ihrem Rand, wodurch wohlhabende Vororte und ein Kern mit niederem und mittlerem Einkommen entstehen. Aber ein umfassender Plan zur Wiederbelebung der Innenstadt zwischen Kairos Stadtzentrum und dem Nil hat schon begonnen. Zu Beginn wurde der Plan von Hosni Mubarak unterstützt, dem damaligen Präsidenten Ägyptens, und wurde seither von dem gegenwärtigen Präsidenten Abdel Fattah al-Sisi wieder aufgenommen.

Verankert ist dieses Neubauprojekt in einem schmalen, dreieckigen Stück Land am Ufer des Nils, das als Standort für einen sich hoch erhebenden, 70 Stockwerke umfassenden Wolkenkratzer aus verwinkeltem Glas namens Nile Tower ausgewählt wurde. Er wurde von der verstorbenen preisgekrönten Architektin Zaha Hadid entworfen und überblickt ein neues 35 Hektar großes Neubaugebiet im Maspero-Dreieck, einem kürzlich abgerissenen, einkommensschwachen Stadtviertel am Nil. Seine Bewohner kämpften zwar jahrelang erbittert gegen das Projekt, wurden jedoch letztlich vertrieben, und ihre Wohnungen wurden 2018 niedergerissen. Wie die anderen in diesem Kapitel beschriebenen Neubauprojekte wird es Wohnraum und Gewerbeflächen zur gemischten Nutzung und eine attraktive, von Palmen gesäumte Promenade in Ufernähe schaffen. Es wird Hochhäuser, Läden und eine Fußgängerbrücke ins Stadtviertel Zamalek, eine ruhige Insel im Nil, geben.

Im Unterschied zu den anderen Projekten, die ich beschrieben habe (und die Wert auf erschwingliches Wohnen, Zugang zu öffentlichen Verkehrsmitteln und die Erhaltung historischer Bauwerke legen), besteht ein deutliches Ziel dieses Projekts in der Schaffung eines kühnen Symbols von Modernität und Wohlstand. Allein der Nile Tower wird mehr als 600 Millionen Dollar kosten, und seine noblen Apartments werden weitaus teurer sein als andere Grundstücke in der Umgebung. Die niedrigeren Stockwerke des Gebäudes sind für den gehobenen Komfort vorgesehen und umfassen ein Thermalbad, einen Nachtklub, exklusive Läden und ein Kasino. Der Wohnungsbau des Projekts wird privat finanziert werden; zur Zeit der Niederschrift hofierte Ägypten energisch ausländische Investoren.

Dieses Projekt scheint mehr als nur irgendein weiteres Immobiliengeschäft zu sein. Außer dass es Investitionen aus dem Ausland anzieht, strebt es danach, eine neue Epoche von Wohlstand und Macht Ägyptens in der Region zu symbolisieren. Für den Nahen Osten ist Kairo ein Gravitationszentrum, und die Projekte des Nile Tower und Maspero-Dreiecks stellen eine neue Art der Flussfront-Nutzung im Herzen einer der ältesten und ruhmreichsten Kulturen der Welt dar, wie in Kapitel 1 geschildert. Sollte das Projekt voranschreiten, wird sich abermals ein prächtiges Gebäude – eines der höchsten Afrikas – von den Ufern des Nils erheben.

Vielleicht hat kein anderer Plan zur Wiederbelebung einer Flussfront ein stärkeres Gefühl von Wiederentdeckung ausgelöst als der dem Los Angeles River geltende.

Als jemand, der über 20 Jahre in L.A. gelebt hat, kann ich bestätigen, dass die meisten Einwohner von Los Angeles nicht einmal wissen, wo der Los Angeles River liegt. Im Unterschied zu den meisten Städten wuchs L.A. nicht entlang seiner Flussufer. Da er die meiste Zeit des Jahres nicht schiffbar und trocken ist, war der Fluss nie eine Schiffshauptverkehrsader oder auch nur ein zuverlässiger Wasservorrat. Er war anfällig für tosende Überschwemmungen und gelegentliche Abschwemmungen, wobei er manchmal über seine Ufer hinwegsprang, um einen neuen Verlauf auszuprobieren.

Nachdem eine Reihe verheerender Überschwemmungen in den Jahren 1914, 1934 und 1938 mehr als 100 Todesopfer und über eine Milliarde Dollar an Schäden forderten, zähmte das Ingenieurkorps der US-Armee den Los Angeles River. Seine Ufer wurden zurückgeschnitten und der verbreiterte Kanal mit großen, schrägen Stützmauern ausgekleidet. Auf einem Großteil seiner Länge von 81 Kilometern wurde auch das Flussbett gepflastert.

In ökologischer Hinsicht wurde der Fluss von einem üppigen Gürtel bewachsener Inseln und kurzlebiger Tümpel in einen trapezförmigen Betonkanal verwandelt. In gesellschaftlicher Hinsicht wurde der Fluss zu einem riesigen offenen Regenabwasserkanal und fiel weitgehend in Vergessenheit, außer bei anonymen Straßenkunst-Wandmalern, illegalen Straßenrennfahrern und Locationmanagern für eine Menge Filme, unter anderem *Grease* und *The Dark Knight Rises*. Bei Gewittern sind Wildwasserrettungseinsätze in seinem tosenden Kanal, in dem die Durchflussmenge 2800 Kubikmeter pro Sekunde überschreiten kann, gang und gäbe.

Ein großer Plan ist jetzt in Arbeit, um dem Schandfleck aus Beton wieder etwas Ökologie angedeihen zu lassen und den Los Angeles River als einen Korridor öffentlicher Grünflächen und wirtschaftlicher Revitalisierung neu zu erschaffen. Die Idee geht mindestens auf das Jahr 2002 zurück, als die Stadt Los Angeles ein erstes Konzept zur Sanierung des Flusses entwarf. Dieses ursprüngliche Dokument entwickelte sich schrittweise im Lauf der Jahre und schmiedete dabei eine starke Partnerschaft zwischen der Stadt, dem Landkreis Los Angeles und dem Ingenieurkorps der US-Armee. Der weltbekannte Architekt Frank Gehry verpflichtete sich vor Kurzem, beim Entwurf des endgültigen Bauplans für die Wiederherstellung und Bebauung des Flusses mitzuhelfen. In enger Zusammenarbeit mit Gehry steht River LA, eine gemeinnützige Organisation, deren Mission darin besteht, »Design und Infrastruktur miteinander zu integrieren, um Menschen, Wasser und Natur [am Fluss] zusammenzubringen«.

Die Einzelheiten einer endgültigen Gesamtkonzeption für die gesamte Flusslänge von 81 Kilometern wurden zwar noch nicht veröffentlicht, aber zur Zeit der Niederschrift für 2021 erwartet. Im Jahr 2016 stimmte der US-amerikanische Kongress einer größeren ersten Bauphase zu, die als Los Angeles River Ecosystem Restoration Project (Projekt zur Wiederherstellung des Ökosystems des Los

Angeles River) bezeichnet wird, um ein natürliches Flussökosystem entlang eines 17 Kilometer langen Abschnitts durch das Stadtzentrum von Los Angeles wiederherzustellen. Im Jahr 2017 wurde ein weiterer Meilenstein erreicht, als die Stadt ein verlassenes Umlade-Gleisgelände namens Taylor Yard River Parcel G2 kaufte. Dieses 17 Hektar große Flussfront-Gelände, das ehemals der Union Pacific Railroad gehörte, ist ein entscheidender Teil des gesamten Revitalisierungsplans. »Dieses riesige Gelände kann die Art der Beziehung der Einwohner von Los Angeles zur Welt der Natur umwandeln«, sagte der Bürgermeister von Los Angeles, Eric Garcetti, bei seiner Verkündung des Geländekaufs, »weil es die Wiederherstellung von Lebensraum ermöglichen und für ortsansässige Gemeinden, die lange von ihm abgeschnitten waren, auf einer Länge von mehr als anderthalb Kilometern einen direkten Zugang zum Fluss schaffen wird«.

Da sie eine umfassendere Chance für wirtschaftliche Revitalisierungen wittern, initiieren jetzt Immobilienentwickler zahlreiche Projekte entlang dieser vernachlässigten Wasserstraße. Zur Zeit der Niederschrift befanden sich mehr als 20 neue Bauvorschläge in unterschiedlichen Entwicklungsstadien entlang der Ufer des Los Angeles River. Dazu gehören Projekte, die um die sogenannte Schleifen-Parzelle (einen weiteren Abschnitt eines verlassenen Gleisgeländes), die eine Fläche für öffentliche Kunst im Freien werden soll, eine futuristische Brücke und einen Flussfront-Park herum angesiedelt sind. Im Zentrum von Los Angeles wird eine neue Brücke den Los Angeles River Greenway Trail (einen Geh- und Radweg) mit dem Glendale Narrows Riverwalk und dem Radwegsystem auf der gegenüberliegenden Flussseite verbinden. Weiter flussabwärts wurden unter der Bezeichnung Lower LA River Revitalization Plan eine verblüffende Anzahl von 146 Projekten zur flussnahen Bebauung vorgeschlagen, u. a. Parks, bewachsene Gehwege und eine Naturaussichtshöhe, die sich von Vernon bis nach Long Beach erstreckt.

Gegenwärtig ist der Los Angeles River wenig mehr als ein Regenabfluss aus Beton. Ein gewaltiger Plan zur Wiederherstellung und Revitalisierung des Flusses versucht nun, die vernachlässigte Wasserstraße in einen pulsierenden Korridor für Freizeitaktivitäten, Ökologie und Bauprojekte umzuwandeln. *(Laurence C. Smith)*

Dieser untere Abschnitt des Los Angeles River verläuft durch die Arbeitergemeinden von Lynwood, Compton und North Long Beach im Süden von Los Angeles, einige der düstersten Stadtteile. Der rissige Betonboden des Flusses ist öde und leblos. Die umgebenden Siedlungsteile sind ausgedörrt und staubig, und kilometerlang gibt es keine Grünflächen. Wenn auch nur ein Bruchteil dieser vorgeschlagenen Projekte verwirklicht wird, würden Richard Louv, Jo Barton, Wallace Nichols und alle Anhänger der Bewegung »Lassen Sie kein Kind drinnen« sicherlich schallenden Beifall klatschen.

Die städtische Mehrheit

Es ist die richtige Zeit für den Trend der Flusssanierungen, die ich beschrieben habe.

Irgendwann im Jahr 2008 überschritt unsere Spezies eine historische Schwelle. Den genauen Zeitpunkt werden wir zwar nie wissen, aber irgendwo auf der Erde wurde ein Baby geboren, und wir geleiteten es in eine unbekannte Welt. Wir wurden mehrheitlich zu Städtern.

Nie zuvor in der Geschichte der menschlichen Zivilisation haben mehr Menschen in Städten als in ländlichen Gebieten gelebt. Nie zuvor waren Menschen so wenig mit der Landwirtschaft, der Jagd oder der Tierzucht zum Zweck der Nahrung vertraut. Nie zuvor haben so wenige Kinder draußen gespielt. Im Jahr 2008 wurden wir offiziell zu einer Spezies von Städtern, Herren über eine globale Nahrungsmittelindustrie unserer eigenen Schöpfung.

Seit jenes Baby geboren wurde, ist unsere Bevölkerung um eine weitere Milliarde Menschen von 6,7 auf 7,7 Milliarden gewachsen. Unsere städtische Mehrheit ist von 50 auf 55 Prozent gestiegen. Bis zum Jahr 2050 wird sie bei nahezu 70 Prozent liegen, und zwar mit 2,5 Milliarden mehr Großstädtern als den gegenwärtigen 4,2 Milliarden. Das Tempo dieses städtischen Wachstums ist so rasant, als würden in jedem einzelnen der nächsten 32 Jahre drei weitere Shanghais hinzugefügt.

Der größte Teil dieses Städtewachstums vollzieht sich in Asien und Afrika, wobei mehr als ein Drittel allein auf Indien, China und Nigeria entfällt. Völlig beispiellos ist die Entstehung von vielen Hunderten von Städten mit einer Bevölkerung von einer Million Menschen oder mehr, und Dutzende »Megacitys« haben Einwohnerzahlen von zehn Millionen Menschen oder mehr. Demografische Modelle sagen voraus, dass die Zahl der Megacitys sich nahezu verdoppeln und von 28 im Jahr 2015 auf nahezu 50 bis 2035 steigen wird. Sollten ihre Voraussagen zutreffen, wird die größte Stadt der Welt Neu-Delhi in Indien sein mit 43 Millionen Menschen. Tokio, Shanghai, Dhaka und Kairo werden die ersten fünf vervollständigen.

Um diese Veränderungen mit anderen zu vergleichen: Der Großraum New York war 1970 das zweitgrößte Stadtgebiet, als es weltweit nur 144 Städte gab, die eine Million Einwohner oder mehr hatten. Bis 2035 wird es voraussichtlich Rang 13 einnehmen, und die Zahl von Städten mit einer Million oder mehr Einwohnern wird auf etwa 759 steigen.

Wie werden diese Städte aussehen? Die Zukunft ist zwar gestaltbar, aber wenn nicht etwas Dramatisches geschieht, um diesen jahrzehntelangen Trend umzukehren, können wir erwarten, dass die meisten der heutigen Großstädte noch größer werden. Wir können erwarten, dass noch mehr Hochhäuser die Wohndichte knapper städtischer Gelände weiter erhöhen werden, indem sie sich um öffentliche Verkehrsmittel oder Korridore des Individualverkehrs herum gruppieren. Wir können erwarten, dass Gesellschaften einen höheren Prozentsatz älterer Menschen aufweisen werden. Wir können erwarten, dass der Himmel voller autonom fliegender Geräte sein wird und die Straßen mit neuen autonomen Fahrzeugen vollgestopft sein werden. Wir können erwarten, dass die Preise für Stadtgrundstücke schwindelnde Höhen erreichen werden und der Zugang zu offenen Grünflächen und zur Natur äußerst gefragt sein wird.

Der städtische Trend bei Flüssen, den ich beschrieben habe, veraltete industrielle Wasserfronten in neue Korridore öffentlicher Grünflächen zu verwandeln, kann im Hinblick auf diese letztere Entwicklung nützlich sein. In einer städtischen Welt gehen nur wenige Kinder zum Zelten in den Wald. In einer Welt alter Menschen wird es viele geben, deren Klettertage hinter ihnen liegen. Untersuchungen der Kognition des Gehirns und der gesunde Menschenverstand sagen uns, dass die Natur gut für den Menschen ist. Die Naturwissenschaft und der gesunde Menschenverstand sagen uns, dass die Entfernung von Industrieabfällen aus Flüssen gut für die Natur ist. Obwohl es unmöglich ist, alle Überschwemmungsebenen und Küstendeltas vor den sich ändernden Wahrscheinlichkeiten für Hochwasser und vor höheren Meeresspiegeln zu schützen, die durch den Klimawandel verursacht werden, versetzen die kompakte Größe und der relative Wohlstand der Städte diese in eine bessere Position, um Schutzmaßnahmen zu entwickeln.

Nachdem der Hurrikan Katrina 2005 die Golfküste zerstört hatte, wurden im Großraum New Orleans umfangreiche neue Hochwasserschutzsysteme gebaut, und die Bevölkerung der Stadt erholte sich. Aber an anderen Orten entlang der Golfküste haben sich Kilometer von ausgelöschten, am Strand gelegenen Gemeinden nie mehr erholt. Städte mit ihrer großen Bevölkerung, hohen Grundstückswerten und relativ kleinen Größe haben eine bessere Chance, ihre Wasserfronten zu schützen, zumindest für die nächsten 100 oder 200 Jahre.

Zur Illustration des Maßstabs der Chancen für städtische Flüsse wenden wir uns meiner weltweiten GIS-Untersuchung mit Sarah Popelka zu, die erstmals in Kapitel 2 vorgestellt wurde, um zahlenmäßig zu bestimmen, wie verbreitet diese natürlichen Merkmale in den heutigen Städten sind. Wie Sie sich vielleicht erinnern, verwendet dieser neue Datensatz eine weltweite Karte großer Flüsse (mit einer Breite von 30 Metern oder mehr, kartiert durch Fernerkundungssatelliten), um ihre Nutzung als politische Grenzen zu quantifizieren. Wir wollen nun untersuchen, wie dieselbe weltweite Flussdatenbank sich zur räumlichen Verteilung von Bevölkerungen weltweit verhält (vgl. Tabelle).

	Gesamt	In der Nähe von großen Flüssen	(%)	In der Nähe von Küsten	(%)	In der Nähe von beiden	(%)	Nur in Küstennähe	(%)
Städte > 10 Mio. Bev.	30	28	(93)	21	(70)	19	(63)	2	(7)
Städte > 1 Mio. Bev.	429	359	(84)	181	(42)	138	(32)	43	(10)
Alle Städte	75 445	42 946	(57)	9073	(12)	3773	(5)	5300	(7)
Weltbev. von 2015	7 349 286 991	4 623 518 316	(63)	1 397 438 116	(19)	1 038 787 479	(14)	358 650 637	(5)

Durch diese Übung erfahren wir, dass wir Menschen nicht nur eine städtische Spezies sind, sondern auch eine Flussspezies. Tatsächlich leben fast zwei Drittel (63 Prozent) der gesamten Weltbevölkerung innerhalb eines Umkreises von 20 Kilometern von einem großen Fluss. Etwa 84 Prozent der Großstädte der Welt (die so definiert werden, dass sie eine Bevölkerung von mindestens einer Million, aber weniger als zehn Millionen haben) liegen entlang eines großen Flusses. Für die Megacitys der Welt (mit einer Bevölkerung, die größer als zehn Millionen ist) steigt die Zahl auf 93 Prozent. Da meine Analyse keine kleineren Wasserstraßen umfasst, deren Zahl viel größer ist (um einen Eindruck davon zu bekommen, betrachten Sie die Weltkarte zu Beginn dieses Buchs, die das topografische Entwässerungsmuster der Erdoberfläche zeigt), können wir getrost schließen, dass diese Prozentsätze konservative Schätzungen sind.

Anhand dieser Untersuchung erkennen wir außerdem, dass die überwältigende Mehrheit von »Küstenstädten« tatsächlich Städte an Flüssen sind, was bedeutet, dass sie an Flussdeltas liegen. Es ist eine häufig wiederholte Tatsache, dass viele Menschen in Küstennähe leben, und tatsächlich tut das auch einer von fünf von uns (19 Prozent). Die meisten leben jedoch in Wirklichkeit in Flussdeltas. Nur fünf Prozent der Weltbevölkerung und weniger als zehn Prozent der Städte leben bzw. liegen in der Nähe von Küsten, aber nicht von

Flüssen. Einfach ausgedrückt, sind Flüsse die bevorzugten natürlichen Merkmale, um die herum wir unsere Stadtkultur entwickelt haben. Heute haben fast alle großen Städte der Welt die Möglichkeit, auf irgendeine Weise mit Flüssen zu interagieren.

Natürlich weist die Sanierung von Wasserfronten auch eine Menge Kehrseiten auf. Ihrem Wesen entsprechend werden Flussüberschwemmungsebenen überschwemmt, weshalb es immer riskant ist, auf ihnen zu bauen. Der Klimawandel macht es schwieriger, die Wahrscheinlichkeit von Überschwemmungen vorherzusagen, und in vielen Gebieten erwartet man, dass die Risiken zunehmen. In Küstengebieten stellen Sturmfluten und der langfristige Anstieg des Meeresspiegels existenzielle Bedrohungen für die Wasserfront-Grundstücke dar. Unterdessen breiten sich Schwerindustrien, die aus den wohlhabenden Städten ausgelagert wurden, in Entwicklungsländern aus und in einige der weltweit letzten unberührten Gebiete hinein und erzeugen andernorts neue Probleme der Flussverschmutzung, der Wasserumleitung und der ökologischen Zerstörung.

Andere Probleme sind rein sozioökonomischer Natur. In unerschwinglichen Städten wie London, Shanghai und Los Angeles führt die Ersetzung verfallener Industriekorridore durch eine strahlende neue Wasserfront-Bebauung zum Anstieg von Grundstückspreisen in den umliegenden Stadtvierteln, wodurch Einwohner mit niedrigem und mittlerem Einkommen verdrängt werden. Jedes verloren gegangene erschwingliche Stadtviertel verringert die gesamte soziale und ökonomische Vielfalt einer Stadt und beseitigt einen Teil der eigentümlichen Kultur und Lebendigkeit der Metropole selbst.

Die Erneuerung städtischer Flussfronten schädigt auch andere Gruppen, die sie als eine Art öffentlicher Allmende nutzen. Dazu

Städtische Flussfronten sind typischerweise öffentliche Räume, die für viele Zwecke genutzt werden, unter anderem für nicht genehmigte Straßenkunst. Dieses interessante Beispiel erschien 2017 unter einer Brücke, die die Donau in Wien überspannt. *(Mia Bennett)*

gehören Lager von Obdachlosen, von denen einige ziemlich groß sind, wie beispielsweise diejenigen, die entlang des Rio Negro in Manaus, Brasilien, und des Santa Ana River im Orange County, Kalifornien, eingerichtet wurden. Dazu gehören auch Straßenkünstler, die Brückenpfeiler und mit Zement ausgekleidete Kanäle als leere Leinwände für ihre Kunst nutzen.

Von Greenpoint in Brooklyn bis zum Maspero-Dreieck in Kairo werden viele unglückliche Ortsansässige bestätigen, dass diese Kehrseiten den Boom der Erneuerung städtischer Flussfronten nicht aufhalten. Die meisten Städte wachsen, und ihr Kern verdichtet sich. Die meisten jungen Leute und Berufstätigen wählen das Stadtzentrum gegenüber den Vorstädten. Große, gut gelegene Gebiete von ehemaligem Industriegelände, verlassenen Werften und petrochemischen Fabriken werden durch neue Parks, Wohntürme und

Im Zentrum von Providence, Rhode Island, werden regelmäßig Flussfront-Festspiele veranstaltet, die Tausende zu einem Erlebnis unter freiem Himmel anziehen. Sie sind Zeichen einer dramatischen Rückkehr von Menschen an die Flüsse des Blackstone River Valley, das einst das Zentrum von Amerikas industrieller Revolution und eine der am meisten verschmutzten Wasserstraßen Amerikas war. *(Abbie Tingstad)*

Dienstleistungsjobs ersetzt. Wohnungen und Grünflächen sind knapp, und die Städteplaner entdecken die urbanen Flussfronten neu, um beides zu fördern.

Alles in allem ist das etwas Gutes. Wenn ihre Durchführung richtig ist, bieten Erneuerungen von Flussfronten eine seltene Chance, dicht besiedelte, attraktive Stadtviertel mit Zugang zu einer ruhigen Umgebung im Freien und einer kuratierten Form von Natur zu schaffen. Schon heute genießen Millionen von Stadtbewohnern frisch gebaute Flussfront-Parks, wo sie spazieren gehen, Sport treiben oder einfach nur ein paar stimulierende Minuten im Freien verbringen können. In großen und kleinen Städten schaffen diese Parks öffentliche Gemeingüter, in denen Menschen zu Kulturveranstaltungen zusammenkommen, wie beispielsweise die WaterFire-Festspiele, die jeden Sommer fast eine Million Menschen ins Zentrum von Providence, Rhode Island, locken, einst einer der am stärksten verschmutzten Flusskorridore Amerikas.

Man muss nicht auf dem Appalachian Trail wandern gehen, um die wohltuenden Wirkungen von Außenumgebungen auf Geist und Gesundheit zu genießen. Flussfront-Flächen werden dies zu einer täglichen Möglichkeit für Millionen – ja Milliarden – Menschen in unserer sich schnell verstädternden Welt machen.

Die Macht der Flüsse

Eine Welt ohne Flüsse wäre für uns nicht wiederzuerkennen. Unsere Kontinente wären schroff, hoch, kalt und klein. Unser Siedlungsmuster hätte sich anders entwickelt, mit verstreuten Bauernhöfen und Dörfern, die sich an Oasen und Küsten festklammern. Kriege hätten sich anders entwickelt, und die Grenzen zwischen Völkern wären unbekannt. Unsere berühmtesten Städte würden nicht existieren. Die weltweiten Bewegungen von Menschen und Handel, die heute so bestimmend für uns sind, wären vielleicht nie geschehen.

Die gesamte Geschichte hindurch haben Flüsse uns durch ihre Versorgung mit natürlichem Kapital, Zugang, Territorium, Wohlbefinden und Macht gefesselt. Die flachen, fruchtbaren Täler, die sie schufen, erhielten uns mit Nahrungsmitteln und Wasser. Im Ausgang von den schlammigen Tälern des heutigen Ägyptens, Iraks, Indiens, Pakistans und Chinas erfanden die ersten hydraulischen Gesellschaften die Stadt, den Handel, die herrschende Klasse und die Ursprünge des Staats. Der pragmatische Wunsch der frühen Stadtplaner, Wasser zu zapfen und Abwasser wegzuspülen, brachte die ersten Ingenieure der Welt hervor. Philosophische Debatten über die Quellen und den Besitz von Flüssen legten wichtige frühe Grundlagen für Wissenschaft und Recht.

Auf dem amerikanischen Kontinent breiteten sich die Kolonisatoren an Flusstälern entlang aus und gründeten weitere hydraulische Gesellschaften, wie beispielsweise die Anasazi in New Mexico, die Mayas in Mittelamerika und die Cahokianer aus dem Tal des Mississippi. Als die kolonialen Europäer sich auf den Weg machten, die Welt zu kartieren, nutzten sie Flüsse als Korridore für ihre Erkundungen und ihren Verlauf und die topografischen Wasserscheiden zur Abgrenzung territorialer Ansprüche. Viele bestehen als Grenzen nationaler und subnationaler Hoheitsgebiete auch heute noch. Wir sprenkelten die Flussufer der Welt mit Siedlungen, die zu Ortschaften, Städten und schließlich zu Metropolen wurden.

Aufeinanderfolgende Generationen waren von Flüssen abhängig, ohne ihnen große Beachtung zu schenken. Sie waren einfach da, ein angenehmer Zug der Landschaft, der zwar einen wesentlichen, aber eng begrenzten Wert hatte. Fischlieferant. Bewässerungsgrundlage hydraulischer Reiche. Wege zur Erkundung von Kontinenten. Wegbereiter der Industrialisierung. Wegspülkanäle für Giftstoffe. Stromgeneratoren. Türöffner für ausgedörrte Ländereien. Kühlmittel für Kraftwerke. Inspiratoren für ökologische und technologische Bewegungen. Möglichkeiten zur Immobilienentwicklung. Tröster für gestresste Nervenkostüme von Stadtbewohnern. Von jeder beliebigen Generation aus betrachtet, ist der Wert von Flüssen offensichtlich, nutzenorientiert, ja sogar banal. Erst wenn man eine Langzeitperspektive einnimmt, zeigt sich ihre grundlegende Bedeutung für die menschliche Zivilisation.

Wenn ich diese lange Geschichte von Flüssen und Menschen in eine ordentliche Geschichte für meine drei Kinder verdichten müsste, würde sie etwa folgendermaßen lauten:

Vor langer, langer Zeit kam der Regen und formte das Land. Millionen Jahre lang meißelte fließendes Wasser die Berge und trug Erde fort. Flüsse verbreiterten das Land ins Meer hinein und gestalteten breite Talebenen mit reichhaltigem angeschwemmtem Erdboden.

Nomaden fanden diese Täler und lernten, Landwirtschaft zu betreiben, miteinander zu kooperieren und zusammen an einem Ort zu leben. Die Flüsse wurden für ihren Lebensstil unverzichtbar. Nahrungsmittelüberschüsse nahmen zu, und die Gesellschaften wurden komplexer und hierarchischer. Sie begannen, Denker zu unterstützen, die sich Fragen über die Welt der Natur stellten. Die ersten Anzeichen von Philosophie, Recht, Technik und Wissenschaft tauchten auf. Wir forschten und handelten und wurden kreativer und zahlreicher.

Unsere Nutzung von Flüssen erweiterte sich. Sie wurden zu Reisekorridoren und schließlich ein Mittel zur Neuerforschung der Kontinente. Wir gründeten neue Siedlungen, und unsere Kulturen und Sprachen differenzierten sich. Während wir an Zahl wuchsen, nahm auch die Zahl der Todesopfer zu, als Überschwemmungen uns immer wieder töteten und unsere politischen Systeme auf unvorhersagbare Weise durchrüttelten. Flüsse wurden zu Kriegslisten und bequemen Schiedsrichtern über Territorien in einer zunehmend konkurrenzbetonten Welt.

Unsere Techniken machten Fortschritte, und wir lernten, die Flüsse der Industrie gefügig zu machen. Wir bauten Wasserräder, Gerbereien und Textilfabriken. Die Flüsse liehen ihre Kraft, spülten giftige Stoffe weg und halfen dabei, unsere Wirtschaft zu industrialisieren. Sie ließen Frachtkähne und Handelsschiffe auf sich gleiten, und wir gruben künstliche Flüsse – Kanäle –, um sie besser miteinander zu verbinden.

Dann machte unser technisches Können einen Sprung. Wir lernten, Flüsse in einer gewaltigen Größenordnung zu unterwerfen, um den Preis, dass wir von ihnen weggetrieben wurden. Indem wir Flüsse in riesige Staubecken aufnahmen, besiedelten wir wasserarme Ländereien, von denen zuvor geglaubt wurde, man könne dort nicht leben. Wie Füllhörner schenkten uns die großen Talsperren Wasser, Elektrizität und Städte. Ihr Wasser wurde zu wertvoll, um seinen Verlust zu riskieren, was zu außergewöhnlichen neuen Abkommen zur Kooperation und gemeinsamen Verwaltung von grenzüberschreitenden Flüssen führte.

In dem Maß, wie unser Wohlstand zunahm, wurde unsere Toleranz gegenüber Schmutz schwächer. Verschmutzte Wasserstraßen, die einst ein hinnehmbares Opfer des Wirtschaftswachstums waren, wurden zur Schande. Gesetze wurden geändert und Giftstoffe eingedämmt. Die Flüsse erholten sich, und wir erkannten ihre große Anpassungskraft. Staudämme wurden niedergerissen, und die Flüsse reagierten, indem sie ihren Transport von Sedimenten vom Land ins Meer rasch wieder aufnahmen, während die Fische an den gesprengten Stützpfeilern vorbei wieder nach Hause zurückkehrten.

Die Geschichte spielt jetzt in der Gegenwart. Wir besitzen eine gottgleiche Macht, Erde zu bewegen, und das Ingenieurwissen, um Flüsse in einem außergewöhnlichen Maßstab umzuleiten. Die beiden bevölkerungsreichsten Länder der Welt, die mit beängstigenden Herausforderungen im Hinblick auf die Wasserversorgung konfrontiert sind, legen die größten je entworfenen Pläne zum Wassertransport über Zwischenspeicher vor. Die ökologische Gesundheit von Flüssen steht unter Druck, obwohl sie noch immer eine Priorität darstellt. Wir bauen neue Sensoren, Satelliten und Modelle, um sie besser zu verstehen und ihren Zustand zu überwachen. Neue Technologien zapfen möglicherweise die Kraft von Flüssen auf weniger ökologisch schädigende Weise an.

Inzwischen ziehen wir in Großstädte um, eingetaucht in die digitale Welt, während die natürliche aus unserer Alltagserfahrung verblasst. Aber das Gehirn und die Physiologie des Menschen haben nicht Schritt gehalten. Zu unserem eigenen Wohlbefinden bestehen immer noch einige Vorteile des Kontakts mit der Natur. Abermals sind die Flüsse da, um die herum unsere Städte sich verfestigen.

Sie waren immer schon da, auf jedem Schritt des Weges, unverzichtbar und sich entwickelnd. Wie bei dem Kind in Shel Silversteins *Der freigebige Baum* haben sich unsere Ansprüche mit der Zeit verändert, und die Gaben des Flusses veränderten sich gemeinsam mit uns. Unsere Bedürfnisse entwickelten sich, die Abhängigkeit aber blieb bestehen. Flüsse haben uns Hunderte Generationen lang unterstützt. Und im Unterschied zu Silversteins verdorrtem Apfelbaumstumpf werden sie sich wieder verjüngen, wenn wir es ihnen gestatten. Flüsse können unsterblich sein.

Ein Nilometer, jene uralte Erkenntnisquelle, die die Pharaonen nutzten, um Steuern zu erklären und ihre Gesellschaft zu erhalten, liegt unmittelbar flussabwärts des für den Nile Tower in Kairo ausgewählten Standorts. Der Nil hat den Ägyptern schon immer Geschenke bereitet, zuerst schlammreiches Ackerland und Überschwemmungswasser zur Bewässerung, dann Energie vom Assuan-Staudamm und jetzt gehobene Immobilien entlang der Flussfront im Zentrum Kairos.

Von der Erfindung des Stadtstaats bis zur Erforschung unseres Planeten, vom Streit um Territorien bis zur Geburt von Städten, von der Energiegewinnung bis zur Industrialisierung von Wirtschaften, von der Motivierung zu Kooperation, Umweltbewusstsein und Technik bis zur Einrichtung kuratierter Bereiche der Natur für Milliarden von Menschen sind die Flüsse da.

Es gibt eine gewaltige arterielle Kraft, die überall um uns herum summt und sich, obwohl sie deutlich sichtbar ist, verbirgt. Sie hat unsere Zivilisation mehr als jede Straße, jede Technik oder jeder politische Führer gestaltet. Sie hat Grenzen geöffnet, Städte gegründet, Grenzen festgelegt und Milliarden ernährt. Sie fördert Leben, schafft Frieden, gewährt Macht und zerstört unberechenbar alles, was ihr im Weg liegt. Obwohl sie zunehmend domestiziert wurde und man ihr gar Ketten anlegte, ist sie eine uralte Kraft, die uns immer noch beherrscht.

Dank

Ich bin meinen Eltern dankbar dafür, dass sie dieses Buch ermöglichten. Mein Vater, Norman D. Smith, machte mich in mehreren Stadien meines Lebens mit Flüssen vertraut, zuerst als Elternteil eines Stadtkindes und später durch seine Wissenschaft als ein angesehener Flusssedimentologe und maßgeblicher Experte für den Saskatchewan River in Kanada. Danke.

Dieses Buch wäre nie ohne die Ermutigung und die hohen Ansprüche des Literaturagenten Russell Weinberger von Brockman, Inc., geschrieben worden, der von Anfang an zu mir gehalten hat und darauf besteht, dass ich nur über Dinge schreibe, die ich kenne.

Ich danke Ian Strauss, Lektor bei Little, Brown, der großherzig seine Zeit zur Verfügung stellte, u. a. für mehrere redaktionelle Überarbeitungen des gesamten Manuskripts. Tracy Behar, Vizepräsidentin, Verlegerin und Chefredakteurin, war freundlicherweise mit der Veröffentlichung des Buches einverstanden. Betsy Uhrig, Kathryn Rogers, Jessica Chun und Juliana Horbachevsky waren für die Herstellung, das Lektorat, den Vertrieb und die Werbung verantwortlich.

Zwei ehemalige Vordiplom-Studentinnen, Natalie Peral von der Brown University und Sarah Popelka von der University of California in Los Angeles, boten mir ihre unschätzbare Forschungsassistenz. Alle Karten und Illustrationen wurden in Zusammenarbeit mit dem hervorragenden Kartografen Matthew Zebrowski von der Geografieabteilung der University of California in Los Angeles erstellt.

Die finanzielle Unterstützung für einige Teile dieses Buches wurde teilweise durch Stipendien von der Brown University (Institute for Enviroment & Society), John Atwater und Diana Nelson und die Abteilung für Geowissenschaft der National Aeronautics and Space Administration (NASA) ermöglicht.

Zu denen, die Interviews, Lesestoff, Forschungsunterstützung oder andere hilfreiche Einflussmöglichkeiten lieferten, gehören Fred Adjarian, John Agnew, Tesfay Alemseged, Doug Alsdorf, Kostas Andreadis, Lorena Apodaco, Gedion Asfaw, Paul Bates, Alberto Behar, Jason Box, Rachel Calico, Caitlin Campbell, Judy Carney, William A. V. Clark, Adrian Clayton, Kyli Cosper, John Crilley, Angela DeSoto, Jared Diamond, Mike Durand, Corey Eide, Jared Entin, Jay Famiglietti, Wubalem Fekade, James Garvin, Mekonnen Gebremichael, Pam Giesel, Tom Gillespie, Peter Griffith, Colene Haffke, Tyler Harlan, Line Haug, Jessy Jenkins, Chris Johnson, Yara Khoshnaw, Jeffrey Kightlinger, William Krabill, Yumiko Kura, Scott LeFavour, Carl Legleiter, Dennis Lettenmaier, Adam LeWinter, Eric Lindstrom, Richard Lorman, Lula Lu, Amanda Lynch, Glen MacDonald, Frank Magilligan, Hank Margolis, Thorsten Markus, Kasi McMurray, Frode Mellemvik, Leal Mertes, Charles Miller, Cory Milone, Toby Minear, Nicole Morales, Paul Morin, Irene Mortensen, Becky Mudd, Fekahmed Negash, Petter Norre, Larry Nulty, Greg Okin, Brandon Overstreet, Fred Pearce, Al Pietroniro, Erica Pietroniro, Try Pisey, Bob Pries, Liz Pulver, Wesley Reisser, Jovana Rizzo, Ernesto Rodriguez, Sok Sovanary, Joanne Stokes, Karen Tamir, Marco Tedesco, Arja Tingstad, Jerry Tingstad, Dirk van As, Sophirun Ven, Thomas Wagner, Jida Wang, Michael Wehner, Cindy Ye und Kathy Young.

Wissentlich oder unwissentlich hatten viele meiner Studenten und Postdoktoranden einen Einfluss auf dieses Buch: Mia Bennett, Vena Chu, Sarah Cooley, Matthew Cooper, Jessica Fayne, Karen Frey, Colin Gleason, Cynthia Hall, Ethan Kyzivat, Ekaterina Lezine, Matthew Mersel, Tamlin Pavelsky, Lincoln Pitcher, Åsa Rennermalm, John Ryan, Yongwei Sheng, Scott Stephenson und Kang Yang.

Fotos, die ich nicht selbst aufgenommen habe, wurden von Gedion Asfaw, Mia Bennett, John Gussman, Tyler Harlan, Michael Huniewicz, Richard Lorman, Mann Power Hydro Ltd/David Mann, der NASA, der Library of Congress, der Richard Nixon Presidential Library and Museum, John Ryan, Abbie Tingstad, Kelvin Trautman und der Flüchtlingsbehörde der Vereinten Nationen zur Verfügung gestellt.

Ein erster Entwurf für dieses Buch wurde an der Brown University während eines einjährigen Sabbaticals geschrieben, das von der University of California in Los Angeles unterstützt wurde. Das Manuskript wurde in der Folge dank der kritischen Überprüfung von Schlüsselkapiteln durch Tamlin Pavelsky, Jerry Tingstad und Kang Yang stark verbessert. Doug Alsdorf, Norman Smith, Ian Strauss und Abbie Tingstad lasen und kritisierten das Buch in seiner Gesamtheit. Der professionelle Faktencheck wurde von Sarah Lippincott geleistet. Die Verantwortung für alle verbleibenden Fehler, Ungenauigkeiten oder Auslassungen liegt natürlich bei mir.

Laurence C. Smith
Providence, Rhode Island, USA
2. Dezember 2019

Literatur

Einleitung

Holden, Peter et al., »Mass-spectrometric mining of Hadean zircons by automated SHRIMP multi-collector and single-collector U/Pb zircon age dating: The first 100,000 grains«, *International Journal of Mass Spectrometry* 286.2 – 3 (2009): S. 53 – 63. doi.org/10.1016/j.ijms.2009.06.007

Kite, Edwin S. et al., »Persistence of intense, climate-driven runoff late in Mars history,« *Science Advances* 5.3 (2019). doi.org/10.1126/sciadv.aav7710

Lyons, Timothy W. et al., »The rise of oxygen in Earth's early ocean and atmosphere«, *Nature* 506 (2014): S. 307 – 315. doi.org/10.1038/nature13068

O'Malley-James, Jack T. et al., »Swansong Biospheres: Refuges for Life and Novel Microbial Biospheres on Terrestrial Planets near the End of Their Habitable Lifetimes«, *International Journal of Astrobiology* 12.2 (2012): S. 99 – 112. doi.org/10.1017/S147355041200047X

Valley, John W. et al., »Hadean age for a post-magma-ocean zircon confirmed by atom-probe tomography«, *Nature Geoscience* 7 (2014): S. 219 – 223. doi.org/10.1038/ngeo2075

Kapitel 1 – Der Palermostein

Das Land zwischen den Flüssen

Fagan, Brian, *Elixir: A History of Water and Humankind* (New York: Bloomsbury Press, 2011).

Hurst, H. E., »The Roda Nilometer« (Buchbesprechung von *Le Mikyâs ou Nilometrè de l'Île de Rodah, Par Kamel Osman Ghaleb Pasha*), *Nature* 170 (1952): S. 132 – 133. doi.org/10.1038/170132a0

Morozova, Galina S., »A review of Holocene avulsions of the Tigris and Euphrates rivers and possible effects on the evolution of civilizations in lower Mesopotamia«, *Geoarchaeology* 20.4 (2005): Wiley Online Library. doi.org/10.1002/gea.20057

Shaw, Ian (Hg.), *The Oxford History of Ancient Egypt* (New York: Oxford University Press, 2000).

Tainter, Joseph A., *The Collapse of Complex Societies* (Cambridge: Cambridge University Press, 1990).

Die Arche vom Euphrat und Tigris?

Davila, James R., »The Flood Hero as King and Priest«, *Journal of Near Eastern Studies* 54.3 (1995): S. 199 – 214.

Kennett, D. J. und J. P. Kennett, »Early State Formation in Southern Mesopotamia: Sea Levels, Shorelines, and Climate Change«, *Journal of Island and Coastal Archaeology* 1.1 (2006): S. 67 – 99. doi.org/10.1080/15564890600586283

Lambeck, K., »Shoreline reconstructions for the Persian Gulf since the last glacial maximum«, *Earth and Planetary Science Letters* 142.1 – 2 (1996): S. 43 – 57. doi.org/10.1016/0012-821X(96)00069-6

Lambeck, K. und J. Chappell, »Sea Level Change Through the Last Glacial Cycle«, *Science* 292.5517 (2001): S. 679 – 686. doi.org/10.1126/science.1059549

Ryan, W. B. F. et al., »Catastrophic Flooding of the Black Sea«, *Annual Review of Earth and Planetary Sciences* 31 (2003): S. 525 – 554. doi.org/10.1146/annurev.earth.31.100901.141249

Teller, J. T. et al., »Calcareous dunes of the United Arab Emirates and Noah's Flood: the postglacial reflooding of the Persian (Arabian) Gulf,« *Quaternary International* 68 – 71 (2000): S. 297 – 308. doi.org/10.1016/S1040-6182(00)00052-5

Tigay, Jeffrey H., *The Evolution of the Gilgamesh Epic* (Philadelphia: University of Pennsylvania Press, 1982).

Die Geheimnisse des Sarasvati

Gangal, K. et al., »Spatio-temporal analysis of the Indus urbanization«, *Current Science* 98.6 (2010): S. 846 – 852. www.jstor.org/stable/24109857

Giosan, L. et al., »Fluvial landscapes of the Harappan civilization«, *PNAS* 109.26 (2012): S. 1688 – 1694. doi.org/10.1073/pnas.1112743109

Sarkar, A., et al., »Oxygen isotope in archaeological bioapatites from India: Implications to climate change and decline of Bronze Age Harappan civilization«, *Scientific Reports* 6 (2016). doi.org/10.1038/srep26555

Tripathi, J. K. et al., »Is River Ghaggar, Saraswati? Geochemical Constraints«, *Current Science* 87.8 (2004): S. 1141 –1145. www.jstor.org/stable/24108988

Yu der Große kehrt zurück; Die Wasserwelt Wittfogels; Erkenntnis aus den Brüsten von Hapi

Biswas, A. K., *History of Hydrology* (London: North-Holland Publishing Company, 1970).

Loewe, Michael und Edward L. Shaughnessy (Hg.), *The Cambridge History of Ancient China: From the Origins of Civilization to 221 BC* (Cambridge: Cambridge University Press, 1999).

Makibayashi, K., »The Transformation of Farming Cultural Landscapes in the Neolithic Yangtze Area, China«, *Journal of World Prehistory* 27.3 –4 (2014): S. 295 –307. doi.org/10.1007/s10963-014-9082-0

Mays, Larry W., »Water Technology in Ancient Egypt«, in: *Ancient Water Technologies* (Dordrecht, Niederlande: Springer, 2010).

Truesdell, W. A., »The First Engineer«, *Journal of the Association of Engineering Societies* 19 (1897): S. 1 –19.

Wittfogel, Karl A., *Oriental Despotism: A Comparative Study of Total Power* (New Haven: Yale University Press, 1957; dt.: *Die orientalische Despotie: eine vergleichende Studie totaler Macht*, übers. v. F. Kools, Frankfurt a. M.: Ullstein, 1977).

Wu, Q. et al., »Outburst flood at 1920 BCE supports historicity of China's Great Flood and the Xia dynasty«, *Science* 353.6299 (2016): S. 579 –582. doi.org/10.1126/science.aaf0842

Zong, Y. et al., »Fire and flood management of coastal swamp enabled first rice paddy cultivation in east China«, *Nature* 449.7161 (2007): S. 459 –462. doi.org/10.1038/nature06135

Der Codex Hammurabi; Flüsse für alle

Bannon, Cynthia, »Fresh Water in Roman Law: Rights and Policy«, *Journal of Roman Studies* 107 (2017): S. 60 –89. doi.org/10.1017/S007543581700079X

Campbell, Brian, *Rivers and the Power of Ancient Rome* (Chapel Hill: University of North Carolina Press, 2012).

Finkelstein, J. J., »The laws of Ur-Nammu«, *Journal of Cuneiform Studies* 22.3 –4 (1968): S. 66 –82. doi.org/10.2307/1359121

—, »Sex Offenses in Sumerian Laws«, *Journal of the American Oriental Society* 86.4 (1966): S. 355 – 372. doi.org/10.2307/596493

Frymer, T. S., »The Nungal-Hymn and the Ekur-Prison«, *Journal of the Economic and Social History of the Orient* 20.1 (1977): S. 78 – 89. doi.org/10.2307/3632051

Gomila, M., »Ancient Legal Traditions«, *The Encyclopedia of Criminology and Criminal Justice* (2014): S. 1 – 7. Wiley Online Library. doi.org/10.1002/9781118517383.wbeccj252

Husain, M. Z. und S. E. Costanza, »Code of Hammurabi«, *The Encyclopedia of Corrections* (2017): S. 1 – 4. Wiley Online Library. doi.org/10.1002/9781118845387.wbeoc034

Teclaff, Ludwik A., »Evolution of the River Basin Concept in National and International Water Law«, *Natural Resources Journal* 36.2 (1996): S. 359 – 391. digitalrepository.unm.edu/nrj/vol36/iss2/7

Yildiz, F., »A Tablet of Codex Ur-Nammu from Sippar«, *Orientalia* 50.1 (1981): S. 87 – 97. www.jstor.org/stable/43075013

Krafträder; Täler der neuen Welt; George Washingtons großes Amerika

Arnold, Jeanne E., »Credit Where Credit Is Due: The History of the Chumash Oceangoing Plank Canoe«, *American Antiquity* 72.2 (2007): S. 196 – 209. doi.org/10.2307/40035811

Canuto, Marcello A. et al., »Ancient lowland Maya complexity as revealed by airborne laser scanning of northern Guatemala«, *Science* 361.6409 (2018): doi.org/10.1126/science.aau0137

Cleland, Hugh, *George Washington in the Ohio Valley* (Pittsburgh: University of Pittsburgh Press, 1955).

»The Founders and the Pursuit of Land«, The Lehrman Institute, lehrmaninstitute.org/history/founders-land.html

Davis, Loren G. et al., »Late Upper Paleolithic occupation at Cooper's Ferry, Idaho, USA, ~16,000 years ago«, *Science* 365.6456 (2019): S. 891 – 897. doi: 10.1126/science.aax9830

Liu, Li und Leping Jiang, »The discovery of an 8000-year old dugout canoe at Kuahuqiao in the Lower Yangzi River, China«, *Antiquity* 79.305 (2005): www.antiquity.ac.uk/projgall/liu305/

Pauketat, T. R., *Ancient Cahokia and the Mississippians* (New York: Cambridge University Press, 2004).

Pepperell, Caitlin S. et al., »Dispersal of *Mycobacterium tuberculosis* via the

Canadian fur trade«, *Proceedings of the National Academy of Sciences (PNAS)* 108.16 (2011): S. 6526 –6531. doi.org/10.1073/pnas.1016708108

Van de Noort, R. et al., »The ›Kilnsea-boat‹, and some implications from the discovery of England's oldest plank boat remains«, *Antiquity* 73.279 (1999): S. 131 –135. doi.org/10.1017/S0003598X00087913

Wade, L., »Ancient site in Idaho implies first Americans came by sea«, *Science* 365.6456 (2019): S. 848 –849. doi: 10.1126/science.365.6456.848

Kapitel 2 – An der Grenze

Blaue Grenzen; Linien der Zweckdienlichkeit

Apodaca, Lorena (Grenzpatrouillenbeamtin, US-Zoll und Grenzschutz) und Irine Mortenson (Beamtin für Gemeindeangelegenheiten, US-Zoll und Grenzschutz). Persönliche Interviews, 14. August 2017, El Paso, Texas.

Carter, Claire et al., *David Taylor: Monuments* (Radius Books/Nevada Museum of Art, 2015).

Popelka, Sarah J. und Laurence C. Smith, »Rivers as Political Borders: A New Subnational Geospatial Dataset«, *Water Policy* 22.3 (2020): S. 293 –312. doi.org/10.2166/wp.2020.041

Reisser, Wesley J., *The Black Book: Woodrow Wilson's Secret Plan for Peace* (Lanham, MD: Lexington Books, 2012).

Sahlins, Peter, »Natural Frontiers Revisited: France's Boundaries since the Seventeenth Century«, *The American Historical Review* 95.5 (1990): S. 1423 –1451. doi.org/10.2307/2162692

Ullah, Akm Ahsan, »Rohingya Refugees to Bangladesh: Historical Exclusions and Contemporary Marginalization«, *Journal of Immigrant & Refugee Studies* 9.2 (2011): S. 139 –161. doi.org/10.1080/15562948.2011.567149

Die Größe und Gestalt von Nationen; Kriegssorgen um Wasser; Mandela, der Bombenleger; Wassertürme schaffen Wasserwächter

Alesina, Alberto und Enrico Spolaore. *The Size of Nations* (Cambridge: MIT Press, 2005).

Likoti, Fako Johnson, »The 1998 Military Intervention in Lesotho: SADC Peace Mission or Resource War?«, *International Peacekeeping* 14.2 (2007): S. 251 –263. doi.org/10.1080/13533310601150875

Makoa, Francis K., »Foreign military intervention in Lesotho's election dispute: Whose Project?«, *Strategic Review for Southern Africa* 21.1 (1999).

Viviroli, Daniel et al., »Mountains of the world, water towers for humanity: Typology, mapping, and global significance«, *Water Resources Research* 43.7 (2007): S. 1 – 13. doi.org/10.1029/2006WR005653

Harmons Torheit; Alles blickt auf den Mekong

»*Convention between the United States and Mexico. Equitable Distribution of the Waters of the Rio Grande*« (Verabschiedung am 16. Januar 1907 durch die USA und Mexiko). www.ibwc.gov/Files/1906Conv.pdf

Abkommen zum Gesetz über die nicht schifffahrtsbezogene Nutzung internationaler Wasserläufe (Vereinte Nationen, Verabschiedung 1997). legal.un.org/avl/ha/clnuiw/clnuiw.html

Cosslett, Tuyet L. und Patrick D. Cosslett, *Sustainable Development of Rice and Water Resources in Mainland Southeast Asia and Mekong River Basin* (Singapur: Springer Nature, 2018).

Harris, Maureen, »Can regional cooperation secure the Mekong's future?«, *Bangkok Post*, 10. Januar 2018. www.bangkokpost.com/opinion/opinion/1393266/can-regional-cooperation-secure-the-mekongs-future

McCaffery, Stephen C., »The Harmon Doctrine One Hundred Years Later: Buried, Not Praised«, *Natural Resources Journal* 36.3 (1996): S. 549 – 590. digitalrepository.unm.edu/nrj/vol36/iss3/5

Middleton, Carl und Jeremy Allouche, »Watershed or Powershed? Critical Hydropolitics, China and the ›Lancang-Mekong Cooperation Framework‹«, *The International Spectator* 51.3 (2016): S. 100 – 117. doi.org/10.1080/03932729.2016.1209385

Salman, Salman M. A., »Entry into force of the UN Watercourses Convention: Why should it matter?«, *International Journal of Water Resources Development* 31.1 (2015): S. 4 – 16. doi.org/10.1080/07900627.2014.952072

Schiff, Jennifer S., »The evolution of Rhine river governance: historical lessons for modern transboundary water management«, *Water History* 9.3 (2017): S. 279 – 294. doi.org/10.1007/s12685-017-0192-3

Sosland, Jeffrey K., *Cooperating Rivals: The Riparian Politics of the Jordan River Basin* (Albany: State University of New York Press, 2007).

Teclaff, Ludwik A., »Fiat or Custom: The Checkered Development of International Water Law«, *Natural Resources Journal* 31.1 (1991): S. 45 – 73. digitalrepository.unm.edu/nrj/vol31/iss1/4

Wolf, Aaron T., »Conflict and cooperation along international waterways«, *Water Policy* 1.2 (1998): S. 251 – 265. doi.org/10.1016/S1366-7017(98)00019-1

Ziv, Guy et al., »Trading-off fish biodiversity, food security, and hydropower in the Mekong River Basin«, *PNAS* 109.15 (2012): S. 5609 – 5614. doi.org/10.1073/pnas.1201423109

Kapitel 3 – Das Jahrhundert der Demütigung und andere Kriegsgeschichten

Überquere diesen Fluss

Brockell, Gillian, »How a painting of George Washington crossing the Delaware on Christmas went 19th-century viral«, *The Washington Post*, 25. Dezember 2017. www.washingtonpost.com/news/retropolis/wp/2017/12/24/how-a-painting-of-george-washington-crossing-the-delaware-on-christmas-went-19th-century-viral/?utm_term=.05b8375ce759

Groseclose, Barbara S., »›Washington Crossing the Delaware‹: The Political Context«, *The American Art Journal* 7.2 (1975): 70 – 78. www.jstor.org/stable/1594000

»Islamic State and the crisis in Iraq and Syria in maps«, *BBC News*, 28. März 2018. www.bbc.com/news/world-middle-east-27838034

Jones, Seth G. et al., *Rolling Back the Islamic State* (Santa Monica, CA: RAND Corporation, 2017). www.rand.org/pubs/research_reports/RR1912.html

Das geteilte Amerika

Bearss, Edwin C. und J. Parker Hills, *Receding Tide: Vicksburg and Gettysburg: The Campaigns That Changed the Civil War* (Washington, D. C.: National Geographic Books, 2010).

Joiner, Gary D., *Mr. Lincoln's Brown Water Navy: The Mississippi Squadron* (Lanham, MD: Rowman & Littlefield Publishers, 2007).

Tomblin, Barbara Brooks, *The Civil War on the Mississippi: Union Sailors, Gunboat Captains, and the Campaign to Control the River* (Lexington: University Press of Kentucky, 2016).

Van Tilburg, Hans Konrad, *A Civil War Gunboat in Pacific Waters: Life on Board USS Saginaw* (Gainesville: University Press of Florida, 2010).

Das Jahrhundert der Demütigung

Chang, Iris, *The Rape of Nanking: The Forgotten Holocaust of World War II* (New York: Basic Books, Neuauflage, 2012; dt.: *Die Vergewaltigung von Nanking. Das Massaker in der chinesischen Hauptstadt am Vorabend des Zweiten Weltkriegs*, Zürich, München: Pendo, 1999).

Cole, Bernard D., »The Real Sand Pebbles«, *Naval History Magazine* 14.1 (2000): U.S. Naval Institute. www.usni.org/magazines/naval-history-magazine/2000/february

Feige, Chris und Jeffrey A. Miron, »The opium wars, opium legalization and opium consumption in China«, *Applied Economics Letters* 15.12 (2008): S. 911 – 913. doi.org/10.1080/13504850600972295

»A Japanese Attack Before Pearl Harbor«, *NPR Morning Edition*, 13. Dezember 2007. Audio hier: www.npr.org/templates/story/story.php?storyId=17110447

Kaufman, Alison A., *The »Century of Humiliation« and China's National Narratives* (2011). www.uscc.gov/sites/default/files/3.10.11Kaufman.pdf

Konstam, Angus, *Yangtze River Gunboats 1900 – 49* (Oxford, England: Osprey Publishing, 2011).

Melancon, Glenn, »Honour in Opium? The British Declaration of War on China, 1839 – 1840«, *The International History Review* 21.4 (1999): S. 855 – 874. doi.org/10.1080/07075332.1999.9640880

»The Opening to China Part 1: the First Opium War, the United States, and the Treaty of Wangxia, 1839 – 1844«, Office of the Historian, U.S. Department of State. history.state.gov/milestones/1830 – 1860/china-1

»The Opening to China Part 2: the Second Opium War, the United States, and the Treaty of Tianjin, 1857 – 1859«, Office of the Historian, U.S. Department of State. history.state.gov/milestones/1830 – 1860/china-2

»USS *Saginaw*«, military.wikia.com/wiki/USS_Saginaw

Flüsse aus Metall; Großbritanniens Staudammzerstörer; der Umhang des Matadors

Builder, Carl H. et al., »The Technician: Guderian's Breakthrough at Sedan«, in: *Command Concepts*, S. 43 – 54 (Santa Monica, CA: RAND Corporation, 1999). www.rand.org/content/dam/rand/pubs/monograph_reports/MR775/MR775.chap4.pdf

Cole, Hugh M., »The Battle Before the Meuse«, *The Ardennes: Battle of the Bulge*. U.S. Army Center of Military History. history.army.mil/books/wwii/7-8/7-8_22.HTM

»The Dam Raids«, The Dambusters. http://www.dambusters.org.uk/

Evenden, Matthew, »Aluminum, Commodity Chains, and the Environmental History of the Second World War«, *Environmental History* 16.1 (2011): S. 69 – 93. doi.org/10.1093/envhis/emq145

Hall, Allan, »Revealed: The priest who changed the course of history … by rescuing a drowning four-year-old Hitler from death in an icy river«, *Mailonline,* 5. Januar 2012. www.dailymail.co.uk/news/article-2082640/How-year-old-Adolf-Hitler-saved-certain-death-drowning-icy-river-rescued.html

King, W. L. Mackenzie, »The Hyde Park Declaration«, *Canada and the War.* 28. April 1941. wartimecanada.ca/sites/default/files/documents/WLMK.HydePark.1941.pdf

Massell, David, »›As Though There Was No Boundary‹: the Shipshaw Project and Continental Integration«, *American Review of Canadian Studies* 34.2 (2004): S. 187 – 222. doi.org/10.1080/02722010409481198

Royal Air Force Benevolent Fund, »The story of the Dambusters«. www.rafbf.org/dambusters/the-story-of-the-dambusters

Webster, T. M., »The Dam Busters Raid: Success or Sideshow?«, *Air Power History* 52.2 (2005): S. 12 – 25. www.questia.com/library/journal/1G1-133367811/the-dam-busters-raid-success-or-sideshow

Willis, Amy, »Adolf Hitler ›Nearly Drowned as a Child‹«, *The Telegraph,* 6. Januar 2012. www.telegraph.co.uk/history/world-war-two/8996576/Adolf-Hitler-nearly-drowned-as-a-child.html

Zahniser, Marvin R., »Rethinking the Significance of Disaster: The United States and the Fall of France in 1940«, *International History Review* 14.2 (1992): S. 252 – 276. www.jstor.org/stable/40792747

Eine kleine Runde in Vietnam

Carrico, John M., *Vietnam Ironclads: A Pictorial History of U.S. Navy River Assault Craft, 1966 – 1970* (John M. Carrico, 2008).

Dunigan, Molly et al., *Characterizing and exploring the implications of maritime irregular warfare*. RAND Document Number MG1127-NAVY (Santa Monica, CA: RAND, 2012). www.rand.org/pubs/monographs/MG1127.html

Helm, Glenn E., »Surprised at TET: U.S. Naval Forces 1968«, Mobile

Riverine Force Association. www.mrfa.org/us-navy/surprised-at-tet-u-s-naval-forces-1968/
Lorman, Richard E., »The Milk Run«, *River Currents* 23.4 (2014): S. 2 – 3. Mobile Riverine Force Association. www.mrfa.org/wp-content/uploads/2016/06/River CurrentsWinter2014WEB.pdf
—, Persönliches Interview, 22. April 2018, Hull, Massachusetts.
Qiang, Zhai, »China and the Geneva Conference of 1954«, *China Quarterly* 129 (1992): S. 103 – 122. www.jstor.org/stable/654599

Kapitel 4 – Zerstörung und Erneuerung

Nach der Sintflut

»Billion-Dollar Weather and Climate Disasters: Overview«, NOAA National Centers for Environmental Information. www.ncdc.noaa.gov/billions/
Blake, Eric S. und David A. Zelinsky, *National Hurricane Center Tropical Cyclone Report: Hurricane Harvey* (NOAA, 2018). www.nhc.noaa.gov/data/tcr/AL092017_Harvey.pdf
Elliott, James R., »Natural Hazards and Residential Mobility: General Patterns and Racially Unequal Outcomes in the United States«, *Social Forces* 93.4 (2015): S. 1723–1747. doi.org/10.1093/sf/sou120
Fussell, Elizabeth et al., »Race, Socioeconomic Status, and Return Migration to New Orleans after Hurricane Katrina«, *Population and Environment* 31.1 – 3 (2010): S. 20 – 42. doi.org/10.1007/s11111-009-0092-2
Haider-Markel, Donald P. et al., »Media Framing and Racial Attitudes in the Aftermath of Katrina«, *Policy Studies Journal* 35.4 (2007): S. 587 – 605. doi.org/10.1111/j.1541-0072.2007.00238.x
»Hurricane Costs«, NOAA Office for Coastal Management. www.coast.noaa.gov/states/fast-facts/hurricane-costs.html
Jonkman, Sebastian N. et al., »Brief communication: Loss of life due to Hurricane Harvey«, *Natural Hazards and Earth System Sciences* 18.4 (2018): S. 1073 – 1078. doi.org/10.5194/nhess-18-1073-2018
Leeson, Peter T. und Russell S. Sobel, »Weathering Corruption«, *Journal of Law and Economics* 51.4 (2008): S. 667 – 681. doi.org/10.1086/590129
Schultz, Jessica und James R. Elliott, »Natural disasters and local demographic change in the United States«, *Population and Environment* 34.3 (2013): S. 293 – 312 www.jstor.org/stable/42636673
SHELDUS (Spatial Hazard Events and Losses Database for the United States), University of South Carolina. cemhs.asu.edu/sheldus/

Team Rubicon (verschiedenartige Freiwillige). Persönliche Interviews, 29.–30. September 2017, Houston und Conroe, Texas.

Zaninetti, Jean-Marc und Craig E. Colten, »Shrinking New Orleans: Post-Katrina Population Adjustments«, *Urban Geography* 33.5 (2012): S. 675 – 699. doi.org/10.2747/0272-3638.33.5.675

Wenn die Deiche brechen

Barry, John S., *Rising Tide: The Great Mississippi Flood of 1927 and How It Changed America* (New York: Simon & Schuster, 1998).

Rivera, Jason David und DeMond Shondell Miller, »Continually Neglected: Situating Natural Disasters in the African American Experience«, *Journal of Black Studies* 37.4 (2007): S. 502 – 522. www.jstor.org/stable/40034320

Walton Jr., Hanes und C. Vernon Gray, »Black Politics at the National Republican and Democratic Conventions, 1868 – 1972«, *Phylon* 36.3 (1975): S. 269 – 278. www.jstor.org/stable/274392

Die Umwandlung von Chinas Leid in eine Waffe

Alexander, Bevin, »The Triumph of China«. www.bevinalexander.com/china/

Edgerton-Tarpley, Kathryn, »A River Runs through It: The Yellow River and The Chinese Civil War, 1946 – 1947«, *Social Science History* 41.2 (2017): S. 141 – 173. doi.org/10.1017/ssh.2017.2

—, »›Nourish the People‹ to ›Sacrifice for the Nation‹: Changing Responses to Disaster in Late Imperial and Modern China«, *Journal of Asian Studies* 73.2 (2014): S. 447 – 469. www.jstor.com/sta ble/43553296

Lary, Diana, »Drowned Earth: The Strategic Breaching of the Yellow River Dyke, 1938«, *War in History* 8.2 (2001): S. 191 – 207. doi.org/10.1177/0968344501008 00204

Muscolino, Micah S., »Refugees, Land Reclamation, and Militarized Landscapes in Wartime China: Huanglongshan, Shaanxi, 1937 – 45«, *Journal of Asian Studies* 69.2 (2010): S. 453 – 478. www.jstor.org/stable20721849

—, »Violence Against People and the Land: The Environment and Refugee Migration from China's Henan Province, 1938 – 1945«, *Environment and History* 17.2 (2011): S. 291 – 311. www.jstor.org/stable/41303510

Muscolino, Micah, »War, Water, Power: An Environmental History of Henan's Yellow River Flood Area, 1938 – 1952«, *CEAS Colloquium Series*, 9. April 2012, Yale Macmillan Center.

Phillips, Steven E., *Between Assimilation and Independence: the Taiwanese Encounter Nationalist China, 1945 –1950* (Redwood City, CA: Stanford University Press, 2003).

Rubinstein, Murray A. (Hg.), *Taiwan: A New History* (Armonk, NY: M.E. Sharpe, 1999).

Selden, Mark und Alvin Y. So, *War & State Terrorism: The United States, Japan, and the Asia-Pacific in the Long Twentieth Century* (Lanham, MD: Rowman & Littlefield, 2004).

Shu, Li and Brian Finlayson, »Flood management on the lower Yellow River: hydrological and geomorphological perspectives«, *Sedimentary Geology* 85.1 –4 (1993): S. 285 –296. doi.org/10.1016/0037-0738(93)90089-N

Es kam vom South Fork Club

Connelly, Frank und George C. Jenks, *Official History of the Johnstown Flood (1889)* (Pittsburgh: Journalist Publishing Company, 1889).

Eaton, Lucien et al., *The American Law Review*, Band 23 (St. Louis, MO: Review Publishing Co., 1889), S. 647.

Shugerman, Jed H., »The Floodgates of Strict Liability: Bursting Reservoirs and the Adoption of *Fletcher v. Rylands* in the Gilded Age«, *Yale Law Journal*, 110.2 (2000). digitalcommons. law.yale.edu/ylj/vol110/iss2/6

Simpson, A. W. B., »Legal Liability for Bursting Reservoirs: The Historical Context of ›Rylands v. Fletcher‹«, *Journal of Legal Studies*, 13.2 (1984): S. 209 –264. www.jstor.org/stable/724235

Kapitel 5 – Den Strom nutzen

GERD; Das Jahrhundert der Megastaudämme

Abdalla, I. H., »The 1959 Nile Waters Agreement in Sudanese-Egyptian Relations«, *Middle Eastern Studies* 7.3 (1971): S. 329 –341. www.jstor.org/stable/4282387

Bochove, Danielle et al., »Barrick to Buy Randgold to Expand World's Largest Gold Miner«, *Bloomberg*, 24. September 2018. www.bloomberg.com/news/articles/2018-09-24/barrick-gold-agrees-to-buy-rival-randgold-in-all-share-deal

»Grand Inga Dam, DR Congo«, *International Rivers.* www.internationalrivers.org/campaigns/grand-inga-dam-dr-congo

Hammond, M., »The Grand Ethiopian Renaissance Dam and the Blue Nile: Implications for transboundary water governance«, *GWF Discussion Paper 1306*, Global Water Forum (2013). www.globalwaterforum.org/2013/01/25/the-grand-ethiopian-renaissance-dam-and-the-blue-nile-implications-for-transboundary-water-governance/

Negash, Fekahmed (Geschäftsführender Leiter, Eastern Nile Technical Regional Office). Persönliches Interview, 28. April 2018, Cambridge, MA.

Pearce, Fred, »On the River Nile, a Move to Avert a Conflict Over Water«, *Yale Environment 360.* Yale School of Forestry & Environmental Studies. 12. März 2015. e360.yale.edu/features /on the river nile a move_to avert a conflict over water

Stokstad, Erik, »Power play on the Nile«, *Science* 351.6276 (2016): S. 904 –907. doi.org/10.1126/science.351.6276.904

Taye, Meron Teferi et al., »The Grand Ethiopian Renaissance Dam: Source of Cooperation or Contention?«, *Journal of Water Resources Planning and Management* 142.11 (2016). doi.org/10.1061/(ASCE)WR.1943-5452.0000708

Drei Erfindungen, die die Welt veränderten; Künstliche Flüsse; Ein Ire baut Los Angeles

Bagwell, Philip und Peter Lyth, *Transport in Britain, 1750 –2000: From Canal Lock to Gridlock* (London: Hambledon and London, 2002).

Davis, Mike, *City of Quartz: Excavating the Future in Los Angeles* (New York: Vintage Books, 2006).

Doyle, Martin, *The Source: How Rivers Made America and America Remade Its Rivers* (New York/London: W. W. Norton, 2018).

History of Canals in Britain – Routes of the Industrial Revolution. London Canal Museum. www.canalmuseum.org.uk/history/ukcanals.htm

Johnson, Ben, »The Bridgewater Canal«, *Historic UK.* www.historic-uk.com/HistoryMagazine/DestinationsUK/The-Bridgewater-Canal/

Karas, Slawomir und Maciej Roman Kowal, »The Mycenaean Bridges – Technical Evaluation Trial«, *Roads and Bridges* 14.4 (2015): S. 285 –302. doi.org/10.7409/rabdim.015.019

Redmount, Carol A, »The Wadi Tumilat and the ›Canal of the Pharaohs‹«, *Journal of Near Eastern Studies* 54.2 (1995): S. 127 –135. www.jstor.org/stable/545471

Wang, Serenitie und Andrea Lo, »How the Nanjing Yangtze River Bridge

Changed China Forever«, CNN Style: Architecture, 2. August 2017. www.cnn.com/style/article/nanjing-yangtze-river-bridge-revival
Wiseman, Ed, »Beipanjiang Bridge, the World's Highest, Opens to Traffic in Rural China«, *The Telegraph*, 30. Dezember 2016. www.telegraph.co.uk/cars/news/beipanjiang-bridge-worlds-tallest-opens-traffic-rural-china/

Große Umleitungen; Große Gelegenheiten

Bagla, Pallava, »India plans the grandest of canal networks«, *Science* 345.6193 (2014): S. 128. doi.org/10.1126/science.345.6193.128
Bhardwaj, Mayank, »Modi's $87 billion river-linking gamble set to take off as floods hit India«, *Environment*, Reuters, 31. August 2017. www.reuters.com/article/us-india-rivers/modis-87-billion-river-linking-gamble-set-to-take-off-as-floods-hit-india-idUSKCN1BC3HD
Bo, Xiang, »Water Diversion Project Success in First Year«, *News*, English.news.cn, 12. Dezember 2015. www.xinhuanet.com/english/2015-12/12/c_134910168.htm
»From Congo Basin to Lake Chad: Transaqua, A Dream Is Becoming Reality«, *Top News*, Sudanese Media Center, 29. Dezember 2016. smc.sd/en/from-congo-basin-to-lake-chad-transaqua-a-dream-is-becoming-reality/
Mekonnen, Mesfin M. und Arjen Y. Hoekstra, »Four billion people facing severe water scarcity«, *Science Advances* 2.2 (2016). doi.org/10.1126/sciadv.1500323
Mengjie (Hg.), »South-to-north water diversion benefits 50 mln Chinese«, *Xinhuanet*, 14. September 2017. www.xinhuanet.com/english/2017-09/14/c_136609886.htm
»Metropolitan Board approves additional funding for full-scale, two-tunnel California WaterFix«, The Metropolitan Water District of Southern California. 2. April 2018. www.mwdh2o.com/PDF_NewsRoom/WaterFix_April_board_decision.pdf
Mirza, Monirul M. Q. et al. (Hg.), *Interlinking of Rivers in India: Issues and Concerns* (Leiden, Niederlande: CRC Press/Balkema, 2008).
Pateriya, Anupam, »Madhya Pradesh: Ken-Betwa river linking project runs into troubled waters«, *Hindustan Times*, 8. Juli 2017. www.hindustantimes.com/india-news/madhya-pradesh-ken-betwa-river-linking-project-runs-into-troubled-waters/story-Sngb6U8mq2OeTMlB57KGsL.html
»Saving Lake Chad«, *African Business Magazine*, 18. April 2018. africanbusinessmagazine.com/sectors/development/saving-lake-chad
Whitehead, P. G. et al., »Dynamic modeling of the Ganga river system:

impacts of future climate and socio-economic change on flows and nitrogen fluxes in India and Bangladesh«, *Environmental Science: Processes & Impacts* 17 (2015): S. 1082 –1097. doi.org/10.1039/C4EM00616J
Zhao, Zhen-yu et al., »Transformation of water resource management: A case study of the South-to-North Water Diversion project«, *Journal of Cleaner Production* 163.1 (2017): S. 136 –145. doi.org/10.1016/j.jclepro.2015.08.066

Kapitel 6 – Schweinefleischsuppe

Ein Superfund

Beck, Eckardt C., »The Love Canal Tragedy«, *EPA Journal*, Januar 1979. archive.epa.gov/epa/aboutepa/love-canal-tragedy.html
Bedard, Paul, »Success: EPA set to reduce staff 50 % in Trump's first term«, *Washington Examiner*, 9. Januar 2018. www.washingtonexaminer.com/success-epa-set-to-reduce-staff-50-in-trumps-first-term
Darland, Gary et al., »A Thermophilic, Acidophilic Mycoplasma Isolated from a Coal Refuse Pile«, *Science* 170.3965 (1970): S. 1416 –1418. www.jstor.org/stable/1730880?seq=1/subjects
Davenport, Coral, »Scott Pruitt, Trump's Rule-Cutting E.P.A. Chief, Plots His Political Future«, *New York Times*, 17. März 2018. www.nytimes.com/2018 /03/17/climate/scott-pruitt-political-ambitions.html
Deakin, Roger, *Waterlog: A Swimmer's Journey Through Britain* (New York: Vintage, 2000; dt.: *Logbuch eines Schwimmers*, übers. v. A. Jandl und F. Sievers, Berlin: Matthes & Seitz, 2015).
Guli, Mina, »The 6 River Run«, www.minaguli.com/projectsoverview
—, »What I Learned from Running 40 Marathons in 40 Days for Water«, *Huffpost*, 3. Mai 2017. www.huffpost.com/entry/what-i-learned-from-running-40-marathons-in-40-days_b_591acc92e4b03e1c81b008a1
Johnson, D. Barrie und Kevin B. Hallberg, »Acid mine drainage remediation options: a review«, *Science of the Total Environment* 338.1 –2 (2005): S. 3 –14. doi.org/10.1016/j.scitotenv.2004.09.002
Mallet, Victor, *River of Life, River of Death: The Ganges and India's Future* (New York: Oxford University Press, 2017).
Marsh, Rene, »Leaked memo: Pruitt taking control of Clean Water Act determinations«, *Politics*, CNN, 4. April 2018. www.cnn.com/2018/04/04/politics/clean-water-act-epa-memo/index.html

O'Grady, John, »The $79 million plan to gut EPA staff«, *The Hill*, 16. Februar 2018. the hill.com/opinion/energy-environment/374167-the-79-million-plan-to-gut-epa-staff

Smith, L. C. und G. A. Olyphant, »Within-storm variations in runoff and sediment export from a rapidly eroding coal-refuse deposit«, *Earth Surface Processes and Landforms* 19 (1994): S. 369 – 375. doi.org/10.1002/esp.3290190407

Swain, Christopher, »Swim with Swain«. www.swimwithswain.org

Chinas Flusshäuptlinge; Krankheitsströme

»China appoints 200,000 ›river chiefs‹«, *Xinhuanet*, 23. August 2017. www.xinhuanet.com/english/2017-08/23/c_136549637.htm

Diaz, Robert J. und Rutger Rosenberg, »Spreading dead zones and consequences for marine ecosystems«, *Science* 321.5891 (2008): S. 926 – 929. doi.org/10.1126/science.1156401

Eerkes-Medrano, Dafne et al., »Microplastics in drinking water: A review and assessment«, *Current Opinion in Environmental Science & Health* 7 (2019): S. 69 – 75. doi.org/10.1016/j.coesh.2018.12.001

Jensen-Cormier, Stephanie, »China Commits to Protecting the Yangtze River«, *International Rivers*, 26. Februar 2018. www.internationalrivers.org/blogs/435/china-commits-to-protecting-the-yangtze-river

Jones, Christopher S. et al., »Iowa stream nitrate and the Gulf of Mexico«, *PLoS ONE* 13.4 (2018). doi.org/10.1371/journal.pone.0195930

Leung, Anna et al., »Environmental contamination from electronic waste recycling at Guiyu, southeast China«, *Journal of Material Cycles and Waste Management* 8.1 (2006): S. 21 – 33. doi.org/10.1007/s10163-005-0141-6

U.S. Fish & Wildlife Service, »Intersex fish: Endocrine disruption in smallmouth bass«. https://ecos.fws.gov/ServCat/DownloadFile/21216?Reference=22669

Williams, R. J. et al., »A national risk assessment for intersex in fish arising from steroid estrogens«, *Environmental Toxicology and Chemistry* 28.1 (2009): S. 220 – 230.doi.org/10.1897/08-047.1

Grönlands Riviera

Davenport, Coral et al., »Greenland is melting away«, *New York Times*, 27. Oktober 2015. www.nytimes.com/interactive/2015/10/27/world/greenland-is-melting-away.html

Fountain, H. und D. Watkins, »As Greenland Melts, Where's the Water Going?«, *New York Times*, 5. Dezember 2017. www.nytimes.com/interactive/2017/12/05/climate/greenland-ice-melting.html

Kolbert, Elizabeth, »Greenland Is Melting«, *New Yorker*, 24. Oktober 2016. www.newyorker.com/magazine/2016/10/24/greenland-is-melting

Smith, L. C. et al., »Direct measurements of meltwater runoff on the Greenland Ice Sheet surface«, *Proceedings of the National Academy of Sciences (PNAS)* 114.50 (2017): E10622–E10631. doi.org/10.1073/pnas.1707743114

Scheitelwasserstand

Bolch, T. et al., »The State and Fate of Himalayan Glaciers«, *Science* 336.6079 (2012): S. 310 – 314. science.sciencemag.org/content/336/6079/310

Dottori, Francesco et al., »Increased human and economic losses from river flooding with anthropogenic warming«, *Nature Climate Change* 8 (2018): S. 781 – 786. www.nature.com/articles/s41558-018-0257-z

Green, Fergus und Richard Dennis, »Cutting with both arms of the scissors: the economic and political case for restrictive supply-side climate policies«, *Climatic Change* 150.1 – 2 (2018): S. 73 – 87. doi.org/10.1007/s10584-018-2162-x

Hirabayashi, Yukiko et al., »Global flood risk under climate change«, *Nature Climate Change* 3 (2013): S. 816 – 821. www.nature.com/articles/nclimate1911

Huss, Matthias und Regine Hock, »Global-scale hydrological response to future glacier mass loss«, *Nature Climate Change* 8 (2018): S. 135 – 140. www.nature.com/articles/s41558-017-0049-x

Immerzeel, Walter W. et al., »Climate change will affect the Asian water towers«, *Science* 328.5984 (2010): S. 1382 – 1385. science.sciencemag.org/content/328/5984/1382

Mallakpour, Iman und Gabriele Villarini, »The changing nature of flooding across the central United States«, *Nature Climate Change* 5 (2015): S. 250 – 254. www.nature.com/articles/nclimate2516

Milliman, J. D. et al., »Climatic and anthropogenic factors affecting river discharge to the global ocean, 1951 – 2000«, *Global and Planetary Change* 62.3 – 4 (2008): S. 187 – 194. doi.org/10.1016/j.gloplacha.2008.03.001

Smith, Laurence C., »Trends in Russian Arctic river-ice formation and breakup: 1917 to 1994«, *Physical Geography* 21.1 (2000): S. 46 – 56. doi.org/10.1080/02723646.2000.10642698

Udall, Bradley und Jonathan Overpeck, »The twenty-first century Colorado River hot drought and implications for the future«, *Water Resources Research* 53.3: S. 2404 – 2418. agupubs.onlinelibrary.wiley.com/doi/pdf/10.1002/2016WR 019638

Woodhouse, Connie A. et al., »Increasing influence of air temperature on upper Colorado River streamflow«, *Geophysical Research Letters* 43.5 (2016): S. 2174 – 2181. agupubs.onlinelibrary.wiley.com/doi/full/10.1002/2015GL067613

Xiao, Mu et al., »On the causes of declining Colorado River streamflows«, *Water Resources Research* 54.9 (2018): S. 6739 – 6756. agupubs.onlinelibrary.wiley.com/doi/abs/10.1029/2018WR023153

Kapitel 7 – Mit dem Strom schwimmen

Die Neuauflage der Staudammzerstörer

American Rivers (2019): American River Dam Removal Database. Dataset www.americanrivers.org/2018/02/dam-removal-in-2017/

Foley, M. M. et al., »Dam removal: Listening in«, *Water Resources Research* 53.7 (2017): S. 5229 – 5246. doi.org/10.1002/2017WR020457

Monterey Peninsula Water Management District, *San Clemente Dam Fish Counts*. www.mpwmd.net/environmental-stewardship/carmel-river-steelhead-resources/san-clemente-dam-fish-counts/

Schiermeier, Quirin, »Europe is demolishing its dams to restore ecosystems«, *Nature* 557 (2018): S. 290 – 291. doi.org/10.1038/d41586-018-05182-1

Steinbeck, John, *Cannery Row* (New York: Penguin Group, Reprint Edition, 2002; dt. *Die Straße der Ölsardinen*, übers. v. R. Frank, München: DTV, 2010).

Williams, Thomas H. et al., »Removal of San Clemente Dam did more than restore fish passage«, *The Osprey* 89 (2018): 1, S. 4 – 9. USGS Steelhead Committee Fly Fishers International. pubs.er.usgs.gov/publication/70195992

Hunger nach Sedimenten

Smith, Norman D. et al., »Anatomy of an avulsion«, *Sedimentology* 36.1 (1989): S. 1 – 23. doi.org/10.1111/j.1365-3091.1989.tb00817.x

—, »Dam-induced and natural channel changes in the Saskatchewan River below the E. B. Campbell Dam, Canada«, *Geomorphology* 260 (2016): S. 186 – 202. doi.org/10.1016/j.geomorph.2016.06.041

Smith, Norman D. und Marta Pérez-Arlucea, »Natural levee deposition during the 2005 flood of the Saskatchewan River«, *Geomorphology* 101.4 (2008): S. 583 – 594. doi.org/10.1016/j.geomorph.2008.02.009

Smith, Norman D. et al., »Channel enlargement by avulsion-induced sediment starvation in the Saskatchewan River«, *Geology* 42 (2014): S. 355 – 358. https://doi.org/10.1130/G35258.1

Den Schaden verringern

Chen, W. und J. D. Olden, »Designing flows to resolve human and environmental water needs in a dam-regulated river«, *Nature Communications* 8.2158 (2017). doi.org/10.1038/s41467-017-02226-4

Holtgrieve, G. W. et al., »Response to Comments on ›Designing river flows ...‹«, *Science* 13.6398 (2018). doi.org/10.1126/science.aat1477

Kondolf, G. Mathias et al., »Dams on the Mekong: Cumulative sediment starvation«, *Water Resource Research* 50.6 (2014): S. 5158 – 5169. doi.org/10.1002/2013WR014651

—, »Sustainable sediment management in reservoirs and regulated rivers: Experiences from five continents«, *Earth's Future* 2 (2014): S. 256 – 280. doi.org/10.1002/2013EF000184

Sabo, J. L., et al., »Designing river flows to improve food security futures in the Lower Mekong Basin«, *Science* 358.6368 (2017). doi.org/10.1126/science.aao1053

Schmitt, R. J. P. et al., »Improved trade-offs of hydropower and sand connectivity by strategic dam planning in the Mekong«, *Nature Sustainability* 1 (2018): S. 96 – 104. www.nature.com/articles/s41893-018-0022-3

Zarfl, C. et al., »A global boom in hydropower dam construction«, *Aquatic Sciences* 77.1 (2015): S. 161 – 170. doi.org/10.1007/s00027-014-0377-0

Räder der Zukunft; Kleinwasserkraft im großen China

Harlan, Tyler, »Rural utility to low-carbon industry: Small hydropower and the industrialization of renewable energy in China«, *Geoforum* 95 (2018): S. 59 – 69. doi.org/10.1016/j.geoforum.2018.06.025

Hennig, Thomas und Tyler Harlan, »Shades of green energy: Geographies of small hydropower in Yunnan, China and the challenges of over-development«, *Global Environmental Change* 49 (2018): S. 116 – 128. doi.org/10.1016/j.gloenvcha.2017.10.010

Khennas, Smail und Andrew Barnett, *Best practices for sustainable development of micro hydro power in developing countries* (Department for International Development, Vereinigtes Königreich: 2000). openknowledge.worldbank.org/handle/10986/20314

Low Impact Hydropower Institute, 2018. lowimpacthydro.org/wp-content/uploads/2018/05/2018LIHIFactSheet.pdf

Low Impact Hydropower Institute, »Pending Applications«. lowimpacthydro.org/pending-applications-2/

Schlangenkopfeintopf; Modernster Lachs; Unabsichtliche Aquakultur

Brooks, A. et al., *A characterization of community fish refuge typologies in rice field fisheries ecosystems* (Penang, Malaysia: WorldFish, 2015).

Brown, David A., »Stop Asian Carp, Earn $1 Million«, 2. Februar 2017. www.outdoorlife.com/stop-asian-carp-earn-1-million/

Food and Agriculture Organization of the United Nations. *2018 The State of World Fisheries and Aquaculture* (2018). www.fao.org/state-of-fisheries-aquaculture/en/

Ge, Celine, »China's Craving for Crayfish Creates US$2 Billion Business«, *South China Morning Post*, 26. Juni 2017. www.scmp.com/business/companies/article/2100001/chinas-craving-crayfish-creates-us2-billion-business

Love, Joseph W. und Joshua J. Newhard, »Expansion of Northern Snakehead in the Chesapeake Bay Watershed«, *Transactions of the American Fisheries Society* 147.2 (2018): S. 342 – 349. doi.org/10.1002/tafs.10033

Lu, Lula und John Crilley (Gründer und Mitinhaber von FIn Gourmet Foods). Persönliches Interview, Telekonferenz, 29. August 2018, Paducah, KY.

Penn, Ivan, »The $3 Billion Plan to Turn Hoover Dam into a Giant Battery«,

New York Times, 24. Juli 2018. www.nytimes.com/interactive/2018/07/24/business/energy-environment/hoover-dam-renewable-energy.html

Rehman, Shafiqur et al., »Pumped hydro energy storage system: A technological review«, *Renewable and Sustainable Energy Reviews* 44 (2015): S. 586 – 598. doi.org/10.1016/j.rser.2014.12.040

Souty-Grosset, Catherine et al., »The red swamp crayfish *Procambarus clarkii* in Europe: Impacts on aquatic ecosystems and human well-being«, *Limnologica* 58 (2016): S. 78 – 93. doi.org/10.1016/j.limno.2016.03.003

Neue Rollen für alte Flüsse; Die 3-Milliarden-Dollar-Batterie; Mach deine Schüssel leer; Eine dunkle Autobahn in der Wüste

Calico, Rachel (USACE), Caitlin Campbell (USACE), Angela DeSoto (Jefferson Parish) und Larry Nulty (Pumpwerksleiter). Persönliche Interviews, 14. Dezember 2017, SELA »Pump to the River«-Pumpwerk in 1088 Dickory, Jefferson, LA.

Kightlinger, Jeffrey. Persönliches Interview, 16. September 2017, im Hauptsitz von Metropolitan in Los Angeles, Kalifornien. Weitere Äußerungen von Kightlinger, gehört bei der Grundsteinlegung für das Regional Recycled Water Advanced Purification Center am 18. September 2017, bei der Joint Water Pollution Control Plant (JWPCP), Carson, Kalifornien.

Maloney, Peter, »Los Angeles considers $3B pumped storage project at Hoover Dam«, *Utility Dive,* 26. Juli 2018. www.utilitydive.com/news/los-angeles-considers-3b-pumped-storage-project-at-hoover-dam/528699/

Metropolitan Water District of Southern California, »Metropolitan study demonstrates feasibility of large-scale regional recycling water program«, 9. Januar 2017. www.mwdh2o.com/PDF_NewsRoom/RRWP_Feasibility-StudyRelease.pdf

»Southeast Louisiana Urban Flood Control Project – SELA«, Ingenieurkorps der US-Armee, Februar 2018. www.mvn.usace.army.mil/Portals/56/docs/SELA/SELA Informationsblatt: 2018.pdf.rsc.usace.army.mil/sites/default/files/MR&T_17Jun15_Final.pdf

Wehner, Michael. Persönliches Interview, 20. September 2019, beim Orange County Water District GWRS (Groundwater Replenishment System, Grundwasserregenerationssystem), Fountain Valley, Kalifornien.

Kapitel 8 – Durst nach Daten

Der Zweck des Flusses

Blom, A. et al., »The graded alluvial river: Profile concavity and downstream fining«, *Geophysical Research Letters* 43.12 (2016): S. 6285 – 6293. doi.org/10.1002/2016GL068898

Cassis, N., »Alberto Behar (1967 – 2015)«, *Eos* 96 (2015). doi.org/10.1029/2015EO032047

Mackin, J. H., »Concept of the Graded River«, *Bulletin of the Geological Society of America* 59 (1948): S. 463 – 512. doi.org/10.1177/030913330002400405

Unermüdliche Plackerei versus Feuer und Eis

Magilligan, F. J. et al., »Geomorphic effectiveness, sandur development and the pattern of landscape response during jökulhlaups: Skeiðarársandur, southeastern Iceland«, *Geomorphology* 44.1 – 2 (2002): S. 95 – 113. doi.org/10.1016/S0169-555X(01)00147-7

Smith, L. C. et al., »Estimation of erosion, deposition, and net volumetric change caused by the 1996 Skeiðarársandur jökulhlaup, Iceland, from Synthetic Aperture Radar Interferometry«, *Water Resources Research* 36.6 (2000): S. 1583 – 1594. doi.org/10.1029/1999WR900335

—, »Geomorphic impact and rapid subsequent recovery from the 1996 Skeiðarársandur jökulhlaup, Iceland, assessed with multi-year airborne lidar«, *Geomorphology* 75 (2006): S. 65 – 75. doi.org/10.1016/j.geomorph.2004.01.012

Dokumentaristen der Erde

Allen, G. H. et al., »Similarity of stream width distributions across headwater systems«, *Nature Communications* 9.610 (2018). doi.org/10.1038/s41467-018-02991-w

Allen, G. H. und T. M. Pavelsky, »Global extent of rivers and streams«, *Science* 361.6402 (2018): S. 585 – 588. doi.org/10.1126/science.aat0636

Cooley, S. W. et al., »Tracking Dynamic Northern Surface Water Changes with High-Frequency Planet CubeSat Imagery«, *Remote Sensing* 9.12 (2017): S. 1306. doi.org/10.3390/rs9121306

Fishman, Charles, *One Giant Leap* (New York: Simon & Schuster, 2019).

Gleason, Colin J. und Laurence C. Smith, »Toward global mapping of river discharge using satellite images and at-many-stations hydraulic geometry«, *Proceedings of the National Academy of Sciences (PNAS)* 111.13 (2014): S. 4788 –4791. doi.org/10.1073/pnas.1317606111

Gleason, C. J. et al., »Retrieval of river discharge solely from satellite imagery and at-many-stations hydraulic geometry: Sensitivity to river form and optimization parameters«, *Water Resources Research* 50 (2014): S. 9604–9619. doi.org/10.1002/2014WR016109

Pekel, J.-F. et al., »High-resolution mapping of global surface water and its long-term changes«, *Nature* 540 (2016): S. 418 –422. doi.org/10.1038/nature20584

Smith, L. C. und T. M. Pavelsky, »Estimation of river discharge, propagation speed, and hydraulic geometry from space: Lena River, Siberia«, *Water Resources Research* 44.3 (2008): W03427. doi.org/10.1029/2007WR006133

Setzen Sie Ihre 3-D-Brille auf; Große Datenmengen treffen auf weltweite Gewässer; Die Macht von Modellen

Alsdorf, D. E. et al., »Amazon floodplain water level changes measured with interferometric SIR-C radar«, *IEEE Transactions on Geoscience and Remote Sensing* 39.2 (2001): S. 423 –431. doi.org/10.1109/36.905250

—, »Interferometric radar measurements of water level changes on the Amazon flood plain«, *Nature* 404 (2000): S. 174 –177. doi.org/10.1038/35004560

—, »Spatial and temporal complexity of the Amazon flood measured from space«, *Geophysical Research Letters* 34 (2007): L080402. doi.org/10.1029/2007GL029447

Altenau, Elizabeth H. et al., »AirSWOT measurements of river water surface elevation and slope: Tanana River, AK«, *Geophysical Research Letters* 44 (2017): S. 181 –189. doi.org/10.1002/2016GL071577

Biancamaria, S. et al., »The SWOT Mission and Its Capabilities for Land Hydrology«, *Surveys in Geophysics* 37.2 (2016): S. 307 –337. doi.org/10.1007/s10712-015-9346-y

Deming, D., »Pierre Perrault, the Hydrologic Cycle and the Scientific Revolution«, *Ground Water* 152.1 (2014): S. 156 –162. doi.org/10.1111/gwat.12138

Pavelsky, Tamlin M. et al., »Assessing the potential global extent of SWOT river discharge observations«, *Journal of Hydrology* 519, Part B (2014): S. 1516 – 1525. doi.org/10.1016/j.jhydrol.2014.08.044

Pitcher, Lincoln H. et al., »AirSWOT InSAR Mapping of Surface Water Elevations and Hydraulic Gradients Across the Yukon Flats Basin, Alaska«, *Water Resources Research* 55.2 (2019): S. 937 – 953. doi.org/10.1029/2018WR023274

Rodríguez, Ernesto et al., »A Global Assessment of the SRTM Performance«, *Photogrammetric Engineering & Remote Sensing* 3 (2006): S. 249 – 260. doi.org/10.14358/PERS.72.3.249

Shiklomanov, I. A., »World Fresh Water Resources«, in: P. H. Gleick (Hg.), *Water in Crisis* (New York: Oxford University Press, 1993), S. 13 – 24.

Kapitel 9 – Die Wiederentdeckung der Flüsse

Eine unnatürliche Trennung

Kesebir, S. und Pelin Kesebir, »A Growing Disconnection from Nature Is Evident in Cultural Products«, *Perspectives on Psychological Science* 12.2 (2017): S. 258 – 269. doi.org/10.1177/1745691616662473

New York State Department of Environmental Conservation, Fish and Wildlife, 625 Broadway, Albany, NY 12233 – 4754.

Pergams, Oliver R. W. und Patricia Zaradic, »Evidence for a fundamental and pervasive shift away from nature-based recreation«, *Proceedings of the National Academy of Sciences (PNAS)* 105.7 (2008): S. 2295 – 2300. doi.org/10.1073/pnas.0709893105

Prévot-Julliard, A.-C. et al., »Historical evidence for nature disconnection in a 70-year time series of Disney animated films«, *Public Understanding of Science* 24.6 (2015): S. 672 – 680. doi.org/10.1177/0963662513519042

Price Tack, Jennifer L. et al., »Managing the vanishing North American hunter: a novel framework to address declines in hunters and hunter-generated conservation funds«, *Human Dimensions of Wildlife* 23.6 (2018): S. 515 – 532. doi.org/10.1080/10871209.2018.1499155

U.S. Fish and Wildlife Service, »Historical License Data«. wsfrprograms.fws.gov/Subpages/LicenseInfo/LicenseIndex.htm

Zaradic, Patricia und Oliver R. W. Pergams, »Trends in Nature Recreation: Causes and Consequences«, *Encyclopedia of Biodiversity* 7 (2013): S. 241 – 257. doi.org/10.1016/B978-0-12-384719-5.00321-X

Die Natur und das Gehirn

Barton, Jo und Jules Pretty, »What is the best dose of nature and green exercise for improving mental health? A multi-study analysis«, *Environmental Science and Technology* 44.10 (2010): S. 3947 – 3955. doi.org/10.1021/es903183r

Barton, Jo, Murray Griffin und Jules Pretty, »Exercise-, nature- and socially interactive-based initiatives improve mood and self-esteem in the clinical population«, *Perspectives in Public Health* 132.2 (2012): S. 89 – 96. doi.org/10.1177/1757913910393862

Berman, M. G. et al., »The Cognitive Benefits of Interacting with Nature«, *Psychological Science* 19.12 (2008): S. 1207 – 1212. doi.org/10.1111/j.1467-9280.2008.02225.x

Brown, Adam, Natalie Djohari und Paul Stolk, *Fishing for Answers: The Final Report of the Social and Community Benefits of Angling Project* (Manchester, England: Substance, 2012). resources.anglingresearch.org.uk/project_reports/final_report_2012

Freeman, Claire und Yolanda van Heezik, *Children, Nature and Cities* (London: Routledge, 2018).

Kuo, M., »How might contact with nature promote human health? Promising mechanisms and a possible central pathway«, *Frontiers in Psychology* 25 (2015): S. 1 – 8. doi.org/10.3389/fpsyg.2015.01093

Louv, Richard, *Last Child in the Woods* (Chapel Hill, NC: Algonquin Books of Chapel Hill, 2008; dt.: *Das letzte Kind im Wald*, übers. v. A. Nohl, Weinheim: Beltz, 2011).

—, *The Nature Principle: Reconnecting with Life in a Virtual Age* (Chapel Hill, NC: Algonquin Books of Chapel Hill, Neuauflage 2012; dt.: *Das Prinzip Natur*, übers. v. A. Nohl, Weinheim: Beltz, 2012).

Nichols, Wallace J., *Blue Mind* (New York: Little, Brown and Company, 2015).

Drei Erlebnisse in New York

Beauregard, Natalie, »High Line Architects Turn Historic Brooklyn Sugar Factory Into Sweet Riverside Park«, *AFAR*, 6. Juni 2018. www.afar.com/magazine/a-riverfront-park-grows-in-brooklyn

»History of the Yard«, *A Place to Build Your History*, Brooklyn Navy Yard. brooklynnavyyard.org/about/history

Kimball, A. H. und D. Romano, »Reinventing the Brooklyn Navy Yard: A

National Model for Sustainable Urban Industrial Job Creation«, *WIT Transaction on The Built Environment* 123 (2012): S. 199 – 206. doi.org/10.2495/DSHF120161

Pulver, Liz (Landschaftsarchitektin, Liz Pulver Design). Persönliches Interview, 25. März 2018, Brooklyn, NY.

Tamir, Karen (James Corner Field Operations) und Jovana Rizzo (Berlin Rosen). Persönliche Interviews, 11. Mai 2018, Greenpoint Landing, Brooklyn, NY.

Weltweite Stadtsanierungen; Die städtische Mehrheit

Barragan, Bianca, »Mapped: 21 Projects Rising along the LA River«, *Curbed Los Angeles,* 3. Mai 2018. la.curbed.com/maps/los-angeles-river-development-map-sixth-street-bridge

»Battersea Power Station«. Battersea Power Station Iconic Living. Batterseapowerstation.co.uk

»Brooklyn Bridge Plaza«. Brooklyn Bridge Park. www.brooklynbridgepark.org/pages/futurepark

Chiland, Elijah, »New Plans Could Reshape 19 Miles of the LA River, from Vernon to Long Beach«, *Curbed Los Angeles*, 14. Dezember 2017. la.curbed.com/2017/12/14/16776934/la-river-plans-revitalization-vernon-long-beach

Cusack, Brennan, »Egypt Is Building Africa's Tallest Building«, *Forbes*, 28. August 2018. www.forbes.com/sites/brennancusack/2018/08/28/egypt-is-building-africas-tallest-building/#3ead57512912

da Fonseca-Wollheim, Corinna, »Finally, a Debut for the Elbphilharmonie Hall in Hamburg«, *New York Times*, 10. Januar 2017. www.nytimes.com/2017/01/10/arts/music/elbphilharmonie-an-architectural-gift-to-gritty-hamburg-germany.html

Garcetti, Eric, »Mayor Garcetti Celebrates Final Acquisition of Land Considered ›Crown Jewel‹ in Vision to Revitalize L.A. River«, Bürgermeister Eric Garcetti, City of Los Angeles, 3. März 2017. www.lamayor.org/mayor-garcetti-celebrates-final-acquisition-land-considered-%e2 %80 %98 crown-jewel%e2 %80 %99-vision-revitalize-la-river

Garfield, Leanna, »6 Billion-Dollar Projects That Will Transform London by 2025«, *Insider*, 22. August 2017. www.businessinsider.com/london-mega-projects-that-will-transform-the-city-2017-8

»Mott Haven–Port Morris Waterfront Plan«, South Bronx Unite. southbronxunite.org/a-waterfront-re-envisioned

»New York City Comprehensive Waterfront Plan«, *Vision 2020*, NYC Department of City Planning. www1.nyc.gov/site/planning/plans/vision-2020-cwp/vision- 2020-cwp.page

United Nations Department of Economic and Social Affairs, »2018 Revision of World Urbanization Prospects«, Publications, www.un.org/development/desa/publications/2018-revision-of-world-urbanization-prospects.html

White, Anna, »Exclusive First Look: London's 4.2bn Pound Thames Tideway Super Sewer Is an Unprecedented Planning Victory to Build into the River«, *Homes & Property*, 4. September 2018. www.homesandproperty.co.uk/property-news/buying/new-homes/londons-new-super-sewer-to-open-up-the-thames-with-acres-of-public-space-for-watersports-arts-and-a123641.html

Register

H

I

J

P

Q

R

S

T